普通高等教育"十一五"国家级规划教材

新世纪高等学校教材 · 数学系列

扫码查看资源

数学分析

（第4版）

（第1册）

北京师范大学数学科学学院◎组　编
郑学安　薛宗慈　唐仲伟◎主　编
陈平尚　刘继志◎副主编

SHUXUE FENXI

北京师范大学出版集团
BEIJING NORMAL UNIVERSITY PUBLISHING GROUP
北京师范大学出版社

图书在版编目(CIP)数据

数学分析．第1册/郑学安，薛宗慈，唐仲伟主编．—4版．—北京：北京师范大学出版社，2021.1(2025.9重印)

(新世纪高等学校教材·数学系列)

ISBN 978-7-303-22308-4

Ⅰ．①数… Ⅱ．①郑… ②薛… ③唐… Ⅲ．①数学分析—高等学校—教材 Ⅳ．①O17

中国版本图书馆CIP数据核字(2017)第102669号

出版发行：北京师范大学出版社 https://www.bnupg.com
北京市西城区新街口外大街12-3号
邮政编码：100088

印　　刷：北京虎彩文化传播有限公司
经　　销：全国新华书店
开　　本：787 mm×1092 mm　1/16
印　　张：16.75
字　　数：393千字
版　　次：2021年1月第4版
印　　次：2025年9月第3次印刷
定　　价：45.00元

策划编辑：刘风娟　　责任编辑：刘风娟
美术编辑：焦　丽　　装帧设计：焦　丽
责任校对：陈　民　　责任印制：马　洁

内容提要

这套数学分析教材分3册.第1册主要包括函数与极限、一元函数微积分的概念、基本性质及其应用,也涉及部分多元函数微积分的知识.第2册的主要内容涉及一元函数的极限、连续、微分、积分的理论及其应用,包括级数、函数项级数、反常积分与含参变量积分的理论及其应用.第3册的主要内容有多元函数的极限、连续、微分、积分的基本性质、理论及其应用.

这套数学分析教材可作为高等院校数学系本科数学分析课程的教材或教学参考书.

未经同意,不得编写出版本教材思考题与练习题的解答.

北京师范大学数学科学学院简介

北京师范大学数学系成立于 1922 年，其前身为 1915 年创建的北京高等师范学校数理部，1983 年成立数学与数学教育研究所，2004 年成立数学科学学院。学院现有教师 75 人，其中教授 32 人，副教授 25 人；有博士学位的教师占 91%。特别地，有中国科学院院士 2 人，第三世界科学院院士 1 人，教育部长江学者奖励计划特聘教授 5 人和讲座教授 1 人，国家杰出青年科学基金获得者 4 人，入选新世纪百千万人才工程国家级人选 2 人，入选教育部跨/新世纪人才培养计划 8 人。

北京师范大学数学科学学院 1981 年获基础数学、概率论与数理统计博士学位授予权，1986 年获应用数学博士学位授予权。1988 年基础数学、概率论与数理统计被评为国家级重点学科。1990 年建立了我校第一个博士后流动站。1996 年，数学学科成为国家"211 工程"重点建设的学科。1997 年成为国家基础科学人才培养基金基地。1998 年获数学一级学科博士学位授予权。2001 年概率论方向被评为数学界第 1 个国家自然科学基金创新群体，并获得 3 期 9 年资助。2005 年进入"985 工程"科技创新基础建设平台。2007 年数学被认定为一级学科国家重点学科。2009 年数学与复杂系统教育部重点实验室挂牌，分析类课程教学团队被评为国家级优秀教学团队，调和分析与流形的几何方向获教育部创新团队。2012 年在高校第 3 轮数学一级学科评估中排第 5 名。2015 年 10 月，数学学科在美国新闻与世界报道(US News)联合汤森路通公司发布的 2015 世界最佳大学学科前 100 排名榜中列 29 位(2014 年列 40 位)，在内地高校中排名第 3 位。学院还有基础数学、计算数学、概率论与数理统计、应用数学、课程与教学论(数学)、科学技术史(数学)、计算机软件与理论、控制理论与控制工程 8 个硕士点。学院下设数学系、统计与金融数学系，有数学与应用数学、统计学 2 个本科专业和《数学通报》杂志编辑部。(李仲来执笔)

第4版作者的话

这套数学分析教材有以下几个创见.

第一,定义了赋范极限,它与一元函数极限一样,用相同的 $\varepsilon-\delta$ 语言来定义,所以具有相同的性质,它又将各种函数极限的定义,定积分、重积分、曲线积分与曲面积分的定义,曲线弧长与曲面面积的定义统一用赋范极限来定义,这使得学生更容易掌握定积分等较复杂的概念.

第二,重新叙述了极限的直观定义,给出了从极限直观定义到极限的数学定义间的直接转化过程,使学生更容易接受、理解和运用极限的定义.

第三,强调了无穷小量理论在极限理论中的核心地位,特别是给出了柯西准则与一致连续等较复杂概念的简洁的、便于理解或运用的无穷小量等价的定义.

第四,提出了微分多中值定理与局部单射定理和向量值函数的泰勒公式,使多元函数微分学有了基本完整的定理体系,使学生更容易掌握多元函数微积分中几个重大定理的证明.

第五,用函数语言给出了曲线、曲面、高维曲面的准确而严格的定义.

第六,给出了曲面面积的严格定义,结束了长期以来曲面面积无严格的数学定义的现状.

第七,用张量给出了多元泰勒公式简明易懂的表达式,由于张量是一类十分简单的多元函数,学生很容易初步掌握它.

第八,完整地叙述了康托尔的集合定义,用这个康托尔的集合定义,很容易指出罗素悖论和其他集合论悖论的逻辑错误所在.

第九,完整地叙述了集合论的公理系统.

本书原名《微积分学讲义》,由邝荣雨、薛宗慈、陈平尚、蒋铎、李有兰编著,1989 年 5 月出版.本书第 2 版仍用原名,由邝荣雨、薛宗慈、陈平尚、李有兰修订,于 2005 年 8 月出版.本书第 3 版由郑学安、邝荣雨、刘继志修订,将上面 9 个创见写进教材,使得这套教材产生了某种质的飞跃,并更名为《数学分析》,于2010年10月正式出版.本书第4版将第3版中出现的各种差错及不足之处加以修订,保留并增强了第3版的创见与特色,由郑学安、薛宗慈、唐仲伟、陈平尚、刘继志修订.

本书前几版的主要编著者邝荣雨及编著者蒋铎、李有兰已仙逝,在此谨表纪念.

感谢北京师范大学数学科学学院领导对本书修订工作的支持,感谢北京师范大学出版社对本书修订与出版的支持.

北京师范大学数学科学学院

郑学安

2020-08-30

第3版前言

1915 年北京高等师范学校成立数理部，1922 年成立数学系，2004 年成立北京师范大学数学科学学院。经过 95 年的风风雨雨，数学科学学院在学科建设、人才培养和教学实践中积累了丰富的经验。将这些经验落实并贯彻到教材编著中去是大有益处的。

作为国家重点大学的北京师范大学数学科学学院，培养人才和编写教材是两项非常重要的工作。教材的编写是学院的基本建设之一。学院要抓好教材建设，教师要研究教学方法。在教材方面，学院推出一批自己的高水平教材，做到各科都有约 60 部。

写教材要慢一点，质量要好一点，教材修订连续化，教材出版系列化，是编写教材要注意的几项基本原则。学院希望教材要不断地继续修改和完善，对已经出版两版的教材，我们准备继续再版。在 2005 年 5 月，经北京师范大学数学科学学院李仲来教授和北京师范大学出版社理科编辑部王松浦主任进行协商，由北京师范大学数学科学学院主编（李仲来教授负责），准备对北京师范大学数学科学学院教师目前使用的第 2 版数学教材进行修订后出版第 3 版。

教材的建设是长期的、艰苦的任务，每一位教师在教学中要自主地开发教学资源，创造性地编写和使用教材。学院建议：在安排教学时，应考虑同一教师在 3～5 年里能够稳定地上同一门课，并参与教材的编写或修订工作。在学院从事教学的大多数教师，应该在一生的教学生涯中至少以自己为主，编写或修订一种教材作为己任，并注意适时地修订或更新教材。我们还希望使用这些教材的校内外专家学者和广大读者，提出宝贵的修改意见，使其不断改进和完善。

本套教材可供高等院校本科生、教育学院数学系、函授（数学专业）和在职中学教师等使用和参考。（李仲来执笔）

北京师范大学数学科学学院
2010-03-16

第3版作者的话

这次修订有以下几个创见.

第一,定义了赋范极限,它与一元函数极限有相同的性质,它又将各种函数极限的定义,定积分、重积分、曲线积分与曲面积分的定义,曲线弧长与曲面面积的定义,统一为一个定义,这使得学生更容易掌握定积分等较复杂的概念.第二,重新叙述了极限的直观定义,给出了从极限直观定义到极限的数学定义间的直接转化过程,使得学生更容易接受、理解和运用极限的定义.第三,强调了无穷小量理论在极限理论中的核心地位,特别是给出了柯西准则与一致连续的简洁的、便于理解或运用的无穷小量等价定义.第四,提出了微分多中值定理与局部单射定理,使得多元微分学有了基本完整的定理体系,使得学生更容易掌握多元函数微积分中几个重大定理的证明.第五,用函数语言给出了曲线、曲面、高维曲面的准确而严格的定义.第六,给出了曲面面积的严格定义,结束了长期以来曲面面积无严格的数学定义的现状.第七,用张量给出了多元泰勒公式简明易懂的表达式,由于张量是一类十分简单的多元函数,学生很容易初步掌握它.第八,完整地叙述了康托尔的集合定义,用这个康托尔的集合定义,很容易指出罗素悖论和其他集合论悖论的逻辑错误所在.第九,完整地叙述了集合论的公理系统.

感谢北京师范大学数学科学学院领导对本书修订工作的支持.感谢北京师范大学出版社对本书修订与出版的支持.参加本次修订的人员有:郑学安、邝荣雨、刘继志.

北京师范大学数学科学学院
郑学安
2010-04-30

第2版作者的话

参加本次修订的人员有：邝荣雨、薛宗慈、陈平尚、李有兰. 本次修订，时间仓促，只好先抓紧时间，进行大大小小的各种勘误，然后，在时间允许下，在不改变原书结构、体系的情况下，对原书内容作了一些修订、增补. 例如，在函数一节中，对中学函数的公式法给出了较确切的含义，对函数之间的各种关系提高到函数空间中给予了定义等，在极限一节中，将原书的“再谈极限”中的内容，一部分放到“极限概念”中，一部分放到“极限性质”中，再适当删去关于“函数的阶”的内容，这就使得整节内容更精炼、更简洁；对书中某些定理与例题的证法与解法做了一些删繁就简的变动. 如带拉格朗日余项的泰勒公式的证明等；在级数、广义积分与极限计算中，突出并强调阶的估计法的运用等. 另外，对个别练习题与例题作了一些变动，适当增加了一些现在社会与经济方面的练习题. 并对全书的思考题进行了一次仔细的审阅，适当增加了一些思考题，相信它们对提高读者的钻研能力会有较大的帮助. 任何对本书的错误与不妥之处的批评指正都是对本书的最大支持！

非常感谢北京师范大学数学科学学院郑学安教授、王昆扬教授，他们将使用原书时所发现的错误与不妥之处提供给编者，我们已在修订中加以采纳. 非常感谢北京师范大学数学科学学院的领导对本次修订工作的鼓励与支持！ 非常感谢北京师范大学出版社的支持！

本书第 2 版编者

北京师范大学数学科学学院

2005 年 8 月

第1版作者的话

本讲义分四册出版，第一册是一元函数与多元函数微积分初步；第二册是一元函数微积分理论与方法；第三册是多元函数微积分理论与计算. 这三册内容可作为数学系本科数学分析课程教材或教学参考书. 最后一册为专册，它包含若干专题，供教学选用或课外参考.

编写本书最主要的想法是尝试把现行数学分析课程的内容分两阶段进行讲授，以期达到下述目的：

1. 使学生的学习由易到难，首先侧重概念、计算，进而侧重理论、方法. 例如第一册侧重极限、连续等概念和微分、积分的计算；第二册侧重实数域、级数、微积分理论和综合运用微积分方法.

2. 便于相对集中内容与时间，强化训练，按不同要求提高学生单项和综合解题能力. 例如把微分学、积分学分为两段讲授，前段（第一册）着重训练学生的计算能力和初步解应用题的能力；后段（第二册）综合运用微积分的理论、方法着重训练学生的论证和估值能力.

通过教学实践我们认为以上安排是可行的，我们还要继续完善它.

本书的内容安排次序，教材处理以及某些定理所采用的证明方法与目前国内通用的数学分析教材不尽相同. 例如一元微分学部分的前段（第一册）就不讲微分中值定理，直接利用连续函数性质证明函数单调性判别法，并利用它解决导数的应用问题，到后段（第二册）才出现中值定理及其在理论、估值等各方面的应用.

本书配有较多的练习题，它们有一定的广度和深度. 做一定数量并且具有一定难度的习题，是数学分析能力培养的重要一环. 本书除练习题外还增设了思考题，其中不少题是教学经验的积累，它们对于深入理解某些概念和定理可能会有好处.

本书在内容、例题与习题的安排和选取上都有一定的“弹性”，以便适应读者的不同需要，对此我们在相应的地方都作了说明，请读者自己选择.

编写本书，做了些尝试，深感难度很大，自觉力不从心，错误和缺点必然存在，切望得到批评指正.

编写本书，参考了很多兄弟院校的教材和习题，受益匪浅，谨致谢意.

本书的前身是北京师范大学数学系1982级、1986级学生使用的讲义，邝荣雨、薛宗慈在这两届学生中试用过该讲义.赵慈庚老师、董延闿老师曾提出了许多有指导性的修改意见，并亲自参与了部分章节的修改.孙永生老师经常鼓励和支持编者大胆进行试验.陈公宁及参与试用过程的许多同志对原讲义提出了许多宝贵意见.分析教研室不少同志都参与过对原讲义的讨论并提出了很多中肯的意见和看法.在此我们谨向关心、帮助我们的老师和同事们表示感谢.

编　者

北京师范大学数学系

1988年3月

目 录

第 1 章 函数与极限

1.1 函 数

1.1.1 实数域

一元函数的定义域是实数集合，这就需要对实数集合作初步的研究.

1. 常用实数集合

全体实数组成的集合记为 $\mathbf{R}$，通常称 $\mathbf{R}$ 为实数域. 实数域中的每个实数与数轴上的点一一对应，因而也称 $\mathbf{R}$ 为实直线. $\mathbf{R}$ 中的元素既可称为数又可称为点. 本书约定用符号 $\mathbf{N}$ 表示正整数集，符号 $\mathbf{Z}$ 表示整数集，符号 $\mathbf{Q}$ 表示有理数集. 这 3 个集合均是 $\mathbf{R}$ 的重要子集.

设 $\delta > 0$，a 是实数，称集合

$$U(a;\delta) = \{x \in \mathbf{R} \mid |x-a| < \delta\}$$

为点 a 的 δ- **邻域**. 如果不特别注明半径 δ，可简记作 $U(a)$，并简称为点 a 的**邻域**. 如果在点 a 的 δ- 邻域中除掉 a 点，所得的集合

$$\mathring{U}(a;\delta) = U(a;\delta)\setminus\{a\} = \{x \in \mathbf{R} \mid 0 < |x-a| < \delta\}$$

称为点 a 的 δ- **空心邻域**，简称为点 a 的**空心邻域**，常简记为 $\mathring{U}(a)$.

实数域 $\mathbf{R}$ 中最基本最常见的一类子集是区间，它可定义如下.

设 $a,b \in \mathbf{R}$，且 $a < b$.

称集合

$$[a,b] = \{x \in \mathbf{R} \mid a \leqslant x \leqslant b\}$$

为**有界闭区间**，简称为**闭区间**；

称集合

$$(a,b) = \{x \in \mathbf{R} \mid a < x < b\}$$

为**有界开区间**，简称为**开区间**；

称集合

$$(a,b] = \{x \in \mathbf{R} \mid a < x \leqslant b\} \text{ 与 } [a,b) = \{x \in \mathbf{R} \mid a \leqslant x < b\}$$

为**有界半开区间**. 单点集 $\{a\} = [a,a]$ 也称为区间. 以上 5 种集合统称为**有界区间**.

称集合

$$[a,+\infty) = \{x \in \mathbf{R} \mid x \geqslant a\} \text{ 与 } (-\infty,a] = \{x \in \mathbf{R} \mid x \leqslant a\}$$

为**无界闭区间**；

称集合

$$(a,+\infty) = \{x \in \mathbf{R} \mid x > a\} \text{ 与 } (-\infty,a) = \{x \in \mathbf{R} \mid x < a\}$$

为**无界开区间**；又记 $\mathbf{R} = (-\infty,+\infty)$. 以上 5 种集合统称为**无界区间**. 以上 10 种有界与无界区间统称为**区间**. 实数 a,b 称为区间的**端点**.

2. 常用逻辑符号

用逻辑符号来代替一部分语言叙述,可使得书写更简练.

常用的逻辑符号分为两类. 一类是所谓连接词符号, 如符号"$\Rightarrow$"表示:"若……则……",即$A\Rightarrow B$表示:若命题A成立,则命题B成立,此时也称A是B的充分条件,B是A的必要条件.又如符号"$\Leftrightarrow$"表示"当且仅当"或"充分必要".例如$A\Leftrightarrow B$表示命题A成立的条件是当且仅当命题B成立,又称B是A的充要条件,也称A是B的充要条件,还称命题A与命题B等价.

另一类是逻辑量词符号"$\forall$"和"$\exists$"."$\forall$"的含义是:任意给定、任取、任给、对每一个、对一切、只要;"$\exists$"的含义是:存在、存在一个、至少有一个.如$\forall\varepsilon>0$的含义是任给$\varepsilon>0$或对每个$\varepsilon>0$;$\forall n>N$的含义是只要$n>N$或对每个$n>N$;$\exists x\in X$的含义是存在$x\in X$或至少有一个$x\in X$.

3. 实数集合的拓扑性质

设$E\subset\mathbf{R}$,$a\in\mathbf{R}$.则用a点的δ-邻域,可将$\mathbf{R}$的点相对于E分成3类:

若$a\in E$,且存在$\delta>0$,使得$U(a,\delta)\subset E$,称a是E的内点.

若$a\overline{\in}E$,且存在$\delta>0$,使得$U(a,\delta)$的每一点均不属于E,称a是E的外点.

若a既不是E的内点,又不是E的外点,称a是E的边界点.

由上面E的内点和外点的定义,a是E的边界点当且仅当对任取$\delta>0$,$U(a,\delta)$中既有E的点又有不属于E的点.E的边界点可能属于E,也可能不属于E.

$E\subset\mathbf{R}$的全体内点组成的集合称为E的内部,记为$\mathring{E}$.

$E\subset\mathbf{R}$的全体边界点组成的集合称为E的边界,记为∂E.

$E\subset\mathbf{R}$的全体外点组成的集合称为E的外部.E的外部就是E的补集$E^C=\mathbf{R}\backslash E$的内部.

例如,设$a<b$,则4个有界区间$[a,b]$,(a,b),$[a,b)$,$(a,b]$的内部均是开区间(a,b),边界均由点a与b组成,外部均为$\mathbf{R}\backslash[a,b]$.

用a点的δ空心邻域,又可将$E\subset\mathbf{R}$的边界点分成两类:

若$a\in E$,且存在$\delta>0$,使得$\mathring{U}(a,\delta)\cap E=\varnothing$(空集),称$a$是$E$的孤立点.

若$a\in\mathbf{R}$,且任给$\delta>0$,$\mathring{U}(a,\delta)$中均含有E的点,称a是E的聚点.

显然E的内点必然是E的聚点.E的边界点或者是E的孤立点,或者是E的聚点.例如,设$E=(-1,1)\cup\{2\}$,则$\mathring{E}=(-1,1)$,$\partial E=\{-1,1,2\}$,数2是E的孤立点,而$[-1,1]$中的每一点均是E的聚点.

E的所有点和E的所有的聚点组成的集合记为$\overline{E}$,称$\overline{E}$为E的闭包.显然有$\overline{\overline{E}}=\overline{E}$,即$\overline{E}$的闭包等于$\overline{E}$.又有$\overline{E}=E\cup\partial E=\mathring{E}\cup\partial E$.

设$E\subset\mathbf{R}$,若$E=\mathring{E}$,称E为开集,若$E=\overline{E}$,称E为闭集.开区间均为开集,闭区间均为闭集.空集$\varnothing$和实数域$\mathbf{R}$既是开集又是闭集,且实数域$\mathbf{R}$只有这两个既开又闭的子集.显然,$E\subset\mathbf{R}$是非空开集当且仅当E的每一点都是E的内点.E是非空闭集的充要条件是,E的每一个聚点均属于E.

例如，设 $E=\left\{1,\frac{1}{2},\frac{1}{3},\cdots,\frac{1}{n},\cdots\right\}$. 则 E 的每一点均是 E 的孤立点，E 有唯一的聚点 0，它是 E 的边界点，但不属于 E.

有理数集 $\mathbf{Q}$ 具有以下性质，$\mathring{\mathbf{Q}}=\varnothing$，$\overline{\mathbf{Q}}=\mathbf{R}$ 即每个实数均是 $\mathbf{Q}$ 的聚点，$\partial\mathbf{Q}=\mathbf{R}$，$\mathbf{Q}$ 既不是开集，也不是闭集.

4. 确界原理

下面来讨论非空实数集合的数字特征.

设 $E\subset\mathbf{R}$ 非空. 若存在 $\beta\in\mathbf{R}$，使得对每个 $x\in E$ 有 $x\leqslant\beta$，就称 E 有上界，称 β 是 E 的一个上界；若存在 $\alpha\in\mathbf{R}$，使得对每个 $x\in E$ 有 $x\geqslant\alpha$，就称 E 有下界，称 α 是 E 的一个下界；若存在正数 $M>0$，使得对每个 $x\in E$ 有 $|x|\leqslant M$，称 E 是有界集，否则称 E 是无界集.

设 $E\subset\mathbf{R}$ 非空. 若 β 是 E 的上界且 $\beta\in E$，称 β 是 E 的最大值，记为 $\beta=\max E$；若 α 是 E 的下界且 $\alpha\in E$，称 α 是 E 的最小值，记为 $\alpha=\min E$.

注意，即使 E 是有界集，E 的最大值或最小值也可能不存在. 例如，有界开区间 (a,b) 既无最大值，也无最小值.

设 $E\subset\mathbf{R}$ 非空，若 E 有上界，称 E 的最小上界为 E 的上确界，记为 $\sup E$；若 E 有下界，称 E 的最大下界为 E 的下确界，记为 $\inf E$. 显然，$\beta=\sup E$ 当且仅当 β 是 E 的上界且任取 E 的上界 β' 有 $\beta'\geqslant\beta$；$\alpha=\inf E$ 当且仅当 α 是 E 的下界，且任取 E 的下界 α' 有 $\alpha'\leqslant\alpha$. E 有最值时，E 的最大值(最小值) 必是 E 的上确界(下确界).

自然要问，若 $E\subset\mathbf{R}$ 有上界(下界) 时，E 的上确界(下确界) 是否存在.

定理 1.1(确界原理)　若非空集合 $E\subset\mathbf{R}$ 有上界，则 E 存在唯一的上确界.

定理 1.1 的证明要用到实数域的连续公理，我们将在第 4 章中给出证明.

推论　若非空集合 $E\subset\mathbf{R}$ 有下界，则 E 存在唯一的下确界.

证明　令 $-E=\{-x\mid x\in E\}$. 若 a 是 E 的下界，则 $-a$ 就是 $-E$ 的上界. 因 E 有下界所以非空集合 $-E$ 有上界，根据确界原理，$-E$ 有上确界 β，这就容易验证 $\alpha=-\beta$ 就是 E 的唯一的下确界.

如何判定 $E\subset\mathbf{R}$ 的上确界或下确界呢？

定理 1.2(确界判别准则)　设 E 是非空实数集，则

(1) β 是 E 的上确界的充要条件是：

1°　β 是 E 的上界，　2°　任取 $\varepsilon>0$，存在 $x'\in E$，使得 $\beta-\varepsilon<x'$；

(2) α 是 E 的下确界的充要条件是：

1°　α 是 E 的下界，　2°　任取 $\varepsilon>0$，存在 $x''\in E$，使得 $\alpha+\varepsilon>x''$.

证明　这里只证明(1).(2) 的证明与(1) 类似，故省略.

(必要性) 因 β 是 E 的上确界必是 E 的上界，1° 成立；又因为 β 是 E 的最小上界，所以 $\beta-\varepsilon$ 不是 E 的上界，由上界定义的否定得，存在 $x\in E$，使 $\beta-\varepsilon<x$，所以 2° 成立.

(充分性) 由 2° 可得，只要 $\alpha<\beta$，必有 $x\in E$，使得 $\alpha<x$，因此每个 $\alpha<\beta$ 均不是 E 的上界，那么只要 β' 是 E 的上界，就必有 $\beta'\geqslant\beta$；又因为 β 是 E 的上界，所以 β 是 E 的最小上界，即 β 是 E 的上确界.

当 $E\subset\mathbf{R}$ 无上界时，用 $\sup E=+\infty$ 表示；当 $E\subset\mathbf{R}$ 无下界时，则用 $\inf E=-\infty$ 表示.

1.1.2 函数、复合函数与反函数

1. 函数概念

函数是数学分析的主要研究对象,它可定义如下.

定义 设$D\subset\mathbf{R}$,f是一个对应关系,若f将每个实数$x\in D$唯一对应了一个实数$y\in\mathbf{R}$,则称f是从D到$\mathbf{R}$的**一元函数**,记作

$$f:\mathbf{R}\supset D\to\mathbf{R},\ x\mapsto y.$$

对应于x的实数y称为函数f在x的**值**,记作$y=f(x)$,也称y为x的**像**,实数集D称为函数f的**定义域**,实数集$f(D)=\{f(x)\mid x\in D\}$称为函数f的**值域**,也称为集D的**像**.

习惯上,常将函数简记作

$$y=f(x),\quad x\in D,$$

并习惯地称x为**自变量**,y为**因变量**.

定义 从正整数集$\mathbf{N}$到实数域$\mathbf{R}$的函数称为**数列**,记作$\{x_n\}$,即

$$\{x_n\}:\mathbf{N}\to\mathbf{R},n\mapsto x_n.$$

对应于自变量$n\in\mathbf{N}$的函数值x_n称为数列$\{x_n\}$的第n项,也称为数列$\{x_n\}$的**通项**.

习惯上,常将数列$\{x_n\}$的项x_n按正整数n的递增次序排成一列为

$$x_1,x_2,\cdots,x_n,\cdots$$

并用它来表示数列$\{x_n\}$.

设函数$f(x)$定义在$\mathbf{R}$的子集D上,当平面上建立直角坐标系以后,自变量x与因变量$f(x)$组成的有序数对$(x,f(x))$,就表示平面上一点.因此,很自然地,将上述有序数对,即点的集合

$$G(f)=\{(x,f(x))\mid x\in D\subset\mathbf{R}\}$$

称为函数f的**图像(图形)**.

将定义在数集D上的所有函数组成集合,称之为D上的**函数族**,记为$\mathscr{F}(D)$,亦称为D上的**函数空间**.在函数空间$\mathscr{F}(D)$中可建立几个重要的关系或运算.

定义 若函数f与g均是定义在$D\subset\mathbf{R}$的函数,且对每个$x\in D$有$f(x)=g(x)$,称**函数f与g相等**,记作$f=g$.

注意,函数

$$y=x^2,\quad x\in\mathbf{R}\quad 与\quad y=x^2,\quad x\in[0,+\infty)$$

是两个不同的函数,因为它们的定义域不同.

还要注意,函数f与函数值$f(x)$是不同的.不过,在不引起混淆的情况下,有时为方便,也常说:“函数$f(x)$”“y是x的函数”“数列x_n”等.

定义 设函数f,g在$\mathbf{R}$的子集D上有定义,

(1)D上函数f与g的和$(f+g)$、差$(f-g)$、积(fg)、商$\left(\dfrac{f}{g}\right)$与$f$的绝对值$|f|$分别定义为:对每个$x\in D$,有$(f+g)(x)=f(x)+g(x)$,$(f-g)(x)=f(x)-g(x)$,$(fg)(x)=f(x)g(x)$,$\dfrac{f}{g}(x)=\dfrac{f(x)}{g(x)}(g(x)\neq0)$,$|f|(x)=|f(x)|$.

(2) 若对每个 $x \in D$，有 $f(x) \leqslant g(x)$，则称**函数 f 小于或等于函数 g**，记作

$$f \leqslant g.$$

常见的函数是下面的基本初等函数.

定义　称常值函数($y=c$)，幂函数($y=x^{\alpha}$)，指数函数($y=a^{x}(a>0,a\neq 1)$)，对数函数($y=\log_a x(a>0,a\neq 1)$)，三角函数($y=\sin x, y=\cos x, y=\tan x$ 等)，反三角函数($y=\arcsin x, y=\arccos x, y=\arctan x$ 等) 为**基本初等函数**.

下面给出几个非初等函数的例子.

① 设对应关系 $f:\mathbf{R}\to\mathbf{R}$ 为

$$\text{当 } x \text{ 为有理数时，}\quad f(x)=1;$$
$$\text{当 } x \text{ 为无理数时，}\quad f(x)=0,$$

由于任何实数 x 不是有理数就是无理数，无论何者，都有唯一的实数 1 或 0 与之对应，因此，f 是 $\mathbf{R}$ 上的函数，我们称它为**狄利克雷函数**，即

$$f(x)=\begin{cases}1, & x\in\mathbf{Q},\\ 0, & x\in\mathbf{R}\backslash\mathbf{Q}.\end{cases}$$

它的图形不能全部画出来，但可以想象它们非常稠密地分布在 $y=0$ 与 $y=1$ 两条直线上.

② 函数

$$\operatorname{sgn} x=\begin{cases}1, & x>0,\\ 0, & x=0,\\ -1, & x<0\end{cases}$$

称为**符号函数**，它的图像如图 1.1-1 所示.

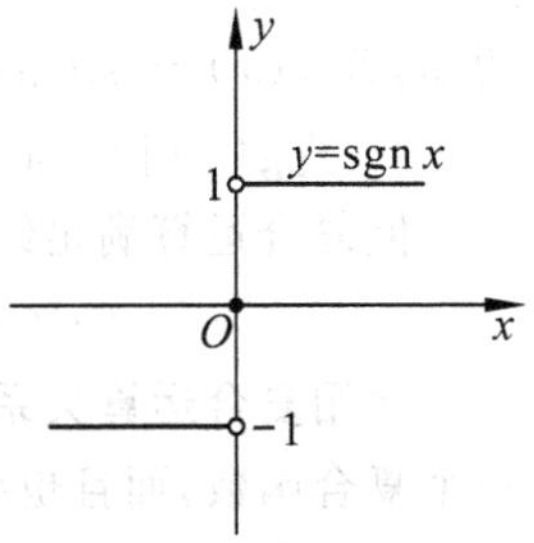

图 1.1-1

符号函数的功用是利用它可以去掉绝对值符号，即

$$|x|=x\operatorname{sgn} x.$$

一般有

$$|f(x)|=f(x)\operatorname{sgn} f(x).$$

符号函数以及函数 $y=|x|$，它们共同的特点是：在定义域的不同区间上有不同的表达式，习惯上称这类函数为**分段函数**.

③ 取整函数 $y=[x], x\in\mathbf{R}$，由下面两个性质定义，$(a)[x]$ 是整数，$(b)[x]\leqslant x<[x]+1$. 它的函数图像由图 1.1-2 表示.

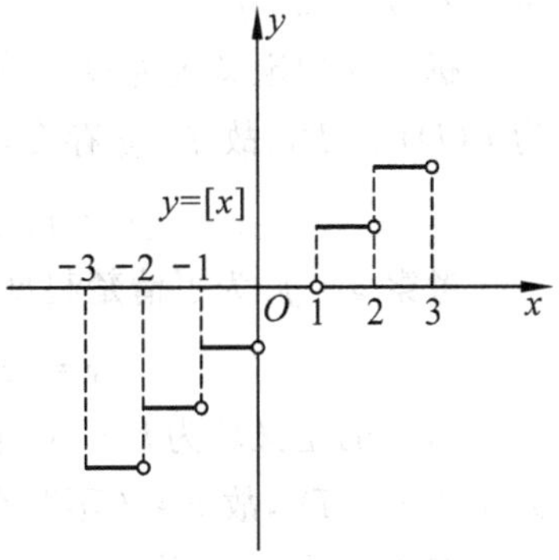

图 1.1-2

由取整函数的定义可知，$[x]$ 表示不超过 x 的最大整数，且有

$$0\leqslant x-[x]<1,$$

所以称 $[x]$ 是实数 x 的整数部分.

④ 集合 $E\subset\mathbf{R}$ 的特征函数 $\chi_E:\mathbf{R}\to\mathbf{R}$ 定义如下

$$\chi_E(x)=\begin{cases}1, \text{若 } x\in E,\\ 0, \text{若 } x\in\mathbf{R}\backslash E.\end{cases}$$

2. 复合函数概念

给定两个函数 f 与 g，在一定条件下，它们可组成一个新的函数，这种组成新函数的方法称为“复合”，它可定义如下.

定义 设函数 $y=f(u)$ 定义在 $\mathbf{R}$ 的子集 D_1 上，函数 $u=g(x)$ 定义在 $\mathbf{R}$ 的子集 D 上，如果 g 的值域 $g(D)$ 含在 f 的定义域 D_1 之中，即 $g(D)\subset D_1$，那么，对于 D 中每一个实数 x，通过中间变量 u，有唯一的实数 $y=f[g(x)]$ 与之对应，这个对应关系称为 f 与 g 的**复合函数**，记作

$$f\circ g:\mathbf{R}\supset D\to\mathbf{R},x\mapsto y=(f\circ g)(x)=f[g(x)].$$

常简记作

$$y=f[g(x)],\quad x\in D.$$

可用图 1.1-3 表示函数的复合关系.

不是任何两个函数都能构成复合函数，只有 g 的值域含于 f 的定义域之中时，f 与 g 才能构成复合函数 $f\circ g$.

函数的复合运算不满足交换律，即

$$f\circ g\neq g\circ f.$$

例如，若 $f(x)=\sin x$，$g(x)=x^2$，则

$$f[g(x)]=\sin(x^2)\neq(\sin x)^2=g[f(x)].$$

但复合运算满足结合律，即

$$f\circ(g\circ h)=(f\circ g)\circ h.$$

运用复合运算关系时，不但要会把几个简单函数“串”成一个复合函数，而且也要会把一个复杂函数“拆”成几个简单函数的复合.

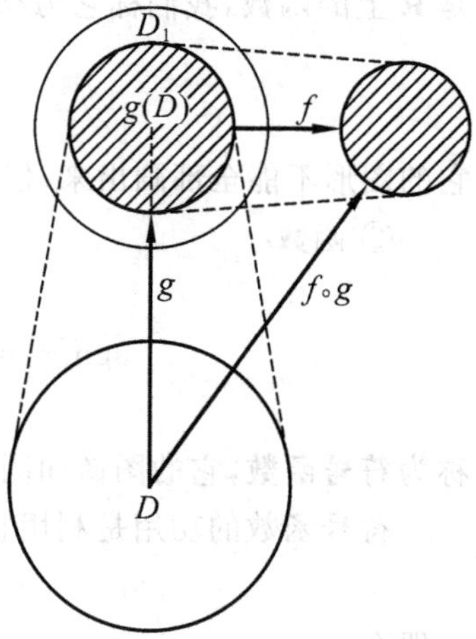

图 1.1-3

例 1 设 $y=f(u)=\sin^2 u-2$，$u=g(x)=\sqrt{x}$，试研究复合函数 $f\circ g$ 与 $g\circ f$.

解 g 的定义域为 $D=[0,+\infty)$，值域为 $g(D)=[0,+\infty)$. f 的定义域为 $D_1=\mathbf{R}$，因为 $g(D)\subset D_1$，故 $f\circ g$ 存在，且

$$y=f[g(x)]=\sin^2\sqrt{x}-2,\quad x\in[0,+\infty).$$

考察 $g\circ f$. 为了清楚起见，把函数的变量改变一下，记

$$y=g(u)=\sqrt{u},\quad u=f(x)=\sin^2 x-2.$$

因 f 的定义域为 $D=\mathbf{R}$，值域为 $f(D)=[-2,-1]$，g 的定义域为 $D_2=[0,+\infty)$，因为 $f(D)\not\subset D_2$，故 $g\circ f$ 不存在.

例 2 试问：函数

$$y=a^{\sin\left(\frac{1}{x}+\lg x\right)}$$

是由哪些基本初等函数通过什么运算得到的？

解 设 $y=a^u$，$u=\sin v$，$v=s+t$，$s=x^{-1}$，$t=\lg x$. 由此看出，原来的函数 $y(x)$ 是由指数函数 $y=a^u$、正弦函数 $u=\sin v$ 与初等函数 $v(x)$ 复合而成，而初等函数 $v(x)=s(x)+t(x)$ 又是由幂函数 $s(x)=x^{-1}$ 与对数函数 $t(x)=\lg x$ 通过加法运算得到的.

3. 反函数概念

下面来建立反函数的概念.

定义　设函数 $y=f(x)$ 定义在实数集 D 上,它的值域为 $f(D)$,若对每个 $y\in f(D)$,使得 $y=f(x)$ 成立的 $x\in D$ 是唯一的,它就唯一确定了一个对应关系 f^{-1},f^{-1} 将每个 $y\in f(D)$ 唯一对应了那个使得 $y=f(x)$ 成立的 $x\in D$,称 f^{-1} 为 f 的反函数,记为

$$x=f^{-1}(y),y\in f(D).$$

习惯上,函数的自变量总是取为 x,因变量总是取为 y.所以,当 f 在 $D\subset\mathbf{R}$ 上存在反函数时,称 $y=f^{-1}(x),x\in f(D)$ 为 f 的反函数.

由反函数的定义可得,若 f 存在反函数 f^{-1},则 f^{-1} 的反函数就是 f,且成立 $f^{-1}[f(x)]=x(x\in D)$,$f[f^{-1}(y)]=y(y\in f(D))$.

下面研究反函数存在的条件.

定义　设函数 f 定义在 $\mathbf{R}$ 的子集 D 上,若对 D 中任何两个不同的 x_1 与 x_2,它们的函数值 $f(x_1)$ 与 $f(x_2)$ 也不同,则称 f 是 D 上的**1—1函数(单射或单叶函数)**,此时也称 f 是 D 与 $f(D)$ 之间的一一对应.

我们有下面判别反函数存在的准则

定理1.3　设函数 $y=f(x)$ 定义在 $\mathbf{R}$ 的子集 D 上.则函数 $f(x)$ 存在反函数 $f^{-1}(y)$ 的充要条件是:$f(x)$ 是 D 上的1—1函数.

证明　必要性($\Rightarrow$)　设 $f(x)$ 存在反函数 $f^{-1}(y)$.若 f 不是 D 上的1—1函数,则存在 D 中两个不同的点 x_1,x_2,使得 $f(x_1)=f(x_2)=y_0\in f(D)$.于是对于 $y_0\in f(D)$,使得 $y_0=f(x)$ 的解 $x\in D$ 不是唯一的,这就与 f 存在反函数的定义矛盾,所以 f 必是 D 上的1—1函数.

充分性($\Leftarrow$) 设 f 是 D 上的1—1函数.若 f 在 D 上不存在反函数,则必有一点 $y_0\in f(D)$,使得 D 中两个不同的点 x_1,x_2 均是方程 $y_0=f(x)$ 的解,即 $f(x_1)=f(x_2)$,但 f 是1—1函数,必有 $f(x_1)\neq f(x_2)$,导致矛盾,所以 f 在 D 上存在反函数 f^{-1}.

函数 $y=f(x)$ 与反函数 $y=f^{-1}(x)$ 图像在同一坐标系下,关于直线 $y=x$ 对称,如图1.1-4.

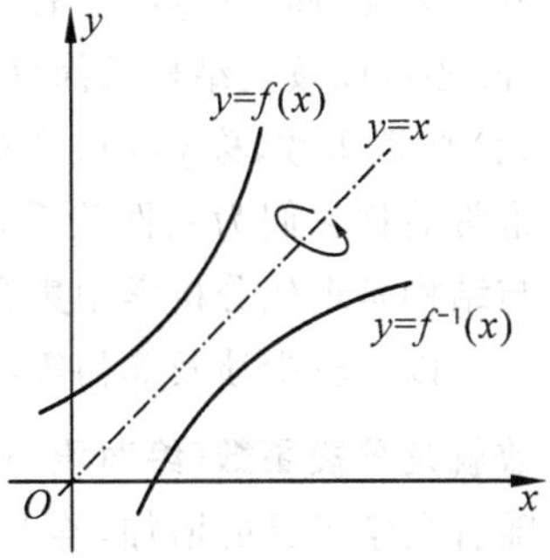

图1.1-4

下面给出一个非常实用的判断函数是否存在反函数的充分条件,其中严格增(严格减)函数定义,见本书第9页.

定理1.4　设函数 $y=f(x)$ 定义在 $\mathbf{R}$ 的子集 D 上,若 f 是 D 上的严格增(严格减)函数,则它存在反函数 f^{-1},且反函数 f^{-1} 也是 $f(D)\subset\mathbf{R}$ 上的严格增(严格减)函数.

证明　仅证严格增的情形就可以了.因 $f(x)$ 在 D 上严格增,所以对 D 中任意的 $x_1<x_2$,有 $f(x_1)<f(x_2)$,故 $f(x)$ 在 D 上是1—1函数,因而它存在反函数 $f^{-1}(y)(y\in f(D))$.

在数集 $f(D)$ 中,任取 $y_1<y_2$,因 $f(x)$ 是严格增函数,由反函数的定义知,在 D 中存在唯一的 x_1,x_2 使得

$y_1=f(x_1)$,　$y_2=f(x_2)$,即 $x_1=f^{-1}(y_1)$,　$x_2=f^{-1}(y_2)$.

假若 $x_1>x_2$,则 $f(x_1)>f(x_2)$,于是 $y_1>y_2$,矛盾.若 $x_1=x_2$,则 $y_1=f(x_1)=f(x_2)=$

y_2，也导致矛盾.

故只能有 $x_1 < x_2$，即 $f^{-1}(y_1) < f^{-1}(y_2)$. 因此，反函数 $f^{-1}(y)$ 在 $f(D)$ 严格增.

上述定理使用起来很方便. 例如，已知指数函数 $y = a^x (a > 1)$ 在 $\mathbf{R}$ 严格增，它的值域是区间 $(0, +\infty)$，由上述定理知它存在反函数，即对数函数 $x = \log_a y$，也在区间 $(0, +\infty)$ 严格增.

又如，正弦函数 $y = \sin x$ 在区间 $\left[-\frac{\pi}{2}, \frac{\pi}{2}\right]$ 严格增，因此它存在反函数，称为**反正弦函数的主值**，记作

$$y = \arcsin x, \quad x \in [-1, 1], \ y \in \left[-\frac{\pi}{2}, \frac{\pi}{2}\right],$$

且它在 $[-1, 1]$ 上也是严格增函数.

请注意，$y = \sin x$ 在 $\left[\frac{\pi}{2}, \frac{3\pi}{2}\right]$ 上的反函数是

$$y = \pi - \arcsin x, \quad x \in [-1, 1], \ y \in \left[\frac{\pi}{2}, \frac{3\pi}{2}\right].$$

而 $y = \sin x$ 在 $\left[-\frac{3\pi}{2}, -\frac{\pi}{2}\right]$ 上的反函数是

$$y = -\pi - \arcsin x, \quad x \in [-1, 1], \ y \in \left[-\frac{3\pi}{2}, -\frac{\pi}{2}\right].$$

下面来定义初等函数.

定义 由基本初等函数经过有限次四则运算与复合运算得到的函数称为**初等函数**. 初等函数 $f(x)$ 的定义域是使得构成该初等函数的复合运算与四则运算均有意义的，那些自变量 x 的值全体所组成的集合. 不是初等函数的函数称为**非初等函数**.

初等函数的定义域习惯上称为**自然定义域**. 为了简便，书写时常省略它.

上面的定义将函数按其结构的差异进行了分类. 也可以按其性质的差异进行分类，如单调函数类、周期函数类、有界函数类以及今后要新学的连续函数类、可微函数类、可积函数类等. 还可以按其结构的简繁分为线性函数类与非线性函数类. 请注意，我们称 $y = kx$ 为(一元)线性函数，称 $y = kx + b$ 为一次函数(通常在应用中，当两个变量 x, y 为一次函数关系时，也常简称它们为线性关系). 对函数进行分类，把每一类函数当作一个整体并研究它的共性与结构是现代分析学用集合论思想研究函数的一种重要思想方法.

以前较少涉及非初等函数，但它在今后将逐渐占据重要位置. 最简单且常用的非初等函数就是**分段函数**(**绝对值函数**也是一种分段函数，但 $|x|$ 却是初等函数，因为 $|x| = \sqrt{x^2}$)，随着数学工具的增加，今后我们还将碰到更多更复杂的非初等函数，如用积分构造的函数(变限积分与含参变量积分)，还有用级数构造的和函数等.

1.1.3 函数的初等性质

下面来讨论周期性、奇偶性、单调性、有界性等函数的初等性质.

定义 设函数 $y = f(x)$ 定义在数轴 $\mathbf{R}$ 上，如果存在常数 $T \neq 0$，对任意的 $x \in \mathbf{R}$，有

$$f(x + T) = f(x),$$

则称 f 为**周期函数**,称 T 为函数 f 的一个**周期**.

当 f 为连续周期函数且 f 不是常值函数时,f 必有最小正周期 T_0.

定义 设函数 f 定义在对称集 D(所谓对称集 D,即 $\forall x \in D$,有 $-x \in D$) 上,如果对任意的 $x \in D$,有

$$f(-x) = f(x),$$

则称 f 是 D 上的**偶函数**. 如果对任意的 $x \in D$,有

$$f(-x) = -f(x),$$

则称 f 是 D 上的**奇函数**.

定义 设函数 f 定义在 $\mathbf{R}$ 的子集 D 上,如果对 D 中任意的 $x_1 < x_2$,有

$$f(x_1) \leqslant f(x_2) \quad \big(f(x_1) \geqslant f(x_2)\big),$$

则称 f 是 D 上的**增函数(减函数)**. 它们统称为**单调函数**,分别简记作 $f\nearrow$ 与 $f\searrow$.

若对 D 中任意的 $x_1 < x_2$,有 $f(x_1) < f(x_2)$($f(x_1) > f(x_2)$),则称 f 是 D 上的**严格增函数(严格减函数)**. 它们统称为**严格单调函数**.

对于特殊的函数 —— 数列来说,如果对一切正整数 n,有

$$x_n \leqslant x_{n+1} \quad (x_n \geqslant x_{n+1}),$$

则称 $\{x_n\}$ 是**增数列(减数列)**. 类似可定义严格增数列和严格减数列.

定义 设函数 f 在 $\mathbf{R}$ 的子集 D 上有定义. 如果存在常数 A(常数 B),对一切 $x \in D$,有

$$f(x) \leqslant A \quad (f(x) \geqslant B),$$

则称函数 f 在 D 上**有上界(有下界)**,否则,称 f 在 D 上**无上界(无下界)**.

如果存在常数 $M > 0$,对一切 $x \in D$,有

$$|f(x)| \leqslant M,$$

则称函数 f 在 D 上**有界**,常用 $O(1)$ $(x \in D)$ 来表示 D 上的某个有界函数,也常用

$$f(x) = O(1) \quad (x \in D),$$

表示 f 是 D 上的有界函数,否则,称 f 在 D 上**无界**.

显然,函数 f 在 D 上有界的充要条件是 f 在 D 上既有上界又有下界.

对于特殊的函数 —— 数列,有

定理 1.5 数列 $\{x_n\}$ 有界的充要条件是:存在常数 $M > 0$ 及某个正整数 N,对一切 $n > N$,有 $|x_n| \leqslant M$.

证明 必要性是显然的,仅证充分性. 取

$$M_1 = \max\{|x_1|, |x_2|, \cdots, |x_N|, M\} > 0,$$

则任取 $n \in \mathbf{N}$,有 $|x_n| \leqslant M_1$,由定义知,数列 $\{x_n\}$ 有界.

下面介绍一个新概念.

定义 设函数 f 在 $x_0 \in \mathbf{R}$ 的某个空心领域 $\mathring{U}(x_0)$ 内有定义,即 f 的定义域 $D \supset \mathring{U}(x_0)$,如果存在常数 $M > 0$,和某个 $\mathring{U}(x_0;\delta) \subset \mathring{U}(x_0)$,使对一切 $x \in \mathring{U}(x_0;\delta)$,有

$$|f(x)| \leqslant M,$$

则称函数 f 在 x_0 **局部有界**. 记作 $f(x) = O(1) \quad (x \to x_0)$.

显然,若函数 f 在 D 上有界,则 f 在 D 的每个点局部有界,反之不然.

例 1 研究函数 $f(x)=x^4$ 在 $\mathbf{R}$ 的单调性.

解 $\forall x_1<x_2$,有

$$f(x_2)-f(x_1)=x_2^4-x_1^4=(x_2-x_1)(x_2+x_1)(x_2^2+x_1^2).$$

当 $x_1<x_2\leqslant 0$ 时,因 $x_1+x_2<0$,所以 $f(x_2)-f(x_1)<0$,故 $f(x)=x^4$ 在$(-\infty,0]$ 严格减;

当 $0\leqslant x_1<x_2$ 时,因 $x_1+x_2>0$,所以 $f(x_2)-f(x_1)>0$,故 $f(x)=x^4$ 在$[0,+\infty)$ 严格增.

例 2 证明:$f(x)=\dfrac{x}{1+x^2}$ 是 $\mathbf{R}$ 上的有界函数.

证明 因 $2|ab|\leqslant a^2+b^2$,所以

$$|f(x)|=\left|\frac{x}{1+x^2}\right|=\frac{1}{2}\frac{|2x|}{1+x^2}\leqslant\frac{1}{2},\quad x\in\mathbf{R}.$$

故 $f(x)$ 在 $\mathbf{R}$ 有界.

例 3 证明:数列 $x_n=\underbrace{\sqrt{2+\sqrt{2+\sqrt{2+\cdots+\sqrt{2}}}}}_{n}$有界.

证明 显然有 $x_1=\sqrt{2}<2$, $x_2=\sqrt{2+\sqrt{2}}<\sqrt{2+2}=2$,归纳假设$x_n<2$,有

$$x_{n+1}=\sqrt{2+x_n}<\sqrt{2+2}=2.$$

于是由数学归纳法知,实数 2 是数列$\{x_n\}$的一个上界,显然,实数 0 是数列$\{x_n\}$的一个下界,故数列$\{x_n\}$有界.

例 4 我们称

$$\operatorname{sh}x=\frac{e^x-e^{-x}}{2},\quad x\in\mathbf{R},$$

$$\operatorname{ch}x=\frac{e^x+e^{-x}}{2},\quad x\in\mathbf{R},$$

分别为**双曲正弦函数与双曲余弦函数**(见图 1.1-5). 与三角函数相似,还可定义双曲正切 $\operatorname{th}x=\operatorname{sh}x/\operatorname{ch}x$ 和双曲余切、双曲正割、双曲余割等函数. 其中 e 是自然对数的底数. e ≈ 2.718 28,是无理数. 它们与三角函数有非常类似的性质,例如

$\operatorname{ch}^2x-\operatorname{sh}^2x=1$,

$\operatorname{sh}2x=2\operatorname{sh}x\operatorname{ch}x$,

$\operatorname{ch}2x=\operatorname{ch}^2x+\operatorname{sh}^2x$,

$\operatorname{sh}(x\pm y)=\operatorname{sh}x\operatorname{ch}y\pm\operatorname{ch}x\operatorname{sh}y$,

$\operatorname{ch}(x\pm y)=\operatorname{ch}x\operatorname{ch}y\pm\operatorname{sh}x\operatorname{sh}y$.

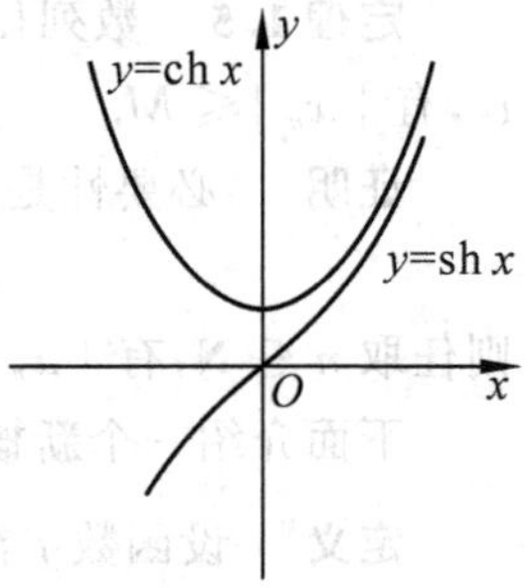

图 1.1-5

用双曲函数的定义容易验证上面 5 个公式. 下面来求函数 $y=\operatorname{sh}x$ 的反函数.

直接用定义易证 $y=\operatorname{sh}x$ 在 $\mathbf{R}$ 上严格增,因此它存在反函数.

由$y=\dfrac{e^x-e^{-x}}{2}$得

$$(e^x)^2-2y(e^x)-1=0,$$

上式中将 y 看作已知数，解关于未知数 e^x 的一元二次方程得

$$e^x = y \pm \sqrt{y^2+1}.$$

因 $e^x > 0$，故去掉上式中的负号，得

$$e^x = y + \sqrt{y^2+1},$$

所以反函数为

$$x = \log_e(y+\sqrt{y^2+1}),\quad y \in \mathbf{R},$$

记 $\ln a = \log_e a$，有

$$x = \ln(y+\sqrt{y^2+1}),\quad y \in \mathbf{R}.$$

例 5　(1) 试比较 $1.7^{-\frac{1}{3}}$ 与 $2.3^{-\frac{1}{3}}$ 大小；

(2) 试比较 $0.8^{-0.1}$ 与 $0.8^{-0.2}$ 大小.

解　(1) 设 $f(x) = x^{-\frac{1}{3}}$，$x > 0$，有 $f \searrow$，所以

$$1.7^{-\frac{1}{3}} > 2.3^{-\frac{1}{3}}.$$

(2) 设 $f(x) = 0.8^x$，$x \in \mathbf{R}$，有 $f \searrow$，所以

$$0.8^{-0.1} < 0.8^{-0.2}.$$

例 6　(1) 试比较 $\sqrt[3]{4}$ 与 $\sqrt[4]{3}$ 大小.

(2) 试比较 $\log_5 4$ 与 $\log_6 3$ 大小.

解　(1) 因为 $f(x) = x^{\frac{1}{12}}$ 在 $[0,+\infty)$ 上严格增，而 $\sqrt[3]{4} = (256)^{\frac{1}{12}}$，$\sqrt[4]{3} = (27)^{\frac{1}{12}}$，所以 $\sqrt[4]{3} < \sqrt[3]{4}$. 借助于函数图像(图 1.1-6)，也可得到上面结果.

(2) 因为 $\log_5 4 = \dfrac{\ln 4}{\ln 5}$，$\log_6 3 = \dfrac{\ln 3}{\ln 6}$，而 $\ln x$ 在 $(0,+\infty)$ 上严格增，所以有 $\ln 3 < \ln 4$，$\ln 6 > \ln 5$，从而有 $\log_6 3 < \log_5 4$，借助于函数(图 1.1-7)，也可得到上面结果.

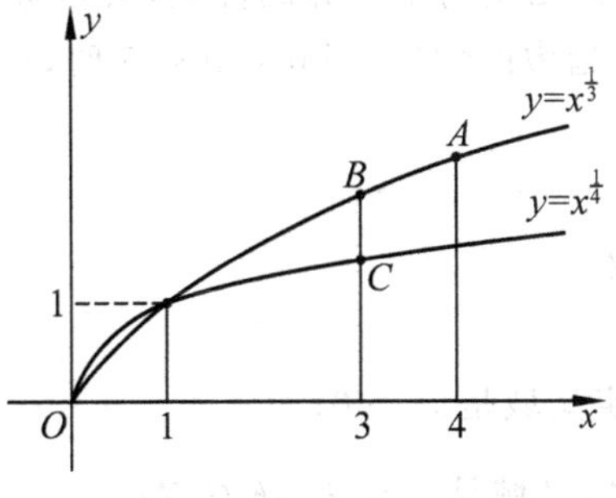

图 1.1-6

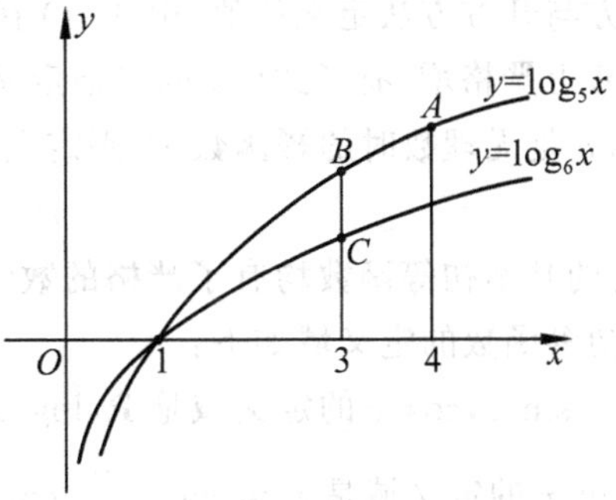

图 1.1-7

例 7　设 f 为定义在 $\mathbf{R}$ 上的奇函数，且当 $x \geqslant 0$ 时，$f(x) = x + x^2$，求 f 在 $\mathbf{R}$ 上的表达式.

解　$\forall x < 0$，有 $f(x) = -f(-x) = -[-x+(-x)^2] = x - x^2$，

故

$$f(x) = \begin{cases} x(1+x), & x \geqslant 0, \\ x(1-x), & x < 0. \end{cases}$$

例 8　证明：$f(x) = \sin x$ 的最小正周期为 2π.

证明　易知 2π 是 $\sin x$ 的一个周期，采用反证法证其为最小正周期，假若 $\exists\ l \in (0,$

2π),对 $\forall x \in \mathbf{R}$,有

$$\sin(x+l)=\sin x.$$

取 $x=\dfrac{\pi}{2}$ 代入,得

$$\sin\left(\frac{\pi}{2}+l\right)=\sin\frac{\pi}{2},$$

即 $$\cos l=1,\text{其中 } 0<l<2\pi,$$

矛盾.

例 9 证明:在 $\mathbf{R}$ 上不存在严格增的偶函数.

证明 采用反证法,假若存在 $\mathbf{R}$ 上的严格增的偶函数 f,则 $\forall x>0$,应有 $f(-x)<f(x)$,又因 f 是偶函数,故

$$f(-x)<f(x)=f(-x),$$

矛盾.

1.1.4 基本初等函数的定义与性质

在中学数学里,指数函数 $y=a^x$ 与幂函数 $y=x^\alpha$ 是用乘方与开方这两个运算来定义的.因此当 x 是无理数时,$y=a^x$ 没有严格的定义,当 α 是取定的无理数时,$y=x^\alpha$ 没有严格的定义.下面给出其严格定义.

设 $a>1$,$\mathbf{Q}$ 是有理数集,则函数

$$y=a^r, r\in\mathbf{Q} \tag{1}$$

是用乘方与开方运算严格定义的,且这个函数在有理数集 $\mathbf{Q}$ 上严格增.再令

$$a^x=\sup\{a^r \mid r<x \text{ 且 } r\in\mathbf{Q}\},\quad x\in\mathbf{R}, \tag{2}$$

由确界原理,式(2)就是指数函数的严格定义.且容易证明,当 $x\in\mathbf{Q}$ 时,式(2)定义的值等于最初用乘方与开方方法定义的值.由式(1)在 $\mathbf{Q}$ 上严格增与上确界的性质,又容易证 $y=a^x$,$x\in\mathbf{R}$ 在 $\mathbf{R}$ 上严格增.有了式(2)的严格定义与负指数的性质,当 $0<a<1$ 时,$y=a^x$ 也定义好了,而 α 是无理数时的幂函数 x^α 则定义为

$$x^\alpha=\mathrm{e}^{\alpha\ln x}, \tag{3}$$

这样,所有的基本初等函数均有了严格的数学定义.

基本初等函数的定义域如下:

(1) a^x,$\sin x$,$\cos x$ 的定义域是 $\mathbf{R}$,$\log_a x$ 的定义域是 $x>0$;

(2) $\tan x$ 的定义域是 $x\neq k\pi+\dfrac{\pi}{2}$,$\cot x$ 的定义域是 $x\neq k\pi, k\in\mathbf{Z}$;

(3) $\arcsin x$,$\arccos x$ 的定义域是 $[-1,1]$;

(4) $\arctan x$ 的定义域是 $\mathbf{R}$;

(5) 幂函数 x^α 的定义域分4种情形:

① α 是正整数或 $\alpha=\dfrac{m}{n}$ 是正的既约分数且 n 为正奇数,则 $y=x^\alpha$ 的定义域是 $\mathbf{R}$;

② α 是正无理数或分母是正偶数的正的既约分数,则 $y=x^\alpha$ 的定义域是 $x\geqslant 0$;

③ α 是负整数、0或分母为正奇数的负的既约分数,则 $y=x^\alpha$ 的定义域是 $x\neq 0$;

④ α 是负无理数或分母是正偶数的负的既约分数，则 $y=x^{\alpha}$ 的定义域是 $x>0$.

基本初等函数中，$\sin x$，$\tan x$，$\cot x$，$\arcsin x$，$\arctan x$，满足 $\alpha=$ 奇数或 $\alpha=\dfrac{m}{n}$ 既约且 n 为正奇数、m 为奇数的 $y=x^{\alpha}$ 均是奇函数；$\cos x$ 和满足 α 是偶数或 $\alpha=\dfrac{m}{n}$ 既约且 n 为正奇数、m 为偶数的 $y=x^{\alpha}$ 均是偶函数.

由基本初等函数的上述定义和性质可得，当 $a>1$ 时，a^x 与 $\log_a x$ 严格增，当 $0<a<1$ 时，a^x 和 $\log_a x$ 严格减. 幂函数 $y=x^{\alpha}$，当 $\alpha>0$ 时，x^{α} 在 $(0,+\infty)$ 上严格增，当 $\alpha<0$ 时，x^{α} 在 $(0,+\infty)$ 上严格减. $\arcsin x$ 与 $\arctan x$ 严格增，$\arccos x$ 严格减.

1.1.5 逻辑非命题

命题 P 的否定（逻辑否定）也是一个命题，称这个命题是命题 P 的逻辑非命题. 习惯上，常常称命题 P 为性质 P. 称 $P(x)$ 成立是指 x 满足性质 P，或者是指 x 使得命题 P 为真. $P(x)$ 成立的逻辑非命题是 $P(x)$ 不成立. 下面给出关于逻辑非命题的几个例子.

① 设 $x\in\mathbf{R}$. 命题 P 是"$x>a$"，则 P 的逻辑非命题是"x 不大于 a"，即是"$x\leqslant a$".

② 将定义在 $D\subset\mathbf{R}$ 上的函数作为元素，其全体组成一个集合. 命题 P 是"f 是 D 上的有界函数"，P 的逻辑非命题是"f 是 D 上的无界函数".

③ 命题 P 是"f 是 D 上的单调函数"，P 的逻辑非命题是"f 是 D 上的非单调函数".

逻辑非命题的核心问题是：从命题 P 推导出用肯定语句叙述的 P 的逻辑非命题.

当一个数学命题不含逻辑量词时，由命题 P 中的数学概念与数学关系，很容易写出用肯定语句叙述的 P 的逻辑非命题，如上述的例子 ①.

含有逻辑量词的复杂数学命题，必然可表示成下面两个模式之一，其中 P 与 Q 均是性质或命题.

命题模式 1. "集合 A 中的每个元素 a，均使得性质 $P(a)$ 成立". 它可简记作

$$\boxed{\forall a\in A,\text{有 } P(a) \text{ 成立}},\tag{1}$$

对一切成立的否定是至少有一个不成立，所以(1) 的逻辑非命题是"至少有一个 $a_0\in A$，使得 $P(a_0)$ 不成立"，它可简记作

$$\boxed{\exists a_0\in A,\text{使 } P(a_0) \text{ 不成立}},\tag{2}$$

再用肯定语句叙述 $P(a_0)$ 不成立，就得到用肯定语句叙述的模式 1 的逻辑非命题.

命题模式 2. "集合 B 中有元素 b_0，使得性质 $Q(b_0)$ 成立"，它可简记作

$$\boxed{\exists b_0\in B,\text{使 } Q(b_0) \text{ 成立}},\tag{3}$$

至少有一个成立的否定是对一切均不成立，所以(3) 式的逻辑非命题是"集合 B 中每个元素 b，均使得 $Q(b)$ 不成立"，可简记作

$$\boxed{\forall b\in B,\text{有 } Q(b) \text{ 不成立}},\tag{4}$$

再用肯定语句叙述 $Q(b)$ 不成立，就得到用肯定语句叙述的模式 2 的逻辑非命题.

由上面的讨论可得

定理 1.6 设一个复杂数学命题是由若干个含逻辑量词的简单命题和一个不含逻辑量

词的命题"$P(x)$ 成立"组成,则只要将该复杂命题中的 $\forall$ 换为 $\exists$,将该复杂命题中的 $\exists$ 换成 $\forall$,再将"$P(x)$ 成立"换成用肯定语句叙述的"$P(x)$ 不成立",就得到了用肯定语句叙述的该复杂数学命题的逻辑非命题.

由定理1.6可得例子③中的逻辑非命题.

例 证明:f 是 D 上非单调函数的充要条件是存在 D 中三点 $x_1 < x_2 < x_3$,使得 $f(x_2) > f(x_1)$ 且 $f(x_2) > f(x_3)$,或使得 $f(x_2) < f(x_1)$ 且 $f(x_2) < f(x_3)$.

证明 因 f 是 D 上的单调函数,它或者单增,或者单减,可记作"$\forall x_1 < x_2$,有 $f(x_1) \leqslant f(x_2)$"或者"$\forall x'_1 < x'_2$,有 $f(x'_1) \geqslant f(x'_2)$".由定理1.6,它的逻辑非命题是

"$\exists x_1 < x_2$,使 $f(x_1) > f(x_2)$"且"$\exists x'_1 < x'_2$,使 $f(x'_1) < f(x'_2)$".

将 x_1, x_2, x'_1, x'_2 按大小排列后再比较对应的函数值的大小,即得证.

思 考 题

1. 矩形的面积 S 是不是矩形周长 l 的函数?

2. 设 $y^2 = x,\ x \in [0, +\infty)$,试问:在 $[0, +\infty)$ 上能否确定 y 是 x 的函数?

3. 若函数 f 存在反函数 f^{-1},试问:它的反函数 f^{-1} 唯一吗?

4. 周期函数一定存在最小周期吗?

5. 是否存在既奇且偶的函数?

6. 我们知道:若函数 f 在 D 严格单调,则 f 存在反函数 f^{-1},试问:此命题的逆命题成立吗?

7. 我们知道:如果 f 与 g 互为反函数,则必有 $f \circ g = g \circ f$,试问:此命题的逆命题成立吗?(假设 $f \circ g$ 与 $g \circ f$ 皆存在)

8. 设 f, g 分别在 $[a,b]$,$[b,c]$ 上是增函数,试问:

$$F(x) = \begin{cases} f(x), & x \in [a,b], \\ g(x), & x \in (b,c], \end{cases}$$

在 $[a,c]$ 上仍是增函数吗?

9. 两个增函数的和与差仍是增函数吗?

10. 对称集 D 上的奇函数 f,是否必有 $f(0) = 0$?若将对称集 D 改为对称区间 I,结果如何?

11. 设 $0 < a_1 < a_2$,是否一定有 $a_1^x < a_2^x$ 与 $x^{a_1} < x^{a_2}$?请研究它们的关系.

12. 若函数 f 在区间 (a,b) 上每一点都局部有界,能断定 f 在 (a,b) 有界吗?

13. 试问:$f(x) = \dfrac{x^3 - x^2}{x - 1}$ 是其定义域上的偶函数吗?

14. 试问:$\sin(\arcsin x) = x$,$\arcsin(\sin x) = x$ 成立吗?

15. 设 f 是 $\mathbf{R}$ 上的增函数,$\{x_n\}$ 是任一数列,试问:$\{f(x_n)\}$ 是单增数列吗?若将 $\{x_n\}$ 改为单增数列,结论又如何?

16. 设数列 $\{x_n\}$:$x_1, x_2, x_3, \cdots, x_n, \cdots$

(1) 用式子 $n'_k = 2k$ 给出自然数组成的数列 $\{n'_k\}$:$2, 4, \cdots, 2k, \cdots$.试问:由 x_n 与 $n = n'_k$ 复合组成的数列 $\{x_{n'_k}\}$ 是什么样子?

(2) 用式子 $n''_k = 2k - 1$ 给出自然数组成的数列 $\{n''_k\}$:$1, 3, 5, \cdots, 2k-1, \cdots$.试问:由 x_n 与 $n = n''_k$ 复合组成的数列 $\{x_{n''_k}\}$ 是什么样子?

(3) 任给一个严格增的自然数组成的数列 $\{n_k\}$:$n_1 < n_2 < \cdots < n_{k-1} < n_k < \cdots$.由 x_n 与 $n = n_k$ 复合组成的数列 $\{x_{n_k}\}$ 称为 $\{x_n\}$ 的**子列**,这个子列的第 k 项是原来数列 $\{x_n\}$ 的哪一项?n_k 与 k 有什么关系?

17. 函数 f 在 $x=a$ 局部有界概念由 4 个短句组成,简记作

$$f(x)=O(1)\ (x\to a)\Leftrightarrow \exists M>0,\exists \mathring{U}(a),\forall x\in \mathring{U}(a),|f(x)|<M,$$

你能构造它的逻辑非命题吗?

练　习　题

1.1　求以下各函数的定义域.

(1) $y=\arcsin(\tan x)$;　　(2) $y=\lg\left(\sin\dfrac{\pi}{x}\right)$.

1.2　以下各组函数是否相等?

(1) $f(x)=\lg(x^2)$,　　$g(x)=2\lg x$;

(2) $f(x)=\sqrt{\dfrac{x-1}{x-3}}$,　　$g(x)=\dfrac{\sqrt{x-1}}{\sqrt{x-3}}$;

(3) $f(x)=\sqrt{x^2}$, $g(x)=|x|$, $h(x)=\begin{cases}x, & x\geqslant 0,\\ -x, & x<0.\end{cases}$

1.3　已知 $f(x)=\begin{cases}3-x, & x\leqslant 0,\\ 2x+1, & x>0.\end{cases}$

求 $f(a)$, $f\left(\dfrac{1}{b}\right)$ $(b\neq 0)$.

1.4　试确定下列各组数的大小关系.

(1) $0.8^{-0.3}$, $4.9^{-0.1}$;　　(2) $0.9^{0.3}$, $0.7^{0.3}$, $0.7^{0.4}$;

(3) $\log_2 0.3$, 0.3^2.

1.5　已知

$$f(x)=\begin{cases}-3-x, & x\leqslant 0,\\ 2x-1, & x>0.\end{cases}$$

(1) 描绘 $y=f(x)$ 的图像;　　(2) 描绘 $y=f(|x|)$ 的图像;

(3) 描绘 $y=|f(x)|$ 的图像.

1.6　设 $y=f(u)=2^u$, $u=g(x)=x^2$, 求 $f\circ g$ 的定义域及表达式.

1.7　设 f 是定义在 $\mathbf{R}$ 上的以 3 为周期的奇函数,且 $f(1)=2$,求 $f(5)$.

1.8　下面的函数是由哪些基本初等函数通过什么运算得到的?

(1) $y=\sec^2\left(1-\dfrac{1}{x}\right)$;　　(2) $y=\arccos\sqrt{\lg(x^2-1)}$;

(3) $y=a^{\sqrt[3]{x^2+1}}$.

1.9　求下列函数的反函数 $f^{-1}(x)$ 的定义域及表达式.

(1) $f(x)=x^2$, $(-\infty<x\leqslant 0)$;　　(2) $f(x)=\cos x$, $(\pi\leqslant x\leqslant 2\pi)$;

(3) $f(x)=\dfrac{1-x}{1+x}$, $(x\neq -1)$.

1.10　指出下列函数中哪些是奇函数,哪些是偶函数,哪些既不是奇函数也不是偶函数.

(1) $f(x)=x^3\sin\dfrac{1}{x}$;　　(2) $f(x)=x+\cos x$;

(3) $f(x)=x\cos x+x^2\sin x$;　　(4) $f(x)=\ln(x+\sqrt{1+x^2})$.

1.11 证明:

(1) 奇函数与奇函数之和仍为奇函数;

(2) 奇函数与偶函数之积为奇函数.

1.12 指出下列函数中哪些是周期函数,并求它们的最小周期.

(1) $f(x)=2\sin x+5\cos 2x$;　　(2) $f(x)=2^{\cos x}$;

(3) $f(x)=x-[x]$;　　(4) $f(x)=\sin\dfrac{1}{x}$.

1.13 设 $f(x)=\begin{cases}-x-1, & x\leqslant 0,\\ x, & x>0,\end{cases}$　$g(x)=\begin{cases}x, & x\leqslant 0,\\ -x^2, & x>0,\end{cases}$

求复合函数 $f[g(x)]$ 与 $g[f(x)]$.

1.14 设 f 是 $\mathbf{R}$ 上的奇函数,且它存在反函数 f^{-1},证明:反函数 f^{-1} 是奇函数.

1.15 设函数 $f(x)$,$g(x)$ 在区间 (a,b) 上单调增,求证:函数 $\varphi(x)=\max\{f(x),g(x)\}$,$\psi(x)=\min\{f(x),g(x)\}$ 在 (a,b) 上单调增.

1.16 设数列 $\{x_n\}$ 单调有界,且 $y_n=\dfrac{x_1+x_2+\cdots+x_n}{n}$,求证:数列 $\{y_n\}$ 单调有界.

1.17 设 $0<x_1<1$, $x_n=1-\sqrt{1-x_{n-1}}\ (n=2,3,\cdots)$,求证:$\{x_n\}$ 是单调减数列.

1.18 设 $f(x)=\begin{cases}x, & x\in\mathbf{Q}\cap[0,1],\\ 1-x, & x\in(\mathbf{R}\backslash\mathbf{Q})\cap[0,1].\end{cases}$

证明:(1) 函数 f 在 $[0,1]$ 的任一子区间 I 上都不单调;

(2) f 在 $[0,1]$ 上存在反函数.

1.19 某人从美国到加拿大度假.他需要先将美元兑换成加元,这时币面数值将增加 12%(设 $f(x)$ 是将 x 美元兑换成加元的数值).回国后,他又要将加元兑换为美元,这时币面数值将减少 12%(设 $g(x)$ 是将 x 加元兑换成美元的数值),试问:g 是 f 的反函数吗?又问:若此人将 1 000 美元兑换成加元后,因故未去,只好再将加元换成美元,他是亏还是赚?

1.20 收音机每台售价 90 元,成本 60 元,厂家为鼓励商家大量采购,特规定:凡订购量 100 台以上者,每多订一台,每台售价降低 1 元,但最低价为每台 75 元.

(1) 试写出每台收音机的售价 R 与订购量 x 的函数关系;

(2) 当商家订购 1 000 台时,问:厂家获多少利润?

1.21 设函数 $f(x)$ 定义在数集 D 上,分别称

$$f^{+}(x)=\max\{f(x),0\},\quad f^{-}(x)=\max\{-f(x),0\}$$

为 $f(x)$ 的**正部与负部**.

(1) 画 $y=f^{+}(x)$ 与 $y=f^{-}(x)$ 的图像;

(2) 证明:$f^{+}(x)=\dfrac{|f(x)|+f(x)}{2}$,　$f^{-}(x)=\dfrac{|f(x)|-f(x)}{2}$.

$$0\leqslant f^{+}(x)\leqslant|f(x)|,\qquad 0\leqslant f^{-}(x)\leqslant|f(x)|;$$

(3) 证明:任一函数皆能表示成两个非负函数之差,而它的绝对值函数皆能表示成两个非负函数之和.

注记:17 世纪是生产、技术、科学大发展的年代.天文学对行星、地球轨道的研究;航海业对经纬度的研究;弹道学对抛射体的研究;机械制造业对螺线、旋轮线、摆线的研究等都促使数学必须研究运动.当时,人们把曲线理解为运动的几何形象,把变量之间的关系——函数理解为运动的数量形式.深通自然科学和数学的法国哲学家笛卡儿(Descartes, 1596—1650)从经纬制出发引入了坐标系,创立了用代数方法研究几何的新学科——解析

几何，它美妙而和谐地把运动、曲线、函数融合在一起，给17世纪以来数学的巨大进展奠定了基础. 恩格斯对笛卡儿的革新思想给予了很高的评价，他说："数学中的转折点是笛卡儿的变数. 有了变数，运动进入了数学；有了变数，辩证法进入了数学 ……"

在17世纪和18世纪的漫长岁月中，函数概念几乎占据了当时所有科学研究工作的中心位置，运动与曲线赋予函数的新鲜活力使它结下了累累果实，然而，透过披在它身上的生动、直觉的外衣去认识它的本质在历史上却经过了一个相当艰苦的历程.

1673年，莱布尼茨(Leibniz，1646—1716)在一篇手稿中第一次用"函数"一词表示任何一个随着曲线上点的变动而变动的量，例如切线、法线、次切线的长度及纵坐标等，同时他又引进了"常量""变量"和"参变量"等概念.

被拉普拉斯(Laplace，1749—1827)誉为18世纪后半叶全体数学家共同导师的欧拉(Euler，1707—1783)，1748年在《无穷小分析引论》(这是世界上第一部以函数为基础的微积分教科书)一书中写道："变量的函数是一个解析表达式，它是由这个变量和一些常量以任何方式组成的". 同时他又说函数就是"在 xOy 平面上徒手画出来的曲线所表示的 y 与 x 之间的关系". 到了1775年，他在《微分学》中又写道："如果某些变量以这样一种方式依赖于另一些变量，即当后面这些变量变化时，前面的变量便随之变化，则称前面的变量为后面变量的函数". 欧拉用生动、直观的语言描述的函数概念对后世的影响是深远的，尤其是他在1734年引进的函数记号 $f(x)$ 一直沿用至今.

1797年，拉格朗日(Lagrange，1736—1813)说："凡是能用幂级数表示的关系就称为函数".

1807年，傅里叶(Fourier，1768—1830)又说："任何函数都可以表示成三角级数".

总之，他们都把函数的具体表现形式当作了函数概念的本质.

直到1834年，罗巴契夫斯基(Лобачевский，1792—1856)才初步接触到了函数的实质. 他认为函数"这个一般概念，要求把那个对于每个 x 而给予的并随着 x 而逐渐变动的数称为 x 的函数. 函数值则可能由解析表达式给出，也可能由一个条件给出，这个条件给出检验全部数并从其中选出一个数的方法. 最后，函数的依赖关系可以存在但依然是未知的".

到了1837年，狄利克雷(Dirichlet，1805—1859)用更明确简练的语言指出："对于在某区间上的每一个确定的 x 值，y 都有一个或多个确定的值，那么，y 叫作 x 的函数". 这才真正抓住了函数概念的本质是"对应规律"这个核心. 因而这个定义直到目前仍然被多数教科书采用.

19世纪80年代，康托尔(Cantor，1845—1918)创立了集合论. 数学的抽象化、严格化程度逐渐提高，常常需要把具有某种共性的一些对象作为一个整体看待，并且研究它的共性和结构. 数学研究的这种趋势使得集合论成为现代数学的基础，并构成了它的通用语言.

1914年，豪斯多夫(Hausdorff)用乘积集合 $A\times B=\{(a,b)\mid a\in A,b\in B\}$ 的满足一定条件的子集来定义函数，使得原来的函数概念中直观定义的"对应规律"有了集合论的基础. 但它却用到了"序"的概念. 直到1921年，库拉托夫斯基(Kuratowski)用一种仅含两个元素的特殊形式的集合 $\{\{a\},\{a,b\}\}$ 来定义序对 (a,b)，这就可以用集合的语言来建立函数的概念.

1859年，在李善兰与伟烈亚力(Wylie)合译的我国第一部微积分汉译本《代微积拾级》

中,第一次将"function"译成"函数",一直沿用到今天.

—函数小结—

本节要抓住两条,一条是函数、复合函数、反函数的概念;另一条是基本初等函数的性质与图像.

由于数学分析的研究对象是函数,因此必须搞清函数概念,一要搞清函数是由对应关系与定义域两个要素综合而成的,不能单说一个而丢掉另一个,初学者往往漏掉了定义域;二要搞清函数与函数值的区别;三要搞清函数概念与函数表示法的区别. 关于反函数概念、复合函数概念、函数图像、反函数及复合函数的存在判别法等都是今后要常常用到的很重要的东西,请读者仔细加以体会. 在本节的末尾我们介绍了如何构造逻辑非命题. 要求大家会用它来证明问题.

1.2　极　　限

1.2.1　极限概念

1. 数列极限

研究数列$\{x_n\}$的基本问题就是考察当自变量n越来越大时，通项x_n的变化趋势. 考察下面各数列的变化趋势

$$\{x_n\}:\ 1,\frac{1}{2},\frac{1}{3},\frac{1}{4},\frac{1}{5},\cdots,\frac{1}{n},\cdots,$$

$$\{y_n\}:\ -1,\frac{1}{2},-\frac{1}{3},\frac{1}{4},-\frac{1}{5},\cdots,\frac{(-1)^n}{n},\cdots,$$

$$\{z_n\}:\ 0,1,0,\frac{1}{2},0,\frac{1}{3},\cdots,\frac{1+(-1)^n}{n},\cdots,$$

$$\{u_n\}:\ 1,\frac{3}{2},\frac{1}{3},\frac{3}{4},\frac{1}{5},\frac{3}{6},\cdots,\frac{2+(-1)^n}{n},\cdots,$$

$$\{v_n\}:\ \frac{1}{2},\frac{2}{3},\frac{3}{4},\frac{4}{5},\frac{5}{6},\cdots,\frac{n}{n+1},\cdots.$$

则容易发现，当n越来越大时，x_n,y_n,z_n,u_n均越来越靠近数0，而v_n则越来越靠近数1. 总结上面现象，就得到数列极限的直观定义：

当n越来越大时，若x_n越来越靠近实数a，就称n趋于无穷时，数列$\{x_n\}$收敛于极限a，记为$\lim\limits_{n\to\infty}x_n=a$.

数列极限的直观定义，刻画了极限的本质，但它不是数学定义，因为“越来越大”和“越来越靠近”均不是数学语言，需要将它转换成数学语言. 这一转换可用4句话概括如下：

对每一个$\varepsilon>0$，均存在一个由ε确定的正整数N，使得对每一个$n>N$，均有$|x_n-a|<\varepsilon$成立.　　(1)

当以上4句话成立时，就称n趋于无穷时，x_n收敛于a.

式(1)的四句话可更简洁地表述为：

任给$\varepsilon>0$，存在N，只要$n>N$，有$|x_n-a|<\varepsilon$成立.　　(2)

为什么4句话定义是数列极限直观定义的精确数学表述呢？

首先，4句话定义可用图1.2-1来表示. 其中N由ε确定，满足$n>N$的点x_n在区间$(a-\varepsilon, a+\varepsilon)$之中.

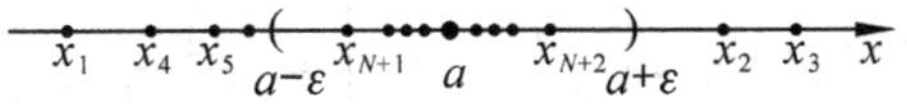

图1.2-1

因为任给$\varepsilon>0$包含了$\varepsilon>0$取得越来越小的情形. 当$\varepsilon>0$越来越小时，要使“只要$n>N$，就有$|x_n-a|<\varepsilon$”这句话成立，由图1.2-1可以看出，N就要取得越来越大，在上述变化条件下，“只要$n>N$，即只要n越来越大，就有$|x_n-a|<\varepsilon$，即就有x_n越来越靠近a”，这就

得到了直观定义.现在就可给出数列极限的完整定义了.

定义 给定数列$\{x_n\}$,如果存在实数a,对任意给定的$\varepsilon>0$,存在正整数N,使得对于满足$n>N$的一切正整数n,有

$$|x_n-a|<\varepsilon$$

成立,则称数a是数列$\{x_n\}$的**极限**,称数列$\{x_n\}$**收敛**,记作

$$\lim_{n\to\infty}x_n=a \quad 或 \quad x_n\to a\ (n\to\infty).$$

否则,称数列$\{x_n\}$**发散**.

通常称这一定义为数列极限的ε-N定义,其中N随着ε的变化而变化,即$N=N(\varepsilon)$.这一定义的核心,就是式(1)或式(2)的4句话定义,它又可简记作

$$\boxed{\lim_{n\to\infty}x_n=a\Leftrightarrow\forall\varepsilon>0,\exists N,\forall n>N,有\ |x_n-a|<\varepsilon.}$$

根据数列极限的ε-N定义,就可以用解不等式的方法来证明极限.这就是,对每个$\varepsilon>0$,解不等式$|x_n-a|<\varepsilon$,根据该不等式的解确定正整数N,而且N取得大一点也无妨,只要保证每个$n>N$均使得$|x_n-a|<\varepsilon$成立即可.其次,只要对任给的$0<\varepsilon<1$或对任给的$0<\varepsilon<\frac{1}{2}$等证明了定义的4句话成立,则对任意的$\varepsilon>0$,4句话必然成立.

例1 用ε-N定义证明:$\lim\limits_{n\to\infty}\frac{1}{n^\alpha}=0(\alpha>0)$.

证明 任给$\varepsilon>0$,解不等式$\left|\frac{1}{n^\alpha}-0\right|=\frac{1}{n^\alpha}<\varepsilon$.因$\alpha>0$,有

$$n^\alpha>\frac{1}{\varepsilon},即\ n>\left(\frac{1}{\varepsilon}\right)^{\frac{1}{\alpha}},$$

取$N=\left[\left(\frac{1}{\varepsilon}\right)^{\frac{1}{\alpha}}\right]+1$,则只要$n>N$,就必然有$\left|\frac{1}{n^\alpha}-0\right|<\varepsilon$成立,按定义为$\lim\limits_{n\to\infty}\frac{1}{n^\alpha}=0$.

例2 用ε-N定义证明:$\lim\limits_{n\to\infty}q^n=0$(其中常数$|q|<1$).

证明 当$q\neq0$时,任给$0<\varepsilon<1$,解不等式$|q^n-0|=|q|^n<\varepsilon$,可得$n\lg|q|<\lg\varepsilon$,即$n>\frac{\lg\varepsilon}{\lg|q|}$,故取$N=\left[\frac{\lg\varepsilon}{\lg|q|}\right]+1$,则只要$n>N$,必有$|q|^n<\varepsilon$成立,所以$\lim\limits_{n\to\infty}q^n=0$,当$q=0$时,显然有$\lim\limits_{n\to\infty}q^n=0$.

通常求不等式$|x_n-a|<\varepsilon$的解比较复杂,这时常常将$|x_n-a|$适当放大后解新的不等式来证明极限.

例3 用ε-N定义证明:$\lim\limits_{n\to\infty}\frac{2n^2}{n^2-2}=2$.

证明 将求证极限适当放大有,$\left|\frac{2n^2}{n^2-2}-2\right|=\frac{4}{n^2-2}\leqslant\frac{4}{n}\ (n\geqslant2)$.任给$\varepsilon>0$,解新的不等式$\frac{4}{n}<\varepsilon$,得到$n>\frac{4}{\varepsilon}$,取$N=\left[\frac{4}{\varepsilon}\right]+2$,则只要$n>N$,就必然有$\left|\frac{2n^2}{n^2-2}-2\right|<\varepsilon$成立,所以$\lim\limits_{n\to\infty}\frac{2n^2}{n^2-2}=2$.

例 4 用 ε-N 定义证明：$\lim\limits_{n\to\infty}\dfrac{2^n}{n!}=0$.

证明 将求证极限适当放大可得

$$\left|\frac{2^n}{n!}-0\right|=\frac{2\times2\times2\times\cdots\times2}{1\times2\times3\times\cdots\times n}=\frac{2}{1}\cdot\frac{2}{2}\cdot\frac{2}{3}\cdot\cdots\cdot\frac{2}{n-1}\cdot\frac{2}{n}$$
$$=2\left(\frac{2}{2}\right)\left(\frac{2}{3}\right)\cdots\left(\frac{2}{n-1}\right)\left(\frac{2}{n}\right)\leqslant2\times\frac{2}{n}=\frac{4}{n}.$$

任给 $\varepsilon>0$，解新的不等式$\dfrac{4}{n}<\varepsilon$得$n>\dfrac{4}{\varepsilon}$，取$N=\left[\dfrac{4}{\varepsilon}\right]+1$，则只要$n>N$，就必然有$\left|\dfrac{2^n}{n!}-0\right|<\varepsilon$成立，所以$\lim\limits_{n\to\infty}\dfrac{2^n}{n!}=0$.

当用上面的方法不能得到不等式$|x_n-a|<\varepsilon$的解时，常常转化为解不等式$a-\varepsilon<x_n<a+\varepsilon$.

例 5 用 ε-N 定义证明：$\lim\limits_{n\to\infty}\sqrt[n]{a}=1\ (a>0)$.

证明 $a=1$时显然成立. 当$a>0$且$a\neq1$时，任给$0<\varepsilon<1$，解不等式$|\sqrt[n]{a}-1|<\varepsilon$，即解不等式$1-\varepsilon<\sqrt[n]{a}=a^{\frac{1}{n}}<1+\varepsilon$，因$\ln x$严格增，上式取对数得

$$\ln(1-\varepsilon)<\frac{1}{n}\ln a<\ln(1+\varepsilon).$$

若$a>1$，则$\ln a>0$，变为解不等式$\dfrac{1}{n}\ln a<\ln(1+\varepsilon)$，得$n>\dfrac{\ln a}{\ln(1+\varepsilon)}$，取$N=\left[\dfrac{\ln a}{\ln(1+\varepsilon)}\right]+1$，则只要$n>N$，就有$|\sqrt[n]{a}-1|<\varepsilon$成立，按定义，$a>1$时有$\lim\limits_{n\to\infty}\sqrt[n]{a}=1$. 而当$0<a<1$时有$\ln a<0$，变为解不等式$\ln(1-\varepsilon)<\dfrac{1}{n}\ln a$，同理可得$\lim\limits_{n\to\infty}\sqrt[n]{a}=1$.

例 6 用 ε-N 定义证明：$\lim\limits_{n\to\infty}\dfrac{n^2}{a^n}=0\ (a>1)$.

证明 任给$\varepsilon>0$，解不等式$\left|\dfrac{n^2}{a^n}-0\right|=\dfrac{n^2}{a^n}<\varepsilon$，因$a>1$，令$a=1+\lambda$，$\lambda>0$. 要将$\dfrac{n^2}{a^n}$适当放大，只要将$a^n$适当缩小，由牛顿二项式定理，当$n\geqslant4$时有

$$a^n=(1+\lambda)^n=1+n\lambda+\frac{n(n-1)}{2!}\lambda^2+\frac{n(n-1)(n-2)}{3!}\lambda^3+\cdots+\lambda^n$$
$$>\frac{n(n-1)(n-2)}{3!}\lambda^3>\frac{n^3\lambda^3}{24},$$

这是因为$n\geqslant4$时有$n-1>\dfrac{n}{2}$和$n-2\geqslant\dfrac{n}{2}$. 由此可得$\dfrac{n^2}{a^n}\leqslant\dfrac{24}{n\lambda^3}$.

任给$\varepsilon>0$，新的不等式$\dfrac{24}{n\lambda^3}<\varepsilon$的解是$n>\dfrac{24}{\varepsilon\lambda^3}$，取$N=\left[\dfrac{24}{\varepsilon\lambda^3}\right]+4$，容易验证，只要$n>N$，就有$\left|\dfrac{n^2}{a^n}-0\right|<\varepsilon$成立，所以$\lim\limits_{n\to\infty}\dfrac{n^2}{a^n}=0$.

在一般情形下可得

$$\lim_{n\to\infty}\frac{M^n}{n!}=0(\text{常数 }M\in\mathbf{R}),\quad \lim_{n\to\infty}\frac{n^\alpha}{a^n}=0(a>1,\alpha\in\mathbf{R}).\tag{3}$$

例 7 (算术平均值极限) 若$\lim\limits_{n\to\infty} x_n = a$,则 $\lim\limits_{n\to\infty}\dfrac{x_1+x_2+\cdots+x_n}{n}=a$.

证明 因$\lim\limits_{n\to\infty} x_n = a$,任给$\varepsilon>0$,对$\varepsilon_1=\dfrac{\varepsilon}{2}$,存在$N_1$,只要$n>N_1$,$|x_n-a|<\varepsilon_1=\dfrac{\varepsilon}{2}$必然成立.用这个已知的$\varepsilon_1$-$N_1$不等式,对求证的极限作适当放大,则当$n>N_1$时,有

$$\begin{aligned}\left|\frac{x_1+x_2+\cdots+x_n}{n}-a\right| &= \left|\sum_{k=1}^{n}\frac{x_k-a}{n}\right| \leqslant \sum_{k=1}^{n}\frac{|x_n-a|}{n}\\ &< \frac{|x_1-a|+\cdots+|x_{N_1}-a|}{n}+\frac{n-N_1}{n}\cdot\frac{\varepsilon}{2}\\ &\leqslant \frac{M}{n}+\frac{\varepsilon}{2},\end{aligned}$$

其中,$M=|x_1-a|+\cdots+|x_{N_1}-a|$,且当$\varepsilon_1$与$N_1$取定时,$M$是常数.

新的不等式$\dfrac{M}{n}+\dfrac{\varepsilon}{2}<\varepsilon$的解是$n>\dfrac{2M}{\varepsilon}$,取$N=\left[\dfrac{2M}{\varepsilon}\right]+N_1$,则只要$n>N$,上面各个不等式均成立,特别有$\left|\dfrac{x_1+x_2+\cdots+x_n}{n}-a\right|<\varepsilon$成立.按照定义有$\lim\limits_{n\to\infty}\dfrac{x_1+x_2+\cdots+x_n}{n}=a$.

例 7 中的证明方法,就是用已知极限所包含的已知的ε_1-N_1不等式对求证的极限作适当放大后,解新的不等式的方法.通常称它为ε_1-N_1方法.

下面的例 8 是数列极限的等价定义,很重要.

例 8 证明:$\lim\limits_{n\to\infty} x_n = a$的充要条件是存在$M>0$,对任给的$\varepsilon>0$,存在正整数$N$,只要$n>N$,有$|x_n-a|<M\varepsilon$.

证明 (必要性)任给$\varepsilon>0$,因为$\lim\limits_{n\to\infty} x_n = a$,则对于$\varepsilon_1=M\varepsilon$,存在正整数$N$,只要$n>N$,就有$|x_n-a|<\varepsilon_1=M\varepsilon$成立,即充要条件的四句话成立,必要性得证.

(充分性)任给$\varepsilon>0$,因充要条件的四句话成立,则对于$\varepsilon_1=\dfrac{\varepsilon}{M}$,就存在正整数$N$,只要$n>N$,就有$|x_n-a|<M\varepsilon_1=\varepsilon$成立,按定义有$\lim\limits_{n\to\infty} x_n = a$成立,充分性得证.

上面的 8 个例题,给出了证明极限的基本方法.例 1、例 2 与例 5 是直接求解不等式的方法,例 3、例 4、例 6 均是适当放大方法,其中例 6 表明,对于指数形式的数列,用牛顿二项式定理来作适当放大或缩小比较方便,例 7 是ε_1-N_1方法,这一方法比较精细,技巧也比较高.

下面给出一个典型的发散数列的例子.

例 9 用定义证明:数列$x_n=(-1)^n$发散.

证明 用反证法证明.若数列$x_n=(-1)^n$不发散,就存在实数a,使得$\lim\limits_{n\to\infty} x_n = a$.根据极限的定义,对于$\varepsilon=\dfrac{1}{2}$,存在$N_1$,只要$n>N_1$,必然有$|x_n-a|<\dfrac{1}{2}$.所以当$n>N_1$时

$$|x_n-a|+|x_{n+1}-a|<\frac{1}{2}+\frac{1}{2}=1$$

成立.另一方面,因为$|x_n-x_{n+1}|=2$,那么当$n>N_1$时

$$|x_n-a|+|x_{n+1}-a|\geqslant|(x_n-a)-(x_{n+1}-a)|=|x_n-x_{n+1}|=|(-1)^n-(-1)^{n+1}|=2$$

成立,这就得到了$2<1$,矛盾.所以数列$x_n=(-1)^n$发散.

2. 函数极限

数列$\{x_n\}$是定义在正整数集 **N** 上的函数. 用函数的语言来叙述数列极限的直观定义可得：当自变量 n 越来越靠近 ∞ 且不等于 ∞ 时，函数值 x_n 越来越靠近实数 A，则称 n 趋于 ∞ 时 x_n 收敛于 A.

那么用 x 代替 n，$f(x)$ 代替 x_n，实数 a 代替 ∞，就得到了函数极限的直观定义如下：

当自变量 x 越来越靠近实数 a 且不等于 a 时，函数值 $f(x)$ 就越来越靠近实数 A，就称 x 趋于 a 时 $f(x)$ 收敛于 A.

上述的函数极限的直观定义，刻画了函数极限的本质特征，但是它的语言不全是数学语言，所以它还不是数学的定义，x 趋于 a 时 $f(x)$ 收敛于 A 的数学定义可用以下 4 句话来概括：

对每一个 $\varepsilon > 0$，均存在一个由 ε 确定的正数 $\delta > 0$，使得只要 $0 < |x-a| < \delta$，就有 $|f(x)-A| < \varepsilon$ 成立. (1)

这 4 句话还可进一步简述为：

任给 $\varepsilon > 0$，存在 $\delta > 0$，只要 $0 < |x-a| < \delta$，就有 $|f(x)-A| < \varepsilon$. (2)

为什么以上 4 句话定义是函数极限的直观定义的精确的数学表述呢？因为任给 $\varepsilon > 0$，包含了 $\varepsilon > 0$ 取得越来越小的情形. 当 $\varepsilon > 0$ 越来越小时，要使 4 句话成立，由 ε 确定的 $\delta > 0$ 必然要取得越来越小. 所以在上述变化条件下，“只要 $0 < |x-a| < \delta$（就是只要 x 越来越靠近 a），就有 $|f(x)-A| < \varepsilon$（是指就有 $f(x)$ 越来越靠近 A）”，这就得到了直观定义.

定义　设函数 f 在 $\mathring{U}(a)$ 上有定义，如果存在实数 A，对任意给定的 $\varepsilon > 0$，存在 $\delta > 0$，使得 $f(x)$ 有定义且满足 $0 < |x-a| < \delta$ 的一切 x，有

$$|f(x)-A| < \varepsilon$$

成立，则称数 A 是 $x \to a$ 时函数 f 的**极限**，亦可称 A 是函数 f 在点 a 的极限，称 $x \to a$ 时 f **收敛（存在极限）**，记为 $\lim\limits_{x \to a} f(x) = A$ 或 $f(x) \to a(x \to a)$，否则，称 $x \to a$ 时 f **发散（不存在极限）**.

称上面函数极限的定义为函数极限的 ε-δ 定义. 这一定义的核心就是上述 4 句话定义. 它可简记为

$$\boxed{\lim_{x \to a} f(x) = A \Leftrightarrow \forall \varepsilon > 0, \exists \delta > 0, \forall 0 < |x-a| < \delta, \text{有 } |f(x)-A| < \varepsilon.}$$

注意，$\lim\limits_{x \to a} f(x) = A$ 的逻辑非命题是 $\lim\limits_{x \to a} f(x) \neq A$. 后一个命题包含了两个内容：(a) $\lim\limits_{x \to a} f(x) = B$ 且 $B \neq A$，(b) $x \to a$ 时 $f(x)$ 发散. 还要注意的是，极限的定义又包含了 $x \to a$ 时 $f(x)$ 的极限存在的 5 句话定义如下：

$$\boxed{\lim_{x \to a} f(x)\text{ 存在} \Leftrightarrow \exists A, \forall \varepsilon > 0, \exists \delta > 0, \forall 0 < |x-a| < \delta, \text{有 } |f(x)-A| < \varepsilon.}$$

数列极限的定义同样也包含了数列收敛的 5 句话定义.

函数 $f(x)$ 的自变量 x 的变化趋势比较丰富，最基本的变化趋势有 6 种，除了上面的 $x \to a$ 这一变化趋势外，还有 x 从 a 的右方趋于 a，x 从 a 的左方趋于 a，x 趋于 $+\infty$，x 趋于 $-\infty$，x 趋于 ∞ 5 种基本的自变量 x 的变化趋势，它们对应了另 5 种函数极限的定义.

定义　设函数 f 在 a 点的右方区间 (a,l) 上有定义，如果存在实数 A，对任意给定的 $\varepsilon > 0$，存在 $\delta > 0$，只要 $a < x < a+\delta$ 即只要 $0 < x-a < \delta$，就有

$$|f(x)-A|<\varepsilon$$

成立,则称函数 f 在 a 点的右极限存在,数 A 是函数 f 在 a 点的**右极限**,常把这个右极限 A 记作 $f(a^+)$,称 x 从右方趋于 a 时 $f(x)$ 收敛,记为

$$\lim_{x\to a^+}f(x)=A=f(a^+).$$

上述定义可简记作

$$\boxed{\lim_{x\to a^+}f(x)=A\Leftrightarrow\forall\varepsilon>0,\exists\delta>0,\forall a<x<a+\delta,\text{有 }|f(x)-A|<\varepsilon.}$$

相仿地,可定义 f 在 a 点的**左极限**,常记它为 $f(a^-)$ 即

$$\boxed{\lim_{x\to a^-}f(x)=A\Leftrightarrow\forall\varepsilon>0,\exists\delta>0,\forall a-\delta<x<a,\text{有 }|f(x)-A|<\varepsilon.}$$

右极限与左极限统称为 f 在 a 点的**单侧极限**. $x\to a$ 时 $f(x)$ 的极限则称为 f 在 a 点的双侧极限. 上述 3 种极限定义称为极限的 ε-δ 定义.

再讨论 x 趋于 $+\infty$ 时的函数极限.

定义 设函数 f 在区间 $(a,+\infty)$ 上有定义,如果存在实数 A,对于任意给定的 $\varepsilon>0$,存在实数 $\Delta>0$,使得满足 $x>\Delta$ 的一切 $x\in(a,+\infty)$,有

$$|f(x)-A|<\varepsilon$$

成立,则称数 A 是函数 f 当 $x\to+\infty$ 时的**极限**,亦可称 A 是函数 f 在(正无穷远点) $+\infty$ 的极限,称函数 f 当 $x\to+\infty$ 时**收敛(存在极限)**,记作

$$\lim_{x\to+\infty}f(x)=A\quad\text{或}\quad f(x)\to A\ (x\to+\infty),$$

否则,称 $x\to+\infty$ 时函数 f **发散(不存在极限)**.

上面定义可简记为

$$\boxed{\lim_{x\to+\infty}f(x)=A\Leftrightarrow\forall\varepsilon>0,\exists\Delta>0,\forall x>\Delta,\text{有 }|f(x)-A|<\varepsilon.}$$

读者不难仿照上述定义,自己作出 f 在 $-\infty$ 点(读作"负无穷远点")和 ∞ 点(读作"无穷远点")以 A 为极限的定义,这两个定义可简记为

$$\boxed{\lim_{x\to-\infty}f(x)=A\Leftrightarrow\forall\varepsilon>0,\exists\Delta>0,\forall x<-\Delta,\text{有 }|f(x)-A|<\varepsilon.}$$

$$\boxed{\lim_{x\to\infty}f(x)=A\Leftrightarrow\forall\varepsilon>0,\exists\Delta>0,\forall\ |x|>\Delta,\text{有 }|f(x)-A|<\varepsilon.}$$

上述 3 种形式的极限定义统称为函数极限的 **ε-Δ 定义**. 其中希腊字母 Δ 是希腊字母 δ 的大写字母.

下面给出 ε-δ 定义的几何解释.

任给 $\varepsilon>0$,作直线 $y=A+\varepsilon$, $y=A-\varepsilon$,则可找到以 a 为中心, δ 为半径的空心邻域 $\mathring{U}(a;\delta)$,当 x 落在这个空心邻域内时,相应的曲线段必落在两直线 $y=A\pm\varepsilon$ 所夹的宽为 2ε 的平行带之中,如图 1.2-2 所示.

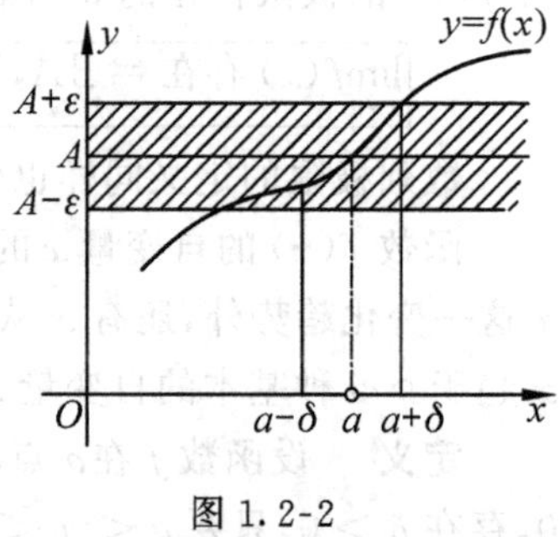

图 1.2-2

有了上述 6 个函数极限的定义,就可以用定义来证明极限,它同样是对任给的 $\varepsilon>0$,解不等式 $|f(x)-A|<\varepsilon$,并用该不等式的解来确定 $\delta=\delta(\varepsilon)>0$(或确定 $\Delta=\Delta(\varepsilon)>0$),且

$\delta>0$ 取小点无妨（$\Delta>0$ 取大点无妨），只要保证对每个满足 $0<|x-a|<\delta$ 的 x（或 $|x|>\Delta$ 的 x），使得 $|f(x)-A|<\varepsilon$ 必然成立. 且任给 $\varepsilon>0$，可用任给 $0<\varepsilon<1$，或任给 $0<\varepsilon<\frac{1}{2}$ 等来代替.

例 10　用 ε-Δ 定义证明：$\lim\limits_{x\to-\infty}\mathrm{e}^x=0$.

证明　任给 $0<\varepsilon<1$，解不等式

$$|\mathrm{e}^x-0|=\mathrm{e}^x<\varepsilon,$$

得到

$$x<\ln\varepsilon=-(-\ln\varepsilon),$$

取 $\Delta=-\ln\varepsilon>0$，则只要 $x<-\Delta$，必有 $|\mathrm{e}^x-0|<\varepsilon$ 成立，所以 $\lim\limits_{x\to-\infty}\mathrm{e}^x=0$.

例 11　用 ε-Δ 定义证明：$\lim\limits_{x\to+\infty}\arctan x=\frac{\pi}{2}$.

证明　任给 $0<\varepsilon<1$，解不等式

$$\left|\arctan x-\frac{\pi}{2}\right|=\frac{\pi}{2}-\arctan x<\varepsilon,$$

可得

$$\arctan x>\frac{\pi}{2}-\varepsilon,$$

即

$$x>\tan\left(\frac{\pi}{2}-\varepsilon\right)>0,$$

取 $\Delta=\tan\left(\frac{\pi}{2}-\varepsilon\right)>0$，则只要 $x>\Delta$，就有 $\left|\arctan x-\frac{\pi}{2}\right|<\varepsilon$，所以 $\lim\limits_{x\to+\infty}\arctan x=\frac{\pi}{2}$.

例 12　用 ε-Δ 定义证明：$\lim\limits_{x\to\infty}\frac{2x^2+x}{x^2-2}=2$.

证明　因 $x\to\infty$，故只需考虑充分大的 $|x|$ 就可以了，所以，可设 $|x|>2$，即设 $x^2>4$. 适当放大可得

$$\left|\frac{2x^2+x}{x^2-2}-2\right|=\frac{|x+4|}{|x^2-2|}\leqslant\frac{|x|+4}{|x^2|-2}\leqslant\frac{3|x|}{\frac{|x|^2}{2}}=\frac{6}{|x|}.$$

任给 $\varepsilon>0$，新不等式 $\frac{6}{|x|}<\varepsilon$ 的解是 $|x|>\frac{6}{\varepsilon}$，取 $\Delta=\frac{6}{\varepsilon}+2$，则只要 $|x|>\Delta$，$\left|\frac{2x^2+x}{x^2-2}-2\right|<\varepsilon$ 就必然成立，依据极限定义得 $\lim\limits_{x\to\infty}\frac{2x^2+x}{x^2-2}=2$.

例 13　用 ε-δ 定义证明：$\lim\limits_{x\to1}\frac{x^2-1}{x-1}=2$.

证明　任给 $\varepsilon>0$，解不等式

$$\left|\frac{x^2-1}{x-1}-2\right|=|(x+1)-2|=|x-1|<\varepsilon,$$

取 $\delta=\varepsilon$，则只要 $0<|x-1|<\delta$，就有 $\left|\frac{x^2-1}{x-1}-2\right|<\delta=\varepsilon$ 成立，依据极限定义得

$$\lim_{x\to1}\frac{x^2-1}{x-1}=2.$$

例 14 用 $\varepsilon-\delta$ 定义证明：$\lim\limits_{x\to a}x^\alpha=a^\alpha(a>0,\alpha\in\mathbf{R})$.

证明 任给 $0<\varepsilon<a^\alpha$，解不等式 $|x^\alpha-a^\alpha|<\varepsilon$，得

$$a^\alpha-\varepsilon<x^\alpha<a^\alpha+\varepsilon.$$

当 $\alpha>0$ 时，因 $x^{\frac{1}{\alpha}}$ 严格增，上式同乘方 $\dfrac{1}{\alpha}$ 得

$$(a^\alpha-\varepsilon)^{\frac{1}{\alpha}}<x<(a^\alpha+\varepsilon)^{\frac{1}{\alpha}},$$

即

$$(a^\alpha-\varepsilon)^{\frac{1}{\alpha}}-a<x-a<(a^\alpha+\varepsilon)^{\frac{1}{\alpha}}-a,$$

取 $\delta=\min\{a-(a^\alpha-\varepsilon)^{\frac{1}{\alpha}},(a^\alpha+\varepsilon)^{\frac{1}{\alpha}}-a\}>0$，则只要 $0<|x-a|<\delta$，上面各个不等式均成立，特别 $|x^\alpha-a^\alpha|<\varepsilon$ 成立，按定义，$\alpha>0$ 时有 $\lim\limits_{x\to a}x^\alpha=a^\alpha$.

同理可证 $\alpha\leqslant 0$ 时有 $\lim\limits_{x\to a}x^\alpha=a^\alpha$.

例 15 用 $\varepsilon-\delta$ 定义证明：$\lim\limits_{x\to 0^+}x^\alpha=0(\alpha>0)$.

证明 任给 $\varepsilon>0$，解不等式

$$|x^\alpha-0|=x^\alpha<\varepsilon.$$

因 $x>0,\alpha>0$，函数 $x^{\frac{1}{\alpha}}$ 在 $[0,+\infty)$ 严格增，上式同乘方 $\dfrac{1}{\alpha}$，得

$$0<x<\varepsilon^{\frac{1}{\alpha}}.$$

取 $\delta=\varepsilon^{\frac{1}{\alpha}}>0$，则只要 $0<x<\delta$，上面不等式均成立，特别 $|x^{\frac{1}{\alpha}}-0|<\varepsilon$ 成立. 按定义有 $\lim\limits_{x\to 0^+}x^\alpha=0$.

例 16 用 $\varepsilon-\delta$ 定义证明：$\lim\limits_{x\to 0}a^x=1\ (a>0)$.

证明 设 $a\neq 1$，任给 $0<\varepsilon<1$，解不等式 $|a^x-1|<\varepsilon$ 得

$$1-\varepsilon<a^x<1+\varepsilon,$$

上式取对数，因 $\ln x$ 在 $(0,+\infty)$ 严格增，得

$$\ln(1-\varepsilon)<x\ln a<\ln(1+\varepsilon).$$

因为 $|\ln(1-\varepsilon)|>\ln(1+\varepsilon)$，则只要 $|x\ln a|<\ln(1+\varepsilon)$，即 $|x|<\dfrac{\ln(1+\varepsilon)}{|\ln a|}$，上面各不等式成立. 取 $\delta=\dfrac{\ln(1+\varepsilon)}{|\ln a|}>0$，则只要 $0<|x|<\delta$，上面各个不等式均成立，特别有 $|a^x-1|<\varepsilon$ 成立，按定义 $\lim\limits_{x\to 0}a^x=1$.

当 $a=1$ 时，结论显然成立.

例 17 用 $\varepsilon-\delta$ 定义证明 $\lim\limits_{x\to 0}\ln(1+x)=0$.

证明 任给 $\varepsilon>0$，解不等式

$$|\ln(1+x)-0|=|\ln(1+x)|<\varepsilon$$

得

$$-\varepsilon<\ln(1+x)<\varepsilon,$$

因为 e^x 严格增，由上式得

$$\mathrm{e}^{-\varepsilon}<\mathrm{e}^{\ln(1+x)}=1+x<\mathrm{e}^{\varepsilon}.$$

所以有

$$\mathrm{e}^{-\varepsilon}-1<x<\mathrm{e}^{\varepsilon}-1,$$

取 $\delta=\min\{|e^{-\varepsilon}-1|,e^{\varepsilon}-1\}=1-e^{-\varepsilon}>0$,则只要 $0<|x|<\delta$,上面各个不等式均成立,特别有 $|\ln(1+x)-0|<\varepsilon$ 成立. 按定义有 $\lim\limits_{x\to 0}\ln(1+x)=0$.

例 18　设黎曼(Riemann) 函数 $R(x)$ 定义如下

$$R(x)=\begin{cases}\dfrac{1}{q}, & x=\dfrac{p}{q}\ (\text{其中}\dfrac{p}{q}\text{为既约分数},p,q\in\mathbf{Z},q\text{为正整数}),\\ 0, & x\in\mathbf{R}\backslash\mathbf{Q}.\end{cases}$$

证明:$\lim\limits_{x\to x_0}R(x)=0$, $x_0\in\mathbf{R}$.

证明　任给 $\varepsilon>0$,在 $x_0-1<x<x_0+1$ 的范围内解下面不等式

$$|R(x)-0|=R(x)<\varepsilon.$$

当 x 是无理数时,$R(x)=0$,x 必是不等式的解. 当 $x=$ 既约分数 $\dfrac{p}{q}$ 时,$R(x)=\dfrac{1}{q}<\varepsilon$,即 $q>\dfrac{1}{\varepsilon}$. 因为 (x_0-1,x_0+1) 中满足 $0<q\leqslant\dfrac{1}{\varepsilon}$ 的既约分数 $\dfrac{p}{q}\neq x_0$ 只有有限个,设它们为 x_1, $x_2,\cdots,x_m$,取 $\delta=\min\{|x_1-x_0|,|x_2-x_0|,\cdots,|x_m-x_0|\}>0$,则只要 $0<|x-x_0|<\delta$,或者 x 为无理数,或者 $x=\dfrac{p}{q}$ 且 $q>\dfrac{1}{\varepsilon}$,所以必有 $|R(x)-0|<\varepsilon$,即 $\lim\limits_{x\to x_0}R(x)=0$.

注意　按定义有 $R(0)=1$.

上面给出了数列极限与 6 种函数极限共 7 种极限,用邻域的语言可将这 7 种极限从形式上统一起来. 记

$$\begin{aligned}
&\mathring{U}(a;\delta)=\{x\in\mathbf{R}\mid a-\delta<x<a+\delta\},\\
&\mathring{U}(a^+;\delta)=\{x\in\mathbf{R}\mid a<x<a+\delta\},\\
&\mathring{U}(a^-;\delta)=\{x\in\mathbf{R}\mid a-\delta<x<a\},\\
&\mathring{U}(+\infty;\Delta)=\{x\in\mathbf{R}\mid \Delta<x<+\infty\},\\
&\mathring{U}(-\infty;\Delta)=\{x\in\mathbf{R}\mid -\infty<x<-\Delta\},\\
&\mathring{U}(\infty;\Delta)=\{x\in\mathbf{R}\mid \Delta<|x|<+\infty\},\\
&\mathring{U}(+\infty;N)=\{n\in\mathbf{N}\mid n>N\}.
\end{aligned}$$

再设 ω 为 $a,a^+,a^-,+\infty,-\infty,\infty$ 6 者之一,并用 δ 代替上面的 δ,Δ 或 N,则上面 7 种邻域可统一表示为 $\mathring{U}(\omega;\delta)$. 再设 x 可以取实数,也可以取正整数,则上面的 7 种极限定义可统一地叙述为:任给 $\varepsilon>0$,存在 $\delta>0$,只要 $x\in\mathring{U}(\omega;\delta)$,就有 $f(x)\in U(A,\varepsilon)$,即可统一记作

$$\boxed{\lim_{x\to\omega}f(x)=A\Leftrightarrow\forall\varepsilon>0,\exists\delta>0,\forall x\in\mathring{U}(\omega;\delta),\text{有 } f(x)\in U(A;\varepsilon).}$$

这说明 7 种极限定义的数学结构完全相同,差别仅在于自变量的变化范围与变化趋势不同. 所以它们具有同样的性质,而且只要将其中一种极限性质的证明中将自变量的变化范围与变化趋势加以对应的改变,就得到其余 6 种极限的该性质的证明.

对于一个数学对象,通常要讨论它的存在性、唯一性、可解性这 3 个问题. 如对于极限就要讨论极限的存在性、极限的唯一性及如何求极限这 3 个问题,它们在极限定义中并没有解

决.先讨论唯一性.

定理 2.1(极限唯一性)　收敛数列的极限是唯一的.

证明　采用反证法.假设$\lim\limits_{n\to\infty}x_n=a$,$\lim\limits_{n\to\infty}x_n=b$,且$a\neq b$,利用极限定义中$\varepsilon>0$的任意性,取$\varepsilon=\dfrac{|a-b|}{2}>0$,则存在$N$,只要$n>N$,有

$$|x_n-a|<\varepsilon=\frac{|a-b|}{2};\quad |x_n-b|<\varepsilon=\frac{|a-b|}{2},$$

于是

$$\begin{aligned}|a-b|&=|(a-x_n)+(x_n-b)|\\&\leqslant|x_n-a|+|x_n-b|<\frac{|a-b|}{2}+\frac{|a-b|}{2}=|a-b|.\end{aligned}$$

因$|a-b|>0$,由上式得$1<1$,矛盾.故$a=b$.

极限唯一性是极限性质的基础,下面来讨论极限的其他性质.

定理 2.2　当$x\to a$时$f(x)$收敛的充要条件是:f在a点的左、右极限均存在且相等.

证明　(必要性)设$\lim\limits_{x\to a}f(x)=A$.则它的4句话定义必然成立.因为$0<|x-a|<\delta$成立必然包含了$a<x<a+\delta$成立.将双侧极限的4句话定义中的$0<|x-a|<\delta$,换成$a<x<a+\delta$,就证明了$f$在$a$点的右极限定义的4句话成立,所以$f$在$a$点的右极限存在且等于$A$,同理可证$f$在$a$点的左极限存在且等于$A$.

(充分性)因为$0<|x-a|<\delta\Leftrightarrow a<x<a+\delta$或者$a-\delta<x<a$,由左、右极限存在且均等于$A$的两个4句话定义成立,就可推出$\lim\limits_{x\to a}f(x)=A$的4句话定义成立.所以$x\to a$时$f(x)$收敛.

定理 2.3(变量替换性质——复合函数极限)　设$y=f(u)$与$u=g(x)$在$x=a$的空心邻域$\mathring{U}(a;\eta)$内能构成复合函数,且$\lim\limits_{x\to a}g(x)=b$,$\lim\limits_{u\to b}f(u)=A$皆存在,又当$x\in\mathring{U}(a;\eta)$时,有$u=g(x)\in\mathring{U}(b)$,即当$x\neq a$时,有$u=g(x)\neq b$,则

$$\lim_{x\to a}f[g(x)]=\lim_{u\to b}f(u)=A.$$

证明　任给$\varepsilon>0$,解不等式$|f(g(x))-A|<\varepsilon$.因为$\lim\limits_{u\to b}f(u)=A$,所以存在$\delta_1>0$,只要$0<|u-b|<\delta_1$,$|f(u)-A|<\varepsilon$就必然成立.将$u=g(x)$代入上面不等式得到,只要$0<|g(x)-b|<\delta_1$,就有$|f(g(x))-A|<\varepsilon$成立.又因为$\lim\limits_{x\to a}g(x)=b$且$x\neq a$时$g(x)\neq b$,则对于上面取定的$\delta_1$,存在$\delta>0$,使得只要$0<|x-a|<\delta$,就有$0<|g(x)-b|<\delta_1$成立,从而只要$0<|x-a|<\delta$,就有$|f(g(x))-A|<\varepsilon$成立,所以$\lim\limits_{x\to a}f(g(x))=A=\lim\limits_{u\to b}f(u)$.

定理2.3给出了求极限的变量替换方法,在定理条件下可记作

$$\lim_{x\to a}f(g(x))\xlongequal{u=g(x)}\lim_{u\to b}f(u),$$

只要右边的函数极限存在.其次,在定理2.3中,两极限$\lim\limits_{x\to a}g(x)=b$与$\lim\limits_{u\to b}f(u)=A$分别可用七种极限之一来代理,所以定理2.3就有了49种定理形式,从而有49种变量替换方法,所以它有许多重要的应用.

推论 1 设 $\lim\limits_{x\to a} f(x)=A$，则对于任意的收敛于 a 且恒不等于 a 的数列 $\{x_n\}$，有 $\lim\limits_{x\to\infty} f(x_n)=A$.

证明 因为函数 $y=f(x_n)$ 是函数 $y=f(x)$ 与函数 $x=x_n, n\in\mathbf{N}$ 的复合函数，且有 x_n 恒不等于 a，$n\to\infty$ 时 $x=x_n\to a$，由复合函数极限定理得

$$\lim_{n\to\infty} f(x_n) \xlongequal{x=x_n} \lim_{x\to a} f(x)=A.$$

推论 2 设 $y=f(u)$ 与 $u=g(x)$ 在 $x=a$ 的空心邻域上构成复合函数 $f(g(x))$. 若 $\lim\limits_{x\to a} g(x)=b$ 且 $\lim\limits_{u\to b} f(u)=f(b)$，则 $\lim\limits_{x\to a} f(g(x))=\lim\limits_{u\to b} f(u)=f(b)$.

证明 在定理 2.3 的证明中取 $A=f(b)$，则 $g(x)=b$ 时不等式同样成立，所以推论成立.

由定理 2.3 的推论 1 与反证法可证明极限不存在.

例 19 证明：$\lim\limits_{x\to 0}\sin\dfrac{1}{x}$ 不存在.

证明 取 $x_n'=\dfrac{1}{2n\pi}$， 有 $0\neq x_n'\to 0\ (n\to\infty)$，

取 $x_n''=\dfrac{1}{2n\pi+\dfrac{\pi}{2}}$， 有 $0\neq x_n''\to 0\ (n\to\infty)$.

显然 $\lim\limits_{n\to\infty}\sin\dfrac{1}{x_n'}=0$， $\lim\limits_{n\to\infty}\sin\dfrac{1}{x_n''}=1$，由定理 2.3 的推论 1 得 $\lim\limits_{x\to 0}\sin\dfrac{1}{x}$ 不存在.

例 20 证明：$\lim\limits_{x\to+\infty} x\cos x$ 不存在.

证明 取 $x_n=2n\pi\to+\infty\ (n\to\infty)$，有

$$\lim_{n\to\infty} x_n\cos x_n=\lim_{n\to\infty} 2n\pi=+\infty,$$

故 $\lim\limits_{x\to+\infty} x\cos x$ 不存在.

3. 无穷小量与无穷大量

下面讨论两种具有特殊变化趋势的量 —— 无穷小量与无穷大量. 前者属于极限存在的变量（收敛量）；后者属于极限不存在的变量（发散量）.

先介绍无穷大量. 考察函数 $f(x)=\dfrac{1}{x^2}$ 在 $x=0$ 附近的图像可以看出，当 x 越来越靠近 0 且不等于 0 时，函数值 $f(x)=\dfrac{1}{x^2}>0$ 则越来越大，如图 1.2-3 所示. 这一变化趋势可精确地定义如下：

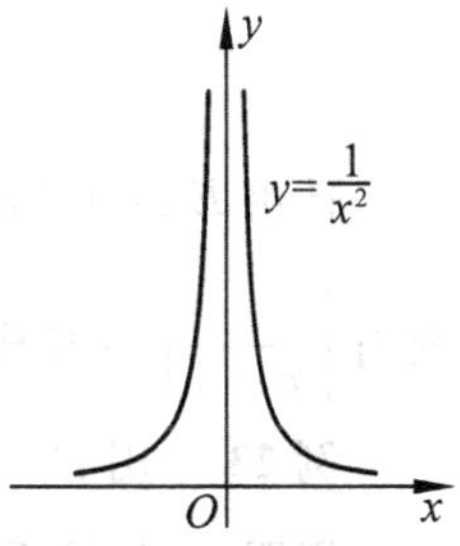

图 1.2-3

定义 设函数 f 在 $\mathring{U}(a)$ 上有定义. 如果任给 $E>0$，存在 $\delta>0$，只要 $0<|x-a|<\delta$，就有

$$f(x)>E$$

成立，则称函数 f 当 $x\to a$ 时是**正无穷大量**，也称 $x\to a$ 时 f 发散于 $+\infty$，记作

$$\lim_{x\to a} f(x)=+\infty \text{ 或 } f(x)\to+\infty(x\to a).$$

注意正无穷大量不是收敛量而是一种特殊的发散量. 同样可定义负无穷大量，它可简述为

$$\boxed{\lim_{x \to a} f(x) = -\infty \Leftrightarrow \forall E > 0, \exists \delta > 0, \forall x: 0 < |x-a| < \delta, \text{有 } f(x) < -E.}$$

还可定义**无穷大量**,它可简述为

$$\boxed{\lim_{x \to a} f(x) = \infty \Leftrightarrow \forall E > 0, \exists \delta > 0, \forall x: 0 < |x-a| < \delta, \text{有 } |f(x)| > E.}$$

对其余的六种极限,可分别定义上面三种无穷大量,$x \to a, a^+, a^-$ 时的无穷大量的定义,称为无穷大量的 E-δ 定义,$x \to +\infty, -\infty, \infty$ 或 $n \to \infty$ 时的无穷大量定义,称为无穷大量的 E-Δ 定义,或 E-N 定义. E 是希腊字母 ε 的大写字母.

根据无穷大量的定义,就可用解不等式的方法证明无穷大量.这就是对每个 $E > 0$,解不等式 $|f(x)| > E(f(x) > E, f(x) < -E)$,并用该不等式的解来确定 $\delta = \delta(E) > 0$ 或 $\Delta = \Delta(E) > 0$. $\delta > 0$ 取小点无妨($\Delta > 0$ 取大点无妨),只要保证对每个满足 $0 < |x-a| < \delta$ 的 x(或 $|x| > \Delta$ 的 x),$|f(x)| > E(f(x) > E, f(x) < -E)$ 必然成立.当求解 $|f(x)| > E$ 比较复杂时,常将 $|f(x)|$ 适当缩小为 $|f(x)| \geqslant |g(x)|$,通过解新的不等式 $|g(x)| > E$ 来证明无穷大量.其次任给 $E > 0$,也可用任给 $E > 1$,任给 $E > a > 0$ 来代替.

例 21 用 E-δ 定义证明:$\lim\limits_{x \to -1} \dfrac{x}{x+1} = \infty$.

证明 因 $x \to -1$,可设 $|x+1| < \dfrac{1}{2}$,则有 $|x| > \dfrac{1}{2}$,适当缩小可得

$$\left|\frac{x}{x+1}\right| > \frac{1}{2|x+1|}.$$

任给 $E > 1$,解新的不等式 $\dfrac{1}{2|x+1|} > E$ 得 $|x+1| < \dfrac{1}{2E}$,取 $\delta = \dfrac{1}{2E}$,则只要 $0 < |x+1| < \delta$,就有 $\left|\dfrac{x}{x+1}\right| > E$ 成立,所以 $\lim\limits_{x \to -1} \dfrac{x}{x+1} = \infty$.

例 22 用 E-Δ 定义证明:$\lim\limits_{x \to \infty} \dfrac{x^2}{x-1} = \infty$.

证明 因 $x \to \infty$,可设 $|x| > 1$,适当缩小可得

$$\left|\frac{x^2}{x-1}\right| \geqslant \frac{|x|^2}{|x|+1} = \frac{|x|}{1 + \dfrac{1}{|x|}} > \frac{|x|}{2}.$$

任给 $E > 1$,解新的不等式 $\dfrac{|x|}{2} > E$,得 $|x| > 2E > 2$. 取 $\Delta = 2E$,则只要 $|x| > \Delta$,就有 $\left|\dfrac{x^2}{x-1}\right| > E$ 成立,所以 $\lim\limits_{x \to \infty} \dfrac{x^2}{x-1} = \infty$.

例 23 用 E-Δ 定义证明 $\lim\limits_{x \to +\infty} \ln x = +\infty$.

证明 任给 $E > 0$,解不等式 $\ln x > E$,因 e^u 严格增,得 $x = e^{\ln x} > e^E$,取 $\Delta = e^E$,则只要 $x > \Delta$,就有 $\ln x > E$ 成立,按定义有 $\lim\limits_{x \to +\infty} \ln x = +\infty$.

例 24 用 E-N 定义证明: $\lim\limits_{n \to \infty} a^n = +\infty \ (a > 1)$.

证明 任给 $E > 1$,解不等式

$$a^n > E,$$

得

$$n \ln a > \ln E,$$

即
$$n>\frac{\ln E}{\ln a},$$
取 $N=\left[\frac{\ln E}{\ln a}\right]+1$,则只要 $n>N$,必有 $a^n>E$,按定义有
$$\lim_{n\to\infty}a^n=+\infty.$$

结合以前结果得到
$$\boxed{\lim_{n\to\infty}x^n=\begin{cases}0, & |x|<1,\\ \infty, & |x|>1.\end{cases}}$$
类似可得
$$\boxed{\begin{cases}\lim\limits_{x\to+\infty}a^x=+\infty, & a>1,\\ \lim\limits_{x\to-\infty}a^x=0, & a>1,\\ \lim\limits_{x\to+\infty}\log_a x=+\infty, & a>1,\end{cases}\quad\begin{cases}\lim\limits_{x\to+\infty}a^x=0, & 0<a<1,\\ \lim\limits_{x\to-\infty}a^x=+\infty, & 0<a<1,\\ \lim\limits_{x\to+\infty}\log_a x=-\infty, & 0<a<1.\end{cases}}$$
注意　$\lim\limits_{x\to\infty}a^x(a>0,a\neq1)$ 不存在,记住以上基本极限是有好处的.

下面介绍无穷小量.

定义　设函数 f 在 $x=a$ 的空心邻域 $\mathring{U}(a)$ 上有定义.如果
$$\lim_{x\to a}f(x)=0,$$
则称 $x\to a$ 时 $f(x)$ 是**无穷小量**,亦可称 f 在点 a 是无穷小量.常用 $o(1)\ (x\to a)$ 表示某一个 $x\to a$ 时的无穷小量,也常用
$$f(x)=o(1)\ (x\to a)$$
表示 $x\to a$ 时 $f(x)$ 是无穷小量.符号"o"念作"小欧".对于其余的 6 种极限,可对应地定义无穷小量.特别,若数列 $\{x_n\}$ 是无穷小量时,常简记为
$$x_n=o(1).$$

由定义看出,无穷小量是以零为极限的收敛量.因此有
$$\boxed{\alpha(x)=o(1)(x\to a)\Leftrightarrow\forall\varepsilon>0,\exists\delta>0,\forall 0<|x-a|<\delta,\text{有 }|\alpha(x)|<\varepsilon.}$$

无穷小量与无穷大量之间有下面的关系.

定理 2.4　当 $x\to a$ 时,

1°　若函数 f 是无穷大量,则 $\frac{1}{f}$ 是无穷小量;

2°　若函数 f 是无穷小量且恒不为零,则 $\frac{1}{f}$ 是无穷大量.

证明　只证 1°.任意给定 $\varepsilon>0$,因为 $\lim\limits_{x\to a}f(x)=\infty$,则对于 $E=\frac{1}{\varepsilon}>0$,存在 $\delta>0$,只要 $0<|x-a|<\delta$ 有 $|f(x)|>E$ 成立,即只要 $0<|x-a|<\delta$,就有
$$\left|\frac{1}{f(x)}\right|<\frac{1}{E}=\varepsilon$$
成立,按定义有
$$\lim_{x\to a}\frac{1}{f(x)}=0,$$

即
$$\frac{1}{f(x)}=o(1)(x\to a).$$

有了无穷小量概念,可以把以数 A 为极限的收敛量 $f(x)$ 分解为主要部分 A 和次要部分 $o(1)$,这个 $o(1)$ 就是 $f(x)$ 与 A 之间的误差估计. 我们有

定理 2.5(无穷小量等价性) $\lim\limits_{x\to a}f(x)=A$ 的充要条件是:
$$f(x)-A=o(1)(x\to a),\quad 即\quad f(x)=A+o(1)\ (x\to a).$$

证明 令 $\alpha(x)=f(x)-A$,则 $x\to a$ 时 $f(x)\to A$ 与 $x\to a$ 时 $\alpha(x)\to 0$ 的4句话定义相同,所以定理成立.

下面讨论无穷小量的性质.

定理 2.6 无穷小量有以下的性质:

1° 两个无穷小量的和与积仍是无穷小量;

2° 无穷小量与(局部)有界量之积仍是无穷小量;

3° 设 $|f(x)|\leqslant g(x)$ 对一切满足 $0<|x-a|<b$ 的 x 成立,若 $x\to a$ 时 $g(x)$ 是无穷小量,则 $x\to a$ 时 $f(x)$ 是无穷小量(适当放大方法);

4° $x\to a$ 时 $f(x)$ 是无穷小量等价于 $x\to a$ 时 $|f(x)|$ 是无穷小量.

证明 只证明定理的3°.

任给 $\varepsilon>0$,因 $x\to a$ 时 $g(x)$ 是无穷小量,所以存在 $\delta>0$,只要 $0<|x-a|<\delta$,就有 $0\leqslant g(x)<\varepsilon$ 成立. 那么,只要 $0<|x-a|<\delta$,就必然有 $|f(x)|<\varepsilon$ 成立. 按照无穷小量的定义,$x\to a$ 时 $f(x)$ 是无穷小量.

定理2.5与定理2.6是证明极限时常用的两个定理. 定理2.5表明,极限的本质是无穷小量. 证明极限本质上是证明 $f(x)-A$ 是无穷小量. 而定理2.6的3°则是前面常用的适当放大方法的理论依据. 它表明了,只要将 $|f(x)-A|$ 适当放大,找出一个比较简单的无穷小量来控制 $|f(x)-A|$,就可用定义来证明极限.

由无穷小量的性质可推出无穷大量的对应的性质.

推论 无穷大量有以下的性质:

1° 同号无穷大量的和,两个无穷大量的积是无穷大量.

2° 绝对值大于正常数的量与无穷大量的积是无穷大量.

3° 设 $|f(x)|\geqslant g(x)>0$ 对一切满足 $0<|x-a|<b$ 的 x 成立,若 $x\to a$ 时 $g(x)$ 是正无穷大量,则 $x\to a$ 时 $f(x)$ 是无穷大量(适当缩小方法).

4° $x\to a$ 时 $f(x)$ 是无穷大量,当且仅当 $x\to a$ 时 $|f(x)|$ 是正无穷大量.

注意,对于无穷大量,定理2.3仍然成立. 即将定理2.3中的 A 取为 $+\infty$,$-\infty$ 或 ∞ 时,定理2.3对应成立.

我们将定理2.6的1°和2°用"o,O"的符号等式简记如下:

$$\begin{aligned}1^\circ\quad & o(1)\pm o(1)=o(1)\ (x\to a);\\ & o(1)\cdot o(1)=o(1)\ (x\to a);\\ 2^\circ\quad & o(1)\cdot O(1)=o(1)\ (x\to a).\end{aligned}$$

它们在分析学的理论研究与具体计算中都是方便而有用的工具.

对于无穷小量和无穷大量,有一个重要的问题,就是它们阶的比较,它可定义如下.

定义　设 $\alpha(x),\beta(x)$ 当 $x\to a$ 时是无穷小量(无穷大量),且 $\beta(x)\neq 0$.

1°　若 $\lim\limits_{x\to a}\dfrac{\alpha(x)}{\beta(x)}=0$,则称 $x\to a$ 时,$\alpha(x)$ 是 $\beta(x)$ 的**高阶无穷小量(低阶无穷大量)**. 记作

$$\alpha(x)=o(\beta(x))\ (x\to a).$$

2°　若 $\lim\limits_{x\to a}\dfrac{\alpha(x)}{\beta(x)}=1$,则称 $x\to a$ 时,$\alpha(x)$ 与 $\beta(x)$ 是**等价无穷小量(等价无穷大量)**. 记作

$$\alpha(x)\sim\beta(x)\ (x\to a).$$

3°　若存在 $M>0$ 及点 a 的空心邻域 $\mathring{U}(a)$,对一切 $x\in\mathring{U}(a)$,有

$$|\alpha(x)|\leqslant M|\beta(x)|,$$

则记为

$$\alpha(x)=O(\beta(x))(x\to a).$$

如果

$$\alpha(x)=O(\beta(x))(x\to a)$$

与

$$\beta(x)=O(\alpha(x))(x\to a)$$

同时成立,则称 $x\to a$ 时 $\alpha(x)$ 与 $\beta(x)$ 是**同阶无穷小量(同阶无穷大量)**.

对于其余6种极限,可类似地给出无穷小量(无穷大量)的阶的定义.

易知,若 $\alpha(x),\beta(x)$ 当 $x\to a$ 时是无穷小量(无穷大量),且 $\lim\limits_{x\to a}\dfrac{\alpha(x)}{\beta(x)}=C\neq 0$,则当 $x\to a$ 时,$\alpha(x)$ 与 $\beta(x)$ 是同阶无穷小量(同阶无穷大量)(注意:逆命题不成立). 此命题在实用中常遇到. 上面定义中的记号有如下的运算性质.

定理2.7　设 $\alpha(x),\beta(x)$ 当 $x\to a$ 时是无穷小量(无穷大量),且 $\beta(x)$ 恒不为0,则

1°　$o(\beta(x))=\beta(x)\cdot o(1)\ (x\to a)$;

2°　$\alpha(x)\sim\beta(x)\ (x\to a)\Leftrightarrow\alpha(x)=\beta(x)+o(\beta(x))\ (x\to a)$.

证明　1°　记 $\gamma(x)=o(\beta(x))\ (x\to a)$,由定义知

$$\lim_{x\to a}\frac{\gamma(x)}{\beta(x)}=0\Leftrightarrow\frac{\gamma(x)}{\beta(x)}=\alpha(x)=o(1)(x\to a).$$

由定理2.5得

$$\gamma(x)=\beta(x)\alpha(x)=\beta(x)\cdot o(1)\ (x\to a).$$

2°　当 $x\to a$ 时,有

$$\alpha(x)\sim\beta(x)\Leftrightarrow\lim_{x\to a}\frac{\alpha(x)}{\beta(x)}=1\Leftrightarrow\alpha(x)=\beta(x)+\beta(x)\cdot o(1)$$
$$\Leftrightarrow\alpha(x)=\beta(x)+o(\beta(x)).$$

类似地还可证明

$$O(\beta(x))=\beta(x)\cdot O(1)(x\to a).$$

为了更精细地刻画无穷小量(无穷大量)的阶,通常先选取一种无穷小量(无穷大量)作为标准,称它为基本无穷小量(基本无穷大量),然后将其他的无穷小量(无穷大量)与它进行比较.

定义　设 $\eta(x)$ 当 $x\to a$ 时是事先选取的基本无穷小量(基本无穷大量),$\alpha>0$ 是正数,若 $f(x)$ 与 $|\eta(x)|^{\alpha}$ 是 $x\to a$ 时的同阶无穷小量(无穷大量),称 $x\to a$ 时 $f(x)$ 是 α 阶无穷小量(α 阶无穷大量). 特别,若成立

$$\lim_{x\to a}\frac{|f(x)|}{|\eta(x)|^{\alpha}}=A>0,$$

则 $x\to a$ 时,$f(x)$ 是 **α 阶无穷小量(α 阶无穷大量)**.

基本无穷小量(无穷大量)可以任意选取,但通常总是约定,当 $x\to a,a^{+},a^{-}$ 时,取 $\eta(x)=x-a$ 为基本无穷小量,取 $\eta(x)=\dfrac{1}{x-a}$ 为基本无穷大量;而当 $x\to+\infty,-\infty,\infty$ 时取 $\eta(x)=\dfrac{1}{x}$ 为基本无穷小量,取 $\eta(x)=x$ 为基本无穷大量;对于数列,则取 $x_n=\dfrac{1}{n}$ 为基本无穷小量,取 $y_n=n$ 为基本无穷大量.

根据上面的约定,当 $x\to1$ 时,x^2-1 是 1 阶无穷小量;当 $x\to\infty$ 时,$\sqrt[3]{1+x+x^2}$ 是 $\dfrac{2}{3}$ 阶无穷大量,x^2+1 是 2 阶无穷大量;设 $\alpha>0$,则当 $x\to0^{+}$ 时 x^{α} 是 α 阶无穷小量,$x\to\infty$ 时 x^{α} 是 α 阶正无穷大量.

例 25 用 E-Δ 定义证明 $\lim\limits_{x\to+\infty}\dfrac{x^{\alpha}}{a^{x}}=0(a>1,\alpha\in\mathbf{R})$.

证明 取正整数 $m>\alpha$,$[x]$ 表示取整函数,因 $x\to+\infty$,可设 $x>2m+2$,则取 $K=[x]$ 时,有 $K-m>\dfrac{1}{2}x$,又因 $a>1$,设 $a=1+\lambda$,则 $\lambda>0$,于是有

$$a^{x}\geqslant a^{[x]}=a^{K}=(1+\lambda)^{K}=1+K\lambda+\cdots+\frac{K(K-1)\cdots(K-m)}{(m+1)!}\lambda^{m+1}+\cdots+\lambda^{K}$$

$$>\frac{K(K-1)\cdots(K-m)}{(m+1)!}\lambda^{m+1}>\left(\frac{1}{2}x\right)^{m+1}\cdot\frac{\lambda^{m+1}}{(m+1)!}=x^{m+1}/M.$$

用上式适当放大,因 $x>2m+2$,所以有

$$\left|\frac{x^{\alpha}}{\alpha^{x}}-0\right|=\frac{x^{\alpha}}{\alpha^{x}}<\frac{Mx^{\alpha}}{x^{m+1}}<\frac{Mx^{m}}{x^{m+1}}=\frac{M}{x}.$$

任给 $\varepsilon>0$,解不等式 $\dfrac{M}{x}<\varepsilon$,得 $x>\dfrac{M}{\varepsilon}$,取 $\Delta=\dfrac{M}{\varepsilon}+2m+2$,则只要 $x>\Delta$,上面各个不等式均成立,特别有 $\left|\dfrac{x^{\alpha}}{\alpha^{x}}-0\right|<\varepsilon$ 成立,按定义有 $\lim\limits_{x\to+\infty}\dfrac{x^{\alpha}}{a^{x}}=0$.

例 25 刻画了 $x\to+\infty$ 时,无穷大量 a^{x} 的阶($a>1$),它与任意的 α 阶无穷大量 $x^{\alpha}(a>0)$ 相比,都是比 x^{α} 更高阶的无穷大量.

思 考 题

1. 下面哪些叙述与极限 $\lim\limits_{n\to\infty}x_n=a$ 的定义等价?

(1) $\forall\varepsilon>0,\exists N\in\mathbf{N}$,当 $n\geqslant N$ 时,有 $|x_n-a|<\varepsilon$;

(2) 对无穷多个 $\varepsilon>0,\exists N\in\mathbf{N}$,当 $n>N$ 时,有 $|x_n-a|<\varepsilon$;

(3) 对每个 $\varepsilon>0$,有 $\{x_n\}$ 的无穷多项落在开区间 $(a-\varepsilon,a+\varepsilon)$ 之内;

(4) 对每个 $\varepsilon>0$,只有 $\{x_n\}$ 的有限项落在开区间 $(a-\varepsilon,a+\varepsilon)$ 之内.

2. 在数列极限的 ε-N 定义中,对给定的 $\varepsilon>0$,是否只能找到一个 N?

3. 无穷大量一定是无界量吗?反之,无界量一定是无穷大量吗?

4. 无穷小量与有界量的乘积是无穷小量，试问：无穷大量与无界量的乘积一定是无穷大量吗？

5. 判断下面命题的对错，并证明你的判断.

(1) $\exists a,b,\forall\varepsilon>0$，有 $|a-b|<\varepsilon$，则 $a=b$；

(2) $\forall\varepsilon>0,\exists a,b$，有 $|a-b|<\varepsilon$，则 $a=b$.

6. 下面关于 $\lim\limits_{n\to\infty}\sqrt[n]{n}=1$ 的证明方法对吗？为什么？

$\forall\varepsilon>0$，要使 $|\sqrt[n]{n}-1|<\varepsilon$，即 $\sqrt[n]{n}<1+\varepsilon$，只要 $\dfrac{1}{n}\lg n<\lg(1+\varepsilon)$，亦即 $\dfrac{1}{n}<\dfrac{\lg(1+\varepsilon)}{\lg n}$，当 $n\geqslant 2$ 时，有 $\dfrac{\lg(1+\varepsilon)}{\lg n}\leqslant\dfrac{\lg(1+\varepsilon)}{\lg 2}$，故取 $N=\max\left\{2,\left[\dfrac{\lg 2}{\lg(1+\varepsilon)}\right]\right\}$，则 $\forall n>N$，必有 $|\sqrt[n]{n}-1|<\varepsilon$，所以 $\lim\limits_{n\to\infty}\sqrt[n]{n}=1$.

7. 设 $\{x_n\}$ 是无穷小量，且 $x_n\geqslant 0$，试问：$\{x_n^n\}$ 与 $\{\sqrt[n]{x_n}\}$ 是否为无穷小量？

8. 下面关于 $\lim\limits_{x\to 2}x^2=4$ 的证明方法对吗？为什么？

因 $|x^2-4|=|x-2||x+2|$，$\forall\varepsilon>0$，要使 $|x^2-4|<\varepsilon$，只要 $|x-2|<\dfrac{\varepsilon}{|x+2|}$，故取 $\delta=\dfrac{\varepsilon}{|x+2|}>0$，则 $\forall\, 0<|x-2|<\delta$，必有 $|x^2-4|<\varepsilon$. 按定义 $\lim\limits_{n\to 2}x^2=4$.

9. 设

$$f(x)=\begin{cases}\dfrac{x^2-1}{x-1}, & x\neq 1,\\ 1, & x=1.\end{cases}$$

下面两种做法谁对谁错？

方法 1　$\lim\limits_{x\to 1}f(x)=f(1)=1$.

方法 2　$\lim\limits_{x\to 1}f(x)=\lim\limits_{x\to 1}\dfrac{x^2-1}{x-1}=\lim\limits_{x\to 1}(x+1)=2$.

10. 如果 $\forall\varepsilon>0,\exists\delta>0$，当 $0<|x-a|<\delta$ 时，有 $|f(x)-A|<\varepsilon$. 试问：

(1) $\forall\delta_1:0<\delta_1<\delta$，当 $0<|x-a|<\delta_1$ 时，是否有 $|f(x)-A|<\varepsilon$？

(2) $\forall\delta_2:0<\delta<\delta_2$，当 $0<|x-a|<\delta_2$ 时，是否有 $|f(x)-A|<\varepsilon$？

11. 若 $\lim\limits_{n\to\infty}x_n=a$，试问：是否有 $x_n\sim a\ (n\to\infty)$？

12. “数 0 是任何一个非零无穷小量的高阶无穷小量”，这句话对吗？

13. 试问下面的叙述刻画了函数的什么性质？它们能作为极限的定义吗？

(1) $\exists\delta>0,\forall\varepsilon>0,\forall x:0<|x-a|<\delta$，有 $|f(x)-A|<\varepsilon$；

(2) $\exists\varepsilon>0,\forall\delta>0,\forall x:0<|x-a|<\delta$，有 $|f(x)-A|<\varepsilon$.

14. 什么样的函数 $f(x)$ 能使 $\lim\limits_{x\to 0}f(x)D(x)=0$（其中 $D(x)$ 为狄利克雷函数）？

15. 你能构造一个定义在 $\mathbf{R}$ 上，且仅在一点存在极限的函数吗？

16. 下面式子，是否成立？

(1) $o(x)=o(x^2)\qquad(x\to 0)$；

(2) $o(x^2)=o(x)\qquad(x\to 0)$；

(3) $o(1)-o(1)=o(1)\qquad(x\to 0)$；

(4) $O(x)=xO(1)\qquad(x\to 0)$；

(5) $o(x)\pm O(x)=O(x)\qquad(x\to 0)$；

(6) $o(x)\cdot O(x)=o(x^2)\qquad(x\to 0)$；

(7) $o[O(x)]=O[o(x)]=o(x)\qquad(x\to 0)$；

(8) $\dfrac{o(x^m)}{x^n}=o(x^{m-n})\quad(x\to0)$;

(9) $\dfrac{1}{1+x^n}=1-x^n+o(x^n)\quad(x\to0)$.

17. 下面命题一定成立吗?

(1) $\lim\limits_{x\to a}f^2(x)=l\Rightarrow\lim\limits_{x\to a}|f(x)|=\sqrt{l}$;

(2) $\lim\limits_{x\to a}|f(x)|=l\Rightarrow|\lim\limits_{x\to a}f(x)|=|l|$.

18. 试问下面等式成立吗?

(1) $\lim\limits_{x\to0^+}f(x)=\lim\limits_{x\to0^-}f(-x)$; (2) $\lim\limits_{x\to0}f(|x|)=\lim\limits_{x\to0^+}f(x)$.

19. 试问下面命题成立吗?

(1) $\lim\limits_{x\to0}f(x^2)=A\Leftrightarrow\lim\limits_{x\to0^+}f(x)=A$; (2) $\lim\limits_{x\to0}f(x^3)=A\Leftrightarrow\lim\limits_{x\to0^+}f(x)=A$.

20. 下面命题成立吗?

(1) $\lim\limits_{x\to a}f(x)=A\Leftrightarrow\forall\varepsilon>0,\exists\delta>0,\forall x:0<|x-a|<\delta$,有 $|f(x)-A|<\varepsilon\delta$;

(2) $\lim\limits_{x\to a}f(x)=A\Leftrightarrow\forall\varepsilon>0,\exists\delta>0,\forall x:0<|x-a|<\varepsilon\delta$,有 $|f(x)-A|<\varepsilon$.

练　习　题

1.22 用 $\varepsilon-N$ 定义证明下列极限.

(1) $\lim\limits_{n\to\infty}\dfrac{3n}{n+1}=3$; (2) $\lim\limits_{n\to\infty}\dfrac{2n^2+n-18}{3n^2-n}=\dfrac{2}{3}$;

(3) $\lim\limits_{n\to\infty}\dfrac{\sqrt{n^2+1}-1}{\sqrt{n^2+1}+1}=1$; (4) $\lim\limits_{n\to\infty}(\sqrt{n+1}-\sqrt{n})=0$;

(5) $\lim\limits_{n\to\infty}\dfrac{3^n}{n!}=0$.

1.23 用 $\varepsilon-\Delta$ 定义证明下列极限.

(1) $\lim\limits_{x\to\infty}\dfrac{\arctan x}{x}=0$; (2) $\lim\limits_{x\to\infty}\dfrac{2x^2+x-1}{x^2-3x}=2$;

(3) $\lim\limits_{x\to-\infty}(\sqrt{x^2+2}+x)=0$.

1.24 用 $\varepsilon-\delta$ 定义证明下列极限.

(1) $\lim\limits_{x\to2}\dfrac{x-2}{x^2-4}=\dfrac{1}{4}$; (2) $\lim\limits_{h\to0}\dfrac{\sqrt{a+h}-\sqrt{a}}{h}=\dfrac{1}{2\sqrt{a}}\quad(a>0)$;

(3) $\lim\limits_{x\to1}\left(x^4+\dfrac{1}{x}\right)=2$.

1.25 用 $E-\delta,E-\Delta$ 定义证明下列各式.

(1) $\lim\limits_{x\to3}\dfrac{x+1}{x^2-9}=\infty$; (2) $\lim\limits_{x\to+\infty}\dfrac{x^3}{x^2+1}=+\infty$;

(3) $\lim\limits_{x\to0^+}\log_a x=-\infty\ (a>1)$.

1.26 设 $x_n\leqslant a\leqslant y_n(n\in\mathbf{N})$,且 $\lim\limits_{n\to\infty}(y_n-x_n)=0$,求证:$\lim\limits_{n\to\infty}x_n=\lim\limits_{n\to\infty}y_n=a$.

试问:若将条件“$\lim\limits_{n\to\infty}(y_n-x_n)=0$”改为“$\lim\limits_{n\to\infty}(y_n-x_n)$ 存在”,结论还成立吗?

1.27 证明:$\lim\limits_{n\to\infty}x_n=a\Rightarrow\lim\limits_{n\to\infty}|x_n|=|a|$.

此题表明:当 $\{x_n\}$ 收敛时,绝对值符号与极限符号可以互换.

试问：反之成立吗？

1.28　证明：$\lim\limits_{n\to\infty} x_n = a \Leftrightarrow \lim\limits_{n\to\infty} x_{2n} = \lim\limits_{n\to\infty} x_{2n+1} = a$.

(1) 问：当 $\{x_{2n}\}$ 与 $\{x_{2n+1}\}$ 皆收敛时，能断定 $\{x_n\}$ 收敛吗？

(2) 问：在(1)中添加条件"$\{x_{3n}\}$ 收敛"，能断定 $\{x_n\}$ 收敛吗？

(3) 问：若 $\{x_{2n}\}$ 收敛，且 $\lim\limits_{n\to\infty}(x_{n+1} - x_n) = 0$，能断定 $\{x_n\}$ 收敛吗？

1.29　若 $\forall \varepsilon > 0, \exists N \in \mathbf{N}, \forall n > N, \forall p \in \mathbf{N}$，有 $|x_{n+p} - x_n| < \varepsilon$，则称 $\{x_n\}$ 为**基本列（柯西列）**.

(1) 证明：$\{x_n\}$ 是收敛列 $\Rightarrow \{x_n\}$ 是基本列；

(2) 证明：$\{x_n\}$ 是收敛列 $\Rightarrow \forall p \in \mathbf{N}, \lim\limits_{n\to\infty}(x_{n+p} - x_n) = 0$；

(3) 试问：(2)之逆命题成立吗？

注：(1)之逆命题成立（将在本书第 2 册证之）；(2)之逆命题不成立，由此看出，基本列 $\{x_n\}$ 的特征不能用语句："$\forall p \in \mathbf{N}, \lim\limits_{n\to\infty}(x_{n+p} - x_n) = 0$"代替.

1.30　证明：$\{x_n y_n\}$ 是无穷小量，$\{x_n\}$ 是无穷大量 $\Rightarrow \{y_n\}$ 是无穷小量.

1.31　证明：若 $\lim\limits_{x\to a} f(x) = A$，则对任何趋于 a 且不等于 a 的数列 $\{x_n\}$，有 $\lim\limits_{n\to\infty} f(x_n) = A$.

1.32　研究下列函数在 $x = 0$ 的左、右极限及极限的存在性，并画出函数草图.

(1) $f(x) = \dfrac{|x|}{x}$；　(2) $f(x) = [x]$；

(3) $f(x) = \mathrm{e}^{\frac{1}{x}}$.

1.33　(1) 证明：$\lim\limits_{x\to+\infty} \sin x$ 不存在；　(2) 证明：$\lim\limits_{x\to+\infty} x\sin x$ 不存在；

(3) 证明：$\lim\limits_{x\to0}\dfrac{1}{1+\mathrm{e}^{\frac{1}{x}}}$ 不存在.

1.34　设 $f(x)$ 在 $\mathbf{R}$ 有定义，$D(x)$ 为狄利克雷函数，且 $\lim\limits_{x\to0} D(x)f(x) = A$，求证：$A = 0$.

1.35　设 $\lim\limits_{x\to+\infty} f[g(x)] = +\infty$，$f(x)$ 在 $\mathbf{R}$ 上是增函数，求证：$\lim\limits_{x\to+\infty} g(x) = +\infty$.

1.36　设 $\{x_n\}$ 是以 a 为上界的增数列，求证：

$$\lim_{n\to\infty} x_n = a \Leftrightarrow \forall \varepsilon > 0, \exists N \in \mathbf{N}, 有\ |x_N - a| < \varepsilon.$$

1.37　用 ε-δ 定义证明下面命题.

(1) $\lim\limits_{x\to a} f(x) = A \Leftrightarrow \forall n \in \mathbf{N}, \exists \delta > 0, \forall x: 0 < |x - a| < \delta$，有

$$|f(x) - A| < \frac{1}{n};$$

(2) $\lim\limits_{x\to a} f(x) = A \Leftrightarrow \forall \varepsilon > 0, \exists N \in \mathbf{N}, \forall x: 0 < |x - a| < \dfrac{1}{N}$，有

$$|f(x) - A| < \varepsilon.$$

1.2.2　极限性质

前面讨论了极限的唯一性与变量替换性质，现在要继续研究极限的其他性质，这些性质对于今后的理论研究与具体计算都是很有用的.

定理 2.8（局部有界性质）　若函数 f 在 $x = a$ 存在极限，则 f 在 $x = a$ 局部有界.

证明　设 $\lim\limits_{x\to a} f(x) = A$，则对 $\varepsilon = 1$，存在 $\delta > 0$，只要 $x: 0 < |x - a| < \delta$，有

$$|f(x) - A| < 1,$$

于是有

$$|f(x)| \leqslant |f(x) - A| + |A| < |A| + 1.$$

取 $M=|A|+1>0$,则只要 $x\in\mathring{U}(a;\delta)$,就有 $|f(x)|<M$ 成立,故 f 在 $x=a$ 局部有界.

对于特殊的函数 —— 数列,有下面更强的结论.

定理 2.9(有界性质)　收敛数列必是有界数列.

定理 2.10(保序性质)　设 $\lim\limits_{x\to a}f(x)=A,\quad \lim\limits_{x\to a}g(x)=B.$

1° 若 $A<B$,则存在 $\mathring{U}(a)$,对一切 $x\in\mathring{U}(a)$,有 $f(x)<g(x)$;

2° 若对一切 $x\in\mathring{U}(a)$,有 $f(x)\leqslant g(x)$,则 $A\leqslant B$.

证明　1°　因为 $\lim\limits_{x\to a}f(x)=A$, $\lim\limits_{x\to a}g(x)=B$,则对于 $\varepsilon=\dfrac{B-A}{2}>0$,存在 $\delta>0$,只要 $0<|x-a|<\delta$,有

$$|f(x)-A|<\frac{B-A}{2},\quad |g(x)-B|<\frac{B-A}{2}.$$

去绝对值求得　$f(x)<A+\dfrac{B-A}{2}=\dfrac{A+B}{2}=B-\dfrac{B-A}{2}<g(x).$

所以只要 $x\in\mathring{U}(a;\delta)$ 就有 $f(x)<g(x)$.(见图 1.2-4)

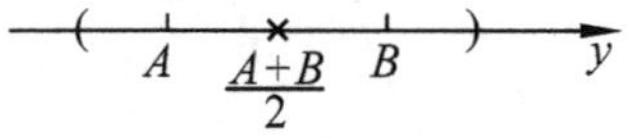

图 1.2-4

2°　利用反证法及 1° 即可证得 2°.

请注意,2° 的结论:$A\leqslant B$ 不能改为 $A<B$,例如设 $f(x)=x^2$, $g(x)=|x|$,易知存在 $\mathring{U}(0;\delta)$, $\forall x\in\mathring{U}(0;\delta)$,有

$$f(x)=x^2<|x|=g(x),$$

但

$$\lim_{x\to 0}f(x)=0=\lim_{x\to 0}g(x).$$

推论(保号性质)　设 $\lim\limits_{x\to a}f(x)=A.$

1° 若 $A>0$ $(A<0)$,则存在 $\mathring{U}(a)$,对一切 $x\in\mathring{U}(a)$,有 $f(x)>0$ $(f(x)<0)$;

2° 若对一切 $x\in\mathring{U}(a)$,有 $f(x)\geqslant 0$ $(f(x)\leqslant 0)$,则 $A\geqslant 0$ $(A\leqslant 0)$.

极限的保序性质刻画了不等式运算与极限运算之间的关系,例如定理 2.10 的 2° 表明:对不等式两边取极限得同向不等式(带等号),而定理 2.10 的 1° 表明,由极限的严格不等式,得函数的同向严格不等式(局部成立).

定理 2.11(运算性质)　设 $\lim\limits_{x\to a}f(x)=A$, $\lim\limits_{x\to a}g(x)=B$,则

1° $\lim\limits_{x\to a}[f(x)+g(x)]=\lim\limits_{x\to a}f(x)+\lim\limits_{x\to a}g(x)=A+B$;

2° $\lim\limits_{x\to a}[f(x)-g(x)]=\lim\limits_{x\to a}f(x)-\lim\limits_{x\to a}g(x)=A-B$;

3° $\lim\limits_{x\to a}[f(x)g(x)]=[\lim\limits_{x\to a}f(x)][\lim\limits_{x\to a}g(x)]=AB$;

4° $\lim\limits_{x\to a}\dfrac{f(x)}{g(x)}=\dfrac{\lim\limits_{x\to a}f(x)}{\lim\limits_{x\to a}g(x)}=\dfrac{A}{B}\ (B\neq 0).$

证明 因为$\lim\limits_{x\to a}f(x)=A$，$\lim\limits_{x\to a}g(x)=B$，所以

$$f(x)=A+o(1)\ (x\to a);\quad g(x)=B+o(1)\ (x\to a);$$

于是

$$f(x)\pm g(x)=(A\pm B)\pm[o(1)\pm o(1)]=(A\pm B)+o(1)\ (x\to a);$$

$$f(x)g(x)=AB+[A\cdot o(1)+B\cdot o(1)+o(1)\cdot o(1)]=AB+o(1)\ (x\to a),$$

再由定理2.5即可证得1°，2°，3°. 最后证明4°，只需证明下式是无穷小量

$$\frac{f(x)}{g(x)}-\frac{A}{B}=\frac{1}{Bg(x)}[Bf(x)-Ag(x)].$$

因为$Bf(x)-Ag(x)=B(A+o(1))-A(B+o(1))=B\cdot o(1)-A\cdot o(1)=o(1)(x\to a)$，又因为$\lim\limits_{x\to a}Bg(x)=B^2>\frac{1}{2}B^2>0$，由极限的保序性，存在$\delta>0$，只要$0<|x-a|<\delta$，就有$Bg(x)>\frac{1}{2}B^2$，即$0<\frac{1}{Bg(x)}<\frac{2}{B^2}$，故有

$$\frac{1}{Bg(x)}=O(1)\ (x\to a).$$

所以

$$\frac{1}{Bg(x)}[Bf(x)-Ag(x)]=O(1)\cdot o(1)=o(1)\ (x\to a).$$

即

$$\frac{f(x)}{g(x)}-\frac{A}{B}=o(1)\ (x\to a).$$

再由定理2.5知4°成立.

定理2.12(等价无穷小替换性质) 设$\alpha(x)$，$\alpha_1(x)$，$\beta(x)$，$\beta_1(x)$当$x\to a$时皆为无穷小量，且$\alpha(x)\sim\alpha_1(x)$，$\beta(x)\sim\beta_1(x)\quad(x\to a)$，

则

$$\lim_{x\to a}\frac{\alpha(x)}{\beta(x)}=\lim_{x\to a}\frac{\alpha_1(x)}{\beta_1(x)}.$$

请读者自行证之，本定理给出了极限计算的一种重要方法——**等价无穷小替换方法**.

定理2.13(夹逼性质) 设$\lim\limits_{x\to a}f(x)=\lim\limits_{x\to a}g(x)=A$，且

$$f(x)\leqslant\varphi(x)\leqslant g(x),$$

则

$$\lim_{x\to a}\varphi(x)=A.$$

证明 由$f(x)\leqslant\varphi(x)\leqslant g(x)$及$\lim\limits_{x\to a}f(x)=\lim\limits_{x\to a}g(x)=A$知，$\forall\varepsilon>0$，$\exists\delta>0$，$\forall x$：$0<|x-a|<\delta$，有

$$A-\varepsilon<f(x)\leqslant\varphi(x)\leqslant g(x)<A+\varepsilon,$$

按定义

$$\lim_{x\to a}\varphi(x)=A.$$

定理2.14(绝对值性质) 若$\lim\limits_{x\to a}f(x)=A$，则$\lim\limits_{x\to a}|f(x)|=|\lim\limits_{x\to a}f(x)|=|A|$，反之不真.

证明 因为$||f(x)|-|A||\leqslant|f(x)-A|$，由定理2.5有$f(x)-A=o(1)(x\to a)$，再由定理2.6的4°与3°即得证. 反之，有$\lim\limits_{n\to\infty}|(-1)^n|=1$，但$\lim\limits_{n\to\infty}(-1)^n$不存在.

极限的运算性质，等价无穷小替换性质，夹逼性质，绝对值性质提供了计算与证明极限的几个有效的方法.

例 1　求 $\lim\limits_{x\to a}\dfrac{x^3+7x^2}{x^2+1}$.

解　由 $\lim\limits_{x\to a}x=a$ 及极限乘法运算知 $\lim\limits_{x\to a}x^n=a^n$,再由极限的运算性有

$$\lim_{x\to a}\frac{x^3+7x^2}{x^2+1}=\frac{\lim\limits_{x\to a}(x^3+7x^2)}{\lim\limits_{x\to a}(x^2+1)}=\frac{\lim\limits_{x\to a}x^3+\lim\limits_{x\to a}7x^2}{\lim\limits_{x\to a}x^2+\lim\limits_{x\to a}1}=\frac{a^3+7a^2}{a^2+1}.$$

例 2　求 $\lim\limits_{x\to 2}\dfrac{x^2-4}{2x^2-3x-2}$.

解　因 $\lim\limits_{x\to 2}(x^2-4)=\lim\limits_{x\to 2}(2x^2-3x-2)=0$,故此题不能直接用极限的运算性质求解.但是有

$$原式=\lim_{x\to 2}\frac{(x-2)(x+2)}{(x-2)(2x+1)}=\lim_{x\to 2}\frac{x+2}{2x+1}=\frac{4}{5}.$$

我们把能直接运用极限运算性质(包括推广的性质)求解的极限称为**定式极限**,否则称为**未定式极限**,它首先有下面的4种类型,即

$\dfrac{0}{0}$ 型:两个非零无穷小量之比的极限.

$\dfrac{\infty}{\infty}$ 型:两个无穷大量之比的极限;

$0\cdot\infty$ 型:非零无穷小量与无穷大量之积的极限;

$\infty-\infty$ 型:两个无穷大量之差的极限.

求 $\dfrac{0}{0}$ 或 $\dfrac{\infty}{\infty}$ 未定式极限的基本方法是,用因式分解方法、共轭根式方法、变量替换方法、提因子法、三角公式法、等价无穷小(无穷大)法等方法,在分子分母中分别分解出无穷小(无穷大)因子,约分后再用极限的四则运算方法来求极限. $0\cdot\infty$ 型则转化为 $\dfrac{0}{0}$ 或 $\dfrac{\infty}{\infty}$ 型未定式来求极限. $\infty-\infty$ 型则用通分或共轭根式方法转化为 $\dfrac{0}{0}$ 或 $\dfrac{\infty}{\infty}$ 型未定式来求极限.

例 3　(1) 求 $\lim\limits_{x\to+\infty}\dfrac{\sqrt{x^2+x}}{x}$;　　(2) 求 $\lim\limits_{x\to-\infty}\dfrac{\sqrt{x^2+x}}{x}$.

解　这两个极限都是 $\dfrac{\infty}{\infty}$ 型,基本无穷大量是 x,

$$(1)\ 原式=\lim_{x\to+\infty}\frac{x\sqrt{1+\frac{1}{x}}}{x}=\lim_{x\to+\infty}\sqrt{1+\frac{1}{x}}=1.$$

$$(2)\ 原式=\lim_{x\to-\infty}\frac{-x\sqrt{1+\frac{1}{x}}}{x}=-\lim_{x\to-\infty}\sqrt{1+\frac{1}{x}}=-1.$$

注　本题采用的是**提因子方法**,注意: $\lim\limits_{x\to\infty}\dfrac{\sqrt{x^2+x}}{x}$ 不存在.

例 4　求 $\lim\limits_{x\to 1}\left(\dfrac{1}{1-x}-\dfrac{3}{1-x^3}\right)$.

解　这是"$\infty-\infty$"型.先通分,再分解因式,可得

原式$=\lim\limits_{x\to1}\frac{x^2+x-2}{1-x^3}=-\lim\limits_{x\to1}\frac{(1-x)(2+x)}{(1-x)(1+x+x^2)}=-\lim\limits_{x\to1}\frac{2+x}{1+x+x^2}=-1.$

注 本题采用了因式分解方法.

例5 求 $\lim\limits_{x\to0}\frac{\sqrt{1+x}-1}{x}$.

解 这是"$\frac{0}{0}$"型.

原式$=\lim\limits_{x\to0}\frac{(\sqrt{1+x}-1)(\sqrt{1+x}+1)}{x(\sqrt{1+x}+1)}=\lim\limits_{x\to0}\frac{1}{1+\sqrt{1+x}}=\frac{1}{2}.$

注 本题采用的是**共轭根式方法**.它是处理无理函数极限的一种简便、常用的方法.一般用公式 $x^n-y^n=(x-y)(x^{n-1}+x^{n-2}y+\cdots+y^{n-2}x+y^{n-1})$ 可证明

$$\lim_{x\to0}\frac{\sqrt[n]{1+x}-1}{x}=\frac{1}{n}.$$

即有
$$\sqrt[n]{1+x}=1+\frac{x}{n}+o(x)\quad(x\to0).$$

例6 求 $\lim\limits_{x\to0}\frac{\sqrt{1+x}-\sqrt[6]{1+x}}{1-\sqrt[3]{1+x}}$.

解 这是"$\frac{0}{0}$"型.

原式$\xlongequal{设t=\sqrt[6]{1+x}}\lim\limits_{t\to1}\frac{t^3-t}{1-t^2}=-1.$

注 本题采用的是**变量替换方法**.这是一种重要的数学思想方法.

例7 求 $\lim\limits_{x\to\infty}x\left(\sqrt[3]{1+\frac{1}{x}}-1\right)$.

解 这是"$0\cdot\infty$"型,用换元方法可化为"$\frac{0}{0}$"型得

原式$\xlongequal{设t=\frac{1}{x}}\lim\limits_{t\to0}\frac{\sqrt[3]{1+t}-1}{t}=\lim\limits_{t\to0}\frac{1}{(1+t)^{2/3}+(1+t)^{1/3}+1}=\frac{1}{3}.$

注 本题采用了变量替换方法和共轭根式方法.

例8 求 $\lim\limits_{x\to1}\frac{x+x^2+\cdots+x^n-n}{x-1}$.

解 这是"$\frac{0}{0}$"型,将分子作因式分解得

$$\begin{aligned}
原式&=\lim_{x\to1}\frac{(x-1)+(x^2-1)+\cdots+(x^n-1)}{x-1}\\
&=\lim_{x\to1}\frac{1}{x-1}(x-1)[1+(x+1)+(x^2+x+1)+\cdots+(x^{n-1}+\cdots+x+1)]\\
&=1+2+\cdots+n=\frac{n(n+1)}{2}.
\end{aligned}$$

例9 求 $\lim\limits_{n\to\infty}\left[\frac{1}{1\times2}+\frac{1}{2\times3}+\cdots+\frac{1}{n(n+1)}\right]$.

解 积化和差得

$$\text{原式}=\lim_{n\to\infty}\left[\left(1-\frac{1}{2}\right)+\left(\frac{1}{2}-\frac{1}{3}\right)+\cdots+\left(\frac{1}{n}-\frac{1}{n+1}\right)\right]$$

$$=\lim_{n\to\infty}\left(1-\frac{1}{n+1}\right)=1.$$

例 10 设 $\lim\limits_{x\to1}\dfrac{x^2+ax+b}{1-x}=5$，求 a,b 的值.

解 由题设及 $\lim\limits_{x\to1}(1-x)=0\Rightarrow\lim\limits_{x\to1}(x^2+ax+b)=0$.

所以

$$1+a+b=0.$$

由题设

$$5=\lim_{x\to1}\frac{x^2+ax-a-1}{1-x}=-\lim_{x\to1}\frac{(x-1)[(x+1)+a]}{x-1}=-a-2.$$

所以

$$a=-7,\quad b=6.$$

例 11 求 $\lim\limits_{n\to\infty}\sqrt[n]{1+\dfrac{1}{2n}}$.

解 因

$$1<\sqrt[n]{1+\frac{1}{2n}}<1+\frac{1}{2n},$$

且

$$\lim_{n\to\infty}\left(1+\frac{1}{2n}\right)=1,$$

由极限夹逼性知

$$\lim_{n\to\infty}\sqrt[n]{1+\frac{1}{2n}}=1.$$

例 12 若 $\lim\limits_{x\to+\infty}f(x)=+\infty$，$\lim\limits_{x\to+\infty}g(x)=A<0$，求证：

$$\lim_{x\to+\infty}f(x)g(x)=-\infty.$$

证明 任给 $E>0$，解不等式 $f(x)g(x)<-E$. 因为 $\lim\limits_{x\to+\infty}g(x)=A<\dfrac{A}{2}<0$ 及 $f(x)$ 是正无穷大量，由保序性和正无穷大量的定义可得，存在 $\Delta>0$，只要 $x>\Delta$，就有 $g(x)<\dfrac{A}{2}<0$ 及 $f(x)>-\dfrac{2E}{A}>0$，用 $f(x)>0$ 乘第一个不等式，用 $\dfrac{A}{2}<0$ 乘第二个不等式，联合起来可得，只要 $x>\Delta$，就有

$$f(x)g(x)<f(x)\cdot\frac{A}{2}<-\frac{2E}{A}\cdot\frac{A}{2}=-E$$

成立，按定义有

$$\lim_{x\to+\infty}f(x)g(x)=-\infty.$$

注 此例是极限运算性质的一种推广形式，这种形式的极限仍为定式极限.

下面介绍极限的同一性定理. 先给出数列的子列的定义.

定义 设 $\{x_n\}$ 是一个数列，若 $n_k(k=1,2,\cdots)$ 是严格增的正整数列，即 n_k 是正整数且

$1 \leqslant n_1 < n_2 < \cdots < n_k < n_{k+1} < \cdots$，$x_{n_k}$ 表示数列$\{x_n\}$的第 n_k 项，则称数列

$$\{x_{n_k}\}: x_{n_1}, x_{n_2}, \cdots, x_{n_k}, \cdots$$

是数列$\{x_n\}$的子列. 特别称$\{x_{2n}\}$为数列$\{x_n\}$的偶数子列，称数列$\{x_{2n-1}\}$为$\{x_n\}$的奇数子列.

定理 2.15(同一性)　收敛数列的任一子列必然收敛于原数列的极限.

证明　设$\{x_{n_k}\}$是数列$\{x_n\}$的子列. 则数列$\{x_{n_k}\}$是函数 $y = x_n$ 和函数 $n = n_k$ 的复合函数，且 $k \to \infty$ 时，$n = n_k \to \infty$. 由定理 2.3 得

$$\lim_{k\to\infty} x_{n_k} \xlongequal{n = n_k} \lim_{n\to\infty} x_n$$

对$\{x_n\}$的任意一个子列成立.

定义　设函数 $f(x)$ 在点 a 的空心邻域 $\mathring{U}(a)$ 上有定义. 若数列$\{x_n\}$收敛于 a 且恒不等于 a，则称数列$\{f(x_n)\}$是 $x \to a$ 时 f 的一个子列，又称数列$\{f(x_n)\}$是 f 在点 a 的一个子列.

定理 2.16(海恩(Heine)转换定理)　设 $f(x)$ 在 $\mathring{U}(a)$ 上有定义，则 $x \to a$ 时 $f(x)$ 收敛的充要条件是：f 在点 a 的每一个子列均收敛(且都收敛于 f 在点 a 的极限).

证明　必要性由定理 2.3 的推论立即得到. 下面证明充分性.

先取定一个收敛于 a 且恒不等于 a 的数列$\{x_n^*\}$，由充要条件有 $\lim\limits_{n\to\infty} f(x_n^*) = A$. 下面来证明 $\lim\limits_{x\to a} f(x) = A$，用反证法证明，如果 $\lim\limits_{x\to a} f(x) \neq A$，由 1.1.5 节的定理 1.6 得 $f(x)$ 必然满足：存在 $\varepsilon_0 > 0$，任给 $\delta = \dfrac{1}{n} > 0$，存在 $0 < |x_n - a| < \dfrac{1}{n}$，使得 $|f(x_n) - A| \geqslant \varepsilon_0$ 成立，即存在收敛于 a 且恒不等于 a 的数列$\{x_n\}$，使上面不等式成立. 再令

$$y_{2n} = x_n, y_{2n-1} = x_n^*, n = 1, 2, \cdots,$$

则$\{y_n\}$也收敛于 a 且恒不等于 a，而且$\{x_n\}$与$\{x_n^*\}$均是$\{y_n\}$的子列. 由充要条件$\{f(y_n)\}$收敛，再由同一性定理就有

$$\lim_{n\to\infty} f(x_n) = \lim_{n\to\infty} f(y_n) = \lim_{n\to\infty} f(x_n^*) = A.$$

那么在不等式 $|f(x_n) - A| \geqslant \varepsilon_0$ 中令 $n \to \infty$，由极限的保序性与上面等式就有

$$0 = \lim_{n\to\infty} |f(x_n) - A| \geqslant \varepsilon_0 > 0,$$

即得到了 $0 > 0$，矛盾. 矛盾说明 $\lim\limits_{x\to a} f(x) = A$，即 $x \to a$ 时 $f(x)$ 收敛.

注　定理 2.15、定理 2.16 的必要性、定理 2.2 的必要性，都是极限的同一性定理.

下面再研究两个初等函数的极限.

例 13　求证 $\lim\limits_{x\to a} \ln x = \ln a (a > 0)$.

证明　前面已证明了 $\ln(1+t) \to 0 (t \to 0)$. 设 $x = a(1+t)$，则 t 也是 x 的函数，且 $x \to a$ 时有 $t \to 0$，$x \neq a$ 时有 $t \neq 0$，由换元性质与运算性质得

$$\lim_{x\to a} \ln x \xlongequal{x = a(1+t)} \lim_{t\to 0} \ln a(1+t) = \ln a + \lim_{t\to 0} \ln(1+t) = \ln a.$$

例 14　求证 $\lim\limits_{x\to x_0} a^x = a^{x_0} (a > 0)$.

证明　前面已证明了 $a^t \to 1 (t \to 0)$，记 $x = x_0 + t$，则 $x \to x_0$ 时有 $t \to 0$，$x \neq x_0$ 时有 $t \neq 0$，由换元性质与运算性质得

$$\lim_{x\to x_0} a^x \xlongequal{x=x_0+t} \lim_{t\to 0} a^{x_0+t} = \lim_{t\to 0} a^{x_0}\cdot a^t = a^{x_0}\cdot 1 = a^{x_0}.$$

思 考 题

1. 若 $\lim\limits_{x\to a} f(x)$ 存在，$\lim\limits_{x\to a} g(x)$ 不存在，问 $\lim\limits_{x\to a}[f(x)+g(x)]$ 及 $\lim\limits_{x\to a}[f(x)g(x)]$ 是否存在？

2. 若 $\lim\limits_{x\to a} f(x)$，$\lim\limits_{x\to a} g(x)$ 都不存在，问 $\lim\limits_{x\to a}[f(x)+g(x)]$ 及 $\lim\limits_{x\to a}[f(x)g(x)]$ 是否一定不存在？

3. 若 $\lim\limits_{x\to a}[f(x)-g(x)]=0$，是否一定有 $\lim\limits_{x\to a} f(x)=\lim\limits_{x\to a} g(x)$？

4. 用下面的方法证明命题"若 $\lim\limits_{n\to\infty} x_n=a$，$\lim\limits_{n\to\infty} y_n=b\neq 0$，则 $\lim\limits_{n\to\infty}\dfrac{x_n}{y_n}=\dfrac{a}{b}$"对不对？

设 $\lim\limits_{n\to+\infty}\dfrac{x_n}{y_n}=c$. 由 $a=\lim\limits_{n\to\infty} x_n=\lim\limits_{n\to\infty}\left(\dfrac{x_n}{y_n}\cdot y_n\right)=\left(\lim\limits_{n\to\infty}\dfrac{x_n}{y_n}\right)(\lim\limits_{n\to\infty} y_n)=c\cdot b$，

故 $c=\dfrac{a}{b}$，即 $\lim\limits_{n\to\infty}\dfrac{x_n}{y_n}=\dfrac{a}{b}$.

5. 下面各题做法对吗？为什么？

(1) 设 $x_1=1$，$x_{n+1}=\dfrac{a}{x_n}$ $(a>0)$，讨论 $\{x_n\}$ 的敛散性.

设 $\lim\limits_{n\to\infty} x_n=b$，由 $x_{n+1}=\dfrac{a}{x_n}$，据极限的运算性有 $\lim\limits_{n\to\infty} x_{n+1}=\dfrac{a}{\lim\limits_{n\to\infty} x_n}$，因此 $b=\dfrac{a}{b}$，故有 $b^2=a$ 又因为 $x_n>0$，所以 $b\geqslant 0$，故 $\lim\limits_{n\to\infty} x_n=b=\sqrt{a}$.

(2) $\lim\limits_{n\to\infty}\left(1+\dfrac{1}{n}\right)^n=\lim\limits_{n\to\infty}\underbrace{\left(1+\dfrac{1}{n}\right)\left(1+\dfrac{1}{n}\right)\cdots\left(1+\dfrac{1}{n}\right)}_{n}$

$=\underbrace{\lim\limits_{n\to\infty}\left(1+\dfrac{1}{n}\right)\lim\limits_{n\to\infty}\left(1+\dfrac{1}{n}\right)\cdots\lim\limits_{n\to\infty}\left(1+\dfrac{1}{n}\right)}_{n}=1\times 1\times 1\times\cdots\times 1=1.$

(3) $\lim\limits_{n\to\infty}\dfrac{\sin n}{n}=(\lim\limits_{n\to\infty}\sin n)\left(\lim\limits_{n\to\infty}\dfrac{1}{n}\right)=0.$

6. 把保序性改为如下命题，仍正确吗？

设 $\lim\limits_{x\to a} f(x)=A$，$\lim\limits_{x\to a} g(x)=B$.

1° 如果 $A\leqslant B$，则存在 $\mathring{U}(a)$，对一切 $x\in\mathring{U}(a)$ 有 $f(x)\leqslant g(x)$；

2° 如果对一切 $x\in\mathring{U}(a)$，有 $f(x)<g(x)$，则 $A<B$.

7. 用下面方法证明极限唯一性对不对？为什么？

设 $\lim\limits_{n\to\infty} x_n=a$，$\lim\limits_{n\to\infty} x_n=b$. 由极限运算性质有

$0=\lim\limits_{n\to\infty}(x_n-x_n)=\lim\limits_{n\to\infty} x_n-\lim\limits_{n\to\infty} x_n=a-b$，即 $a=b$.

8. (1) 如果存在发散数列 $\{y_n\}$，使得数列 $\{x_n+y_n\}$ 发散，问数列 $\{x_n\}$ 的敛散性如何？

(2) 如果任一发散数列 $\{y_n\}$，都使数列 $\{x_n+y_n\}$ 发散，问数列 $\{x_n\}$ 的敛散性如何？

9. 下面命题对吗？

(1) $\lim\limits_{n\to\infty} x_n=a\Leftrightarrow\lim\limits_{n\to\infty}|x_n-a|=0$；

(2) $\lim\limits_{n\to\infty} x_n=a\Leftrightarrow\lim\limits_{n\to\infty}||x_n|-|a||=0$.

10. 试问：若 $\{x_n\}$ 为正无穷大量，$\{y_n\}$ 为无穷大量，那么 $\{x_n+y_n\}$ 一定是正无穷大量吗？

11. 试问：若 $\{x_ny_n\}$ 为无穷小量(无穷大量)，能否断定 $\{x_n\}$ 与 $\{y_n\}$ 之中至少有一个是无穷小量(无穷大量)？

练　习　题

1.38　求下列极限.

(1) $\lim\limits_{n\to\infty}\dfrac{1-n+2n^2}{1-n^2}$；

(2) $\lim\limits_{n\to\infty}\dfrac{(-2)^n+3^n}{(-2)^{n+1}+3^{n+1}}$；

(3) $\lim\limits_{n\to\infty}\dfrac{\sqrt[3]{n}\sin(n!)}{n+1}$；

(4) $\lim\limits_{n\to\infty}\sqrt{n}(\sqrt{n+1}-\sqrt{n})$；

(5) $\lim\limits_{n\to\infty}\dfrac{\sqrt{n^2+1}-\sqrt{n}}{an+b}\ (a\neq 0)$.

1.39　求下列极限.

(1) $\lim\limits_{n\to\infty}\left[\dfrac{1}{1\times 3}+\dfrac{1}{3\times 5}+\cdots+\dfrac{1}{(2n-1)(2n+1)}\right]$；

(2) $\lim\limits_{n\to\infty}\dfrac{1^2+3^2+\cdots+(2n-1)^2}{n^3}$.

1.40　利用极限的夹逼性质求下列极限.

(1) $\lim\limits_{n\to\infty}\left[\dfrac{1}{n^2}+\dfrac{1}{(n+1)^2}+\cdots+\dfrac{1}{(n+n)^2}\right]$；

(2) $\lim\limits_{n\to\infty}\left(\dfrac{1}{\sqrt{n^2+1}}+\dfrac{1}{\sqrt{n^2+2}}+\cdots+\dfrac{1}{\sqrt{n^2+n}}\right)$；

(3) $\lim\limits_{n\to\infty}\dfrac{[nx_n]}{n}$（已知$\lim\limits_{n\to\infty}x_n=a$）.

1.41　求下列函数极限.

(1) $\lim\limits_{x\to 0}\dfrac{x^2-1}{2x^2-x-1}$；

(2) $\lim\limits_{x\to 1}\dfrac{x^2-1}{2x^2-x-1}$；

(3) $\lim\limits_{x\to\infty}\dfrac{x^2-1}{2x^2-x-1}$；

(4) $\lim\limits_{x\to 0}\dfrac{\sqrt{a^2+x}-a}{x}\ (a>0)$；

(5) $\lim\limits_{x\to 4}\dfrac{\sqrt{1+2x}-3}{\sqrt{x}-2}$；

(6) $\lim\limits_{x\to 1}\dfrac{x^{n+1}-(n+1)x+n}{(x-1)^2}$；

(7) $\lim\limits_{x\to-\infty}\dfrac{x-\cos x}{x}$；

(8) $\lim\limits_{x\to\infty}\dfrac{(3x+5)^{70}(8x-5)^{20}}{(5x-1)^{90}}$；

(9) $\lim\limits_{x\to+\infty}[\sqrt{(x+a)(x+b)}-x]$；　$\lim\limits_{x\to-\infty}[\sqrt{(x+a)(x+b)}+x]$；

(10) $\lim\limits_{x\to+\infty}(\sqrt[3]{x^3+x^2+1}-\sqrt[3]{x^3-x^2+1})$.

1.42　设：$f(x_0-0)<f(x_0+0)$，求证：存在$\delta>0$，当$x_0-\delta<x_1<x_0$，$x_0<x_2<x_0+\delta$时，有$f(x_1)<f(x_2)$.

1.43　设$\lim\limits_{x\to x_0}f(x)=+\infty$，$\lim\limits_{x\to x_0}g(x)=A$，求证：$\lim\limits_{x\to x_0}[f(x)+g(x)]=+\infty$.

1.44　设$\lim\limits_{x\to x_0}f(x)=+\infty$，$\lim\limits_{x\to x_0}g(x)=A>0$，求证：$\lim\limits_{x\to x_0}f(x)g(x)=+\infty$.

1.45　设数列$\{x_n\}$单调增，且$\lim\limits_{n\to\infty}x_n=a$，求证：$x_n\leqslant a$.

1.46　设$x_n>0$，且$\lim\limits_{n\to\infty}\sqrt[n]{x_n}=l$，证明：

(1) 当$l<1$时，有$\lim\limits_{n\to\infty}x_n=0$；

(2) 当$l>1$时，有$\lim\limits_{n\to\infty}x_n=+\infty$.

如果$l=1$，你能作出什么判断呢？

1.47 设$\lim\limits_{n\to\infty}\dfrac{x_{n+1}}{x_n}=l$,证明:

(1) 当$|l|<1$时,有$\lim\limits_{n\to\infty}x_n=0$;

(2) 当$|l|>1$时,有$\lim\limits_{n\to\infty}x_n=\infty$.

当$|l|=1$时,你能作出什么判断呢?

1.48 设$x_0=1, x_{n+1}=\dfrac{x_n+2}{x_n+1}\ (n\in\mathbf{N})$,求证:$\lim\limits_{n\to\infty}x_n=\sqrt{2}$.

1.49 求下列极限.

(1) $\lim\limits_{x\to+\infty}\dfrac{\ln x}{x^\alpha}\ (\alpha>0)$;　　(2) $\lim\limits_{x\to0^+}x^\alpha\ln x\ (\alpha>0)$.

1.50 求$\lim\limits_{n\to\infty}[(n+1)^\alpha-n^\alpha]\ (\alpha<1)$.

1.51 求下列极限.

(1) $\lim\limits_{x\to2^+}\dfrac{[x]^2-4}{x^2-4}$;　　$\lim\limits_{x\to2^-}\dfrac{[x]^2-4}{x^2-4}$;

(2) $\lim\limits_{x\to\frac{1}{m}^+}\left(\dfrac{1}{x}-\left[\dfrac{1}{x}\right]\right)$;　　$\lim\limits_{x\to\frac{1}{m}^-}\left(\dfrac{1}{x}-\left[\dfrac{1}{x}\right]\right)$　$(0\neq m\in\mathbf{Z})$;

(3) $\lim\limits_{x\to0^+}\dfrac{x}{a}\left[\dfrac{b}{x}\right]$;　　$\lim\limits_{x\to0^+}\dfrac{b}{x}\left[\dfrac{x}{a}\right]$　$(a,b>0)$.

1.52 设$f(x),g(x)$在$x=0$的空心邻域上有定义.

(1) 若$\lim\limits_{x\to0}f(x)=A\neq0$,$\lim\limits_{x\to0}g(x)$不存在,求证:$\lim\limits_{x\to0}f(x)g(x)$不存在;

(2) 若$\lim\limits_{x\to0}f(x)=0$,$\lim\limits_{x\to0}g(x)$不存在,问:$\lim\limits_{x\to0}f(x)g(x)$是否一定不存在?

1.53 (1) 证明:$\dfrac{1}{2}\times\dfrac{3}{4}\times\cdots\times\dfrac{2n-1}{2n}<\dfrac{1}{\sqrt{2n+1}}$;

(2) 求:$\lim\limits_{n\to\infty}\dfrac{1\times3\times5\times\cdots\times(2n-1)}{2\times4\times6\times\cdots\times2n}$.

1.2.3 两个重要极限

为了研究含三角函数与幂指函数的极限,先要研究下面两个基本极限.

1. $\lim\limits_{x\to0}\dfrac{\sin x}{x}=1$

先用几何方法证明三角函数的一个不等式.作单位圆(见图1.2-5)及锐角

$$\angle AOB=x\ (\text{弧度}),$$

其中点A,B在单位圆周上,点A又在x轴上.过点A作圆的切线AD与OB交于D,作BC垂于OA,交OA于C,则相应的弧长与线段长分别是

$$\overset{\frown}{AB}=x,\quad \overline{BC}=\sin x,\quad \overline{AD}=\tan x.$$

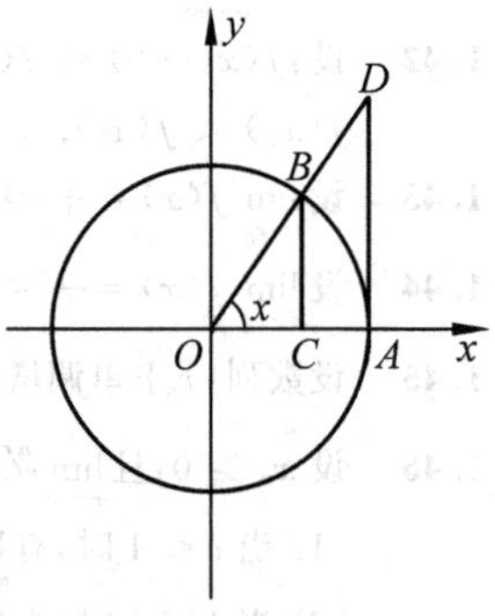

图1.2-5

当$0<x<\dfrac{\pi}{2}$时,有$\triangle OAB$的面积$<$扇形OAB的面积$<\triangle OAD$的面积,又因为$\overline{OA}=1$,具体计算上面不等式中的各个面积可得

$$\frac{1}{2}\cdot\sin x\cdot1<\frac{1}{2}\cdot1^2\cdot x<\frac{1}{2}\cdot1\cdot\tan x.$$

由上面不等式得到

$$0<\sin x<x<\tan x, 若\ 0<x<\frac{\pi}{2} \quad (1)$$

由式(1)、奇函数的性质和三角函数的诱导公式可得两个重要的不等式

$$|\sin x| \leqslant |x|, x \in \mathbf{R}, \quad (2)$$

$$|x| \leqslant |\tan x|, |x|<\frac{\pi}{2}, \quad (3)$$

且式(2)和式(3)中等号成立当且仅当 $x=0$.

应用不等式(2)可证明.

例 1 证明 $\lim\limits_{x \to a} \sin x=\sin a$, $\lim\limits_{x \to a} \cos x=\cos a$.

证明 由和差化积公式和上面的不等式(2)可得

$$\begin{aligned} |\sin x-\sin a| &= \left|2 \sin \frac{x-a}{2} \cos \frac{x+a}{2}\right| \\ &\leqslant 2\left|\sin \frac{x-a}{2}\right| \leqslant 2 \cdot\left|\frac{x-a}{2}\right|=|x-a|. \end{aligned}$$

上式右边当 $x \to a$ 时趋于 0,由夹逼性质得 $\lim\limits_{x \to a} \sin x=\sin a$.

同理可得 $\lim\limits_{x \to a} \cos x=\cos a$.

下面来证明基本极限 1. 将式(1)同除 $\sin x>0$ 得

$$1<\frac{x}{\sin x}<\frac{1}{\cos x}.$$

对上式取倒数得

$$\cos x<\frac{\sin x}{x}<1.$$

上式对 $0<x<\frac{\pi}{2}$ 成立,但 $\cos x$ 与 $\frac{\sin x}{x}$ 均是偶函数,所以上式当 $0<|x|<\frac{\pi}{2}$ 时也成立,又因为 $\lim\limits_{x \to 0} \cos x=\cos 0=1$,由夹逼性质得

$$\lim_{x \to 0} \frac{\sin x}{x}=1.$$

由定理 2.5,上面结果又可写成

$$\boxed{\sin x \sim x\ (x \to 0) \quad 或 \quad \sin x=x+o(x) \quad (x \to 0).}$$

请注意,在高等数学中,如无特别声明,凡角皆以弧度为度量单位.

应用重要极限 1 和三角公式,可求出含三角函数的未定式极限.

例 2 求 $\lim\limits_{x \to 0} \frac{\tan x}{x}$.

解 原式 $=\lim\limits_{x \to 0}\left(\frac{\sin x}{x}\right)\left(\frac{1}{\cos x}\right)=1$.

此结果可写成

$$\boxed{\tan x \sim x\ (x \to 0) \quad 或 \quad \tan x=x+o(x) \quad (x \to 0).}$$

在例 2 中用 $u=\tan x$ 换元,在重要极限 I 中用 $u=\sin x$ 换元可得

$$\arctan x \sim x\ (x\to 0),\quad \arcsin x \sim x\ (x\to 0).$$

例 3 求 $\lim\limits_{x\to 0}\dfrac{1-\cos x}{x^2}$.

解 原式$=\lim\limits_{x\to 0}\dfrac{2\sin^2\dfrac{x}{2}}{x^2}=\dfrac{1}{2}\lim\limits_{x\to 0}\left(\dfrac{\sin\dfrac{x}{2}}{\dfrac{x}{2}}\right)^2=\dfrac{1}{2}$.

由此易得

$$\cos x = 1-\frac{x^2}{2}+o(x^2)\ (x\to 0).$$

例 4 求 $\lim\limits_{x\to a}\dfrac{\sin x-\sin a}{x-a}$.

解 原式$=\lim\limits_{x\to a}\dfrac{2\sin\dfrac{x-a}{2}\cos\dfrac{x+a}{2}}{x-a}=\lim\limits_{x\to a}\left(\dfrac{\sin\dfrac{x-a}{2}}{\dfrac{x-a}{2}}\right)\cos\dfrac{x+a}{2}$

$$=\left(\lim_{x\to a}\frac{\sin\dfrac{x-a}{2}}{\dfrac{x-a}{2}}\right)\left(\lim_{x\to a}\cos\frac{x+a}{2}\right)=\cos a.$$

例 5 求 $\lim\limits_{x\to \pi}\dfrac{\sin mx}{\sin nx},(m,n\in \mathbf{N})$.

解 设 $y=x-\pi$. 有

原式$=\lim\limits_{y\to 0}\dfrac{\sin m(\pi+y)}{\sin n(\pi+y)}=(-1)^{m-n}\lim\limits_{y\to 0}\dfrac{\sin my}{\sin ny}$

$=(-1)^{m-n}\lim\limits_{y\to 0}\dfrac{my}{ny}=(-1)^{m-n}\dfrac{m}{n}$.

注 本题采用了等价无穷小替换方法.

例 6 求 $\lim\limits_{x\to 1}(1-x)\cot(x-1)$.

解 原式$\xlongequal{\text{设}\ t=x-1}-\lim\limits_{t\to 0}(\cos t)\left(\dfrac{t}{\sin t}\right)=-1$.

例 7 求 $\lim\limits_{x\to \frac{\pi}{2}}\dfrac{\tan x}{\tan 3x}$.

解 原式$\xlongequal{\text{设}\ u=\frac{\pi}{2}-x}\lim\limits_{u\to 0}\dfrac{\cot u}{\cot 3u}=\lim\limits_{u\to 0}\dfrac{\tan 3u}{\tan u}=\lim\limits_{u\to 0}\dfrac{3u}{u}=3$.

2. $\lim\limits_{x\to\infty}\left(1+\dfrac{1}{x}\right)^x=\mathrm{e}$

证明这个极限收敛的关键,是证明数列 $x_n=\left(1+\dfrac{1}{n}\right)^n$ 收敛. 这就要证明极限的存在性,先介绍一个判别数列收敛的准则.

定理 2.17(单调数列收敛原理) 单调有界数列必收敛.

证明　不妨设数列$\{x_n\}$单增有界．将数列$\{x_n\}$作为实数集合，它的上确界$\beta=\sup\{x_n\}$也是一个实数．

任给$\varepsilon>0$，由上确界的判别准则，存在x_N，使$\beta-\varepsilon<x_N$．由$\{x_n\}$单增，只要$n>N$，就有$\beta-\varepsilon<x_N\leqslant x_n\leqslant\beta$，即只要$n>N$，就有$|x_n-\beta|<\varepsilon$成立，所以$\{x_n\}$收敛，且极限是其上确界．

同理，当数列$\{x_n\}$单减有界时该数列收敛，且极限是其下确界．

下面来证明数列$x_n=\left(1+\dfrac{1}{n}\right)^n$收敛．只需证明它单增有界（而数列$y_n=\left(1+\dfrac{1}{n}\right)^{n+1}$则单减有界）．用数学归纳法容易证明重要的**贝努利**（J. Bernoulli，1667—1748）**不等式**

$$(1+\alpha)^n\geqslant 1+n\alpha\quad(\alpha>-1,n\in\mathbf{N}).\tag{4}$$

下面利用贝努利不等式证明x_n单调增，有

$$\begin{aligned}\frac{x_{n+1}}{x_n}&=\frac{\left(1+\dfrac{1}{n+1}\right)^{n+1}}{\left(1+\dfrac{1}{n}\right)^n}=\left[1-\frac{1}{(n+1)^2}\right]^n\cdot\left(\frac{n+2}{n+1}\right)\\&\geqslant\left[1-\frac{n}{(n+1)^2}\right]\frac{n+2}{n+1}=\frac{(n^2+n+1)(n+2)}{(n+1)^3}\\&=1+\frac{1}{(n+1)^3}>1,\end{aligned}$$

所以x_n严格增，同理可证明y_n严格减，而由牛顿二项式定理又有

$$\begin{aligned}x_n&=\left(1+\frac{1}{n}\right)^n=1+C_n^1\cdot\frac{1}{n}+\cdots+C_n^k\left(\frac{1}{n}\right)^k+\cdots+C_n^n\left(\frac{1}{n}\right)^n\\&=1+1+\frac{1}{2!}\frac{n(n-1)}{n^2}+\cdots+\frac{1}{k!}\cdot\frac{n(n-1)\cdots(n-k+1)}{n^k}+\cdots+\frac{1}{n^n}\\&<1+1+\frac{1}{2}+\frac{1}{2^2}+\cdots+\frac{1}{2^{k-1}}+\cdots+\frac{1}{2^{n-1}}<3.\end{aligned}$$

所以数列$\{x_n\}$单增有上界必收敛．记$\{x_n\}$的极限为e，即定义数e为

$$\mathrm{e}=\lim_{n\to\infty}\left(1+\frac{1}{n}\right)^n,$$

这就给出了数e的严格定义，数e是一个无理数，$\mathrm{e}\approx 2.718\,281\,82$．以数e为底的对数记为$\ln a$，即$\log_{\mathrm{e}}a=\ln a$．

下面来证明$\lim\limits_{x\to\infty}\left(1+\dfrac{1}{x}\right)^x=\mathrm{e}$，先证明$\lim\limits_{x\to+\infty}\left(1+\dfrac{1}{x}\right)^x=\mathrm{e}$．

因为$x\to+\infty$，不妨设$x\geqslant 1$，则有$1\leqslant[x]\leqslant x<[x]+1$（$[x]$是取整函数）．于是有

$$\left(1+\frac{1}{[x]+1}\right)^{[x]}<\left(1+\frac{1}{x}\right)^x<\left(1+\frac{1}{[x]}\right)^{[x]+1},$$

因为$\lim\limits_{x\to+\infty}\left(1+\dfrac{1}{[x]+1}\right)^{[x]}\xlongequal{n=[x]+1}\lim\limits_{n\to\infty}\left(1+\dfrac{1}{n}\right)^{n-1}=\mathrm{e}$，

$$\lim_{x\to+\infty}\left(1+\frac{1}{[x]}\right)^{[x]+1}\xlongequal{n=[x]}\lim_{n\to\infty}\left(1+\frac{1}{n}\right)^{n+1}=\mathrm{e},$$

由夹逼定理得$\lim\limits_{x\to+\infty}\left(1+\dfrac{1}{x}\right)^x=\mathrm{e}$．

再来证明 $\lim\limits_{x\to-\infty}\left(1+\dfrac{1}{x}\right)^x=\mathrm{e}$. 则有

$$\lim_{x\to-\infty}\left(1+\frac{1}{x}\right)^x \xlongequal{x=-t} \lim_{t\to+\infty}\left(1-\frac{1}{t}\right)^{-t}=\lim_{t\to+\infty}\left(\frac{t}{t-1}\right)^t$$

$$\xlongequal{x=t-1}\lim_{x\to+\infty}\left(1+\frac{1}{x}\right)^{x+1}=\mathrm{e}.$$

最后，由 $\lim\limits_{x\to+\infty}\left(1+\dfrac{1}{x}\right)^x=\lim\limits_{x\to-\infty}\left(1+\dfrac{1}{x}\right)^x=\mathrm{e}$，得到

$$\lim_{x\to\infty}\left(1+\frac{1}{x}\right)^x=\mathrm{e}.$$

又因为

$$\lim_{x\to0}(1+x)^{\frac{1}{x}} \xlongequal{x=\frac{1}{u}} \lim_{u\to\infty}\left(1+\frac{1}{u}\right)^u=\mathrm{e}.$$

这就得到了重要极限 2 的另一重要形式

$$\boxed{\lim_{x\to0}(1+x)^{\frac{1}{x}}=\mathrm{e}.}$$

即

$$(1+x)^{\frac{1}{x}}=\mathrm{e}+o(1)\quad(x\to0).$$

设 $u(x)$ 与 $v(x)$ 均在 $D\subset\mathbf{R}$ 上定义且 $u(x)$ 恒正，称 $u(x)^{v(x)}$ 为幂指函数. 设幂指函数 $u(x)^{v(x)}$ 在点 a 的空心领域上有定义，且 $\lim\limits_{x\to a}u(x)=A>0$，$\lim\limits_{x\to a}v(x)=B\in\mathbf{R}$，则由对数公式、定理 2.3 和 1.2.2 节的例 13 及例 14，可得下面公式成立

$$\lim_{x\to a}u(x)^{v(x)}=\lim_{x\to a}(u(x))^B=\lim_{x\to a}A^{v(x)}=A^B. \tag{5}$$

但是，当 $\lim\limits_{x\to a}u(x)=1$ 且 $\lim\limits_{x\to a}v(x)=\infty$ 时，就不能用式(5)来求极限了. 这时称 $\lim\limits_{x\to a}u(x)^{v(x)}$ 为 1^∞ 型未定式极限. 上面的重要极限 2 是 1^∞ 型未定式极限. 用重要极限 2，式(5)和变量替换方法，可求出更多的 1^∞ 型未定式极限.

例 8 求 $\lim\limits_{x\to\infty}\left(1+\dfrac{\alpha}{x}\right)^x$ $(\alpha\in\mathbf{R})$.

解 $$\lim_{x\to\infty}\left(1+\frac{\alpha}{x}\right)^x=\lim_{x\to\infty}\left[\left(1+\frac{\alpha}{x}\right)^{\frac{x}{\alpha}}\right]^\alpha \xlongequal{u=\frac{x}{\alpha}} \lim_{u\to\infty}\left[\left(1+\frac{1}{u}\right)^u\right]^\alpha$$

$$=\left[\lim_{u\to\infty}\left(1+\frac{1}{u}\right)^u\right]^\alpha=\mathrm{e}^\alpha,$$

其中 $\alpha\neq0$，$\alpha=0$ 时，上面结果显然成立.

例 9 求 $\lim\limits_{x\to0}(1-2x)^{\frac{1}{x}}$.

解 $$\lim_{x\to0}(1-2x)^{\frac{1}{x}} \xlongequal{u=-2x} \lim_{u\to0}\left[(1+u)^{\frac{1}{u}}\right]^{-2}=\mathrm{e}^{-2}.$$

例 10 求 $\lim\limits_{x\to\infty}\left(\dfrac{2x+3}{2x+1}\right)^{x+1}$.

解 原式 $$=\lim_{x\to\infty}\left(1+\frac{2}{2x+1}\right)^{x+1} \xlongequal{u=\frac{2}{2x+1}} \lim_{u\to0}(1+u)^{\frac{1}{u}+\frac{1}{2}}=\mathrm{e}.$$

例 11 求 $\lim\limits_{x\to 0}\left(\dfrac{1}{1+x}\right)^{\frac{1}{2x}+1}$.

解 原式$=\lim\limits_{x\to 0}\left(\dfrac{1}{1+x}\right)^{\frac{1}{2x}}=\dfrac{1}{\lim\limits_{x\to 0}(1+x)^{\frac{1}{2x}}}=\dfrac{1}{\mathrm{e}^{\frac{1}{2}}}=\mathrm{e}^{-\frac{1}{2}}$.

下面再研究两个幂指型未定式极限.

例 12 证明:$\lim\limits_{n\to\infty}\dfrac{n^k}{a^n}=0\ (a>1,k>0)$.

证明 在 1.2.1 节的例 6 和例 15 中已证明了 $\lim\limits_{n\to\infty}\dfrac{n^2}{a^n}=0\ (a>1)$ 及 $\lim\limits_{x\to 0^+}x^\alpha=0\ (\alpha>0)$,再令 $b=a^{\frac{2}{k}}$,则 $b>1$,由极限的换元性质,当 $k>0$ 时有

$$\lim_{n\to\infty}\frac{n^k}{a^n}=\lim_{n\to\infty}\left(\frac{n^2}{b^n}\right)^{\frac{k}{2}}\xlongequal{x=\frac{n^2}{b^n}}\lim_{x\to 0^+}x^{\frac{k}{2}}=0.$$

例 13 证明:$\lim\limits_{n\to\infty}\sqrt[n]{n^\alpha}=1.\ (\alpha\in\mathbf{R})$.

证明 不妨设 $\alpha\geqslant 0$,则 $\sqrt[n]{n^\alpha}\geqslant 1$. 任给 $\varepsilon>0$,解不等式

$$\left|\sqrt[n]{n^\alpha}-1\right|=\sqrt[n]{n^\alpha}-1<\varepsilon$$

得 $\sqrt[n]{n^\alpha}<1+\varepsilon$,即

$$n^\alpha<(1+\varepsilon)^n,$$

取正整数 $m>\alpha$,当 $n>2m$ 时有 $n^m>n^\alpha$ 及有

$$(1+\varepsilon)^n=1+n\varepsilon+\cdots+\frac{n(n-1)\cdots(n-m)}{(m+1)!}\varepsilon^{m+1}+\cdots+\varepsilon^n$$

$$>\frac{n(n-1)\cdots(n-m)}{(m+1)!}\varepsilon^{m+1}>\frac{n^{m+1}}{(m+1)!2^m}\varepsilon^{m+1}=\frac{n^{m+1}}{A}\varepsilon^{m+1},$$

所以只需解不等式 $\dfrac{n^{m+1}}{A}\varepsilon^{m+1}>n^m$,得 $n>\dfrac{A}{\varepsilon^{m+1}}$,取 $N=\left[\dfrac{A}{\varepsilon^{m+1}}\right]+2m$,则只要 $n>N$,上面各不等式均成立,特别 $\left|\sqrt[n]{n^\alpha}-1\right|<\varepsilon$ 成立,按定义,当 $\alpha\geqslant 0$ 时,有 $\lim\limits_{n\to\infty}\sqrt[n]{n^\alpha}=1$. 当 $\alpha<0$ 时,由极限的运算性质和上面的结论,易得 $\lim\limits_{n\to\infty}\sqrt[n]{n^\alpha}=1$.

例 14 有常数 $a>0$ 与任意的 $x_0>0$,用下式:

$$x_{n+1}=\frac{1}{2}\left(x_n+\frac{a}{x_n}\right)\ (n\in\mathbf{N})$$

构造数列 $\{x_n\}$,求证:$\lim\limits_{n\to\infty}x_n=\sqrt{a}$.

证明 首先要证明数列 $\{x_n\}$ 收敛.

因 $x_{n+1}=\dfrac{1}{2}\left[(\sqrt{x_n})^2+\left(\sqrt{\dfrac{a}{x_n}}\right)^2\right]\geqslant\dfrac{1}{2}\times 2\sqrt{x_n}\times\sqrt{\dfrac{a}{x_n}}=\sqrt{a}$,即 $\{x_n\}$ 有下界.

用 x_n 减去递推公式两边得 $x_n-x_{n+1}=\dfrac{1}{2}\left(\dfrac{x_n^2-a}{x_n}\right)\geqslant 0$,所以 $\{x_n\}$ 为单调减数列. 故 $\lim\limits_{n\to\infty}x_n=l$ 存在.

其次证明$\lim\limits_{n\to\infty}x_n=\sqrt{a}$. 对等式$x_{n+1}=\dfrac{1}{2}\left(x_n+\dfrac{a}{x_n}\right)$两边取极限得$l=\dfrac{1}{2}\left(l+\dfrac{a}{l}\right)$，由此知$l=\pm\sqrt{a}$. 因$l>0$，故$\lim\limits_{n\to\infty}x_n=\sqrt{a}$.

例 14 提供了一种适宜于计算机计算平方根的方法.

例 15 证明：任取实数a，存在严格增的有理数列$\{x_n\}$收敛于a.

证明 证明的关键是利用性质：任何两个实数之间一定存在有理数(它的证明在第4章给出).

对每个正整数n，取有理数r_n满足

$$a-\frac{1}{n}<r_n<a-\frac{1}{n+1},n=1,2,\cdots$$

则由

$$a-\frac{1}{n}<r_n<a-\frac{1}{n+1}<r_{n+1}<a-\frac{1}{n+2},n=1,2,\cdots$$

知有理数列$\{r_n\}$严格增. 再对上面第一个不等式应用夹逼定理，得$\lim\limits_{n\to\infty}r_n=a$.

例 16 求$\lim\limits_{x\to 0}\dfrac{\sqrt{\cos x}-\sqrt[3]{\cos x}}{\sin^2 x}$.

解 令$t^6=\cos x$，则

$$原式=\lim_{t\to 1}\frac{t^3-t^2}{1-t^{12}}=-\frac{1}{12}.$$

练 习 题

1.54 求下列极限.

(1) $\lim\limits_{x\to 0}\dfrac{\sin ax}{\sin bx}\ (b\neq 0)$；

(2) $\lim\limits_{x\to 0}\dfrac{\tan x-\sin x}{x^3}$；

(3) $\lim\limits_{x\to a}\dfrac{\sin^2 x-\sin^2 a}{x-a}$；

(4) $\lim\limits_{x\to\frac{\pi}{3}}\dfrac{\sin\left(x-\frac{\pi}{3}\right)}{1-2\cos x}$；

(5) $\lim\limits_{x\to 0}\dfrac{\sin 4x}{\sqrt{x+1}-1}$；

(6) $\lim\limits_{x\to 1}(x-1)\tan\dfrac{\pi}{2}x$；

(7) $\lim\limits_{x\to 0}\dfrac{\sqrt{1-\cos(x^2)}}{1-\cos x}$；

(8) $\lim\limits_{x\to 0}\dfrac{\sqrt{1+\tan x}-\sqrt{1+\sin x}}{x^3}$.

1.55 求下列极限.

(1) $\lim\limits_{x\to 0}(1+nx)^{\frac{1}{x}}\quad(n\in\mathbf{R})$；

(2) $\lim\limits_{x\to 0}(1+\tan x)^{\cot x}$；

(3) $\lim\limits_{x\to 0}\left(\dfrac{1+x}{1-x}\right)^{\frac{1}{x}}$；

(4) $\lim\limits_{x\to\infty}\left(\dfrac{3x+2}{3x-1}\right)^{2x-1}$；

(5) $\lim\limits_{x\to\infty}\left(\dfrac{x^2+1}{x^2-2}\right)^{x^2}$；

(6) $\lim\limits_{x\to\infty}\left(1+\dfrac{k}{x}\right)^{mx}\quad(m,k\in\mathbf{R})$；

(7) $\lim\limits_{x\to 0}(1-2x)^{\frac{1}{x}}$；

(8) $\lim\limits_{x\to+\infty}\left(\dfrac{a_1x+b_1}{a_2x+b_2}\right)^x\quad(a_1>0,a_2>0)$.

1.56 下列极限是否存在?若极限存在，求出极限值；若极限不存在，说明理由.

(1) $\lim\limits_{x\to\infty}\dfrac{\sin x}{x}$；

(2) $\lim\limits_{x\to\infty}x\sin\dfrac{1}{x}$；

(3) $\lim\limits_{x\to 0} x\sin\dfrac{1}{x}$；　　　(4) $\lim\limits_{x\to\infty} x\sin x$；

(5) $\lim\limits_{x\to 0}\dfrac{1}{x}\sin\dfrac{1}{x}$.

1.57　证明下列数列收敛，并求出它们的极限值.

(1) $x_1=\sqrt{2}$，$x_2=\sqrt{2+\sqrt{2}},\cdots,x_n=\underbrace{\sqrt{2+\sqrt{2+\cdots+\sqrt{2}}}}_{n},\cdots$；

(2) $x_1=\sqrt{2}$，$x_2=\sqrt{2}^{\sqrt{2}},\cdots,x_n=\underbrace{\sqrt{2}^{\sqrt{2}^{\cdot^{\cdot^{\cdot^{\sqrt{2}}}}}}}_{n},\cdots$；

(3) $0<x_1<1$，$x_{n+1}=1-\sqrt{1-x_n}\quad(n\in\mathbf{N})$；

(4) $x_1=\sin x$，$x_2=\sin(\sin x),\cdots,x_n=\sin\underbrace{(\sin(\cdots(\sin x)\cdots))}_{n},\cdots$.

1.58　证明下面数列收敛，并求出它们的极限值.

(1) $x_1=1$，$x_{n+1}=1+\dfrac{x_n}{1+x_n}\quad(n\in\mathbf{N})$；

(2) $x_1=\dfrac{a}{2}$，$x_n=\dfrac{a+x_{n-1}^2}{2}\quad(n=2,3,\cdots;0<a<1)$.

1.59　设 $0<a_1<b_1$，令 $a_{n+1}=\sqrt{a_nb_n}$，$b_{n+1}=\dfrac{a_n+b_n}{2}$ $(n\in\mathbf{N})$，求证：数列 $\{a_n\}$，$\{b_n\}$ 的极限存在且相等.

1.60　(1) 证明：$\left(1+\dfrac{1}{n}\right)^n<n\quad(n\geqslant 3)$；

(2) 证明：$\sqrt[3]{3}>\sqrt[4]{4}>\sqrt[5]{5}>\cdots>\sqrt[n]{n}>\cdots$.

综合练习题

1.61　设 $\lim\limits_{n\to\infty}x_n=+\infty$，求证：$\lim\limits_{n\to\infty}\dfrac{x_1+x_2+\cdots+x_n}{n}=+\infty$.

1.62　若将上题中的“$\lim\limits_{n\to\infty}x_n=+\infty$”改为“$\lim\limits_{n\to\infty}x_n=-\infty$”或“$\lim\limits_{n\to\infty}x_n=\infty$”，那么相应的结论是否仍成立？

1.63　证明：

(1) $\lim\limits_{n\to\infty}\ln\left(1+\dfrac{1}{n}\right)=0$；　　　(2) $\lim\limits_{n\to\infty}\ln\left(1-\dfrac{1}{n}\right)=0$；

(3) $\lim\limits_{x\to 0}\ln(1+x)=0$；　　　(4) $\lim\limits_{x\to a}\ln x=\ln a\ (a>0)$.

1.64　设 $x_n>0$，$\lim\limits_{n\to\infty}x_n=a$，求证：$\lim\limits_{n\to\infty}\sqrt[n]{x_1x_2\cdots x_n}=a$.

1.65　设 $x_n>0$，$\lim\limits_{n\to\infty}\dfrac{x_{n+1}}{x_n}=a$，求证：$\lim\limits_{n\to\infty}\sqrt[n]{x_n}=a$.

1.66　求下列极限.

(1) $\lim\limits_{n\to\infty}\dfrac{n}{\sqrt[n]{n!}}$；　　　(2) $\lim\limits_{n\to\infty}\dfrac{1+\sqrt{2}+\sqrt[3]{3}+\cdots+\sqrt[n]{n}}{n}$.

1.67　设数列 $\{x_n\}$ 满足条件 $\lim\limits_{n\to\infty}(x_{n+1}-x_n)=l$，求证：$\lim\limits_{n\to\infty}\dfrac{x_n}{n}=l$.

1.68　设数列 $\{x_n\}$ 满足条件 $\lim\limits_{n\to\infty}(x_n-x_{n-2})=0$，求证：$\lim\limits_{n\to\infty}\dfrac{x_n-x_{n-1}}{n}=0$.

1.69　证明“$\dfrac{0}{0}$”型斯托兹(Stolz)定理：设数列 $\{x_n\}$ 是无穷小量，$\{y_n\}$ 是严格减的无穷小量，且 $y_n\neq 0$，若

$\lim\limits_{n\to\infty}\dfrac{x_n-x_{n+1}}{y_n-y_{n+1}}=l$ (l 可以是 $\pm\infty$)，则 $\lim\limits_{n\to\infty}\dfrac{x_n}{y_n}=\lim\limits_{n\to\infty}\dfrac{x_n-x_{n+1}}{y_n-y_{n+1}}$.

1.70 设数列 $\{x_n+y_n\}$ 收敛，$\{x_n\}$ 单调，$\{y_n\}$ 有界，求证：数列 $\{x_n\}$ 与 $\{y_n\}$ 皆收敛.

1.71 设 $\{x_{2n}\}$ 为增数列，$\{x_{2n+1}\}$ 为减数列，且 $\lim\limits_{n\to\infty}(x_{n+1}-x_n)=0$，求证：数列 $\{x_n\}$ 收敛.

1.72 证明：狄利克雷函数 $D(x)$ 在任一点 x_0 的极限都不存在.

1.73 设

$$f(x)=\begin{cases}x, & x\in\mathbf{Q};\\ -x, & x\in\mathbf{R}\setminus\mathbf{Q}.\end{cases}$$

求证：当 $a\neq 0$ 时，$\lim\limits_{x\to a}f(x)$ 不存在.

1.74 设对于每一个正整数 n，A_n 是 $[0,1]$ 中某些数组成的有限集(即含有限个数的集合)，且当 $m\neq n$ 时，A_n 与 A_m 没有公共元，令

$$f(x)=\begin{cases}\dfrac{1}{n}, & x\in A_n,\forall n\in\mathbf{N};\\ 0, & \forall n\in\mathbf{N},x\notin A_n.\end{cases}$$

求证：$\forall a\in(0,1)$，有 $\lim\limits_{x\to a}f(x)=0$.

1.75 设函数 f 定义在 $(a,+\infty)$，证明：$\forall x_n\nearrow+\infty$，有 $\lim\limits_{n\to\infty}f(x_n)$ 都存在 $\Leftrightarrow\lim\limits_{x\to+\infty}f(x)=A$.

并问：若将条件"$\forall x_n\nearrow+\infty$"改为"$\exists x_n\nearrow+\infty$"，结论如何？

1.76 设函数 f 是 $(a,+\infty)$ 上的增函数，证明：$\exists x_n\to+\infty$，使

$$\lim_{n\to\infty}f(x_n)=A\Leftrightarrow\lim_{x\to+\infty}f(x)=A.$$

注记：战国时期著名哲学家庄子在《庄子·天下篇》中记载的惠施一段话："一尺之棰，日取其半，万世不竭"，大概是我国最早出现的极限思想. 把极限思想运用于实践，即用极限方法解决实际问题的光辉例子是魏末晋初的数学家刘徽用"割圆术"计算圆周率，从而开创了圆周率研究的新纪元，刘徽首先考虑圆内接正六边形面积 S_6，接着是正十二边形面积 S_{12}，然后逐次加倍边数，则正多边形面积越来越接近圆面积，用他的话说，就是"割之弥细，所失弥少，割之又割，以至于不可割，则与圆周合体，而无所失矣". 他按照这种想法，从单位圆的内接正六边形面积一直算到内接正一百九十二边形面积，得到圆周率 π 的近似值为 3.14. 大约两个世纪以后，南北朝时期的著名科学家祖冲之(429 − 500) 首先算出了圆周率 π 介于 3.141 592 6 与3.141 592 7 之间，这是我国古代最伟大的成就之一. 后来他的儿子祖暅也用极限方法(他称为"缀术") 求出了半径为 r 的球体积为 $V=\dfrac{4}{3}\pi r^3$.

欧洲古希腊时期(公元前7—前3世纪)也有极限思想，并且用极限方法(当时称为"穷竭法") 解决了许多实际问题，例如，当时许多数学家对于把圆、椭圆、双曲线弓形面积"正方形化"的问题很感兴趣，但都失败了，这时，阿基米德(Archimedes，公元前287—前212)加入了这个行列，他另辟蹊径，用极限方法证实了任何抛物线弓形面积等于其内接三角形面积的 $\dfrac{4}{3}$ 倍，也就是说，可以把抛物线弓形面积"正方形化". 正像他本人所说："许多数学家都致力于将圆、椭圆、双曲线弓形面积'正方形化'，还为此建立了许多辅助命题，但大都遭到了挫折，然而，却没有人想到去求抛物线弓形面积，而这恰恰是可能实现的一个例子". 他的方法就是定积分概念的雏形，现简单介绍如下.

作平行四边形 EE_1F_1F，分别取 FF_1 与 EE_1 的中点 A 与 O，任作 $BD\ /\!/\ AO$，在 BD 上作

C 点，使得$\frac{BC}{EF}=\frac{BO^2}{EO^2}$，则称 C 点的轨迹为抛物线. 如图 1.2-6 所示，我们要寻求抛物线 FOF_1 与直线 F_1F 所围抛物线弓形面积 S. 其求法大意是：过 OE 中点 B 作 $BD \parallel AO$，交抛物线于 C 点，同理可得 C_1 点，首先用 $\triangle FOF_1$ 的面积（亦用 $\triangle FOF_1$ 表其面积）近似代替 S，即 $S \approx \triangle FOF_1$. 然后用$\triangle FOF_1+\triangle FOC+\triangle F_1OC_1$ 近似代替 S，即 $S\approx\triangle FOF_1+\triangle FOC+\triangle F_1OC_1$. 容易看出，$E$ 到 FO 的距离是 B 到 FO 距离的两倍，B 到 FO 的距离又是 C 到 FO 距离的两倍，通过计算可得$\triangle FOF_1=8\cdot\triangle FOC$，于是

$$S\approx\triangle FOF_1\cdot\left(1+\frac{1}{4}\right).$$

接着等分 OB，BE，OB_1，B_1E_1，得到 8 个小三角形，把它们的面积与前面 3 个三角形面积加起来作为 S 的近似值，如此继续等分下去，就能得到所求抛物线弓形面积为

$$S=\triangle FOF_1\cdot\left(1+\frac{1}{4}+\frac{1}{4^2}+\frac{1}{4^3}+\cdots\right)=\frac{4}{3}\cdot\triangle FOF_1=\frac{2}{3}\cdot\square EE_1F_1F.$$

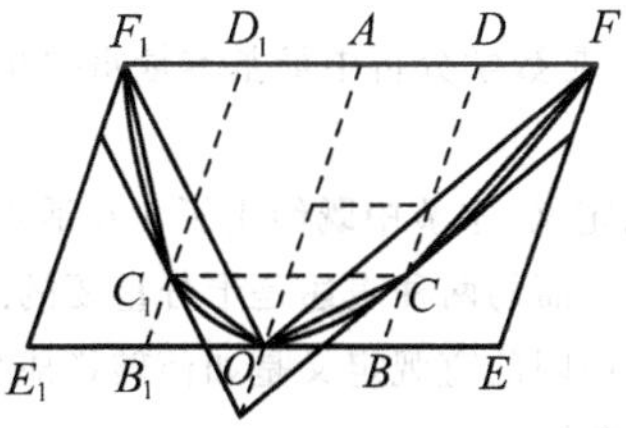

图 1.2-6

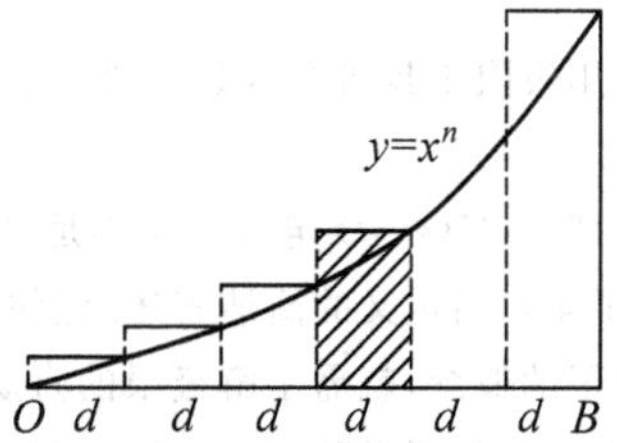

图 1.2-7

到了 17 世纪，运动与变量进入了数学，利用变量变化趋势寻求未知量的极限方法得到了飞跃发展，并且程序化了，形成了强有力的微积分方法. 例如，以前的穷竭法需要人们对不同的曲线形，灵巧地用不同类型的直线形去逼近，而现在，人们修改了古希腊的穷竭法，不管什么样的曲线，如 $y=x^2$，都采用同样的程序，即将$[0,B]$分成 k 个长为 d 的小段（见图 1.2-7），在每个小段上用小矩形近似代替小曲边形，当 d 越小时，这些小矩形面积的和就越接近曲线形面积，这就是所谓积分学方法，这时，人们已经求出曲线 $y=x^n$ 介于$[0,B]$上的面积为$\sigma=\frac{B^{n+1}}{n+1}$，即$\int_0^B x^n\mathrm{d}x=\frac{B^{n+1}}{n+1}$. 又如，费马(Fermat，1601—1665)用极限方法解决了求一般曲线的切线问题以及求函数的最大、最小值问题，形成了所谓微分学方法. 最后，牛顿(Newton，1642－1727)、莱布尼茨终于找到了微分与积分的联系，创立了具有划时代意义的微积分学. 由以上叙述，我们看到所谓极限方法是一种无限逼近方法，即为了求某个未知量，先构造与这个未知量可以越来越接近的近似值序列，然后考察它的变化趋势，看看它能否无限逼近未知量，最后把这个未知量精确地计算出来.

由极限方法形成极限概念经历了相当漫长而又艰苦的过程. 无穷小量可能是最早使用的一种极限概念，例如，费马称线段长的增量 E 可以变成无限小. 牛顿把 x 的无限小增量 o 叫作 x 的瞬(moment)，它们还没有脱离运动与直觉，人们使用它们也是混乱而随意的，一会儿说“去掉 E 项”，一会儿说“增量消失”，因此遭到一些人的攻击. 明确地将极限概念作为微分学基本概念的是达朗贝尔(D'Alembert，1717—1783)，他在《数学方法百科全书》中说：“一个量是另一个量的极限，如果后者能够这样逼近于前者，使得二者之间的距离小于任何指定

的量",又说:"极限理论是微分学真正的形而上学的基础".虽然这种极限概念仍是描述性的、通俗化的,但已初步摆脱了几何、力学的直观原型,为后来柯西(Cauchy,1789—1857)的算术化定义打下了基础.1821年,柯西在《国立工科大学的分析教程》中写道:"如果某个变量通过一串数值且无限接近某一固定数值时,其差数能任意小,则把该固定数值叫作那一串数值的极限."并且进而把长期争论不休的无穷小量定义为以零为极限的变量,他继续写道:"如果变量通过一串数值而无限减少,以至小于任意给定的数,则把这个变量叫作无穷小量,即这种变量以零为极限."柯西的极限定义实质上已提出了"ε方法",半个世纪以后,经过维尔斯特拉斯(Weierstrass,1815—1897)的加工,形成了现在使用的用一系列不等式表达的"ε-δ形式"的极限定义,这样,微积分一系列重要概念如连续、导数、定积分、无穷级数等才建立在坚实的基础之上.

—— 极限小结 ——

数学分析是用极限工具研究函数的数学学科.极限概念是数学分析中最基本最重要也是掌握起来比较困难的一个概念.

极限的定义即ε-N(ε-δ)定义的核心是极限的4句话定义,本节中既给出了4句话定义的详细而准确的叙述,又给出了4句话定义的简洁表述.记住4句话定义上面的两种表述是十分重要的.

为了掌握极限的概念,就需了解极限的直观定义,了解极限的直观定义是如何转换成极限的ε-N(ε-δ)定义的.这对于理解与掌握极限的ε-N(ε-δ)定义是很重要的.

极限的基本性质有:唯一性,局部有界性(有界性),变量替换性质,无穷小量等价性,保序(保号)性,运算性质,夹逼性质,绝对值性质,同一性,单调有界收敛原理,无穷小量的各种性质,及在第4章给出的柯西收敛原理.这些性质,是研究极限问题的重要工具.

1.2.4 极限的统一定义与赋范极限

1. 相对极限

前面介绍了7类重要的极限,并指出,这7类极限本质上是相同的,都是描述函数的变化趋势.自然要问,能否给出这7类极限的一个统一的定义.

先讨论x趋于a时的双侧极限与两个单侧极限.这时函数分别在$D=\mathring{U}(a)$,(a,τ)或(τ',a)上有定义($\tau'<a<\tau$),它们的共同点是:a是D的聚点,于是有

定义(相对极限) 设$f(x)$在$E\subset\mathbf{R}$上有定义且a是E的聚点.若存在实数A,对于任意给定的$\varepsilon>0$,存在$\delta>0$,只要$0<|x-a|<\delta$且$x\in E$,就有$|f(x)-A|<\varepsilon$成立,称x在E中趋于a时$f(x)$收敛,称A是x在E中趋于a时$f(x)$的极限(赋范极限),记为

$$\lim_{E\ni x\to a}f(x)=A\quad 或\quad f(x)\to A(x\to a且x\in E).$$

否则称x在E中趋于a时$f(x)$发散.其中,$x\in E$且$x\to a$常简记为$E\ni x\to a$.

在上面定义中取$E=\mathring{U}(a)$,(a,τ)或(τ',a),就分别得到了双侧极限,右极限与左极限的定义.而且相对极限还包含了更丰富的内涵.

再讨论数列极限与x趋于$\pm\infty$或∞时的函数极限.这4类极限的共同特征是,函数在无界集合上有定义,于是有

定义($x\to\infty$ 时的相对极限) 设 $f(x)$ 在无界集 $E\subset\mathbf{R}$ 上有定义. 若存在实数 A,对任意给定的 $\varepsilon>0$,存在 $\Delta>0$,只要 $|x|>\Delta$ 且 $x\in E$,就有 $|f(x)-A|<\varepsilon$ 成立,称 x 在 E 中趋于 ∞ 时 $f(x)$ 收敛,并称 A 是 x 在 E 中趋于 ∞ 时 $f(x)$ 的极限,记为

$$\lim_{E\ni x\to\infty} f(x)=A \quad \text{或} \quad f(x)\to A(x\to\infty \text{ 且 } x\in E).$$

否则,称 x 在 E 中趋于 ∞ 时 $f(x)$ 发散,其中 $x\in E$ 且 $x\to\infty$,常简记为 $E\ni x\to\infty$.

同样地,在上面定义中取 $E=\mathbf{N},(a,+\infty),(-\infty,b)$ 或 $(-\infty,b)\cup(a,+\infty)$,就变为原来的4类极限之定义.

再注意到 $x\to\infty\Leftrightarrow\dfrac{1}{x}\to 0$,这说明上面两个极限定义还可进一步统一起来.

2. 赋范极限

为了给出极限的统一定义,首先要建立赋范集合.

定义(赋范集合) 设 X 是一个集合,$\|\ \|:X\to\mathbf{R},x\to\|x\|$ 是定义在 X 上的一个函数,它将每个 $x\in X$ 唯一对应了一个实数 $\|x\|$,若该函数满足:

1°(非负性) 任取 $x\in X$,有 $\|x\|\geqslant 0$,

2°(凝聚性) 任给 $\varepsilon>0$,存在 $x\in X$,使得 $0<\|x\|<\varepsilon$,

就称 $\|\ \|:X\to\mathbf{R}$ 是 X 上的一个准范数. 若集合 X 上给定了一个准范数 $\|\ \|:X\to\mathbf{R}$,则称 $(X,\|\ \|)$ 为一个赋范集合.

有了赋范集合,就可定义函数的极限如下.

定义(赋范极限) 设 $(X,\|\ \|)$ 是一个赋范集合,$f:X\to\mathbf{R}$ 是定义在 X 上的函数. 若存在实数 A,对任意给定的 $\varepsilon>0$,存在 $\delta>0$,只要 $0<\|x\|<\delta$,就有 $|f(x)-A|<\varepsilon$ 成立,称 $\|x\|\to 0$ 时函数 $f(x)$ 收敛,称 A 是 $\|x\|\to 0$ 时函数 $f(x)$ 的极限(赋范极限),记为

$$\lim_{\|x\|\to 0} f(x)=A \quad \text{或} \quad f(x)\to A(\|x\|\to 0).$$

否则称 $\|x\|$ 趋于0时 $f(x)$ 发散.

在上面定义中取 $X=E\subset\mathbf{R}$ 且 a 是 E 的聚点,令 $\|x\|=|x-a|$,它就变为相对极限的定义. 若取 $X=E\subset\mathbf{R}$ 为无界集,并取 $\|x\|=\dfrac{1}{|x|}$,它就变为 $x\to\infty$ 时的相对极限的定义. 后面要研究的定积分、重积分等许多概念,也是用赋范极限定义的.

注意到赋范极限与7类基本极限均是用同样的4句话来定义的,差别只在于取不同的赋范集合. 所以前面得到的函数极限的基本性质,对于赋范极限同样成立,且这些性质的证明可逐字照搬一元极限对应性质的证明(但是单调函数则要用准范数来重新定义).

上面定义中取 $f:X\to\mathbf{R}^m$ 及 $A\in\mathbf{R}^m$,就得到 X 上的向量值函数的赋范极限的定义.

1.2.5 集合的定义与集合论基础

1. 集合的定义

集合论是康托尔(Cantor)在19世纪80年代创立的,它已经成为现代数学的基石. 集合是数学的"元概念",它不可能数学地定义,只能用逻辑学的概念来定义. 康托尔给出的集合的严格的逻辑定义,可完整叙述如下.

定义(Cantor) 将确定的、互异的对象组成一个整体,称这个整体为集合,称组成该整

体的每个对象为属于该集合的元素.因为整体必然不同于组成该整体的每一个对象,所以集合与属于它的任何一个元素均不相同,即任何集合均不是自己的元素.

康托尔的集合定义首先给出了组成集合的基本原则,它是

原则 1 先确定对象,然后将所有已经确定了的对象作为元素组成一个集合.

原则 1 表明,组成集合的第一步就是要确定对象,康托尔给出了确定对象的几个基本原则或方法,它们是

原则 2 若对象已经被检测到,或对象已经被具体表示出来,则该对象是已经确定的.

原则 3 给定集合 X,则 X 的每一个元素均已经确定.

原则 4 给定集合 X,则 X 的每一个子集均已经确定.

原则 5 给定集合 X 与性质 P,则 X 中的满足性质 P 的每一个元素均已经确定,X 中的不满足性质 P 的每一个元素也已经确定.

原则 6 给定集合 X,若 X 的每一个元素 x 均唯一对应了一个对象 y,则每个这样的对象 y 均已经确定.

有了原则 1 至原则 6,就可以按照康托尔的集合定义来组成我们所需要的集合了.其中原则 3 至原则 6 是在定义 1 条件下原则 2 的延伸.

在定义了集合后,又可将集合作为对象来组成整体,这就得到了

定义(集合类及其提升集) 将确定的、互异的集合组成一个整体,称这个整体为集合类(集合族,集合集),称组成该整体的每一个集合为属于该集合类的集合.将集合类 $\mathscr{A}$ 的每一个集合作为新的元素,其全体就组成了一个新的集合,称这个新集合为集合类 $\mathscr{A}$ 的提升集,并用 $\{X \mid X \in \mathscr{A}\}$ 来表示集合类 $\mathscr{A}$ 的提升集,它的含义是,将集合类 $\mathscr{A}$ 中的每个集合 X 作为元素组成的集合.

在集合论理论的发展过程中,出现了若干个集合论的悖论.所有的集合论悖论,在组成集合时,均明显地违背了康托尔的集合定义,违背了康托尔的组成集合的基本原则,违背了康托尔的确定对象的基本原则,这是产生集合论悖论的根本的逻辑原因.

2. 集合的初等性质与运算

通常用大写字母 $A,B,C,\cdots$ 表示集合,用小写字母 $a,b,c,\cdots$ 表示元素,用花体大写字母 $\mathscr{A},\mathscr{B},\cdots$ 表示集合类.

用 $a \in X$ 表示元素 a 是集合 X 的一个元素,用 $a \notin X$ 表示元素 a 不属于集合 X,用 $X \in \mathscr{A}$ 表示集合 X 属于集合类 $\mathscr{A}$.用 $a = b$ 表示 a 与 b 是同一个元素,用 $a \neq b$ 表示 a 与 b 是两个不同的元素.

集合有两种表示方法.

第一种是列举法,就是列出集合的所有的元素,如

$$E = \{a,b,c\}$$

表示集合 E 是由 3 个不同的元素 a,b,c 组成.

第二种是公式法,就是用给定的集合与性质(命题,公式)来表示新的集合.当 p 是一个性质或命题时,通常用 $p(x)$ 表示 x 满足性质 p,或者表示 x 使得命题 p 为真.那么,给定了集合 X 与性质 p 时,

$$\{x \in X \mid p(x)\} \text{或} \{x \mid x \in X \text{且} p(x) \text{成立}\}$$

就表示 X 中的满足性质 p 的所有元素组成的集合.

若集合 A 的每一个元素必然是集合 B 的元素，就称 A 是 B 的子集，又称之为 A 包含于 B，记为 $A\subset B$. 并称这一关系为包含关系. 即

$$A\subset B\Leftrightarrow \forall x\in A,\text{必有 } x\in B.$$

若两个集合 A 与 B 满足 $A\subset B$ 且 $B\subset A$，称集合 A 与集合 B 相等，记为 $A=B$. 否则称 A 与 B 不相等，记为 $A\neq B$. 即

$$A=B\Leftrightarrow A\subset B \text{ 且 } B\subset A.$$

不含任何元素的集合称为空集，记为 $\varnothing$. 空集 $\varnothing$ 是任何集合的子集.

将集合 A 的元素与集合 B 的元素均作为元素，其全体组成的集合称为 A 与 B 的并集，记为 $A\cup B$. 即

$$A\cup B=\{x\mid x\in A \text{ 或者 } x\in B\}.$$

集合的并集运算满足交换律与结合律. 即

$$A\cup B=B\cup A,\ (A\cup B)\cup C=A\cup(B\cup C).$$

将集合 A 与集合 B 的公共元素全体组成的集合，称为 A 与 B 的交集，记为 $A\cap B$. 即

$$A\cap B=\{x\mid x\in A \text{ 且 } x\in B\}.$$

集合的交集运算满足交换律与结合律，即

$$A\cap B=B\cap A,\ (A\cap B)\cap C=A\cap(B\cap C).$$

集合的交集运算对于并集运算满足分配律，即

$$E\cap(A\cup B\cup C)=(E\cap A)\cup(E\cap B)\cup(E\cap C).$$

将属于集合 A 且不属于集合 B 的元素全体组成的集合，称为 A 与 B 的差集，记为 $A\backslash B$，可读作 A 减去 B，即

$$A\backslash B=\{x\mid x\in A \text{ 且 } x\overline{\in} B\}.$$

当我们只研究集合 X 的子集时，称 X 是全集. 对于每个 $A\subset X$，记 $A^C=X\backslash A$，称 A^C 为 A 的余集或补集. 集合的余集运算满足 $(A^C)^C=A$, $(A\cup B)^C=A^C\cap B^C$, $(A\cap B)^C=A^C\cup B^C$.

将集合类 $\mathscr{A}$ 的每个集合的元素均作为元素，其全体组成的集合称为集合类 $\mathscr{A}$ 的并集合，记为 $\bigcup\mathscr{A}$. 即

$$\bigcup\mathscr{A}=\{x\mid \text{存在 } X\in\mathscr{A},\text{使得 } x\in X\}.$$

给定集合 I，若每个 $\alpha\in I$ 唯一确定了一个集合 X_α，称所有的 X_α 组成的整体为集合族，记为 $\{X_\alpha,\alpha\in I\}$，并称 I 为该集合族的指标集，称 X_α 是该集合族的指标为 α 的项或称 X_α 为通项，当 $\alpha,\beta\in I$ 且 $\alpha\neq\beta$ 时，称 X_α 与 X_β 是集合族 $\{X_\alpha,\alpha\in I\}$ 的不同的项，但是作为集合时，X_α 与 X_β 可以是相同的集合. 集合族 $\{X_\alpha,\alpha\in I\}$ 中的互不相同的集合全体，组成一个集合类. 集合族 $\{X_\alpha,\alpha\in I\}$ 的并集合，就是它对应的集合类的并集合，通常记这个并集合为

$$\bigcup_{\alpha\in I}X_\alpha.$$

若集合族的指标集取为正整数集 $\mathbf{N}$ 时，就称 $\{X_n,n\in\mathbf{N}\}$ 为集合列，常常将集合列简记为 $\{X_n\}$，也可以用

$$X_1,X_2,\cdots,X_n,\cdots$$

来表示一个集合列，并称 X_n 为集合列 $\{X_n\}$ 的通项或第 n 项. 集合列 $\{X_n\}$ 的并集合记为

$$\bigcup_{n=1}^{\infty} X_n.$$

给定集合 A 和 B，先确定有序对元素 (x,y)，它满足 $x\in A,y\in B$，并称 x 是有序对元素 (x,y) 的第一坐标，y 是有序对元素 (x,y) 的第二坐标，两个有序对元素 (x,y) 与 (x',y') 相等当且仅当 $x=x'$ 且 $y=y'$. 满足上面条件的有序对元素全体组成的集合称为 A 与 B 的乘积集合，记为 $A\times B$. 即

$$A\times B=\{(x,y)\mid x\in A,y\in B\}.$$

给定集合 A 和 B，先确定无序对元素 $\{x,y\}$，它就是将并集 $A\cup B$ 中满足 $x\in A$ 和 $y\in B$ 的二元素子集 $\{x,y\}$ 作为无序对元素，而当 $A\cap B$ 非空时，由每个 $x\in A\cap B$ 构作出的对象 $\{x,x\}$ 也是无序对元素. 两个无序对元素相等或者是指它们作为 $A\cup B$ 的二元素子集时的两个集合相等，而 $\{x,x\}=\{y,y\}$，$x\in A\cap B$，$y\in A\cap B$ 时当且仅当 $x=y$，$\{x,x\}$ 与作为 $A\cup B$ 的两元素子集时的 $\{x,y\}$ 恒不相等. 将满足上面条件的无序对元素全体组成的集合，称为 A 与 B 的对集合，记为 $\{A,B\}$. 即

$$\{A,B\}=\{\{x,y\}\mid x\in A,y\in B\}.$$

将集合 X 的每个子集作为元素，其全体组成的新集合称为集合 X 的幂集合，记为 $\mathscr{P}(X)$. 集合 $\mathscr{P}(X)$ 的幂集合是 $\mathscr{P}(\mathscr{P}(X))$，并将之简记为 $\mathscr{P}(\mathscr{P}(X))=\mathscr{P}^2(X)$. 一般地可定义

$$\mathscr{P}^n(X)=\mathscr{P}(\mathscr{P}^{n-1}(X)),n=2,3,\cdots.$$

映射是研究集合的主要工具之一，下面给出映射的定义.

定义(映射) 设 X 和 Y 是两个集合，f 是一个对应关系，若对每个 $x\in X$，f 将 x 唯一对应了一个 $y\in Y$，就称 f 是一个从 X 到 Y 的映射，并记这个映射为 $f:X\to Y,x\to y$，也可将之简记为 $f:X\to Y$. 称 X 是映射 f 的定义域. 称 x 对应的 y 是 x 在映射 f 下的像，记为 $y=f(x)$. 称 X 的元素在映射 f 下的像的全体之集为 f 的值域，记为 $f(X)$，即

$$f(X)=\{y\in Y\mid y=f(x),x\in X\}.$$

若映射 $f:X\to Y$ 满足 1° 任取 $x_1\in X$ 和 $x_2\in X$ 且 $x_1\neq x_2$，必有 $f(x_1)\neq f(x_2)$，就称 $f:X\to Y$ 是单射，2° 若 $f(X)=Y$，称 f 是满射，3° 若 f 既是单射又是满射，称 f 是双射.

3. ZF 公理系统

集合论的公理系统，就是著名的 ZF 公理系统，它不够完整，因为它不能指出集合论悖论的逻辑错误所在. 另外，用公式可定义对应，用对应表述置换公理，对集合公理就可由幂集合公理、分出公理与置换公理推出. 修改后的 ZF 公理系统，由下面 9 个公理组成：

(1) 区分公理. 若 X 是一个集合，则任取 $a\in X$，有 $a\neq X$.

(2) 容积公理. 若两集合的元素相同，则两集合相等.

(3) 空集公理. 存在空集 $\varnothing$，空集是任何集合的子集.

(4) 无穷公理. 存在无穷集合.

(5) 幂集公理. 集合 X 的幂集合 $\mathscr{P}(X)$ 必然存在.

(6) 并集公理. 集合类 $\mathscr{A}$ 的并集合 $\bigcup\mathscr{A}$ 必然存在.

(7) 置换公理. 给定集合 X，若每个 $x\in X$ 唯一对应了一个对象 y，则所有这样的对象 y 作为元素组成一个集合.

(8) 分出公理. 给定集合 X 和性质 p，则 X 中的满足性质 p 的元素全体组成一个集合，记

为$\{x \in X \mid p(x)\}$，或记为$\{x \mid x \in X$ 且 $p(x)\}$.

(9) 选择公理. 设集合类 $\mathscr{A}$ 由非空集合组成，$\bigcup \mathscr{A}$ 是 $\mathscr{A}$ 的并集合，$E = \{X \mid X \in \mathscr{A}\}$ 是 $\mathscr{A}$ 的提升集，则存在映射 $f: E \to \bigcup \mathscr{A}$，满足，任取 $X \in \mathscr{A}$，有 $f(X) \in X$.

4. 基数

对于集合的元素个数，进行计数或计量所得到的结果，可称为集合的元素个数的计量值. 有限集合的元素个数的计量值为非负整数，无穷集合的元素个数的计量值就称为无穷数或无穷基数. 这里关键的问题是区分不同的无穷数，这就需判断基数的大小.

定义(基数)　集合 X 的元素个数的计量值称为该集合的基数，记为 $\overline{\overline{X}}$ 或记为 Card X. 设 X, Y 是两个集合，若存在单射 $f: X \to Y$，就称 X 的基数不超过 Y 的基数，记为 $\overline{\overline{X}} \leqslant \overline{\overline{Y}}$. 若存在双射 $f: X \to Y$，就称 X 与 Y 的基数相等，记为 $\overline{\overline{X}} = \overline{\overline{Y}}$，否则称 $\overline{\overline{X}} \neq \overline{\overline{Y}}$. 若 $\overline{\overline{X}} \leqslant \overline{\overline{Y}}$，且 $\overline{\overline{X}} \neq \overline{\overline{Y}}$，就称 X 的基数严格的小于 Y 的基数，记为 $\overline{\overline{X}} < \overline{\overline{Y}}$.

关于集合的基数有两个重要的定理.

定理1　任意给定两个集合 X 和 Y，则 $\overline{\overline{X}} < \overline{\overline{Y}}$，$\overline{\overline{X}} = \overline{\overline{Y}}$，$\overline{\overline{Y}} < \overline{\overline{X}}$ 三者之一必然成立. 特别，若 $\overline{\overline{X}} \leqslant \overline{\overline{Y}}$ 且 $\overline{\overline{Y}} \leqslant \overline{\overline{X}}$，则 $\overline{\overline{X}} = \overline{\overline{Y}}$.

定理2　设 X 是一个集合，$\mathscr{P}(X)$ 是 X 的幂集合，则 $\overline{\overline{X}} < \overline{\overline{\mathscr{P}(X)}}$.

1.3　连　续

物质世界中各种物体运动的连续变化现象比比皆是，甚至各样固态的、液态的、气态的物体从宏观上说也可以把它们看成是由连续分布的介质构成的. 用数学方法研究这种连续现象，就产生了函数的连续性概念. 连续函数类是数学分析研究的最基本的函数类，它的性质常常成为研究其他函数性质的基础.

在17世纪和18世纪数学家的心目中，一般函数与连续函数没有严格区别，它们都被当成解析表达式的同义语. 微积分诞生以后的丰硕成果掩盖了它在基础概念与逻辑基础上的某些缺陷，直到19世纪，微积分的进一步发展受到了理论的挑战，人们才意识到需要回过头来清理基础、搞清概念. 这时才把函数连续性的概念建立在极限基础上. 比较完整且令人满意的连续性概念应归功于法国数学家柯西. 1821年，他在《国立工科大学的分析教程》一书中写道："$f(x)$ (x 在两个给定的界限之间) 是变量 x 的连续函数，如果对于这两个界限之间的每个 x 值，差数 $f(x+\alpha) - f(x)$ 随着 α 的无限减少而无限减少." 这个定义实质上就是我们现在使用的连续定义的雏形.

1.3.1　连续与间断

直观地说，函数 $y = f(x)$ 在 x_0 点连续是指：当 x 越来越靠近 x_0 时，$f(x)$ 越来越靠近 $f(x_0)$. 它可定义如下：

定义　设 $f(x)$ 在 $U(x_0)$ 有定义，若

$$\lim_{x \to x_0} f(x) = f(x_0)$$

成立，则称函数 f 在 x_0 连续，称 x_0 是 f 的连续点.

用极限的 ε-δ 定义，来写出 f 在 x_0 连续的 ε-δ 定义. 可以看到，当 $x = x_0$ 时，$|f(x) - f(x_0)| < \varepsilon$ 对任意的 $\varepsilon > 0$ 均成立，所以 f 在 x_0 连续的 ε-δ 定义可更精确地概括为下面的4句话：

任给 $\varepsilon > 0$，存在 $\delta > 0$，只要 $|x - x_0| < \delta$，就有 $|f(x) - f(x_0)| < \varepsilon$. 它可简记作

$$\boxed{f \text{ 在 } x_0 \text{ 连续} \Leftrightarrow \forall \varepsilon > 0, \exists \delta > 0, \forall x: |x - x_0| < \delta, \text{有} |f(x) - f(x_0)| < \varepsilon.}$$

由单侧极限可以引入单侧连续概念. 如果

$$\lim_{x \to x_0^+} f(x) = f(x_0),$$

即 $f(x_0^+) = f(x_0)$，则称 f 在 x_0 **右连续**. 如果

$$\lim_{x \to x_0^-} f(x) = f(x_0),$$

即 $f(x_0^-) = f(x_0)$，则称 f 在 x_0 **左连续**. 由单侧极限知识立即有

定理 3.1 函数 f 在 x_0 连续的充要条件是：f 在 x_0 左连续且右连续.

例 1 证明 $y = c, y = x, y = \sin x, y = \cos x, y = a^x, y = \log_a x$ 在其定义域的每一点均连续.

证明 容易证明：常值函数 $y = C$，恒等函数 $y = x$ 在任一点 $x_0 \in \mathbf{R}$ 都连续，由1.2.3的例1知正弦函数 $y = \sin x$ 与余弦函数 $y = \cos x$ 在任一点 $x_0 \in \mathbf{R}$ 都连续. 由1.2.2节的例13与例14知指数函数 $y = a^x$ 和对数函数 $y = \log_a x$ 在其自然定义域的每一点均连续.

例 2 证明：幂函数 $y = x^\alpha$ 在其自然定义域的每一点 x_0 均连续.

证明 由幂函数的性质，只需对 $x_0 > 0$ 证明即可，由1.2.2节的例13、例14及复合函数极限性质有

$$\lim_{x \to x_0} x^\alpha = \lim_{x \to x_0} e^{\alpha \ln x} = e^{\alpha \ln x_0} = x_0{}^\alpha,$$

故 $y = x^\alpha$ 在 x_0 连续.

函数 $y = f(x)$ 的连续点的反面就是间断点. 根据 f 在 x_0 连续的极限意义，如果 f 在 $\mathring{U}(x_0)$ 有定义，但在 x_0 无定义，则 x_0 是 f 的间断点；如果 f 在 $U(x_0)$ 有定义，当 $x \to x_0$ 时，$f(x)$ 的极限不存在，或者 $f(x)$ 的极限存在但不等于 $f(x_0)$，则 x_0 也是 f 的间断点. 根据定理3.1，可将 f 的间断点进行下面的分类.

定义 设函数 f 在空心邻域 $\mathring{U}(x_0)$ 有定义，在 x_0 可能有定义也可能无定义.

1° 若 $f(x_0^-) = f(x_0^+) \neq f(x_0)$，或 $f(x_0^-) = f(x_0^+)$，但 f 在 x_0 无定义，则称 x_0 是 f 的**可去间断点**；

2° 若 $f(x_0^-)$ 与 $f(x_0^+)$ 皆存在，且 $f(x_0^-) \neq f(x_0^+)$，则称 x_0 是 f 的**第一类间断点**；

3° 若 $f(x_0^-)$ 与 $f(x_0^+)$ 之中只要有一个不存在，则称 x_0 是 f 的**第二类间断点**.

请注意可去间断点 x_0 的特征是：$\lim\limits_{x \to x_0} f(x) = A$ 存在，但 $A \neq f(x_0)$ 或函数 f 在点 x_0 无定义. 因此，当 x_0 是 f 的可去间断点时，可以修改或补充 f 在 x_0 的值为 f 在 x_0 的极限 A，即构造新函数

$$\tilde{f}(x) = \begin{cases} f(x), & x \neq x_0, \\ A, & x = x_0. \end{cases}$$

那么,新函数 $\tilde{f}$ 在 x_0 就连续了,而 f 与 $\tilde{f}$ 仅在一点有差别,二者性质无重大差异,在讨论一些问题时,可同等对待.这就是"可去"一词的来由.

例 3　研究符号函数

$$\operatorname{sgn} x=\begin{cases}-1, & x<0,\\ 0, & x=0,\\ 1, & x>0\end{cases}$$

的连续性,即研究函数在何处连续,在何处间断以及是什么性质的间断.

解　易知 $\operatorname{sgn} x$ 在任一非零点 $x\neq 0$ 皆连续.

又因 $\lim\limits_{x\to 0^-}\operatorname{sgn} x=-1$, $\lim\limits_{x\to 0^+}\operatorname{sgn} x=1$, $\operatorname{sgn} 0=0$,

所以,$x=0$ 是 $\operatorname{sgn} x$ 的第一类间断点.

例 4　研究函数

$$f(x)=\begin{cases}\dfrac{1}{x}, & x\neq 0,\\ 1, & x=0\end{cases}$$

的连续性.

解　易知 $f(x)$ 在任一非零点 $x\neq 0$ 皆连续,又 $\lim\limits_{x\to 0}f(x)=\lim\limits_{x\to 0}\dfrac{1}{x}=\infty$ 不存在,所以,$x=0$ 是 $f(x)$ 的第二类间断点,如图 1.3-1 所示.

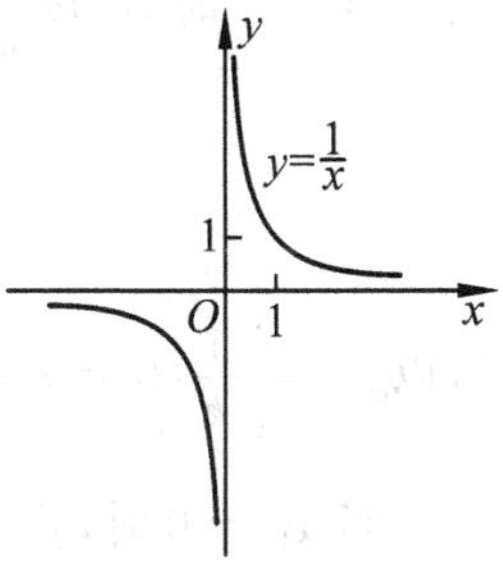

图 1.3-1

例 5　研究函数 $f(x)=x\sin\dfrac{1}{x}$ 的连续性.

解　易知函数 $f(x)$ 在任一非零点 $x\neq 0$ 皆连续,且 $\lim\limits_{x\to 0}x\sin\dfrac{1}{x}=0$,但 $f(0)$ 无意义,故 $x=0$ 是 $f(x)$ 的可去间断点,如图 1.3-2 所示.

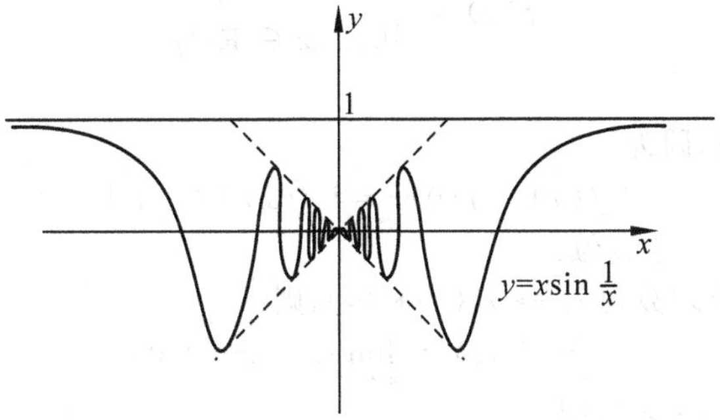

图 1.3-2

例 6　研究函数 $f(x)=\left[\dfrac{1}{x}\right]$ 的连续性.

解　因 f 在 $x=0$ 无定义,当 $x_0\neq\dfrac{1}{k}$ 时 $(0\neq k\in\mathbf{Z})$,存在整数 m,使得 $m<\dfrac{1}{x_0}<m+1$,于是 $\left[\dfrac{1}{x_0}\right]=m$,因 $x\to x_0$,可设 $m<\dfrac{1}{x}<m+1$,所以

$$\lim_{x\to x_0}\left[\frac{1}{x}\right]=m=\left[\frac{1}{x_0}\right],$$

故 $f(x)$ 在 $x_0\neq\frac{1}{k}$ 且 $x_0\neq 0$ 连续.

当 $x_0=x_k=\frac{1}{k}$ 时 $(k=\pm1,\pm2,\pm3,\cdots)$，如果 $x\to x_k^-$，可设 $\frac{1}{k+\frac{1}{2}}<x<\frac{1}{k}$，于是有 $k<\frac{1}{x}<k+\frac{1}{2}$，因此有 $\left[\frac{1}{x}\right]=k$，故

$$\lim_{x\to\frac{1}{k}^-}\left[\frac{1}{x}\right]=k.$$

当 $x\to x_k{}^+$ 时，可设 $\frac{1}{k}<x<\frac{1}{k-\frac{1}{2}}$，则 $k-\frac{1}{2}<\frac{1}{x}<k$，故

$$\lim_{x\to\frac{1}{k}^+}\left[\frac{1}{x}\right]=k-1.$$

所以 $x_k=\frac{1}{k}(0\neq k\in\mathbf{Z})$ 是 $f(x)$ 的第一类间断点.

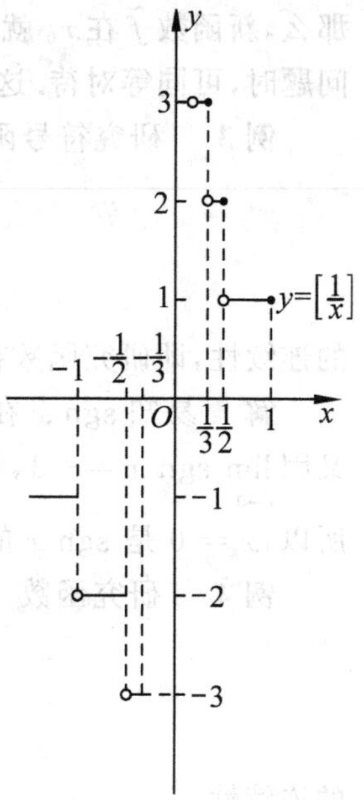

图 1.3-3

当 $x_0=0$ 时，$f(x)=\left[\frac{1}{x}\right]$ 在 $x_0=0$ 的空心邻域有定义，但在 $x_0=0$ 无定义，取 $x_n=\frac{1}{n}\to0\ (n\to\infty)$，有

$$f(x_n)=\left[\frac{1}{x_n}\right]=[n]=n\to\infty\ (n\to\infty).$$

故 $f(0^+)$ 不存在，所以 $x_0=0$ 是 $f(x)$ 的第二类间断点，如图 1.3-3 所示.

例 7 研究函数

$$f(x)=\begin{cases}x, & x\in\mathbf{Q},\\ 0, & x\in\mathbf{R}\setminus\mathbf{Q}\end{cases}$$

的连续性.

解 当 $x_0=0$ 时，因为

$$|f(x)-f(0)|=|f(x)|\leqslant|x|,$$

由夹逼定理，f 在 $x_0=0$ 点连续.

当 $x_0\neq0$ 时，取有理数列 $r_n\to x_0(n\to\infty)$，则

$$\lim_{n\to\infty}f(r_n)=\lim_{n\to\infty}r_n=x_0\neq0,$$

取无理数列 $q_n\to x_0(n\to\infty)$，则

$$\lim_{n\to\infty}f(q_n)=\lim_{n\to\infty}0=0,$$

故 $x_0\neq0$ 是 $f(x)$ 的第二类间断点，即这个函数只在 $x_0=0$ 连续.

这个函数有点怪，它只在 $x=0$ 连续，因而它的图像在原点附近并不是连续不断的.

例 8 研究黎曼函数

$$R(x)=\begin{cases}\frac{1}{q}, & x=\frac{p}{q}(\text{其中}\frac{p}{q}\text{是既约分数},p,q\in\mathbf{Z},q>0),\\ 0, & x\in\mathbf{R}\setminus\mathbf{Q}\end{cases}$$

的连续性.

解 由1.2.1节的例18可得

$$\lim_{x\to x_0}R(x)=0,\ x_0\in\mathbf{R}.$$

由此知:黎曼函数在任一无理点连续,在任一有理点间断(可去间断).

这个函数更加怪,虽然它的连续点(无理点)分布得极其稠密,但它的图像仍然不能一笔画出来.

注意到$\lim\limits_{x\to x_0}x=x_0$,那么当$f$在$x_0$点连续时,就有

$$\lim_{x\to x_0}f(x)=f(\lim_{x\to x_0}x).$$

这说明了,当f在x_0连续时,极限运算与函数运算可以交换.这就提供了求极限问题的连续函数方法.

由本节的例1、例2及复合函数极限定理,立即得到初等函数在它的定义域的每一点均连续,下面应用初等函数的连续性质来求极限.

例9 求$\lim\limits_{x\to 0}\dfrac{\log_a(1+x)}{x}$ $(a>0,a\neq 1)$.

解 由$\lim\limits_{x\to 0}(1+x)^{\frac{1}{x}}=\mathrm{e}$,对数函数连续性与复合函数的极限定理,有

$$\lim_{x\to 0}\frac{\log_a(1+x)}{x}=\lim_{x\to 0}[\log_a(1+x)^{\frac{1}{x}}]=\log_a[\lim_{x\to 0}(1+x)^{\frac{1}{x}}]=\log_a\mathrm{e}.$$

特别地

$$\boxed{\begin{aligned}&\lim_{x\to 0}\frac{\ln(1+x)}{x}=1,\\&\ln(1+x)\sim x\quad(x\to 0),\\&\ln(1+x)=x+o(x)\quad(x\to 0).\end{aligned}}$$

例10 求$\lim\limits_{x\to 0}\dfrac{a^x-1}{x}$ $(a>0)$.

解 令$y=a^x-1$,则$x=\log_a(1+y)$,且$x\to 0$时有$y\to 0$,$x\neq 0$时有$y\neq 0$,故

$$\lim_{x\to 0}\frac{a^x-1}{x}=\lim_{y\to 0}\frac{y}{\log_a(1+y)}=\frac{1}{\log_a\mathrm{e}}=\ln a.$$

特别地

$$\boxed{\begin{aligned}&\lim_{x\to 0}\frac{\mathrm{e}^x-1}{x}=1,\\&\mathrm{e}^x-1\sim x\quad(x\to 0),\\&\mathrm{e}^x=1+x+o(x)\quad(x\to 0).\end{aligned}}$$

例11 求$\lim\limits_{x\to 0}\dfrac{(1+x)^\alpha-1}{x}$ $(\alpha\neq 0)$.

解 令$y=(1+x)^\alpha-1$,则$\ln(1+y)=\alpha\ln(1+x)$,且$x\to 0$时有$y\to 0$,$x\neq 0$时有$y\neq 0$,于是可得

$$\frac{(1+x)^\alpha-1}{x}=\frac{y}{\ln(1+y)}\cdot\alpha\cdot\frac{\ln(1+x)}{x}.$$

上式中令 $x\to 0$,由极限的换元性质和例 9 即得下面公式

$$\lim_{x\to 0}\frac{(1+x)^\alpha-1}{x}=\alpha,$$
$$(1+x)^\alpha-1\sim\alpha x\quad(x\to 0),$$
$$(1+x)^\alpha=1+\alpha x+o(x)\quad(x\to 0).$$

上述 3 例是重要的基本极限,记住它们是很有好处的!

例 12 求 $\lim\limits_{x\to 0}\dfrac{e^{ax^2}\cos 2ax-1}{x^2}$.

解 原式 $=\lim\limits_{x\to 0}\left[\dfrac{(e^{ax^2}-1)\cos 2ax}{x^2}-\dfrac{1-\cos 2ax}{x^2}\right]$

$$=\lim_{x\to 0}\frac{ax^2\cos 2ax}{x^2}-\lim_{x\to 0}\frac{2\sin^2 ax}{x^2}=a-2a^2.$$

例 13 证明:若 $\lim\limits_{x\to x_0}u(x)=\alpha>0$,$\lim\limits_{x\to x_0}v(x)=\beta$,则 $\lim\limits_{x\to x_0}u(x)^{v(x)}=\alpha^\beta$.

证明 由指数函数与对数函数的连续性和复合函数极限定理有

$$\lim_{x\to x_0}u(x)^{v(x)}=\lim_{x\to x_0}e^{v(x)\ln u(x)}=e^{\lim\limits_{x\to x_0}v(x)\ln u(x)}=e^{\beta\ln\alpha}=\alpha^\beta.$$

形如 $y=u(x)^{v(x)}$ 的函数称为**幂指函数**. 此命题给出了求幂指函数极限的一般方法. 例如

$$\lim_{x\to 0}(1+x^2)^{\cot^2 x}=e^{\lim\limits_{x\to 0}\cot^2 x\cdot\ln(1+x^2)}=e^{\lim\limits_{x\to 0}\frac{\ln(1+x^2)}{\tan^2 x}}=e^{\lim\limits_{x\to 0}\frac{x^2}{x^2}}=e.$$

由此看出,求 $\lim\limits_{x\to x_0}u(x)^{v(x)}$ 的关键是求 $\lim\limits_{x\to x_0}v(x)\ln u(x)$,再由"$0\cdot\infty$"型未定式知,当 $\beta=\infty,\alpha=1$ 或 $\beta=0,\alpha=0$ 或 $\beta=0,\alpha=+\infty$ 时,会出现未定式极限,我们分别称为"1^∞""0^0""∞^0"型未定式极限.

例 14 求 $\lim\limits_{x\to 1}\tan\left[\dfrac{\sin\pi x}{4(x-1)}\right]$.

解 原式 $=\tan\left[\lim\limits_{x\to 1}\dfrac{\sin\pi x}{4(x-1)}\right]\xlongequal{t=x-1}\tan\left[\lim\limits_{t\to 0}\dfrac{\sin(\pi+\pi t)}{4t}\right]$

$$=\tan\left[\lim_{t\to 0}\frac{-\sin\pi t}{4t}\right]=\tan\left(-\frac{\pi}{4}\right)=-1.$$

思 考 题

1. 若函数 f 在 x_0 连续,证明:函数 $|f|$ 在 x_0 也连续. 试问反之成立吗?
2. "若函数 f 在 x_0 连续,则 f 必在 x_0 的某个邻域连续."这句话对吗?
3. 若函数 f 在开区间 (a,b) 内的任何一个闭区间 $[\alpha,\beta]$ 都连续,问 f 在 (a,b) 连续吗?f 在 $[a,b]$ 连续吗?
4. 若函数 f 在 x_0 连续,求证:$\lim\limits_{h\to 0}[f(x_0+h)-f(x_0-h)]=0$. 试问反之成立吗?
5. 设函数 f 在 x_0 间断,且 $f(x_0)$ 有意义,能否断定:存在 $\varepsilon_0>0$,在任意接近 x_0 的地方,要么存在 x' 使得 $f(x')<f(x_0)-\varepsilon_0$,要么存在 x'',使得 $f(x'')>f(x_0)+\varepsilon_0$.
6. 如果函数 f 在区间 I 连续,且在区间 I 中所有有理点为零,问 f 是什么样的函数?

7. (1) 是否存在一个在任一点都间断的函数？

(2) 是否存在一个在任一无理点连续，在任一有理点间断的函数？

(3) 是否存在一个在所有点间断，但其绝对值在所有点连续的函数？

(4) 对任取的 $a \in \mathbf{R}$，是否存在一个仅在 $x = a$ 连续的函数？

8. 若对任意两个皆收敛于 x_0 的数列 $\{x_n\}$，$\{y_n\}$，有 $\lim\limits_{n\to\infty} f(x_n) = \lim\limits_{n\to\infty} f(y_n)$，问：函数 f 在 x_0 连续吗？

9. 试问：下面命题成立吗？

函数 f 在 x_0 连续 $\Leftrightarrow \forall \delta > 0, \exists \varepsilon > 0, \forall x: |x - x_0| < \delta$，有 $|f(x) - f(x_0)| < \varepsilon$.

10. 下面命题对吗？

(1) 函数 f 在 x_0 局部无界的充要条件是 f 在 x_0 间断；

(2) 函数 f 在 x_0 局部无界的充要条件是存在 $x_n \to x_0$，使得 $\lim\limits_{n\to\infty} f(x_n) = \infty$.

练 习 题

1.77 用 ε-δ 定义证明下列函数在定义域内连续.

(1) $f(x) = \sin(x^2)$；
(2) $f(x) = x^2 - 2x + 3$；

(3) $f(x) = e^{2x}$.

1.78 研究下列函数在 $x = 0$ 的连续性，若是间断点，需说明其类型.

(1) $f(x) = [x]$；
(2) $f(x) = \dfrac{1}{x^2}$；

(3) $f(x) = \arctan \dfrac{1}{x}$；
(4) $f(x) = \dfrac{\sin x}{x(x-1)}$；

(5) $f(x) = \begin{cases} \dfrac{e^x - 1}{x}, & x \neq 0, \\ 1, & x = 0; \end{cases}$
(6) $f(x) = \begin{cases} \sin \dfrac{1}{x}, & x \neq 0, \\ 1, & x = 0; \end{cases}$

(7) $f(x) = \begin{cases} \dfrac{\sin x}{x}, & x \neq 0, \\ 1, & x = 0; \end{cases}$
(8) $f(x) = \dfrac{\ln(1+x)}{x^2 - 2x}$.

1.79 下列函数在 $x = 0$ 无定义，试定义 $f(0)$，使 $f(x)$ 在 $x = 0$ 连续：

(1) $f(x) = \dfrac{\sqrt{1+x} - 1}{\sqrt[3]{1+x} - 1}$；
(2) $f(x) = \sin x \sin \dfrac{1}{x}$.

1.80 设 $f(x) = \begin{cases} e^{\frac{1}{x}}, & x < 0, \\ x + a, & x \geqslant 0. \end{cases}$ 求 a，使得 $f(x)$ 在 $x = 0$ 连续.

1.81 求下列函数极限：

(1) $\lim\limits_{x\to a} \dfrac{\ln x - \ln a}{x - a}$ $(a > 0)$；
(2) $\lim\limits_{x\to b} \dfrac{a^x - a^b}{x - b}$ $(a > 0)$；

(3) $\lim\limits_{x\to 0} \dfrac{e^{\alpha x} - e^{\beta x}}{\sin \alpha x - \sin \beta x}$ $(\alpha \neq \beta)$；
(4) $\lim\limits_{x\to 0} \dfrac{\ln(\cos ax)}{\ln(\cos bx)}$ $(b \neq 0)$；

(5) $\lim\limits_{x\to \frac{\pi}{4}} (\tan x)^{\tan 2x}$；
(6) $\lim\limits_{x\to 0} \left(\dfrac{\cos x}{\cos 2x}\right)^{\frac{1}{x^2}}$；

(7) $\lim\limits_{x\to 0} (x + e^x)^{\frac{1}{x}}$；
(8) $\lim\limits_{x\to a} \left(\dfrac{\sin x}{\sin a}\right)^{\frac{1}{x-a}}$；

(9) $\lim\limits_{x\to +\infty} x^{\frac{1}{x}}$；
(10) $\lim\limits_{x\to 0^+} x^x$.

1.82 证明:若 $\lim\limits_{n\to\infty}x_n = x$,则 $\lim\limits_{n\to\infty}\left(1+\frac{x_n}{n}\right)^n = e^x$.并利用此结论求

$$\lim_{n\to\infty}\left(\cos\frac{x}{n}+\lambda\sin\frac{x}{n}\right)^n.$$

1.83 证明:函数 f 在 x_0 连续的充要条件是对任何收敛于 x_0 的数列 $\{x_n\}$,有

$$\lim_{n\to\infty}f(x_n) = f(x_0).$$

1.84 设 $y = f(u)$ 与 $u = g(x)$ 能构成复合函数 $y = f[g(x)]$,且函数 f 在 $u = b$ 点连续,$\lim\limits_{x\to a}g(x) = b$,求证:$\lim\limits_{x\to a}f[g(x)] = f[\lim\limits_{x\to a}g(x)]$,并利用此性质求下面数列的极限

$$J = \lim_{n\to\infty}\sin\left(\frac{\pi\sqrt[n]{n}}{2}\right).$$

1.85 设函数 $f(x)$ 在 $(0,1)$ 有定义,且函数 $e^x f(x)$ 与 $e^{-f(x)}$ 在 $(0,1)$ 都是单调增的,求证:$f(x)$ 在 $(0,1)$ 连续.

1.86 设 $f(x)$ 在 $\mathbf{R}$ 连续,求证:对任何常数 $c>0$,函数

$$F(x)=\begin{cases}-c, & f(x)<-c,\\ f(x), & |f(x)|\leqslant c,\\ c, & f(x)>c\end{cases}$$

在 $\mathbf{R}$ 连续.

1.87 设

$$u_n(x)=\begin{cases}-n, & x\leqslant -n,\\ x, & -n<x\leqslant n,\\ n, & x>n.\end{cases}$$

求证:函数 f 连续的充分必要条件是:对每个正整数 n,$g_n(x) = u_n[f(x)]$ 是连续函数.

1.3.2 连续函数的性质

运用极限的性质,立即可得下面的几个连续的性质.

定理 3.2 若函数 f 与 g 在 x_0 连续,则函数 $f+g, f-g, fg, \frac{f}{g}\ (g(x_0)\neq 0)$ 在 x_0 连续.

定理 3.3 若函数 f 在 x_0 连续,则函数 $|f|$ 在 x_0 连续.

定理 3.4 设函数 $y = f(u)$ 与 $u = g(x)$ 在 x_0 的邻域能构成复合函数.如果函数 g 在 x_0 连续,函数 f 在 $u_0 = g(x_0)$ 连续,则复合函数 $f\circ g$ 在 x_0 连续.

定理 3.5(连续函数保号性) 设函数 $f(x)$ 在 x_0 连续,如果 $f(x_0)>0\ (f(x_0)<0)$,则存在 x_0 的邻域 $U(x_0)$,对一切 $x\in U(x_0)$,有 $f(x)>0\ (f(x)<0)$.

上面4个性质称为连续函数的局部性质,且只要函数在 x_0 连续,上面4个定理就成立.用极限的运算性质立即得到定理3.2,用极限的绝对值性质,立即得到定理3.3,用极限的保号性立即得到定理3.5.由复合函数极限定理的推论2即得到定理3.4.

定理3.4又可记作

$$\lim_{x\to x_0}f[g(x)] = f[\lim_{x\to x_0}g(x)] = f[g(\lim_{x\to x_0}x)].$$

形象地说:对于"串联"起来的连续函数,极限运算可以穿过函数符号从最外边一层层地进到最里边.

如果函数 $y=f(x)$ 在区间 I 的每一点均连续，就称 f 是区间 I 上的连续函数. 它可严格定义如下.

定义　设函数 f 在区间 I 有定义. 如果 f 在 I 的每一点都连续(当 I 包含端点时，f 在端点的连续性仅要求单侧连续)，则称**函数 f 在 I 连续.** 区间 I 上所有连续函数的集合记作 $C(I)$，称为 I 上的**连续函数族**，记号 $f\in C(I)$ 表示函数 f 是 I 上的一个连续函数. 它可简记作

$$f\in C(I)\Leftrightarrow \forall x_0\in I,\forall\varepsilon>0,\exists\delta>0,$$
$$\forall\ |x-x_0|<\delta,\text{有}\ |f(x)-f(x_0)|<\varepsilon.$$

区间上的连续函数有一些与我们的直觉相符合的很重要的性质，统称为**连续函数的整体性质**. 它们是今后我们研究可微函数与可积函数的基本工具之一. 它们的证明，将在第 4 章中给出.

定理 3.6(介值性质)　设函数 f 在有界闭区间 $[a,b]$ 连续，$a<b$，如果 $f(a)\neq f(b)$，则对任意的 $C\in(f(a),f(b))$(或 $C\in(f(b),f(a))$)，存在 $\xi\in(a,b)$，使得 $f(\xi)=C$.

定理 3.7(零值性质)　设函数 f 在有界闭区间 $[a,b]$ 连续，$a<b$，如果 $f(a)$ 与 $f(b)$ 异号，则存在 $\xi\in(a,b)$，使得 $f(\xi)=0$.

读者容易证明上面两条性质是等价的，如图 1.3-4 和图 1.3-5 所示.

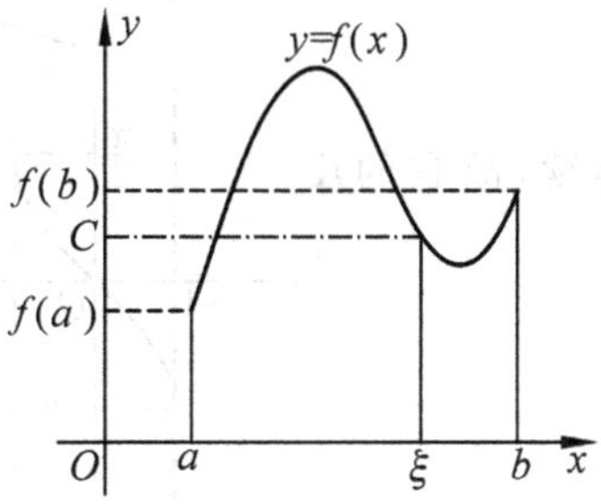

图 1.3-4

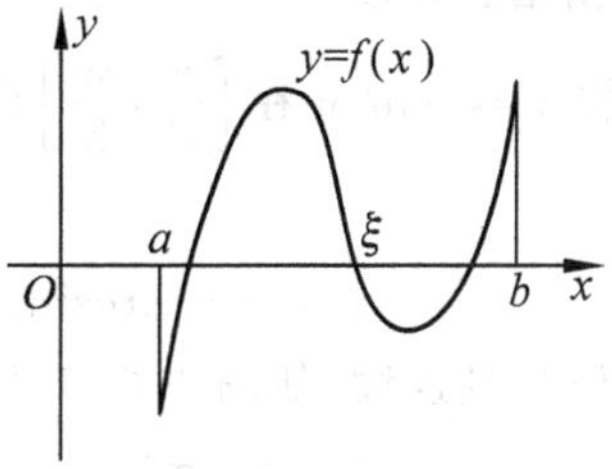

图 1.3-5

定理 3.8(有界性质)　设函数 f 在有界闭区间 $[a,b]$ 连续，则 f 在 $[a,b]$ 有界.

定理 3.9(最值性质)　设函数 f 在有界闭区间 $[a,b]$ 连续，则 f 在 $[a,b]$ 能取到最大值与最小值，即存在 $x_1,x_2\in[a,b]$，使得 $f(x_2)=\max\limits_{x\in[a,b]}\{f(x)\}$，$f(x_1)=\min\limits_{x\in[a,b]}\{f(x)\}$.

上面 4 条定理刻画了有界闭区间上连续函数的整体性质，将在第 4 章中给出它们的证明. 当 f 在区间 I 上连续时，只要 $[a,b]\subset I$，就可在 $[a,b]$ 上运用上面 4 条定理.

例 1　证明：设 f 在区间 I 上连续，则 f 在 I 上存在反函数 f^{-1} 的充要条件是：f 在 I 严格单调.

证明　充分性显然，下面证明必要性，用反证法证明. 若不然，或者 f 在 I 上单调但非严格单调，就存在 I 中两点 $x_1<x_2$，使得 $f(x_1)=f(x_2)$，这与反函数存在的性质矛盾，或者必有 f 是 I 上非单调函数，由 1.1.5 节例 4，存在 I 中三点，$x_1<x_2<x_3$，使得 $f(x_1)>f(x_2)$ 且 $f(x_2)<f(x_3)$ 或使得 $f(x_1)<f(x_2)$ 且 $f(x_2)>f(x_3)$，那么对于 $C\in(f(x_1),f(x_2))\cap$

$(f(x_2),f(x_3))$，由介值定理，存在 $x_1<\xi_1<x_2<\xi_2<x_3$，使得 $f(\xi_1)=c=f(\xi_2)$，这又与反函数存在的性质矛盾，所以 f 在 I 上严格单调.

定理 3.10 设 f 是区间 I 上的严格单调的连续函数，则反函数 f^{-1} 也是区间 $f(I)$ 上的严格单调连续函数.

证明 因为 f 在 I 上严格单调，所以它在 I 上存在反函数 $f^{-1}(y)$，且 $f^{-1}(y)$ 在 $f(I)$ 上也严格单调. 由连续函数的介值定理，还可得到 $f(I)$ 也是区间，且若 x_0 是 I 的内点，则 $y_0=f(x_0)$ 是 $f(I)$ 的内点，若 $x_0\in I$ 且是 I 的端点，则 $y_0=f(x_0)$ 是 $f(I)$ 的端点.

下面用 ε-δ 定义来证明 f^{-1} 在每一点 $y_0\in f(I)$ 连续.

不妨设 $y_0=f(x_0)$ 是 $f(I)$ 的内点，上面已证明，x_0 是 I 的内点，所以任给 $\varepsilon>0$，只要 $\varepsilon>0$ 适当小，就有 $[x_0-\varepsilon,x_0+\varepsilon]\subset I$，记 $y_1=f(x_0-\varepsilon)$，$y_2=f(x_0+\varepsilon)$，因 f 严格单调，就有 $\delta=\min\{|y_1-y_0|,|y_2-y_0|\}>0$，则只要 $|y-y_0|<\delta$，就有 $y\in(y_1,y_2)$，从而有 $f^{-1}(y)\in(x_0-\varepsilon,x_0+\varepsilon)=(f^{-1}(y_0)-\varepsilon,f^{-1}(y_0)+\varepsilon)$，所以 $|f^{-1}(y)-f^{-1}(y_0)|<\varepsilon$ 成立，即 f^{-1} 在 y_0 连续，同理可证 y_0 是 $f(I)$ 端点时，f^{-1} 在 y_0 单侧连续，所以 f^{-1} 在 $f(I)$ 连续.

利用这个定理以及三角函数、指数函数的连续性立即可以得到反三角函数、对数函数在它们的定义域上连续.

例如，函数 $x=\sin y$ 在 $\left[-\frac{\pi}{2},\frac{\pi}{2}\right]$ 严格增且连续，故它的反函数

$$y=\arcsin x$$

在 $[-1,1]$ 严格增且连续.

又如，函数 $x=\sin y$ 在 $\left[\frac{\pi}{2},\frac{3\pi}{2}\right]$ 严格减且连续，故它的反函数

$$y=\pi-\arcsin x$$

在 $[-1,1]$ 严格减且连续，如图 1.3-6 所示.

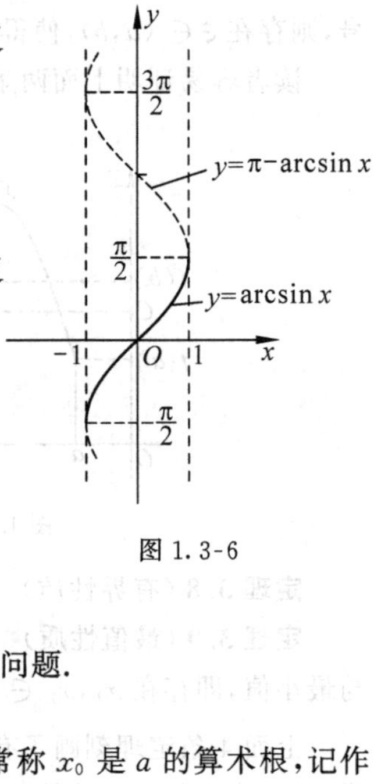

图 1.3-6

注意 $\arcsin x\in\left[-\frac{\pi}{2},\frac{\pi}{2}\right]$.

前面已证明，所有基本初等函数在其定义域连续，由此可得

性质 3.11 初等函数在其定义域连续.

利用连续函数的零值性质，可以解决中学代数中的一个理论问题.

例 2 证明：任一正实数都存在唯一的 n 次正根.

证明 $\forall a>0$，要证存在唯一的 $x_0>0$，使得 $x_0^n=a$. 通常称 x_0 是 a 的算术根，记作 $x_0=\sqrt[n]{a}$.

先证存在性.

构造函数 $f(x)=x^n-a$，$x\in\mathbf{R}$，一定存在 $l>0$，使得 $f(l)=l^n-a>0$，又 $f(0)=-a<0$，因 $f(x)$ 在 $[0,l]$ 连续，由零值性知存在 $x_0\in(0,l)$，使得 $f(x_0)=0$，即 $x_0^n=a$.

因为 n 是正整数，$y=x^n$ 在 $[0,+\infty)$ 严格增，所以 $f(x)$ 在 $[0,+\infty)$ 也严格增，所以 f 在 $[0,+\infty)$ 上的零点唯一，即正数的 n 次正根是唯一的.

例 3 设函数 f 在 $[a,b]$ 连续，且任取 $x\in[a,b]$，函数值 $f(x)\in[a,b]$，求证：函数 f

在 $[a,b]$ 存在不动点，即存在 $x_0 \in [a,b]$，使得 $f(x_0)=x_0$.

证明　图 1.3-7 所示构造函数

$$F(x)=x-f(x),\ x\in[a,b].$$

由 $f(x)$ 的连续性知函数 $F(x)$ 在 $[a,b]$ 连续，由 $f(x)\in[a,b]$ 知

$$F(a)=a-f(a)\leqslant 0,\quad F(b)=b-f(b)\geqslant 0.$$

若上面两个不等式中至少有一个等号成立，则命题得证；若上面两个不等式皆为严格不等式，则由零值性知 $\exists x_0\in(a,b)$，使得 $F(x_0)=0$，即

$$f(x_0)=x_0.$$

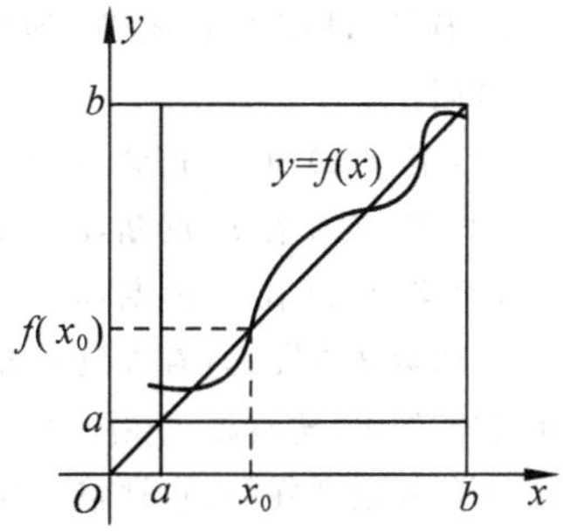

图 1.3-7

例 4　设函数 f 在 $[a,+\infty)$ 连续，且 $\lim\limits_{x\to+\infty}f(x)=A$，求证：$f(x)$ 在 $[a,+\infty)$ 有界.

证明　由 $\lim\limits_{x\to+\infty}f(x)=A$ 知，对 $\varepsilon=1$，存在 $\Delta>|a|$，只要 $x>\Delta$，就有

$$|f(x)-A|<1 \text{ 即 } |f(x)|\leqslant|A|+1.$$

因 $f(x)$ 在 $[a,\Delta]$ 连续，因而有界，即 $\exists M>0$，只要 $x\in[a,\Delta]$，有

$$|f(x)|\leqslant M.$$

令 $K=M+|A|+1>0$，则任意 $x\in[a,+\infty)$，有 $|f(x)|\leqslant K$，即 $f(x)$ 在 $[a,+\infty)$ 有界.

例 5　设函数 f 在 $[a,b]$ 连续，如果存在数列 $x_n\in[a,b]$，使得 $\lim\limits_{n\to\infty}f(x_n)=A$，求证：存在 $x_0\in[a,b]$，使得 $f(x_0)=A$.

证明　由连续函数最值性知，存在 $t_1,t_2\in[a,b]$，使得

$$\min_{a\leqslant x\leqslant b}\{f(x)\}=f(t_1)\leqslant f(x_n)\leqslant f(t_2)=\max_{a\leqslant x\leqslant b}\{f(x)\}.$$

因 $\lim\limits_{n\to\infty}f(x_n)=A$，在上式中，令 $n\to\infty$，得

$$f(t_1)\leqslant A\leqslant f(t_2).$$

由连续函数介值性知，存在 $x_0\in[a,b]$，使得

$$f(x_0)=A.$$

思　考　题

1. 试问：

(1) 若 $\exists c\in\mathbf{R}$，使得函数 f 在 $(-\infty,c]$ 与 $(c,+\infty)$ 皆连续，能断定函数 f 在 $(-\infty,+\infty)$ 连续吗？

(2) 若 $\forall c\in\mathbf{R}$，使得函数 f 在 $(-\infty,c]$ 与 $(c,+\infty)$ 皆连续，能断定函数 f 在 $(-\infty,+\infty)$ 连续吗？

2. 设函数 f 在 x_0 连续，函数 g 在 x_0 间断，问函数 $f+g,fg$ 在 x_0 连续还是间断？（如果结论是肯定的，应予证明；若结论是否定的，应举例说明）

3. 设函数 f 与 g 都在 x_0 间断，问函数 $f+g,fg$ 在 x_0 连续还是间断？

4. (1) 是否存在一个定义域为 $[a,b]$，值域为 $(-\infty,+\infty)$ 的连续函数？

(2) 是否存在一个定义域为 $[a,b]$，值域为 $(-1,1)$ 的连续函数？

(3) 是否存在一个定义域为 $[a,b]$，值域为 $[0,1]\cup[3,4]$ 的连续函数？

5. 在定理 3.8 及定理 3.9 中，如果把条件“函数 f 在有界闭区间 $[a,b]$ 连续”改为“函数 f 在有界开区间 $(a,$

b) 连续”,那么结论还成立吗?试证明你的判断.

6. 试问：

(1) 若 $f(u)$ 在 u_0 连续,$u = g(x)$ 在 x_0 间断,那么,$f[g(x)]$ 在 x_0 一定间断吗?

(2) 若 $f(u)$ 在 u_0 间断,$u = g(x)$ 在 x_0 连续,那么,$f[g(x)]$ 在 x_0 一定间断吗?

(3) 若 $f(u)$ 在 u_0 间断,$u = g(x)$ 在 x_0 间断,那么,$f[g(x)]$ 在 x_0 一定间断吗?

7. 设函数 f 在$[a,b]$存在反函数 f^{-1},且它在其定义域连续,试问:函数 f 在$[a,b]$一定连续吗?

8. 我们知道:若函数 f 在$[a,b]$严格单调,则它存在反函数 f^{-1}.反之不然,即若 f 在$[a,b]$存在反函数 f^{-1},不能断定 f 在$[a,b]$严格单调.试问:对 f 添加什么条件,能使 f 在$[a,b]$严格单调呢?

9. 函数 f 在$[a,b)$连续,$f(b^-)$存在,能断定 f 在$[a,b]$一定能取到最大值吗?如果再添加条件:“$\exists x_0 \in [a,b)$,使 $f(x_0) > f(b^-)$”,又如何?

10. 试问:连续函数的介值性之逆命题成立吗?即若 $\forall C \in (f(a), f(b))$, $\exists \xi \in (a,b)$,使$f(\xi) = C$,能断定f在$[a,b]$连续吗?如果把条件加强为“f在$[a,b]$中任一子区间皆有介值性”,能否断定f在$[a,b]$连续?再问:具有介值性的函数再添加什么条件,能使它为连续函数?

练　习　题

1.88　设函数 f 和 g 在$[a,b]$连续,并且 $f(a) < g(a)$ 但 $f(b) > g(b)$,求证:存在 $\xi \in (a,b)$,使得 $f(\xi) = g(\xi)$.

1.89　证明:方程 $x^3 + px + q = 0$ $(p > 0)$ 有且仅有一个实根.

1.90　设函数 f 在$[0,2a]$连续,且 $f(0) = f(2a)$,求证:存在 $x_0 \in [0,a]$ 使得

$$f(x_0) = f(x_0 + a).$$

1.91　设 f 在(a,b)连续,$\lim\limits_{x\to a^+} f(x) = A$, $\lim\limits_{x\to b^-} f(x) = B$, $A < B$,求证:$\forall C \in (A,B)$,存在$\xi \in (a,b)$,使 $f(\xi) = C$.

1.92　设函数 f 在$[a,b]$连续,求证:

(1) 函数 $F(x) = \max\limits_{a\leqslant t\leqslant x}\{f(t)\}$ 在$[a,b]$有定义;

(2) 函数 $F(x)$ 在$[a,b]$单调增;

(3) 函数 $F(x)$ 在$[a,b]$连续.

1.93　证明:若 $f(x)$ 在$[a,b]$连续,$a < x_1 < x_2 < \cdots < x_n < b$,则存在 $\xi \in [a,b]$,使

$$f(\xi) = \frac{f(x_1) + f(x_2) + \cdots + f(x_n)}{n}.$$

1.94　设函数 f 在$[a,b)$连续,且 $\lim\limits_{x\to b^-} f(x) = 0$,如果存在 $x_1 \in [a,b)$ 使$f(x_1) > 0$,求证:f 在$[a,b)$上能取到最大值.如果去掉条件“存在 $x_1 \in [a,b)$,使 $f(x_1) > 0$”,结论仍成立吗?如果改为“存在 $x_1 \in [a,b)$,使 $f(x_1) = 0$”,结论能否成立?

1.95　设 f 在$[a,b)$连续,且 $\lim\limits_{x\to b^-} f(x) = +\infty$,求证:

(1) 任取 $x_0 \in [a,b)$,存在 $\delta > 0$, $\forall x \in (b-\delta, b)$,有 $f(x) > f(x_0)$;

(2) 函数 f 在$[a,b)$能取到最小值.

1.96　设 $f(x)$ 是多项式函数,求证:存在 x_0, $\forall x \in \mathbf{R}$,有 $|f(x_0)| \leqslant |f(x)|$.

—— 连续小结 ——

函数的连续性是函数的重要的分析性质.

函数在一点处的连续是用极限来严格定义的.当函数在区间 I 的每一点处均连续时,就称该函数是区间 I 上的连续函数.

连续函数的局部性质是指在函数的连续点附近函数所具有的性质.它是函数的极限性质的自然推论.

连续函数的整体性质刻画了有界闭区间上连续函数的整体特征,它也是数学分析中研究函数的进一步性质的最基本和最重要的工具.学会运用连续函数的整体性质,来研究与解决新的数学问题是十分重要的.

连续是由极限来定义的,它表明了在函数的连续点处,极限运算与函数运算可以交换,所以它可以用连续函数的性质来证明与计算极限.

记住下面的重要极限是很有好处的.

$\lim\limits_{x\to 0}\dfrac{\sin x}{x}=1$, 即 $\sin x\sim x\quad (x\to 0)$ 或 $\sin x=x+o(x)\quad (x\to 0)$.

$\lim\limits_{x\to 0}\dfrac{1-\cos x}{x^2}=\dfrac{1}{2}$, 即 $\cos x=1-\dfrac{x^2}{2}+o(x^2)\quad (x\to 0)$.

$\lim\limits_{x\to\infty}\left(1+\dfrac{1}{x}\right)^x=\mathrm{e}$.

$\lim\limits_{x\to 0}\dfrac{\ln(1+x)}{x}=1$, 即 $\ln(1+x)\sim x\quad (x\to 0)$ 或 $\ln(1+x)=x+o(x)\quad (x\to 0)$.

$\lim\limits_{x\to 0}\dfrac{\mathrm{e}^x-1}{x}=1$, 即 $\mathrm{e}^x-1\sim x\quad (x\to 0)$ 或 $\mathrm{e}^x=1+x+o(x)\quad (x\to 0)$.

$\lim\limits_{x\to 0}\dfrac{(1+x)^\alpha-1}{x}=\alpha$,即$(1+x)^\alpha-1\sim\alpha x\,(x\to 0)$ 或$(1+x)^\alpha=1+\alpha x+o(x)\,(x\to 0)$.

它们是用初等方法求三角函数、对数函数、指数函数、幂函数、幂指函数的极限的基本工具,也是今后将要学到的基本导数公式的基础.

复习参考题

1.97 证明下列各式:

(1) $\frac{1}{x}+x\geqslant 2\ (x>0)$; (2) $x(1-x)\leqslant\frac{1}{4}$;

(3) $|c|\leqslant\max\{|a|,|b|\}\ (a\leqslant c\leqslant b)$.

1.98 设函数 $f(x)$ 的图像关于直线 $x=a,x=b$ 皆对称($b>a$),求证:$f(x)$ 是以 $2(b-a)$ 为周期的周期函数.

1.99 设 f 在 $\mathbf{R}$ 上为奇函数,且在$[0,+\infty)$ 严格增,求证:f 在 $\mathbf{R}$ 严格增.

1.100 设 f,g 在实轴上单调,求证:$f[g(x)]$ 是实轴上的单调函数.

1.101 设函数 $f:D\to D$,

(1) 若存在函数 $g:D\to D$,使得 $f\circ g=g\circ f$,试问:f 存在反函数吗?

(2) 若对一切函数 $g:D\to D$ 皆有 $f\circ g=g\circ f$,试问:f 存在反函数吗?

1.102 设 $f(x)$ 在$(0,+\infty)$ 有定义,$x_1>0,x_2>0$,求证:

(1) 若$\frac{f(x)}{x}$单调减,则 $f(x_1+x_2)\leqslant f(x_1)+f(x_2)$;

(2) 若$\frac{f(x)}{x}$单调增,则 $f(x_1+x_2)\geqslant f(x_1)+f(x_2)$.

1.103 设函数 f 在$[a,b]$ 连续,且严格单调增,求证:开区间(a,b) 在 f 下的像(A,B) 仍是开区间(其中 $A=f(a)$,$B=f(b)$).试问:如果去掉函数的严格单调性质,结论还成立吗?

1.104 证明下列等式:

(1) $\lim\limits_{n\to\infty}\frac{\log_a n}{n}=0\ (a>1)$; (2) $\lim\limits_{n\to\infty}\frac{1}{\sqrt[n]{n!}}=0$.

1.105 求下列极限:

(1) $\lim\limits_{n\to\infty}\left(\frac{1}{2}+\frac{3}{2^2}+\frac{5}{2^3}+\cdots+\frac{2n-1}{2^n}\right)$;

(2) $\lim\limits_{n\to\infty}\left(1-\frac{1}{2^2}\right)\left(1-\frac{1}{3^2}\right)\cdots\left(1-\frac{1}{n^2}\right)$;

(3) $\lim\limits_{n\to\infty}\frac{a^n}{1+a^n}\ (a\neq-1)$; (4) $\lim\limits_{n\to\infty}\frac{a^n}{1+a^{2n}}\ (a\neq-1)$;

(5) $\lim\limits_{n\to\infty}\sqrt[n]{a_1^n+a_2^n+\cdots+a_k^n}$,其中 $a_1,a_2,\cdots,a_k$ 为 k 个非负常数.

1.106 设 f 为周期函数,且 $\lim\limits_{x\to+\infty}f(x)=0$,求证:$\forall x\in\mathbf{R}$,有 $f(x)=0$.

1.107 设$\{a_n\}$,$\{b_n\}$ 为正整数序列,$a_1=b_1=1,a_n+b_n\sqrt{2}=(a_{n-1}+b_{n-1}\sqrt{2})^2$,求证:

$$\lim_{n\to\infty}\frac{a_n}{b_n}=\sqrt{2},\quad \lim_{n\to\infty}\frac{2b_n}{a_n}=\sqrt{2}.$$

1.108 设 $a_n=o\left(\frac{1}{n}\right)$,求证:$\lim\limits_{n\to\infty}\left(1+\frac{1}{n}+a_n\right)^n=\mathrm{e}$.

1.109 设$\lim\limits_{n\to\infty}x_n=a$,$\lim\limits_{n\to\infty}y_n=b$,求证:$\lim\limits_{n\to\infty}\frac{x_1y_n+x_2y_{n-1}+\cdots+x_ny_1}{n}=ab$.

1.110 设 $f(x)$ 为定义在$[a,+\infty)$ 的函数,且在每一有限区间(a,b) 有界,又

$\lim\limits_{x\to+\infty}[f(x+1)-f(x)]=A$,求证:$\lim\limits_{x\to+\infty}\frac{f(x)}{x}=A$.

1.111 设 $f(x)$ 在 $(a,+\infty)$ 单调增，$\lim\limits_{n\to\infty} x_n=+\infty$，若 $\lim\limits_{n\to\infty} f(x_n)=A$，

求证：$\lim\limits_{x\to+\infty} f(x)=A$（$A$ 可以为 $+\infty$）.

1.112 设 $f(x)$ 在 $[a,+\infty)$ 严格增，若 $\lim\limits_{n\to\infty} f(x_n)=\lim\limits_{x\to+\infty} f(x)$，求证：$\lim\limits_{n\to\infty} x_n=+\infty$.

1.113 设 f,g 在 $(-\infty,+\infty)$ 有定义，g 单调，若 $\lim\limits_{x\to\infty} g[f(x)]=\infty$，求证：$\lim\limits_{x\to\infty} f(x)=\infty$.

1.114 证明：设函数 f 在 $x=a$ 的空心邻域 $\mathring{U}(a)$ 有定义，如果对 $\mathring{U}(a)$ 中任何单调增且趋于 a 的数列 x_n，有 $\lim\limits_{n\to\infty} f(x_n)=A$，则 $\lim\limits_{x\to a^-} f(x)=A$ 存在.

试问：若将条件"$\forall x_n \nearrow a$"改为"$\exists x_n \nearrow a$"，结论如何？

1.115 设函数 f,g 在 x_0 连续，记 $F(x)=\max\{f(x),g(x)\}$，$G(x)=\min\{f(x),g(x)\}$.

求证：$F(x)$，$G(x)$ 在 x_0 连续.

1.116 设函数 f 在 $[a,b]$ 连续，$\forall x\in[a,b]$，$\exists x_1\in[a,b]$，使得 $|f(x_1)|\leqslant\dfrac{1}{2}\left|f(x)\right|$，

求证：存在 $\xi\in[a,b]$，使得 $f(\xi)=0$.

1.117 若 $f(x)$ 在 $[a,b]$ 单调增，其值域为 $[f(a),f(b)]$，求证：$f(x)$ 在 $[a,b]$ 连续.

1.118 设函数 f 在实轴只有可去间断点，对一切 $x\in\mathbf{R}$，令 $g(x)=\lim\limits_{t\to x} f(t)$，

求证：g 在 $\mathbf{R}$ 连续.

1.119 设函数 f 在 $[0,1]$ 连续，且 $f(0)=f(1)$，

求证：$\forall n\in\mathbf{N}$，存在 $x_0\in[0,1]$，使 $f(x_0)=f\left(x_0+\dfrac{1}{n}\right)$.

1.120 设 f 在区间 I 连续，则 f 存在反函数 f^{-1} 的充要条件是：f 在 l 严格单调.

1.121 蛛网模型

某城市从1991年到1993年的牛肉生产量(记为 x_n(万吨))与价格(记为 y_n(元/kg))如下：

1991年	$x_1=30$	$y_1=6$
1992年	$x_2=25$	$y_2=8$
1993年	$x_3=28$	

市场常出现这样的循环现象：若今年牛肉生产量(x_1)过多(供过于求)，其价格(y_1)必然下降；这就使得牛养得少了，因而明年牛肉生产量(x_2)也减少了(供不应求)，于是明年牛肉价格(y_2)将上扬；这又使后年的牛肉生产量(x_3)增加，造成新的供过于求的现象. 如果这种"供过于求"与"供不应求"现象经过一段时间后能暂时处于稳定状态，就称之为**局部均衡状态**. 此时，商品的数量称为**均衡数量**，商品的价格称为**均衡价格**.

我们研究的问题是：该市牛肉市场经过一段时间后，能否处于局部市场均衡状态？

要用数学方法研究该问题，就要构建一个数学模型. 为此，作两点假定

1° 该市消费水平与牛肉生产模式近几年基本稳定不变；

2° 该市第 n 年牛肉价格 y_n 是当年牛肉生产量 x_n 的一次函数(二者之间一般的函数关系 $y=f(x)$ 称为需求函数)，第 $n+1$ 年牛肉生产量 x_{n+1} 是前一年牛肉价格 y_n 的一次函数(二者之间一般的函数关系 $x=g(y)$ 称为供应函数)，二者形成的产销链：

$$x_1\to y_1\to x_2\to y_2\to x_3\to y_3\to\cdots$$

如图1.3-8所示，其中点 $P_{2k-1}(x_k,y_k)$ 在函数 f 的图像上，点 $P_{2k}(x_{k+1},y_k)$ 在函数 g 的图像上. 由于这种关系很像一个蛛网，故称此数学模型为**蛛网模型**.

我们请读者按下列步骤解决上述提出的问题：

(1) 试写出点 P_1,P_2,P_3,P_4 的坐标，并由此求出需求函数 $y=f(x)$ 与供应函数 $x=g(y)$ 的表达式；

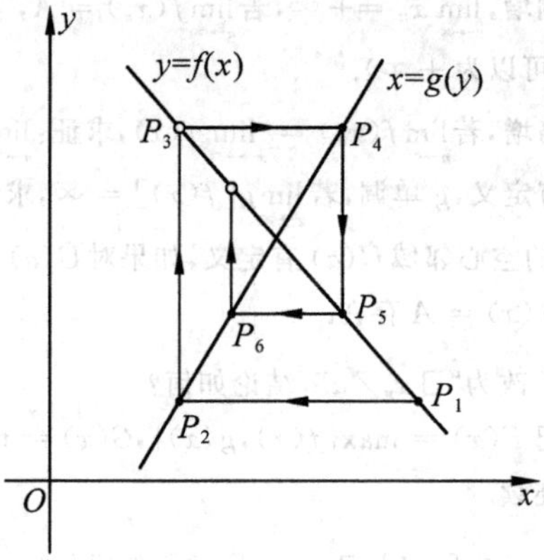

图 1.3-8

(2) 求出数列$\{x_n\}$与$\{y_n\}$的通项公式,并研究它们的敛散性;

(3) 根据以上数学结果,试判断该市牛肉市场经过一段时间后,能否处于局部均衡状态.若是,请求出牛肉的均衡数量与均衡价格;

(4) 你能预测该市1993年及1994年的牛肉价格吗?

第 2 章　一元函数微积分

2.1　导　　数

2.1.1　导数与微分概念

1. 导数，高阶导数

无论是求平面曲线在切点(x_0,y_0)的切线的斜率，还是求做直线运动的质点在时刻 x_0 时的瞬时速度，都可归结为求函数 $f(x)$在 x_0 点的差商

$$\frac{f(x)-f(x_0)}{x-x_0}$$

当 $x\to x_0$ 时的极限. 这个极限，称为 f 在 x_0 点的导数，俗称为函数变化率. 通常记 $h=x-x_0$，则 $x\to x_0$ 时，有 $h\to 0$，并称 h 是自变量的增量，于是有

定义　设函数 $f(x)$在 x_0 的邻域 $U(x_0)$有定义，如果

$$\lim_{h\to 0}\frac{f(x_0+h)-f(x_0)}{h}$$

存在，则称函数在 $\boldsymbol{x_0}$ **可导**，称这极限为 f 在 x_0 的**导数**，记作 $f'(x_0)$或$y'|_{x=x_0}$，即

$$f'(x_0)=\lim_{h\to 0}\frac{f(x_0+h)-f(x_0)}{h}.$$

常记 $\Delta x=h=x-x_0$，$\Delta y=f(x)-f(x_0)$，并分别称为自变量与因变量的**增量**，则有

$$f'(x_0)=\lim_{\Delta x\to 0}\frac{\Delta y}{\Delta x}=\lim_{\Delta x\to 0}\frac{f(x_0+\Delta x)-f(x_0)}{\Delta x}=\lim_{x\to x_0}\frac{f(x)-f(x_0)}{x-x_0}.$$

类似于单侧极限，我们引进单侧导数的概念，称

$$f'_+(x_0)=\lim_{h\to 0^+}\frac{f(x_0+h)-f(x_0)}{h},$$

$$f'_-(x_0)=\lim_{h\to 0^-}\frac{f(x_0+h)-f(x_0)}{h}$$

分别为函数 f 在 x_0 的**右导数**与**左导数**(如果它们存在的话)，统称为 f 在 x_0 的**单侧导数**. 由第 1 章的定理 2.2 立即得到下面的定理：

定理 1.1　函数 f 在 x_0 可导的充要条件是：f 在点 x_0 的左、右导数均存在且相等，即

$$f'_+(x_0)=f'_-(x_0).$$

如果函数 f 在区间 I 的每一点 x 都存在导数，在 I 包含的端点处存在单侧导数，则 $f'(x)$也是定义在区间 I 上的函数，这个由 f 导出的新函数称为 f 的**导函数**，记作 f'.

利用导数可以精确刻画一些物理学、几何学和经济学上的概念.

例 1　设平面曲线(见图 2.1-1)的方程为 $y=f(x)$，通过此曲线上两点 $P(x,f(x))$与 $P_0(x_0,f(x_0))$的割线斜率为

$$\frac{f(x)-f(x_0)}{x-x_0},$$

则曲线 $y=f(x)$ 过 P_0 点的**切线斜率**可定义为导数

$$f'(x_0)=\lim_{x\to x_0}\frac{f(x)-f(x_0)}{x-x_0},$$

于是曲线过 P_0 的切线方程与法线方程分别为

$$y-f(x_0)=f'(x_0)(x-x_0),$$

$$y-f(x_0)=-\frac{1}{f'(x_0)}(x-x_0)\quad (f'(x_0)\neq 0).$$

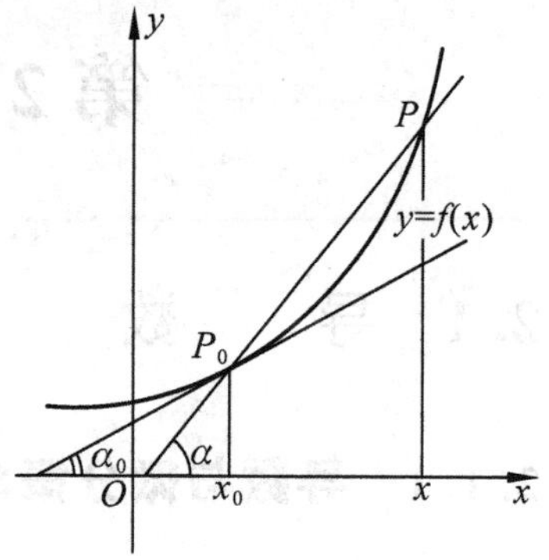

图 2.1-1

例 2 设细棒质量 m 与棒的长度 x(已在细棒上建立了 x 轴)的依赖关系为 $m=m(x)$,则

$$\frac{m(x)-m(x_0)}{x-x_0}$$

表示细棒上一小段 $[x_0,x]$ 的平均线密度,那么细棒在 x_0 点的**线密度** $\rho(x_0)$ 可定义为导数

$$m'(x_0)=\lim_{x\to x_0}\frac{m(x)-m(x_0)}{x-x_0},$$

即

$$m'(x_0)=\rho(x_0).$$

例 3 设质点做直线运动的速度为 $v=v(t)$,则质点在时间间隔 $[t_0,t]$ 内速度变化的平均程度即平均加速度为

$$\frac{v(t)-v(t_0)}{t-t_0},$$

那么,质点在时刻 t_0 的**瞬时加速度** $a(t_0)$ 可定义为

$$a(t_0)=v'(t_0)=\lim_{t\to t_0}\frac{v(t)-v(t_0)}{t-t_0}.$$

物理书上常记作 $\dot{v}(t_0)=a(t_0)$.

例 4 设生产 x 个产品的总成本函数为 $C(x)$. 当厂长准备增加产量时,他必须考虑每增加 h 个产品需增加多少成本,即 $\Delta C=C(x+h)-C(x)$,更要考虑在这个过程中,增加单位产品的平均成本,即

$$\frac{\Delta C}{h}=\frac{C(x+h)-C(x)}{h},$$

当 h 越小时,上述平均成本越能刻画总成本在 x 的增加值. 借用连续变量的导数概念,我们称

$$C'(x)=\lim_{h\to 0}\frac{C(x+h)-C(x)}{h}$$

为**边际成本**. 它表示当生产 x 单位产品后,再多生产 1 个单位产品时,总成本增加的近似值(当 $h=1$ 时,有 $C'(x)\approx C(x+1)-C(x)$).

在经济学中,函数的导数常称为该函数的**边际值**(函数 $f(x)$ 在自变量 x 某一值"边缘"上的变化状态). 如**边际收益** $R'(x)$ 与**边际利润** $L'(x)$ 都是表示商家销售 x 单位商品后,再多销售 1 个单位商品时,总收益 $R(x)$ 与总利润 $L(x)$ 改变量的近似值.

可导与连续有什么关系呢?

定理 1.2 若函数 f 在 x_0 可导，则 f 在 x_0 连续.

证明 因为

$$\lim_{x\to x_0}[f(x)-f(x_0)]=\lim_{x\to x_0}\frac{f(x)-f(x_0)}{x-x_0}(x-x_0)$$
$$=\left[\lim_{x\to x_0}\frac{f(x)-f(x_0)}{x-x_0}\right]\left[\lim_{x\to x_0}(x-x_0)\right]=f'(x_0)\times 0=0,$$

所以，f 在 x_0 连续.

读者要特别注意，这个定理的逆命题是不成立的，例如，函数

$$f(x)=|x|$$

在 $x=0$ 连续，但不可导.

事实上，f 在 $x=0$ 连续是显然的. 但是，由于

$$f'_+(0)=\lim_{h\to 0^+}\frac{f(0+h)-f(0)}{h}=\lim_{h\to 0^+}\frac{|h|}{h}=1;$$

$$f'_-(0)=\lim_{h\to 0^-}\frac{f(0+h)-f(0)}{h}=\lim_{h\to 0^-}\frac{|h|}{h}=-1.$$

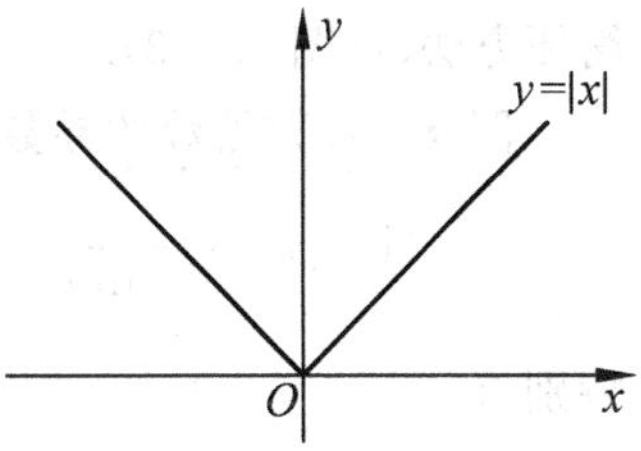

图 2.1-2

即 $f'_+(0)\neq f'_-(0)$，由定理 1.1 知 f 在 $x=0$ 不可导. 观察曲线 $y=|x|$（见图 2.1-2）在原点 (0,0) 确实连续但呈现一个尖点，因而不存在切线.

习惯上常用 $(f(x))'$ 或 $(f(x))'_x$ 表示对函数 $f(x)$ 在点 x 求导，用 $(f(g(x)))'$ 或 $(f(g(x)))'_x$ 表示对复合函数 $F(x)=f(g(x))$ 在 x 点求导.

例 5 常值函数的导数：$(C)'=0$.

解 $(C)'=\lim\limits_{h\to 0}\frac{C-C}{h}=\lim\limits_{h\to 0}\frac{0}{h}=0.$

例 6 恒等函数 $f(x)=x$ 的导数：$(x)'=1$.

解 $(x)'=\lim\limits_{h\to 0}\frac{(x+h)-x}{h}=1.$

例 7 幂函数的导数：$(x^\alpha)'=\alpha x^{\alpha-1}\quad(x\neq 0)$.

解 当 $x\neq 0$ 时，

$$(x^\alpha)'=\lim_{h\to 0}\frac{(x+h)^\alpha-x^\alpha}{h}=\lim_{h\to 0}x^{\alpha-1}\cdot\frac{\left(1+\frac{h}{x}\right)^\alpha-1}{\frac{h}{x}}.$$

利用 $\lim\limits_{t\to 0}\frac{(1+t)^\alpha-1}{t}=\alpha$，得到 $(x^\alpha)'=\alpha x^{\alpha-1}$；

设 $k\neq 0$，$f'(kx+b)$ 表示函数 $f(x)$ 在 $kx+b$ 点的导数，则有

$$[f(kx+b)]'=\lim_{h\to 0}\frac{f[k(x+h)+b]-f(kx+b)}{h}=k\cdot\lim_{h\to 0}\frac{f(kx+b+kh)-f(kx+b)}{kh}$$
$$=k\cdot\lim_{t\to 0}\frac{f(kx+b+t)-f(kx+b)}{t}=kf'(kx+b).$$

由例 7 与上式特别可得

$$\left(\frac{1}{x}\right)'=(x^{-1})'=\frac{-1}{x^2},\left(\frac{1}{\sqrt{x}}\right)'=(x^{-\frac{1}{2}})'=-\frac{1}{2}x^{-\frac{3}{2}}=\frac{-1}{2\sqrt{x^3}},$$

$$(\sqrt[3]{x+5})'=[(x+5)^{\frac{1}{3}}]'=\frac{1}{3\sqrt[3]{(x+5)^2}}.$$

例 8 指数函数的导数：

$$(a^x)'=a^x\ln a\quad(a>0,x\in\mathbf{R}).$$

特别有 $$(\mathrm{e}^x)'=\mathrm{e}^x\quad(x\in\mathbf{R}).$$

解 $(a^x)'=\lim\limits_{h\to0}\dfrac{a^{x+h}-a^x}{h}=a^x\lim\limits_{h\to0}\dfrac{a^h-1}{h}=a^x\ln a.$

公式$(\mathrm{e}^x)'=\mathrm{e}^x$显示了在高等数学中采取以e为底的指数函数的优越性，同时，它也指出了画曲线$y=\mathrm{e}^x$上任一点$P(x,\mathrm{e}^x)$切线的简便方法(见图 2.1-3).

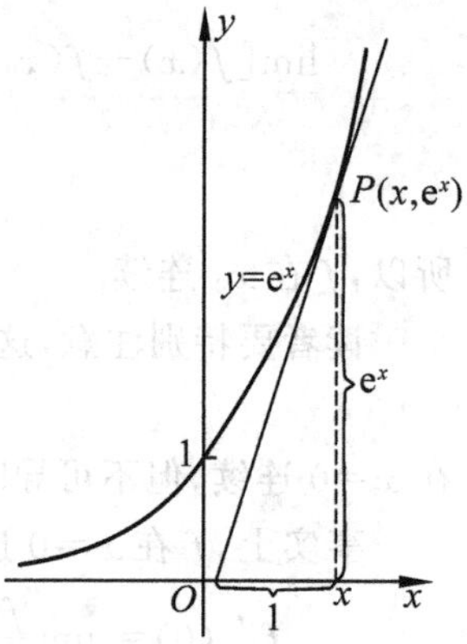

画 $y=\mathrm{e}^x$ 切线的方法

图 2.1-3

例 9 对数函数的导数：

$$(\log_a x)'=\frac{1}{x\ln a}\quad(a>0,a\neq1,x\in(0,+\infty)).$$

特别有 $$(\ln x)'=\frac{1}{x}\quad(x\in(0,+\infty)).$$

解 $$(\log_a x)'=\lim_{h\to0}\frac{\log_a(x+h)-\log_a x}{h}=\lim_{h\to0}\frac{1}{h}\log_a\left(1+\frac{h}{x}\right)$$

$$=\frac{1}{x}\lim_{h\to0}\log_a\left(1+\frac{h}{x}\right)^{\frac{x}{h}}=\frac{\log_a\mathrm{e}}{x}=\frac{1}{x\ln a}.$$

特别有导数公式：

$$(\ln x)'=\frac{1}{x}.$$

这正是我们在高等数学中采用自然对数的原因. 同时，它给我们指出了画曲线 $y=\ln x$ 上任一点 $P(x,\ln x)$ 切线的简便方法(见图 2.1-4). 这个方法在莱布尼茨生活的时代是很流行的.

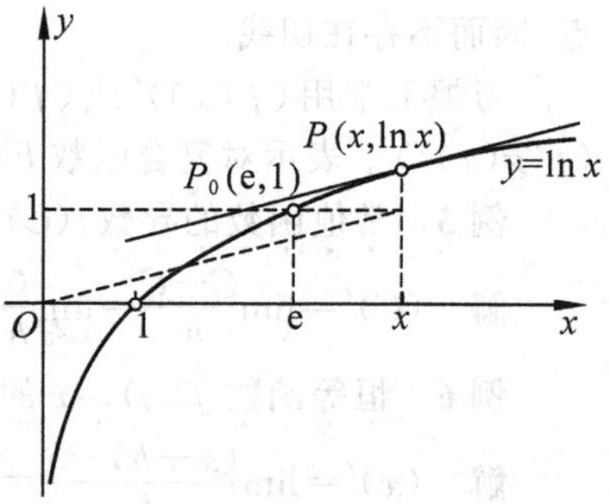

画 $y=\ln x$ 切线的方法

图 2.1-4

例 10 三角函数的导数：

$(\sin x)'=\cos x,$

$(\cos x)'=-\sin x\quad(x\in\mathbf{R}).$

解 $$(\sin x)'=\lim_{h\to0}\frac{\sin(x+h)-\sin x}{h}=\lim_{h\to0}\frac{2\cos\frac{2x+h}{2}\sin\frac{h}{2}}{h}$$

$$=\left(\lim_{h\to0}\frac{\sin\frac{h}{2}}{\frac{h}{2}}\right)\left(\lim_{h\to0}\cos\frac{2x+h}{2}\right)=\cos x.$$

同理$(\cos x)'=-\sin x.$

由前面 $f(kx+b)$ 的导数公式又可得

$$[\sin(kx+b)]'=k\cos(kx+b),$$
$$[\cos(kx+b)]'=-k\sin(kx+b).$$

例 11　设质点 P 从 P_1 点出发，沿单位圆圆周逆时针方向以匀角速度 ω 运动，转一周所用的时间为 T，建立坐标系如图 2.1-5，求质点 P 在 x 轴上的投影点 Q 的运动规律与速度.

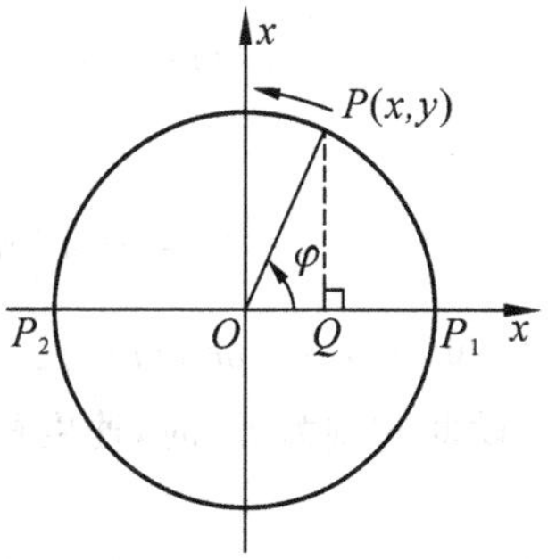

图 2.1-5

解　设 P_1 点对应时刻 $t=0$，P 点对应时刻 t，则质点 P 在 $[0,t]$ 内转过的角度 $\varphi=\omega t$，故投影点 Q 的运动规律为

$$x(t)=\cos \omega t.$$

用余弦或正弦函数描绘的运动称为**简谐振动**. 由例 10 知它的速度为

$$v(t)=\dot{x}(t)=-\omega \sin \omega t.$$

由上式可分析投影点 Q 在一个周期

$$T=\frac{2\pi}{\omega}$$

内运动的情况. 例如，当质点 P 位于第三象限时，即

$$\pi\leqslant\omega t\leqslant\frac{3\pi}{2},$$

由 $x(t)=\cos \omega t<0$ 知 Q 点位于负半轴；由

$$v(t)=-\omega \sin \omega t>0$$

知 Q 点沿 x 轴正向运动.

下面介绍高阶导数的概念.

定义　设函数 $f(x)$ 在 x_0 的邻域 $U(x_0)$ 处处可导，如果

$$\lim_{h\to 0}\frac{f'(x_0+h)-f'(x_0)}{h}$$

存在，则称函数 f 在 x_0 **二阶可导**，称这极限值为 f 在 x_0 的**二阶导数**，记作 $f''(x_0)$ 或 $y''|_{x=x_0}$，即

$$f''(x_0)=\lim_{h\to 0}\frac{f'(x_0+h)-f'(x_0)}{h}.$$

如果导函数 f' 在区间 I 的每一点 x 可导，则 $f''(x)$ 也是 x 的函数，称它为 f 的**二阶导函数**. 当你坐在一辆加速的汽车上时，你就会感到二阶导函数的存在.

可用数学归纳法定义 n 阶导数. 设函数 f 的 $(n-1)$ 阶导数已经定义，且 $(n-1)$ 阶导函数 $f^{(n-1)}$ 在 x_0 的邻域 $U(x_0)$ 处处存在，则称函数 $f^{(n-1)}$ 在 x_0 的导数 $(f^{(n-1)})'(x_0)$ 为 f 在 x_0 的 **n 阶导数**，记作

$$f^{(n)}(x_0) \text{或} y^{(n)}|_{x=x_0},$$

即

$$f^{(n)}(x_0)=\lim_{h\to 0}\frac{f^{(n-1)}(x_0+h)-f^{(n-1)}(x_0)}{h}.$$

例 12　求简谐振动 $x(t)=\cos \omega t$ 的加速度 $a(t)$.

解　由 $x(t)=\cos \omega t$，知

$$v(t)=x'(t)=-\omega \sin \omega t,$$

所以

$$a(t)=x''(t)=\lim_{h\to0}\frac{x'(t+h)-x'(t)}{h}=\lim_{h\to0}\frac{-\omega\sin\omega(t+h)+\omega\sin\omega t}{h}$$

$$=-\omega\lim_{h\to0}\frac{2\cos\dfrac{\omega(2t+h)}{2}\sin\dfrac{\omega h}{2}}{h}=-\omega^2\cos\omega t.$$

易知 $a(t)=-\omega^2x(t)$,且 $v^2(t)=\omega^2[1-x^2(t)]$,由此看出,当质点 P 的投影点 Q 经过原点(设此时刻为 t_0)时,速度最快

$$|v(t_0)|=\omega,$$

加速度 $a(t_0)=0$;当投影点 Q 经过两端点 P_1,P_2(设此时刻分别为 t_1,t_2)时,速度 $v(t_1)=v(t_2)=0$,加速度最快

$$|a(t_1)|=|a(t_2)|=\omega^2.$$

例 13 求正弦与余弦函数的 n 阶导数.

解 设 $y=\sin x$,有

$y'=\cos x,y''=-\sin x,y'''=-\cos x,y^{(4)}=\sin x$,改写上式为

$$y'=\cos x=\sin\left(x+\frac{\pi}{2}\right),$$

$$y''=-\sin x=\sin\left(x+\frac{2\pi}{2}\right),$$

$$y'''=-\cos x=\sin\left(x+\frac{3\pi}{2}\right),$$

$$y^{(4)}=\sin x=\sin\left(x+\frac{4\pi}{2}\right).$$

由此易用数学归纳法证得

$$\boxed{(\sin x)^{(n)}=\sin\left(x+\frac{n\pi}{2}\right).}$$

同理

$$\boxed{(\cos x)^{(n)}=\cos\left(x+\frac{n\pi}{2}\right).}$$

例 14 研究函数

$$f(x)=\begin{cases}x^2, & x\geqslant0,\\ -x^2, & x<0\end{cases}$$

的高阶导数.

解 当 $x>0$ 时,$f(x)=x^2$,所以,$f'(x)=2x$;

当 $x<0$ 时,$f(x)=-x^2$,所以,$f'(x)=-2x$;

当 $x=0$ 时,$f'_+(0)=\lim\limits_{x\to0^+}\dfrac{f(x)-f(0)}{x-0}=\lim\limits_{x\to0^+}\dfrac{x^2}{x}=0$,

$$f'_-(0)=\lim_{x\to0^-}\frac{f(x)-f(0)}{x}=\lim_{x\to0^-}\frac{-x^2}{x}=0.$$

所以,$f'(0)=f'_+(0)=f'_-(0)=0$.

故
$$f'(x)=\begin{cases}2x, & x\geqslant 0,\\ -2x, & x<0.\end{cases}$$

易知，当 $x>0$ 时，$f''(x)=2$；　当 $x<0$ 时，$f''(x)=-2$，

又
$$f''_+(0)=\lim_{x\to 0^+}\frac{f'(x)-f'(0)}{x-0}=\lim_{x\to 0^+}\frac{2x}{x}=2,$$
$$f''_-(0)=\lim_{x\to 0^-}\frac{f'(x)-f'(0)}{x-0}=\lim_{x\to 0^-}\frac{-2x}{x}=-2.$$

由于 $f''_+(0)\neq f''_-(0)$，故 $f''(0)$ 不存在，所以
$$f''(x)=\begin{cases}2, & x>0,\\ -2, & x<0,\end{cases}$$
且 $f''(0)$ 不存在，f,f',f'' 的图像如图 2.1-6 所示.

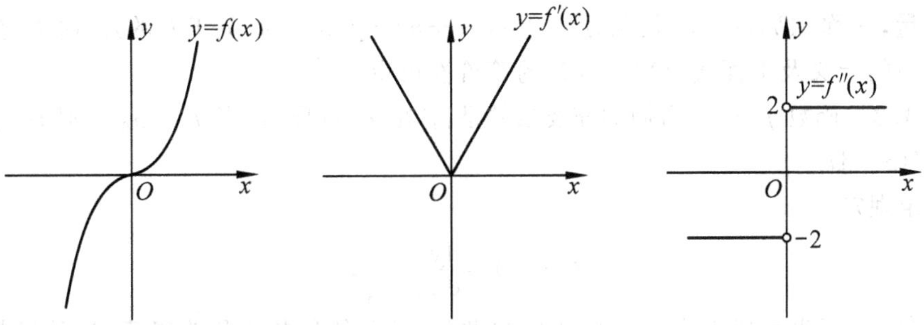

图 2.1-6

注意，求分段函数在各段连接点的导数时，一般来说要利用导数的定义.

由例 14 发现，函数的导函数性质一般来说将随着导数阶数的增高而越来越坏. 如例 14，函数 f 在 $x=0$ 点既连续又光滑，而导函数 f' 在 $x=0$ 点只连续而不可微(尖点)，至于二阶导函数 f''，它在 $x=0$ 点就根本不存在了.

2. 微分

函数 $f(x)$ 在 x_0 点可导，是由极限
$$\lim_{h\to 0}\frac{f(x_0+h)-f(x_0)}{h}=A \tag{1}$$
存在来定义的，其中常数 A 依赖于 x_0. 由极限的无穷小量等价定义，即第 1 章定理 2.5 可得式(1)等价于
$$\frac{f(x_0+h)-f(x_0)}{h}=A+o(1)\quad (h\to 0),$$
因为 $h\neq 0$，上式同乘 h 得到
$$f(x_0+h)-f(x_0)=Ah+o(h)\quad (h\to 0), \tag{2}$$
其中 $o(h)=o(1)\cdot h\quad (h\to 0)$.

注意到式(2)与式(1)等价，而式(2)又表明了，在 x_0 点附近，可以用直线
$$y=f(x_0)+Ah$$
来近似代替曲线 $y=f(x)$，其中 $h=x-x_0$(见图 2.1-7). 于是有

定义　设函数 $y=f(x)$ 在 x_0 的邻域有定义，如果存在线性函数 $L(h)=Ah$(其中实数 A

可能与 x_0 有关),使得以 h 为自变量的函数等式

$$f(x_0+h)-f(x_0)=Ah+o(h)\quad(h\to 0)$$

成立,则称函数 f 在 x_0 **可微**,称线性函数 $L(h)=Ah$ 为函数 f 在 x_0 的**微分**,记作

$$dy=Ah\quad 或\quad df(x_0)=Ah.$$

自变量 x 的微分等于自变量的增量,即当 x 是自变量时,$dx=h$. 于是函数 $f(x)$ 在 x_0 点的微分又可记作

$$dy=Adx\quad 或\quad df(x_0)=Adx.$$

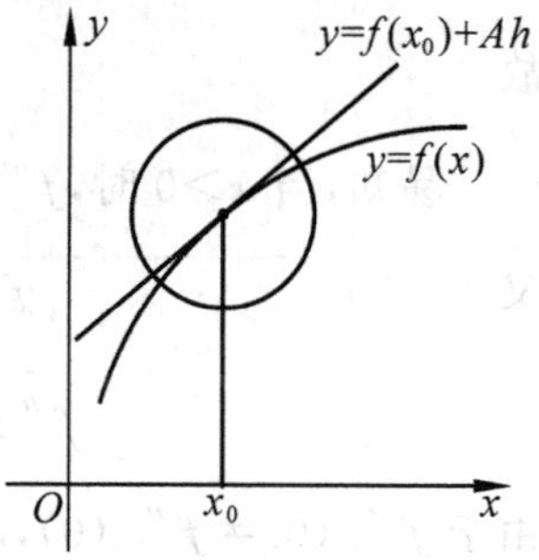

图 2.1-7

可微的定义表明了,当 $f(x)$ 在 x_0 可微时,由于式(2)成立,所以 $h\to 0$ 时的无穷小量 $f(x_0+h)-f(x_0)$ 就分成两部分,第一部分是线性函数 Ah,又称 Ah 是无穷小量 $f(x_0+h)-f(x_0)$ 的线性主要部分. 第二部分是 $o(h)$,它是关于无穷小量 h 的高阶无穷小量,又称 $o(h)(h\to 0)$ 是无穷小量 $f(x_0+h)-f(x_0)$ 的(关于 h 的)高阶无穷小部分.

由可微的定义及上面式(1)与式(2)的等价性可得

定理 1.3 函数 f 在 x_0 可微的充要条件是:f 在 x_0 可导. 且当 f 在 x_0 可微时,它的微分是 $dy=f'(x_0)dx$.

由此定理知

$$f'(x_0)=\left.\frac{dy}{dx}\right|_{x=x_0},$$

即导数 $f'(x_0)$ 可表示成因变量与自变量的微分之商,故导数也称为**微商**. 这种导数符号是由莱布尼茨首创的.

如果函数 $f(x)$ 在区间 I 的每一点 x 都可微,则称 f 是 I 上的**可微函数**,它的微分是 $dy=f'(x)dx$,

由导数公式立即得到相应的微分公式:

$dC=0$ (C 为常数); $d(x^\alpha)=\alpha x^{\alpha-1}dx$;

$d(a^x)=a^x\ln a\,dx$ $(a>0,a\neq 1)$; $d(e^x)=e^x dx$;

$d(\log_a x)=\dfrac{1}{x\ln a}dx$ $(a>0,a\neq 1)$;

$d(\ln x)=\dfrac{1}{x}dx$;

$d(\sin x)=\cos x\,dx$; $d(\cos x)=-\sin x\,dx$.

当函数 $f(x)$ 在点 x_0 可微时,由可微的定义和定理 1.3 有

$$f(x_0+h)=f(x_0)+f'(x_0)h+o(h)\quad(h\to 0),$$

由此可得近似公式,当 $h=x-x_0$ 的绝对值足够小时,$f(x_0+h)$ 的近似值可取为

$$f(x_0+h)\approx f(x_0)+f'(x_0)h.$$

而精确值与近似值的误差是 $o(h)$. 下面介绍关于误差估计的概念与方法.

由函数关系 $y=f(x)$ 联系着两个量 x,y,其中量 x 可由仪器直接测得,被测量 x 的真值记作 x^*,测量值记作 x. 由于仪器的误差,真值 x^* 很难求到,因而 $\Delta x=x^*-x$ 的数值也很难求到,但是根据仪器性能可以知道 $|x^*-x|$ 的上界,记作 δx,称为 x 的**最大绝对误差**(或**绝对误差限**),也简称为**绝对误差**. 由 x 的误差引起的 y 的误差为

$$\Delta y=f(x^*)-f(x)=f(x+\Delta x)-f(x).$$

它的上界称为 y 的最大绝对误差，记作 δy，如何估计它呢？当 $|\Delta x|$ 很小时，有 $dy\approx\Delta y$，所以

$$|\Delta y|\approx|f'(x)||\Delta x|\leqslant|f'(x)|\delta x.$$

故可认为量 y 的绝对误差为

$$\delta y=|f'(x)|\delta x.$$

例 15 计算 $\sqrt{1.02}$ 和 $\sqrt{3}$ 的近似值.

解 $\sqrt{1.02}=\sqrt{1+0.02}\approx1+\frac{1}{2}\times0.02=1.01$；

$$\sqrt{3}=\sqrt{4-1}=2\sqrt{1-\frac{1}{4}}\approx2\left(1-\frac{1}{2}\times\frac{1}{4}\right)=1.75.$$

例 16 计算 $\sin 31^\circ$ 的近似值.

解 设 $f(x)=\sin x$，$x_0=30^\circ=\frac{\pi}{6}$，$h=1^\circ=\frac{\pi}{180}$.

由可微定义易得

$$\sin 31^\circ=\sin\left(\frac{\pi}{6}+\frac{\pi}{180}\right)\approx\sin\frac{\pi}{6}+\frac{\pi}{180}\cos\frac{\pi}{6}$$

$$\approx\frac{1}{2}+0.017\ 45\times\frac{\sqrt{3}}{2}\approx0.515\ 1.$$

它与 $\sin 31^\circ$ 更精确值 0.515 038 074 的绝对误差 $\delta y=7\times10^{-5}$.

例 17 用仪器测量树高时，若仪器的角度具有确定的绝对误差，问如何选取仪器的放置地点，使测得的树高的绝对误差最小？

解 设树高为 h，仪器放置点为 A，它到树根 O 的距离为 a，如图 2.1-8 所示，则

$$h=a\tan\theta,$$

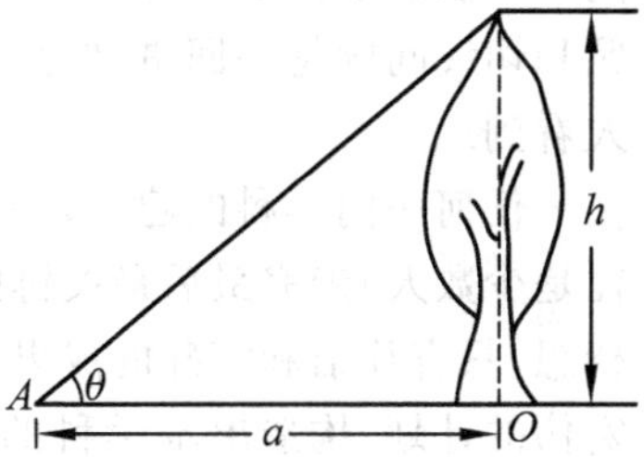

图 2.1-8

有
$$h'(\theta)=\frac{a}{\cos^2\theta}=\frac{1}{\cos^2\theta}\frac{h}{\tan\theta}=\frac{2h}{\sin 2\theta},$$

所以
$$\delta h=\frac{2h}{\sin 2\theta}\delta\theta.$$

由此看出，当 $\theta=45^\circ$ 时，δh 最小. 这就是说，如果我们选取仪器放置点 A 到树根 O 的距离 a 等于树高 h 时，测得树高的绝对误差最小.

3. 高阶微分

若函数 $y=f(x)$ 在区间 I 上可微，它的微分是

$$dy=df(x)=f'(x)dx, x\in I,$$

其中 $f'(x)$ 是定义在区间 I 上的函数，$dx=h$ 是自变量 x 的增量，而且自变量的增量 h 的变化与自变量 x 的变化无关. 所以相对于自变量 x 的变化，可以将 $dx=h$ 看作常量，这时 $df(x)=f'(x)dx$ 就是定义在区间 I 的函数，就可以讨论 $df(x)$ 在 $x\in I$ 点的可微性与微分，当 $df(x)$ 在 x 点可微时，它的微分就是 $d(df(x))$，并称它为函数 $f(x)$ 在 x 点的二阶微分，记作

$$d^2f(x)=d(df(x))=[f'(x)dx]'dx=f''(x)(dx)^2.$$

习惯上记 $dx^2=(dx)^2$. 所以有

$$d^2f(x)=f''(x)dx^2.$$

一般地，可用数学归纳法定义函数 $f(x)$ 在 x 点的 n 阶微分为 $d^nf(x)=d(d^{n-1}f(x))$. 其中 $d^{n-1}f(x)$ 看作定义在区间 I 上的函数，且用数学归纳法容易证得

$$d^nf(x)=f^{(n)}(x)dx^n,$$

其中 $dx^n=(dx)^n$. 注意，函数 x^n 的 k 阶微分总是记为 $d^k(x^n)$.

由上面的高阶微分公式可得

$$d^n(x^n)=n!\ dx^n,$$

$$d^n(\sin x)=\sin\left(x+\frac{n\pi}{2}\right)dx^n.$$

注记:数学研究运动，函数进入了数学，紧跟着产生了微积分，这是继欧几里得(Euclid)几何之后数学史上最重大的一个创造. 有4类问题促使了微积分的建立:第一类是速率问题，即已知物体移动的距离，求它的速度和加速度，反过来，已知物体的加速度，求它的速度和距离；第二类是切线问题，即求曲线的切线；第三类是最值问题，即求函数的最大、最小值，例如，选择多大发射角能使炮弹获得最大射程；第四类是求和问题，例如，求曲线的长、曲边形的面积、曲面围成的立体体积、物体的质心等. 17世纪几乎所有有名的数学家都对这些问题进行过探索，其中尤以费马(Fermat)、巴罗(Barrow)、沃利斯(Wallis)等人的工作最为出色. 但他们认为这四类问题是不同的，虽然他们也注意到个别问题之间的联系，例如，费马用同一方法既求出了函数的最大值，也求出了曲线的切线，另外，他也看到了求函数变化率问题和切线问题是一回事，但是，微分与积分是互逆过程这一微积分的主要特征在当时却没有人看到.

任何一门学科的建立，一方面要依靠无数人一点一滴的贡献，另一方面又需要有人(往往是少数人)走完最后最关键的一步，这些人要有足够的敏锐力、洞察力和想象力，从前人的猜想、只言片语和零碎的成果中清理出有价值的想法，抓住问题的关键和要害，大胆地制订宏伟的计划，构造出本学科的大厦. 对于微积分这门学科来说，牛顿(Newton)和莱布尼茨(Leibniz)就是这样的人.

牛顿在1665年开始了微积分的研究工作. 1670年左右，他在总结前人成果的基础上，建立了一套普遍适用的成熟的方法，称之为**"流数术"**(他把变量叫作**流**，把变量的变化率叫作**流数**). 1671年，他已经清楚地看到了微积分的基本问题:已知流，求流数以及它的逆问题. 这样，他就超越了前人而抓住了微积分的本质的东西，下面我们用他在1711年出版的一本书中的一个例子翻译成现在的语言说明如下：

设 $y=f(x)$ 是一条曲线，已知曲线下方介于原点与 x 之间的曲边梯形的面积(见图2.1-9)为

$$S(x)=ax^m,$$

给 x 一个无限小的增量 o(牛顿称它为**瞬**)，则曲线下介于原点与 $x+o$ 之间的曲边梯形面积(见图2.1-9)为

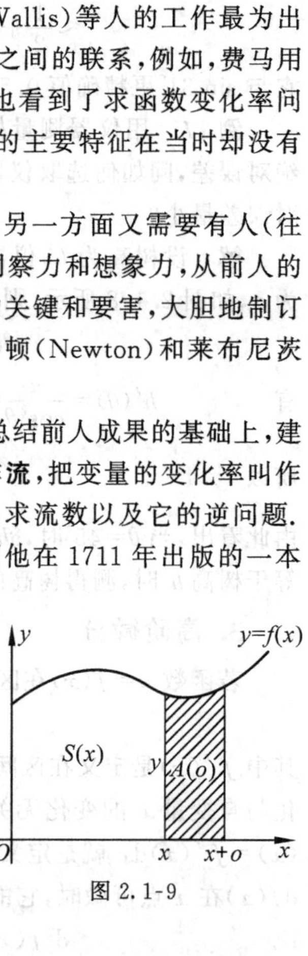

图 2.1-9

$$S(x+o)=a(x+o)^m$$

$$=ax^m+amx^{m-1}\cdot o+\frac{m(m-1)}{2}x^{m-2}\cdot o^2+\cdots+o^m.$$

所以

$$\frac{S(x+o)-S(x)}{o}=amx^{m-1}+\frac{m(m-1)}{2}x^{m-2}\cdot o+\cdots+o^{m-1}. \tag{3}$$

另一方面，$S(x+o)-S(x)=A(o)$，因为 o 是无限小增量，面积 $A(o)$ 可写成$A(o)=oy$. 于是

$$\frac{A(o)}{o}=y,$$

略去(3)式右端所有含 o 的项，就得到曲线方程为

$$y=max^{m-1}.$$

用现在的语言写成一般形式就是

$$f(x)=S'(x),$$

其中

$$S'(x)=\lim_{h\to 0}\frac{S(x+h)-S(x)}{h}$$

称为函数 S 在 x 的导数，即 S 在 x 的变化率. 通俗地说就是：面积 $S(x)$的变化率是曲线纵坐标. 这是一个重要结果，它表明如果已知曲线方程 $y=f(x)$，可以通过求变化率的逆过程得到面积；另一方面，在牛顿以前，人们早已知道可以通过求无穷小面积的和得到曲边梯形的面积$S(x)$（即现在所说的定积分 $S(x)=\int_0^x f(t)\mathrm{d}t=\lim\limits_{\lambda\to 0}\sum\limits_{i=1}^{n}f(\xi_i)\Delta x_i$），这样，牛顿就发现了积分运算与微分运算为互逆运算的关系，即微积分中最著名的微积分基本定理.

莱布尼茨从 1684 年开始发表微积分论文，然而，他从 1673 年就开始写的但从未发表的几百页笔记之中已经包含了他的许多成果和重要思想. 他称他的方法为“差的计算”与“和的计算”（calculus differentialis and calculus ummatorius），这就是现今微分学与积分学名词的来源. “calculus”来自拉丁文，原意为石子，古代欧洲人用石子进行计算，后来就把“计算”叫作“calculus”. 自从莱布尼茨以后，也把“微积分”叫作“calculus”. 1675 年左右，莱布尼茨已经看到了微积分的关键，他断言：作为求和过程的积分是微分的逆. 莱布尼茨对微积分另一个重大功绩是他创造了一套至今仍使用的符号体系. 1675 年，他就使用了积分符号“$\int$”. 这个符号是“sum”（和）的第一个字母 s 拉长了的形式. 他还说：“$\int$ 意味着和，d 意味着差……和与差是彼此相反的”.

微积分在它逐渐创立和成长的过程中发挥了巨大的威力. 例如，17 世纪初期，开普勒（Kepler）根据几十年的观察，总结出了著名的行星运动三大定律，并且也意识到了万有引力定律，但是，如何改进计算行星的位置，如何根据运动定律解释行星沿椭圆轨道运动以及如何由引力定律导出开普勒定律等问题都未解决. 1665 年左右，牛顿在开普勒工作的基础上，明确指出了万有引力定律，并利用他发现的普遍适用的微积分方法，由万有引力定律出发，从理论上证明了开普勒定律，这是微积分在萌芽时期第一次显示的威力. 又如，18 世纪对于三体问题，特别是太阳、地球和月球在相互引力作用下的运动的研究是很多的，但求一般三体问题的精确解是很困难的，只得用近似方法，克莱罗（Clairaut）利用微分方程的级数

解作出了第一个实际的进展，并把它应用于哈雷(Halley)彗星的运动，他在1758年于巴黎科学院宣读的一篇论文中预言：1759年4月13日彗星将出现在它绕地球轨道的近地点上，并附带声明，由于还不确切知道木星与土星的质量以及别的行星所引起的微小摄动，精确的时间还不能肯定，但不会超出一个月的范围.果然，在1759年3月13日，彗星到达了近地点.这一预言的证实，再一次显示了微积分方法的功力.微积分方法在生产和科学技术中的巨大威力使得人们狂热地追求它的应用成果而忽略了它的理论与基础，从而遭到了一些人的攻击与非难，其中尤以伯克利(Berkeley)主教为最.同时，微积分在逻辑基础上的严重缺陷也使它的发展日益步履维艰，这就导致了19世纪关于微积分奠基工作的重大突破，关于这方面的历史以后再说.

世界上第一本微积分著作是1696年洛必达(L'Hospital)的《无穷小分析》，著名的求极限的洛必达法则第一次出现在本书中.1748年欧拉(Euler)的《无穷小分析引论》是第一部以函数为基础的完整而系统的微积分教材.1821年柯西(Cauchy)的《国立工科大学的分析教程》是微积分历史上具有划时代意义的一本著作，它奠定了近代分析学的基础.

我国第一本微积分汉译本是李善兰和伟烈亚力(Alexander Wylie，1815—1887)合译的《代微积拾级》十八卷(1859年，清朝咸丰期间)，本书序言中说："我国康熙时，西国来本之(莱布尼茨)、奈端(牛顿)二家又创微分、积分二术，……其理大要是：凡线、面、体皆论为由小渐大，一刹那所增之积，即微分也，其全积，即积分也".这是我国微积分名称的来由.

思考题

1. 若函数 f 在 x_0 存在左、右导数，问 f 在 x_0 是否连续？反之，若 f 在 x_0 连续，问 f 在 x_0 是否一定存在左、右导数？

2. 若函数 f 在 x_0 可导，求证：
$$\lim_{h\to 0}\frac{f(x_0+h)-f(x_0-h)}{2h}=f'(x_0).$$
反之，若上式左端极限存在，f 在 x_0 是否一定可导？

3. 如果函数 f 在 x_0 导数不存在，那么，曲线 $y=f(x)$ 在点 $(x_0,f(x_0))$ 是否一定没有切线？

4. 下面的叙述能否作为函数 f 在 x_0 可导的定义？

(1) 存在数列 $\{x_n\}$：$\lim\limits_{n\to\infty}x_n=0$，$x_n\neq 0$，使得 $\lim\limits_{n\to\infty}\dfrac{f(x_0+x_n)-f(x_0)}{x_n}$ 存在；

(2) 对任一数列 $\{x_n\}$：$\lim\limits_{n\to\infty}x_n=0$，$x_n\neq 0$，使得 $\lim\limits_{n\to\infty}\dfrac{f(x_0+x_n)-f(x_0)}{x_n}$ 存在；

(3) 存在 $A(x_0)$ （A 与 h 无关，可能与 x_0 有关），使得
$$\lim_{h\to 0}\left|\frac{f(x_0+h)-f(x_0)-A(x_0)h}{h}\right|=0,$$
即
$$f(x_0+h)=f(x_0)+A(x_0)h+o(h)\ (h\to 0).$$

5. 设 f,g 在区间 I 可导，且 $f(x)\leqslant g(x)\ (x\in I)$ 问是否有
$$f'(x)\leqslant g'(x)?$$

6. 可导的单调函数其导函数也单调吗？

7. 设函数 f 在 x_0 的邻域 $U(x_0)$ 连续，如果

$$\lim_{x\to x_0}\frac{f(x)-f(x_0)}{x-x_0}=\infty\ (或+\infty,-\infty),$$

则称 f 在 x_0 有**无穷导数**,记作 $f'(x_0)=\infty$ (或$+\infty,-\infty$). 同样可定义**左**、**右无穷导数**,记作$f'_-(x_0)=\infty$,$f'_+(x_0)=\infty$.

(1) 画出函数 f 在 x_0 的单侧无穷导数的所有可能情形的图像;

(2) 若函数 f 在 x_0 邻域连续,且在 x_0 存在左、右无穷导数,能否断定它的单侧无穷导数 $f'_+(x_0)$, $f'_-(x_0)$要么是正无穷大,要么是负无穷大.

8. 函数 f 在 x_0 可导,是否一定要求 f 在 x_0 的邻域内连续? 若 f 在 x_0 二阶可导,是否一定要求 f 在 x_0 的邻域内一阶可导?

9. 是否存在仅在一点 x_0 可导,而在 x_0 的任一空心邻域 $\mathring{U}(x_0)$内皆无连续点的函数?

10. 是否有 $f'_+(x_0)=f'(x_0^+)$?

练　习　题

2.1　设 f 在 $x=0$ 可导,且 $f(0)=0$,求$\lim\limits_{x\to 0}\dfrac{f(x)}{x}$,并对计算结果作几何解释.

2.2　若函数 f 在 x_0 可导,求证:数列

$$u_n(x_0)=n\left[f\left(x_0+\frac{1}{n}\right)-f(x_0)\right]$$

以 $f'(x_0)$为极限. 反之,若该数列 $u_n(x_0)$极限存在,问 f 在 x_0 是否可导?

2.3　过抛物线 $y=x^2$ 上哪一点的切线分别有下列性质:

(1) 平行于直线 $y=4x-5$;　　(2) 垂直于直线 $2x-6y+5=0$;

(3) 与直线 $3x-y+1=0$ 相交成 45°.

2.4　设 f 在 $\mathbf{R}$ 上是奇函数,且 $f'_+(0)$存在,求证:$f'(0)$存在.

2.5　证明:(1)可导偶函数的导函数为奇函数;

(2)可导周期函数的导函数仍为周期函数.

2.6　(1) 求曲线 $y=x^2(x<0)$ 与 $y=\dfrac{1}{x}$ $(x<0)$ 的公切线;

(2) 试确定 m,使直线 $y=mx$ 成为曲线 $y=\ln x$ 的切线.

2.7　下列函数 f 在 $x=0$ 是否连续? 是否可导?

(1) $f(x)=\begin{cases}x+1, & x\geqslant 0,\\ x-1, & x<0;\end{cases}$　　(2) $f(x)=\begin{cases}x\sin\dfrac{1}{x}, & x\neq 0,\\ 0, & x=0;\end{cases}$

(3) $f(x)=\begin{cases}x^2\sin\dfrac{1}{x}, & x\neq 0,\\ 0, & x=0;\end{cases}$　　(4) $f(x)=|\sin x|$;

(5) $f(x)=\begin{cases}\dfrac{\sqrt{1+x}}{\sqrt{x}}-1, & x>0,\\ 0, & x=0.\end{cases}$ (只考虑右连续与右导数)

2.8　设 a,b 为常数,问 a,b 为何值时,函数 f 在 x_0 可导:

(1) $f(x)=\begin{cases}x^2, & x\leqslant x_0,\\ ax+b, & x>x_0;\end{cases}$　　(2) $f(x)=\begin{cases}\ln x, & 0<x\leqslant x_0,\\ ax+b, & x>x_0;\end{cases}$

(3) $f(x)=\begin{cases}h(x), & x\leqslant x_0,\\ ax+b, & x>x_0,\end{cases}$ 其中 h 在 x_0 可导.

2.9 设 $f(x)=\begin{cases}x^2, & x\text{ 为有理数},\\ 0, & x\text{ 为无理数}.\end{cases}$ 求证：

(1) f 仅在 $x=0$ 连续；　　(2) f 仅在 $x=0$ 可导.

2.10 研究下列函数在 $x=0$ 的各阶导数.

(1) $f(x)=|x|^3$；　　(2) $f(x)=\begin{cases}x^4, & x\geqslant 0,\\ -x^4, & x<0;\end{cases}$

(3) $f(x)=\begin{cases}x^n, & x\geqslant 0,\\ 0, & x<0.\end{cases}$

2.11 设 f 在 $x=c$ 的某邻域 $U(c)$ 有定义,如果存在常数 $M>0$,使

$$|f(x)-f(c)|\leqslant M|x-c|^{\alpha},$$

则称 f 在 $x=c$ 满足 α 阶利普希茨(Lipchitz)条件.

(1) 证明:当 $\alpha>0$ 时,f 在 $x=c$ 连续；　　(2) 证明:当 $\alpha>1$ 时,f 在 $x=c$ 可导；

(3) 举出一个在 $x=c$ 满足一阶利普希茨条件但在 $x=0$ 不可导的函数的例子.

2.12 设函数 φ 在 $x=a$ 连续,又在 $x=a$ 附近有

$$f(x)=(x-a)\varphi(x),\quad g(x)=|x-a|\varphi(x).$$

求证:函数 f 在 $x=a$ 可导,且 $f'(a)=\varphi(a)$. 又问:当函数 φ 满足什么条件时,函数 g 在 $x=a$ 可导?

2.13 证明:若 $f'(x_0)$ 存在,则

$$\lim_{x\to x_0}\frac{xf(x_0)-x_0f(x)}{x-x_0}=f(x_0)-x_0f'(x_0).$$

2.14 设 $f(a)=g(a)=h(a)$,且 $f'(a)=h'(a)$,又对 a 的某邻域 $U(a)$ 的所有 x,有 $f(x)\leqslant g(x)\leqslant h(x)$,求证:$g$ 在 $x=a$ 可导,且 $f'(a)=g'(a)=h'(a)$.

如若去掉 $f(a)=g(a)=h(a)$ 这个假设,是否仍有上述结论?

2.15 设

$$f(x)=\begin{cases}|x|^{\alpha}\sin\dfrac{1}{|x|^{\beta}}, & 0<|x|\leqslant 1\ (\beta>0),\\ 0, & |x|=0.\end{cases}$$

求证:(1) 当且仅当 $\alpha>1$ 时,$f'(0)$ 存在；

(2) 当且仅当 $\alpha\geqslant 1+\beta$ 时,f' 在 $[-1,1]$ 有界；

(3) 当且仅当 $\alpha>1+\beta$ 时,f' 在 $[-1,1]$ 连续.

2.16 设 $P(x)$ 是最高项系数为 1 的多项式,M 是它的最大实根,求证:$P'(M)\geqslant 0$.

2.17 设 f 在 x_0 可导,令

$$P_1^*(x)=f(x_0)+f'(x_0)(x-x_0),$$
$$P_1(x)=f(x_0)+a_1(x-x_0)\quad(a_1\neq f'(x_0)).$$

求证:存在 x_0 的邻域 $U(x_0)$,对一切 $x\in U(x_0)$ 有

$$|f(x)-P_1^*(x)|<|f(x)-P_1(x)|.$$

2.1.2 微分法则

下面来研究导数运算的基本性质,通常称这些基本性质为微分法则.

定理 1.4(微分的四则运算法则)　设函数 f,g 在 x 点可导,则

1° $[f(x)\pm g(x)]'=f'(x)\pm g'(x)$；

2°　$[cf(x)]'=cf'(x)$　（c 为常数）；

3°　$[f(x)g(x)]'=f'(x)g(x)+f(x)g'(x)$；

4°　$\left[\dfrac{f(x)}{g(x)}\right]'=\dfrac{f'(x)g(x)-f(x)g'(x)}{g^2(x)}$　$(g(x)\neq 0)$.

证明　1°,2°,3°按照导数定义与极限的运算性质易得，这里仅证 4°. 按定义，有

$$\left[\frac{f(x)}{g(x)}\right]'=\lim_{h\to 0}\frac{\dfrac{f(x+h)}{g(x+h)}-\dfrac{f(x)}{g(x)}}{h}=\lim_{h\to 0}\frac{f(x+h)g(x)-f(x)g(x+h)}{hg(x+h)g(x)},$$

因为 g 在点 x 可导必在点 x 连续，且 $g(x)\neq 0$，由连续的保号性，就存在 $h=0$ 的邻域 $U(0)$，使得 $h\in U(0)$ 时 $g(x+h)\neq 0$，所以上式在 $h\in U(0)$ 时有意义.

将上式右端恒等变形，得到

$$\left[\frac{f(x)}{g(x)}\right]'=\lim_{h\to 0}\left[\frac{f(x+h)-f(x)}{h}\frac{g(x)}{g(x+h)g(x)}-\frac{g(x+h)-g(x)}{h}\frac{f(x)}{g(x+h)g(x)}\right]=\frac{f'(x)g(x)-f(x)g'(x)}{g^2(x)}.\qquad\square$$

容易将定理的 1°与 3°推广到**有限**个函数的情形. 由定理 1.4 和定理 1.3 立即得到

推论　1°　$\mathrm{d}[f(x)\pm g(x)]=\mathrm{d}f(x)\pm \mathrm{d}g(x)$；

2°　$\mathrm{d}[cf(x)]=c\mathrm{d}f(x)$（$c$ 为常数）；

3°　$\mathrm{d}[f(x)g(x)]=f(x)\mathrm{d}g(x)+g(x)\mathrm{d}f(x)$；

4°　$\mathrm{d}\left[\dfrac{f(x)}{g(x)}\right]=\dfrac{g(x)\mathrm{d}f(x)-f(x)\mathrm{d}g(x)}{g^2(x)}$　$(g(x)\neq 0)$.

例 1　$$\left(\frac{1}{x^3}+\sqrt[3]{x}\right)'=(x^{-3}+x^{\frac{1}{3}})'=-3x^{-4}+\frac{1}{3}x^{-\frac{2}{3}}=\frac{x^4-9\sqrt[3]{x^2}}{3x^4\sqrt[3]{x^2}}\ (x\neq 0).$$

例 2　$$(\sin^2 x)'=(\sin x\sin x)'=(\sin x)'\sin x+\sin x(\sin x)'=\sin 2x.$$

例 3　$$(\tan x)'=\left(\frac{\sin x}{\cos x}\right)'=\frac{(\sin x)'\cos x-\sin x(\cos x)'}{\cos^2 x}=\frac{1}{\cos^2 x}=\sec^2 x.$$

同理有 $(\cot x)'=-\csc^2 x$. 读者要牢记它们.

例 4　在一个容器里装有 1 L 纯酒精，如果以 $\frac{1}{10}$ L/s 的速率往容器里注水，求酒精浓度的变化率.

解　注水 t s 后，容器内混合液为 $1+\frac{t}{10}$(L)，纯酒精为 1(L)，故酒精浓度为

$$p(t)=\frac{1}{1+\frac{t}{10}}=\frac{10}{10+t},$$

所以，酒精浓度的变化率为

$$p'(t)=10\left(\frac{1}{10+t}\right)'=\frac{-10}{(10+t)^2},$$

负号表示浓度下降,下降的速率为$\frac{10}{(10+t)^2}$.

例 5 设多项式函数 $P_n(x)=a_nx^n+a_{n-1}x^{n-1}+\cdots+a_1x+a_0$,求 $P_n^{(k)}(0)\ (k\in\mathbf{N})$.

解
$$P'_n(x)=na_nx^{n-1}+(n-1)a_{n-1}x^{n-2}+\cdots+2a_2x+a_1,$$
$$P'_n(0)=a_1;$$
$$P''_n(x)=n(n-1)a_nx^{n-2}+(n-1)(n-2)a_{n-1}x^{n-3}+\cdots+3\times 2a_3x+2a_2,$$
$$P''_n(0)=2!a_2;$$
$$P'''_n(x)=n(n-1)(n-2)a_nx^{n-3}+\cdots+3\times 2a_3,$$
$$P'''_n(0)=3!a_3,$$

易用归纳法证得

$$P_n^{(k)}(0)=\begin{cases}k!a_k, & k\leqslant n,\\ 0, & k>n.\end{cases}$$

于是得到一个有趣的公式

$$P_n(x)=P_n(0)+\frac{P'_n(0)}{1!}x+\frac{P''_n(0)}{2!}x^2+\cdots+\frac{P_n^{(n)}(0)}{n!}x^n,$$

称它为多项式函数 $P_n(x)$ 在 $x=0$ 点的**泰勒(Taylor)公式**.

例 6 证明**莱布尼茨**公式

$$[u(x)v(x)]^{(n)}=\sum_{k=0}^{n}C_n^ku^{(n-k)}v^{(k)}.$$

证明 用数学归纳法来证明. 当 $k=1$ 时,莱布尼茨公式就是定理 1.4 中的 3°,当然成立. 假设公式对 $k=n$ 成立,则当 $k=n+1$ 时由归纳假设有

$$\begin{aligned}(uv)^{(n+1)}&=[(uv)^{(n)}]'=\left[\sum_{k=0}^{n}C_n^ku^{(n-k)}v^{(k)}\right]'=\sum_{k=0}^{n}C_n^k[u^{(n-k)}v^{(k)}]'\\&=\sum_{k=0}^{n}C_n^k[u^{(n-k+1)}v^{(k)}+u^{(n-k)}v^{(k+1)}]\\&=C_n^0u^{(n+1)}v+C_n^nuv^{(n+1)}+\sum_{k=1}^{n}(C_n^k+C_n^{k-1})u^{(n-k+1)}v^{(k)}.\end{aligned}$$

由 C_n^k 的定义,即 $C_n^k=\frac{n!}{k!(n-k)!}$,易得

$$C_n^k+C_n^{k-1}=C_{n+1}^k.$$

将这一等式代入上面等式就得到了

$$(uv)^{(n+1)}=u^{(n+1)}v+\sum_{k=1}^{n}C_{n+1}^ku^{(n-k+1)}v^{(k)}+uv^{(n+1)}=\sum_{k=0}^{n+1}C_{n+1}^ku^{(n+1-k)}v^{(k)}.$$

即公式对 $k=n+1$ 也成立,由数学归纳法得,对一切正整数 n,**莱布尼茨**公式成立. □

利用**莱布尼茨**公式求高阶导数是很方便的,例如

$$(x^2\cos x)^{(50)}=(\cos x)^{(50)}x^2+\frac{50}{1!}(\cos x)^{(49)}(x^2)'+\frac{50\times 49}{2!}(\cos x)^{(48)}(x^2)''$$

$$= x^2\cos\left(x+\frac{50\pi}{2}\right)+100x\cos\left(x+\frac{49\pi}{2}\right)+2\,450\cos\left(x+\frac{48\pi}{2}\right)$$
$$= (2\,450-x^2)\cos x-100x\sin x.$$

复合函数的微分法则是最重要的微分法则之一.

定理 1.5(复合函数的链式法则)　设函数 $y=f(u)$ 与 $u=g(x)$ 在 x_0 的邻域能构成复合函数 $y=f[g(x)]$,若 g 在 x_0 可导,f 在 $u_0=g(x_0)$ 可导,则复合函数 $f\circ g$ 在 x_0 可导,且下式成立

$$(f\circ g)'(x_0)=f'[g(x_0)]g'(x_0).$$

分析　由导数的定义有

$$(f\circ g)'(x_0)=\lim_{x\to x_0}\frac{f[g(x)]-f[g(x_0)]}{x-x_0}.$$

设 $u=g(x)$,$u_0=g(x_0)$,则当 $u\neq u_0$ 时有

$$\frac{f[g(x)]-f[g(x_0)]}{x-x_0}=\frac{f(u)-f(u_0)}{u-u_0}\,\frac{g(x)-g(x_0)}{x-x_0},$$

但是 $x\neq x_0$ 时,$u=g(x)=u_0$ 有可能成立,要使上式对一切 x 有意义,需要将函数 $\varphi(u)=\dfrac{f(u)-f(u_0)}{u-u_0}$ 在 $u=u_0$ 点补充定义,使得 $\varphi(u)$ 在 u_0 点连续.

证明　令

$$\varphi(u)=\begin{cases}\dfrac{f(u)-f(u_0)}{u-u_0}, & u\neq u_0,\\ f'(u_0), & u=u_0,\end{cases}$$

有 $\lim\limits_{u\to u_0}\varphi(u)=f'(u_0)=\varphi(u_0)$,即 φ 在 u_0 连续.

无论 $u=u_0$ 或 $u\neq u_0$,总有恒等式

$$f(u)-f(u_0)=\varphi(u)(u-u_0).$$

令 $u=g(x)$ 代入,得

$$f[g(x)]-f[g(x_0)]=\varphi[g(x)][g(x)-g(x_0)].$$

则

$$\frac{f[g(x)]-f[g(x_0)]}{x-x_0}=\varphi[g(x)]\,\frac{g(x)-g(x_0)}{x-x_0}.$$

上式两边含 $x\to x_0$,因 $u=g(x)$ 在 x_0 可导,所以它在 x_0 连续,φ 在 $u_0=g(x_0)$ 连续,故

$$\lim_{x\to x_0}\varphi[g(x)]=\varphi[\lim_{x\to x_0}g(x)]=\varphi[g(x_0)]=f'(u_0).$$

由此即得　$$(f\circ g)'(x_0)=f'[g(x_0)]g'(x_0).\quad\square$$

式中的因子 $f'[g(x_0)]$ 表示 f 在 $u_0=g(x_0)$ 点的导数.

若定理对区间 I 的每一点 x 都成立,则有

$$(f\circ g)'(x)=f'[g(x)]g'(x)\quad(x\in I),$$

或简记作　$$y'_x=y'_u u'_x.$$

显然,链式法则可以推广到有限个函数复合的情形.

由链式法则可以得到下面重要的推论.

推论(一阶微分的形式不变性)　设 $y=f(u)$ 与 $u=g(x)$ 构成复合函数 $y=f(g(x))$,

则复合函数在 x 点的微分形式上等于 f 在 $u=g(x)$ 点的微分，即下式成立

$$df(g(x))=df(u)=f'(u)du.$$

证明 由链式法则与 $du=g'(x)dx$ 可得

$$df(g(x))=y'_x dx=y'_u g'(x)dx=f'(u)du.$$

一阶微分的形式不变性表明，无论 $y=f(u)$ 的 u 是自变量还是中间变量，在形式上恒有 $dy=df(u)=f'(u)du$ 成立，差别在于当 u 是自变量时，du 是自变量 u 的微分，它与 u 的变化无关；当 u 是中间变量时，du 是函数 $u=g(x)$ 的微分，du 与自变量 x 的变化相关，也即 du 与中间变量 u 的变化相关.

高阶微分一般不具有形式不变性，即当 $u=g(x)$ 是中间变量时有

$$\begin{aligned}d^2f(g(x))&=d(df(g(x)))=d(f'(u)du)=d(f'(u))du+f'(u)d^2u\\&=f''(u)du^2+f'(u)d^2u,\end{aligned}$$

在一般情形下 $d^2u=g''(x)dx^2$ 不等于零，$f'(u)$ 也不等于零，所以，一般地有

$$d^2f(g(x))\neq d^2f(u)=f''(u)du^2.$$

利用链式法则解题时，往往不是先给出 f,g，再寻求

$$F(x)=(f\circ g)(x)$$

的导数，而是给定函数 $F(x)$，先要把它拆成几个基本初等函数的复合与四则运算(这种分析步骤，初学时可写在纸上，然后应逐渐地在头脑中进行)，再用链式法则及其他求导法则求出 $F'(x)$.

例 7 设 $F(x)=(x^2-4)^3$，求 $F'(x)$.

解 **方法 1** 因为 $F(x)=x^6-12x^4+48x^2-64$，所以

$$F'(x)=6x^5-48x^3+96x=6x(x^2-4)^2.$$

方法 2 把函数 $F(x)$ 拆成函数 $f(u)=u^3$ 与 $u=g(x)=x^2-4$ 的复合，由链式法则得

$$F'(x)=f'[g(x)]g'(x)=3(x^2-4)^2\cdot 2x=6x(x^2-4)^2.$$

例 8 设 $F(x)=\dfrac{1}{x^2+1}$，求 $F'(x)$.

解 **方法 1** 利用四则运算微分法则有

$$F'(x)=\frac{0-1\times(x^2+1)'}{(x^2+1)^2}=\frac{-2x}{(x^2+1)^2}.$$

方法 2 设 $f(u)=\dfrac{1}{u}$，$u=g(x)=x^2+1$，利用链式法则有

$$F'(x)=f'[g(x)]g'(x)=\frac{-1}{(x^2+1)^2}\cdot 2x=\frac{-2x}{(x^2+1)^2}.$$

例 9 求函数 $y=e^{\sin^2\frac{1}{x}}$ 的导数.

解 $$\left(e^{\sin^2\frac{1}{x}}\right)'=\left(e^{\sin^2\frac{1}{x}}\right)\left(2\sin\frac{1}{x}\right)\left(\cos\frac{1}{x}\right)\left(\frac{-1}{x^2}\right)=-\frac{1}{x^2}\sin\frac{2}{x}e^{\sin^2\frac{1}{x}}.$$

例 10 求函数 $y=\ln\left(\dfrac{1}{x}+\ln\dfrac{1}{x}\right)$ 的导数.

解 $$\left[\ln\left(\frac{1}{x}+\ln\frac{1}{x}\right)\right]'=\frac{1}{\dfrac{1}{x}+\ln\dfrac{1}{x}}\left(\frac{1}{x}+\ln\frac{1}{x}\right)'$$

$$=\frac{-\frac{1}{x^2}+\left(\ln\frac{1}{x}\right)'}{\frac{1}{x}+\ln\frac{1}{x}}=\frac{-(1+x)}{x^2\left(\frac{1}{x}+\ln\frac{1}{x}\right)}.$$

例 11　求函数 $y=\ln(x+\sqrt{x^2+1})$ 的导数.

解　$$[\ln(x+\sqrt{x^2+1})]'=\frac{1}{x+\sqrt{x^2+1}}(x+\sqrt{x^2+1})'$$

$$=\frac{1}{x+\sqrt{x^2+1}}\left(1+\frac{x}{\sqrt{x^2+1}}\right)=\frac{1}{\sqrt{x^2+1}}.$$

例 12　利用链式法则求幂函数 $y=x^{\alpha}$ 的导数.

解　$(x^{\alpha})'=(\mathrm{e}^{\alpha\ln x})'=(\mathrm{e}^{\alpha\ln x})(\alpha\ln x)'=\dfrac{\alpha}{x}\mathrm{e}^{\alpha\ln x}=\alpha x^{\alpha-1}$.

例 13　设 $f(x)=\ln|x|$，求 $f'(x)$.

解　当 $x>0$ 时，$f'(x)=(\ln x)'=\dfrac{1}{x}$；

当 $x<0$ 时，$f'(x)=[\ln(-x)]'=\dfrac{-1}{-x}=\dfrac{1}{x}$，

故
$$(\ln|x|)'=\frac{1}{x}\ (x\neq 0).$$

仿上可得

$$(\ln|f(x)|)'=\frac{f'(x)}{f(x)}\ (f\text{ 为非零可微函数}).$$

利用上面等式求 f 的导函数 $f'(x)$ 的方法叫作**对数微分法**，它对于某些函数的微分运算是很方便的，请看下面两个例子：

例 14　设 $f(x)=x^2\sqrt{\dfrac{1-x}{1+x}}$，求 $f'(x)$.

解　两边取对数有

$$\ln f(x)=2\ln|x|+\frac{1}{2}\ln|1-x|-\frac{1}{2}\ln|1+x|,$$

对两边求导得

$$\frac{f'(x)}{f(x)}=\frac{2}{x}+\frac{-1}{2(1-x)}-\frac{1}{2(1+x)},$$

所以

$$f'(x)=\frac{x(2-x-2x^2)}{1-x^2}\sqrt{\frac{1-x}{1+x}}.$$

例 15　设 $f(x)=x^x\ (x>0)$，求 $f'(x)$.

解　求这种幂指函数的导数可以用对数微分法，因

$$\ln f(x)=x\ln x,$$

于是

$$\frac{f'(x)}{f(x)}=\ln x+1,$$

故
$$f'(x)=x^x(1+\ln x).$$

亦可直接计算
$$(x^x)'=(\mathrm{e}^{x\ln x})'=\mathrm{e}^{x\ln x}(1+\ln x)=x^x(1+\ln x).$$

下面来研究反函数的微分法则.

设函数 $y=f(x)$ 在区间 I 上连续,则 f 在 I 上存在反函数的充要条件是:f 在 I 上严格单调(1.3.2节例1).因此只要对严格单调的连续函数来研究它的反函数的微分问题.当 f 在区间 I 上连续时,由连续函数的介值定理可得 f 的值域 $f(I)$ 也是区间.当 f 是区间 I 上严格单调的连续函数时,x_0 是 I 的内点当且仅当 $y_0=f(x_0)$ 是区间 $f(I)$ 的内点.

先从直观上来考察反函数的微分问题.设函数 $x=f(y)$ 在含点 y_0 的区间 J 上连续且严格单调(见图2.1-10),$x_0=f(y_0)$,则它的反函数 $y=f^{-1}(x)$ 在含点 x_0 的区间 $I=f(J)$ 上连续且严格单调,这两个函数在图2.1-10中有同一个图像.当 f 在点 y_0 可导且 $f'(y_0)\neq 0$ 时,曲线 $x=f(y)$ 在 (x_0,y_0) 点存在切线,它就是反函数 $y=f^{-1}(x)$ 的图像在 (x_0,y_0) 点的切线,即 f^{-1} 在 x_0 可导.设切线与 x 轴夹角为 α,切线与 y 轴的夹角为 β,则 $\alpha+\beta=\dfrac{\pi}{2}$,那么,由导数的几何意义就有

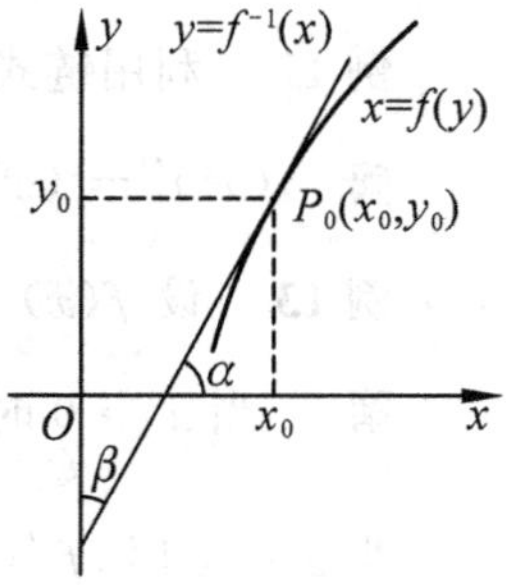

图 2.1-10

$$(f^{-1})'(x_0)=\tan\alpha=\cot\beta,$$
$$\frac{1}{\tan\beta}=\frac{1}{f'(y_0)}.$$

由此可得

定理1.6(反函数的微分法则) 设 $x=f(y)$ 是区间 J 上严格单调的连续函数,它的值域是区间 I,且 $y_0\in J$,$x_0=f(y_0)\in I$,若函数 $x=f(y)$ 在 y_0 可导,且
$$f'(y_0)\neq 0,$$
则 f 的反函数 $y=f^{-1}(x)$ 在 x_0 可导,且
$$(f^{-1})'(x_0)=\frac{1}{f'(y_0)}.$$

证明 因函数 $x=f(y)$ 在 J 严格单调且连续,所以反函数 $y=f^{-1}(x)$ 在 I 严格单调且连续,则当 $x\to x_0$ 时必有 $y\to y_0$,$x\neq x_0$ 时必有 $y\neq y_0$,由复合函数极限定理,在反函数导数的定义式中作换元 $x=f(y)$,由极限的换元性质得
$$\lim_{x\to x_0}\frac{f^{-1}(x)-f^{-1}(x_0)}{x-x_0}=\lim_{y\to y_0}\frac{y-y_0}{f(y)-f(y_0)}=\frac{1}{f'(y_0)}.\quad\square$$

例16 求反正弦函数 $y=\arcsin x,\ x\in(-1,1),y\in\left(-\dfrac{\pi}{2},\dfrac{\pi}{2}\right)$ 的导数.

解 显然函数 $x=\sin y$ 在区间 $\left(-\dfrac{\pi}{2},\dfrac{\pi}{2}\right)$ 上满足定理1.6的条件,故
$$y'=(\arcsin x)'=\left.\frac{1}{(\sin y)'}\right|_{y=\arcsin x}=\left.\frac{1}{\cos y}\right|_{y=\arcsin x}$$
$$=\left.\frac{1}{\sqrt{1-\sin^2 y}}\right|_{y=\arcsin x}=\frac{1}{\sqrt{1-x^2}}.$$

因为 $y \in \left(-\frac{\pi}{2},\frac{\pi}{2}\right)$，所以 $\cos y > 0$，故根式前取正号.

同理，

$$y' = (\arccos x)' = \frac{-1}{\sqrt{1-x^2}},\ x \in (-1,1),y \in (0,\pi);$$

$$y' = (\arctan x)' = \frac{1}{1+x^2},\ x \in \mathbf{R},y \in \left(-\frac{\pi}{2},\frac{\pi}{2}\right);$$

$$y' = (\operatorname{arccot} x)' = \frac{-1}{1+x^2},x \in \mathbf{R},y \in (0,\pi).$$

例 17　求对数函数 $y = \log_a x\ (a > 0,a \neq 1)$ 的导数.

解　显然指数函数 $x = a^y$ 在 $\mathbf{R}$ 上满足定理 1.6 的条件，故

$$y = (\log_a x)' = \frac{1}{(a^y)'}\bigg|_{y=\log_a x} = \frac{1}{a^y \ln a}\bigg|_{y=\log_a x} = \frac{1}{x\ln a},\ x \in (0,+\infty).$$

例 18　设函数 $y = f(x)$ 在 x 点存在二阶导数，且

$$f'(x) \neq 0,$$

它还存在反函数 $x = f^{-1}(y)$，求 $(f^{-1})''(y)$.

解　已有 $(f^{-1})'(y) = \dfrac{1}{f'[f^{-1}(y)]} = \dfrac{1}{f'(x)}$，

所以

$$(f^{-1})''(y) = \frac{\mathrm{d}}{\mathrm{d}y}\left[\frac{1}{f'(x)}\right] = \frac{\dfrac{\mathrm{d}}{\mathrm{d}x}\left[\dfrac{1}{f'(x)}\right]}{\dfrac{\mathrm{d}y}{\mathrm{d}x}} = \frac{-\dfrac{f''(x)}{[f'(x)]^2}}{f'(x)} = -\frac{f''(x)}{[f'(x)]^3}.$$

设 $f(x) = \begin{cases} x^2\sin\dfrac{1}{x}, & x \neq 0, \\ 0, & x = 0, \end{cases}$ 则 $f(x)$ 在 $\mathbf{R}$ 上处处可导，且有

$$f'(x) = \begin{cases} 2x\sin\dfrac{1}{x} - \cos\dfrac{1}{x}, & x \neq 0, \\ 0, & x = 0. \end{cases}$$

所以 $x = 0$ 是导函数 $f'(x)$ 的第二类间断点，这一例子表明导函数存在时，它未必是连续函数.

下面将基本初等函数的导数汇集成“基本导数表”，读者必须牢记之.

基本导数表

$(C)' = 0$ $(x^\alpha)' = \alpha x^{\alpha-1}$ $(a^x)' = a^x\ln a$ $(\mathrm{e}^x)' = \mathrm{e}^x$ $(\log_a \lvert x \rvert)' = \dfrac{1}{x\ln a}$ $(\ln \lvert x \rvert)' = \dfrac{1}{x}$	$(\sin x)' = \cos x$ $(\cos x)' = -\sin x$ $(\tan x)' = \dfrac{1}{\cos^2 x}$ $(\cot x)' = -\dfrac{1}{\sin^2 x}$	$(\arcsin x)' = \dfrac{1}{\sqrt{1-x^2}}$ $(\arccos x)' = -\dfrac{1}{\sqrt{1-x^2}}$ $(\arctan x)' = \dfrac{1}{1+x^2}$ $(\operatorname{arccot} x)' = -\dfrac{1}{1+x^2}$

本节最后我们举一些有关导数概念及计算的综合例题.

例 19 研究函数

$$f(x)=|(x-1)^2(x+1)^3|$$

的可导性.

解 易知 $|x|=x\operatorname{sgn}x$,所以

$$f(x)=(x-1)^2(x+1)^3\operatorname{sgn}(x+1).$$

当 $x\neq-1$ 时,$\operatorname{sgn}(x+1)$ 在点 x 的某个邻域内是常值函数,故

$$\begin{aligned}f'(x)&=\operatorname{sgn}(x+1)[(x-1)^2(x+1)^3]'\\&=(x-1)(5x-1)(x+1)^2\operatorname{sgn}(x+1)\\&=(x^2-1)(5x-1)|x+1|.\end{aligned}$$

当 $x=-1$ 时,

$$f'_+(-1)=\lim_{x\to-1^+}\frac{f(x)-f(-1)}{x-(-1)}=\lim_{x\to-1^+}\frac{(x-1)^2(x+1)^3}{x+1}=0,$$

$$f'_-(-1)=\lim_{x\to-1^-}\frac{f(x)-f(-1)}{x-(-1)}=\lim_{x\to-1^-}\frac{-(x-1)^2(x+1)^3}{x+1}=0,$$

所以 $f'(-1)=0$.

故

$$f'(x)=(x^2-1)(5x-1)|x+1|,\ x\in\mathbf{R}.$$

由此例看出,研究绝对值函数 $|f(x)|$ 的可导性时,使 $f(x)=0$ 的点 x_0 要格外注意,一般来说,要用导数定义研究 $|f|$ 在 x_0 的可导性.

例 20 研究函数

$$f(x)=\begin{cases}x\sin\dfrac{1}{x}, & x<0,\\ x, & x\geqslant0\end{cases}$$

的可导性.

解 易知 $f(x)$ 在 $\mathbf{R}$ 上连续,

当 $x<0$ 时,

$$f'(x)=\sin\frac{1}{x}-\frac{1}{x}\cos\frac{1}{x};$$

当 $x>0$ 时,

$$f'(x)=1;$$

当 $x=0$ 时,

$$f'_+(0)=\lim_{x\to0^+}\frac{f(x)-f(0)}{x-0}=\lim_{x\to0^+}\frac{x-0}{x}=1;$$

$$f'_-(0)=\lim_{x\to0^-}\frac{f(x)-f(0)}{x-0}=\lim_{x\to0^-}\frac{x\sin\dfrac{1}{x}-0}{x}=\lim_{x\to0^-}\sin\frac{1}{x}\ \text{不存在}.$$

故 $f'(0)$ 不存在,即 f 在 $x=0$ 不可导.

例 21　设 $f(x)=\arctan x$，求 $f^{(n)}(0)$.

解　因为 $f'(x)=\dfrac{1}{1+x^2}$，所以有 $(1+x^2)f'(x)=1$. 对等式两边应用**莱布尼茨**公式求 n 阶导数得

$$(1+x^2)f^{(n+1)}(x)+2nxf^{(n)}(x)+n(n-1)f^{(n-1)}(x)=0.$$

令 $x=0$，代入上式，得到递推公式

$$f^{(n+1)}(0)=-n(n-1)f^{(n-1)}(0).$$

因 $f^{(0)}(0)\equiv f(0)=\arctan 0=0$，所以 $f^{(2n)}(0)=0\ (n\in\mathbf{N})$；

因 $f'(0)=1$，所以 $f^{(2n+1)}(0)=(-1)^n(2n)!\ (n\in\mathbf{N})$.

请注意本题所使用的技巧. 如果直接求 n 阶导函数 $f^{(n)}(x)$，再求 $f^{(n)}(0)$，那是相当麻烦的.

例 22　设曲线的极坐标方程为 $r=r(\theta)$，且曲线上任一点 $P(r,\theta)$ 的向径与切线之间的夹角为 $\varphi\ (0\leqslant\varphi\leqslant\pi)$，求证：

$$\tan\varphi=\frac{r(\theta)}{r'(\theta)}.$$

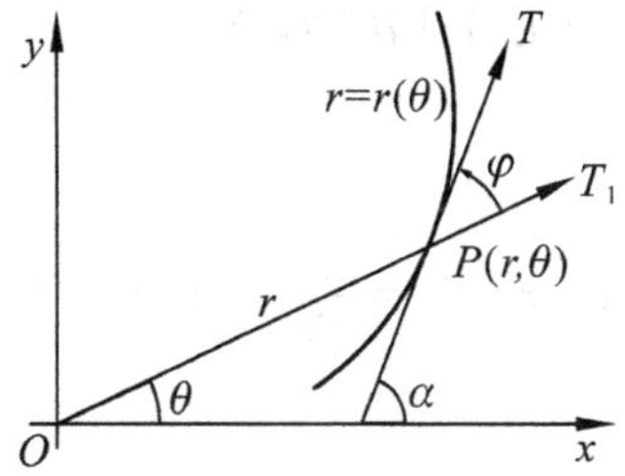

图 2.1-11

证明　如图 2.1-11 所示，设曲线的直角坐标方程是 $y=y(x)$，易知

$$y'_x=\tan\alpha=\tan(\theta+\varphi)=\frac{\tan\theta+\tan\varphi}{1-\tan\theta\tan\varphi}.$$

曲线的极坐标参数方程是
$$\begin{cases}x=r(\theta)\cos\theta,\\ y=r(\theta)\sin\theta,\end{cases}$$

则有
$$y'_x=y'_\theta\cdot\theta'_x=\frac{y'_\theta}{x'_\theta}=\frac{r'(\theta)\sin\theta+r(\theta)\cos\theta}{r'(\theta)\cos\theta-r(\theta)\sin\theta},$$

即
$$\tan\alpha=\frac{\tan\theta+\dfrac{r(\theta)}{r'(\theta)}}{1-\tan\theta\dfrac{r(\theta)}{r'(\theta)}}.$$

由上式解出
$$\frac{r(\theta)}{r'(\theta)}=\frac{\tan\alpha-\tan\theta}{1+\tan\alpha\tan\theta}=\tan(\alpha-\theta)=\tan\varphi.$$

利用上述公式可以证明对数螺线(见图 2.1-12)

$$r=be^{a\theta}\ (a>0,b>0)$$

一个重要性质：**对数螺线的向径与切线的交角为常数.**

事实上，$\tan\varphi=\dfrac{r(\theta)}{r'(\theta)}=\dfrac{be^{a\theta}}{abe^{a\theta}}=\dfrac{1}{a}$，

所以
$$\varphi=\arctan\frac{1}{a}\ (\text{常数}).$$

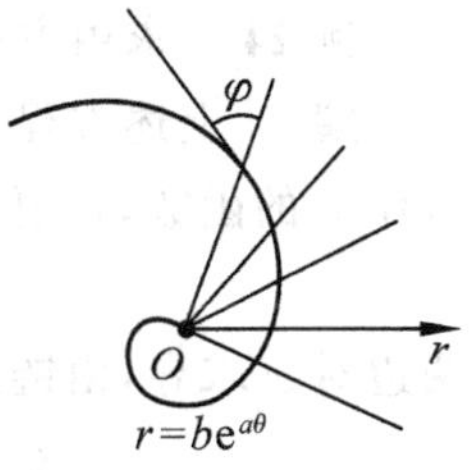

图 2.1-12

这个性质在工程技术上是很有用的.

例 23　有一身高 $CD=1.7$ m 的人以 $v=0.5$ m/s 的速率沿一直路 l 行走，路旁有电线杆，高 $AB=6.8$ m，杆足 B 到 l 的距离为 $OB=2$ m，求此人离开 O 点为 2 m 时，电线杆上 A 点的路灯照出的人影长 DE 的变化率.

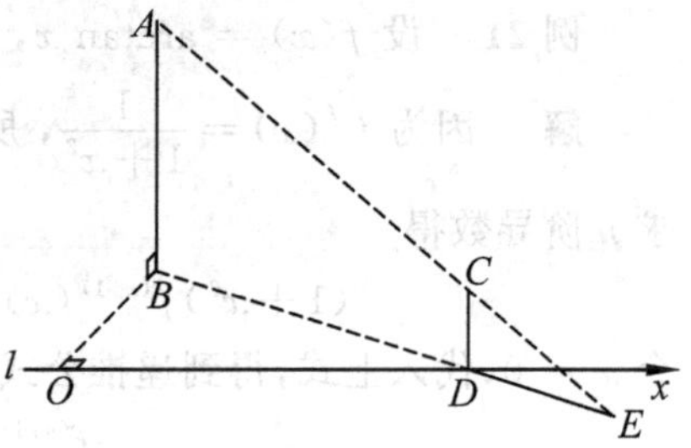

图 2.1-13

解 建立坐标系如图 2.1-13 所示(原点 O 取在电线杆杆足到 l 的垂线之垂足处,正向取为人行进的方向).

设人在 $t=0$ 时位于原点,在时刻 t 时位于 D 点,坐标为 $x(t)=0.5t$,人影长 $DE=s(t)$,单位均是 m(米).由图 2.1-13 中相似三角形关系得 $4=\frac{AB}{CD}=\frac{BE}{DE}=\frac{BD}{DE}+1$,则 $BD=\sqrt{OB^2+OD^2}=\sqrt{4+x^2(t)}=3DE=3s(t)$.所以

$$s(t)=\frac{1}{3}\sqrt{4+x^2(t)},$$

利用链式法则,有

$$s'(t)=\frac{x(t)}{3\sqrt{4+x^2(t)}}x'(t).$$

因 $x'(t)=\frac{\mathrm{d}x}{\mathrm{d}t}=v=0.5\ \mathrm{m/s}$,所以

$$s'(t)=\frac{x(t)}{6\sqrt{4+x^2(t)}}.$$

当人离开 O 点为 2 m 时,即 $x=x(t_0)=\pm 2$ m 时,$t_0=\pm 4$ s,人影长 DE 的变化率 $s'(t_0)$ 是

$$s'(t_0)=\frac{\pm 1}{6\sqrt{2}}=\pm 0.12(\mathrm{m/s}).$$

这就是说,当人位于 x 轴正向且距原点为 2 m 时,人影长以 0.12 m/s 的速率增加;当人位于 x 轴负向且距原点为 2 m 时,人影长以 0.12 m/s 的速率缩短.

设 $F(x,y)$ 是二元可微的数值函数,函数方程 $F(x,y)=0$ 的全体解组成的集合,通常是 xOy 平面的一条曲线.通常除去该曲线上有限个点之外,在曲线的每个点 $P=(x,y)$ 附近的曲线的一小段是一元函数 $y=y(x)$(或 $x=x(y)$)的函数图像,使得 $F(x,y(x))=0$(或 $F(x(y),y))$ 恒成立,这时称函数 $y=y(x)$(或 $x=x(y)$)是函数方程在点 $P=(x,y)$ 附近确定的隐函数.

例 24 求由方程 $x^3+y^3=3axy$ 确定的函数 $y=y(x)$ 的导数.

解 上述方程表达的曲线称为**蔓叶线**(见图 2.1-14).将 y 看作 x 的函数,在恒等式

$$x^3+y^3=3axy$$

两边对 x 求导,由链式法则得

$$3x^2+3y^2y'=3a(xy'+y),$$

故

$$y'=\frac{ay-x^2}{y^2-ax},$$

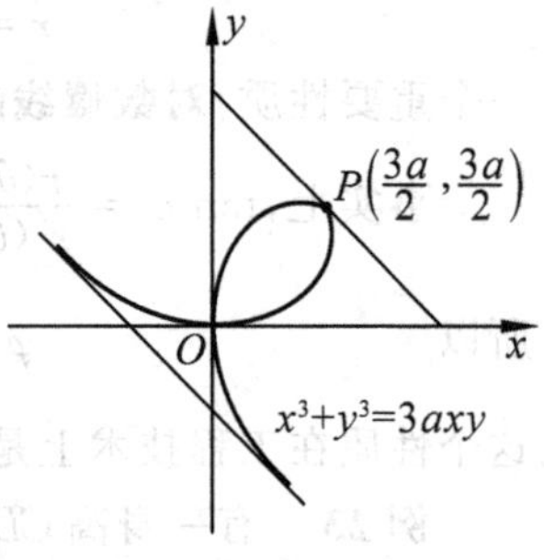

图 2.1-14

且上式中的 (x,y) 是蔓叶线方程的解,所以在蔓叶线环部顶点

$P\left(\frac{3a}{2},\frac{3a}{2}\right)$附近，函数方程 $x^3+y^3=3axy$ 确定的隐函数 $y=y(x)$ 在 P 点的导数值是

$$y'\Big|_P=\frac{a\left(\frac{3a}{2}\right)-\left(\frac{3a}{2}\right)^2}{\left(\frac{3a}{2}\right)^2-a\left(\frac{3a}{2}\right)}=-1,$$

这就是说，P 点的切线倾角为 $135°$.

例 25　某企业每天的总利润 L(单位:元) 与生产量 x(单位:t) 的函数关系为

$$L(x)=250x-5x^2,$$

试问：当 $x=10,25,30$ 时，企业再多生产 1 t 产品时，利润为多少？

解　边际利润 $L'(x)=250-10x$.

当 $x=10$ 时，$L'(10)=150$(元)，即当生产 10 t 产品时，再多生产 1 t 产品，总利润将增加 150 元.

当 $x=25$ 时，$L'(25)=0$(元)，即当生产 25 t 产品时，再多生产 1 t 产品，总利润并不增加.

当 $x=30$ 时，$L'(30)=-50$(元)，即当生产 30 t 产品时，再多生产 1 t 产品，总利润将减少 50 元.

结论　对该企业来说，并非产量越高，利润就越高. 它的最佳产量应是 25 t.

例 26　一个工厂的产量与很多因素有关，例如，管理者与职工的素质、数量、生产设备、科技水平等. 某厂近期在其他条件不变的情况下，发现它的产量 Q(单位:件) 与该厂技术工人的人数(x) 和非技术工人的人数(y) 有关. 它每天的产量可表示为下式

$$x^2y=Q,$$

现该厂有技术工人 16 名，非技术工人 32 名，厂长计划在每天产量不变的情况下，再增加 1 名技术工人，试问：如何调整非技术工人的人数？

解　令 $x_0=16,y_0=32$，此时工厂产量记为 Q_0[实际上，$Q_0=16^2\times 32=8\,192$(件)].

由方程 $x^2y=Q_0$ 能确定 y 是 x 的函数. 因此 $y'(x_0)$ 表示：当技术工人的人数为 x_0 时，再多增加 1 名技术工人，应调整的非技术工人的人数.

由隐函数微分法得

$$2xy+x^2y'=0,$$

所以

$$y'=-\frac{2y}{x},$$

$$y'\Big|_{\substack{x=16\\y=32}}=-4.$$

结论　在保持每天产量不变的前提下，当技术工人的人数为 16 名，非技术工人的人数为 32 名时，再多增加 1 名技术工人，就必须裁减 4 名非技术工人.

随着社会的发展，导数概念在实际生活中的应用也越来越广泛，我们已经知道，在经典物理学中，很多物理量都是用导数描述的，如速度 $v(t)=s'(t)$，加速度 $a(t)=v'(t)$，电流强度 $i(t)=q'(t)$，比热容 $c=Q'(T)$，密度 $\rho(x)=m'(x)$ 等. 在日常生活工作中，导数概念的应用也比比皆是，比如，工人生产量 Q 与时间 t 呈现函数关系 $Q(t)$，那么 $Q'(t)$ 就表示工人在时

刻 t 时的工作效率(生产率);又如,若某人身高 h 与其年龄 t 呈现函数关系 $h(t)$,则 $h'(t)$ 就表示这个人在 t 岁时,再增加 1 岁其身高改变量的近似值,因此,$h'(t)>0$ 表示他身高在增加,

在现代经济学与社会学中,导数概念不仅在连续变量范围继续加强它的势力,而且已扩张到离散变量范围.如前述经济学中各经济函数(成本函数、利润函数、需求函数、供应函数等)的边际值.下面我们再介绍一些国外的例子:

国外有研究资料表明:汽车通过某隧道的车流量 Q 与平均车速 v 呈现函数关系 $Q(v)$,因此它的导数 $Q'(v)$ 就刻画了当车速为 v 时,再增加车速时,车流量增加的近似值,由此可以研究"最大车流量"问题.

国外有心理学家的研究表明:学生接受某概念的能力(可用 G 度量)与老师讲述该概念所用的时间 t 呈现函数关系 $G(t)$,因此它的导数 $G'(t)$ 就刻画了当老师讲述到时间 t 时,再增加一点时间学生接受能力的状态.如 $G'(t)>0$,就表示接受能力在增加,反之则降低,由此可研究学生接受能力的"最佳时间"问题.

国外有资料显示:支持竞选者(如竞选州议员)的人数 A 与竞选的时间 x(星期)呈现函数关系 $A(x)$,因此它的导数 $A'(x)$ 就刻画了当竞选到第 x 周时,再增加 1 周的支持者总人数的改变值(近似值).如果 $A'(x)>0$,就表示支持者人数将增加,而 $A''(x)=[A'(x)]'<0$ 则表示虽支持者人数在增加,但人数的增长率却在下降,俗曰:"后劲不足",竞选班子需速想良策,只有当 $A''(x)>0$ 才表示竞选者前途乐观.

思　考　题

1. 若 f 在 x_0 可导,g 在 x_0 不可导,试问:$f+g$,fg 在 x_0 一定不可导吗?若想要 fg 在 x_0 一定不可导,须添加什么条件?

2. (1) 若 $f(u)$ 在 $u_0=g(x_0)$ 可导,$u=g(x)$ 在 x_0 不可导,
试问:$f[g(x)]$ 在 x_0 一定不可导吗?

(2) 若 $f(u)$ 在 $u_0=g(x_0)$ 不可导,$u=g(x)$ 在 x_0 不可导,
试问:$f[g(x)]$ 在 x_0 一定不可导吗?

3. (1) 试问:若 f 在 x_0 可导,能断定 f 在 x_0 某邻域有界吗?

(2) 试问:若 f 在 x_0 可导,能断定 f 在 x_0 某邻域连续吗?

4. 在区间 (a,b) 上可导的严格增函数,其反函数在其定义域上一定可导吗?

5. 下面做法对吗?

设 $f(x)=(x-a)\varphi(x)$,$\varphi(x)$ 在 a 连续,求 $f'(a)$.

解:$f'(x)=(x-a)'\varphi(x)+(x-a)\varphi'(x)=\varphi(x)+(x-a)\varphi'(x)$,

所以 $f'(a)=\varphi(a)$.

练　习　题

2.18　求下列函数的导数(其中 a,b,c,m,n,p,q 均为常数):

(1) $y=\sqrt{x}+\dfrac{1}{x}+\sqrt{a}-\dfrac{1}{a}\ (a>0)$;　　(2) $y=\dfrac{mx^2+nx+p}{p+q}$;

(3) $y=\dfrac{ax^3+bx^2+c}{(a+b)x}$；

(4) $y=\operatorname{sh} x$；

(5) $y=\operatorname{ch} x$；

(6) $y=\operatorname{th} x$；

(7) $y=\operatorname{cth} x$；

(8) $y=3\ln x^2+2e^x$；

(9) $y=3\log_2 4x+\log_2 5$；

(10) $y=x^{\alpha}\alpha^{x}$ ($\alpha>0$，且 $\alpha\neq 1$)；

(11) $y=\csc x+\cot x$；

(12) $y=x\ln x$；

(13) $y=\arcsin x+x^2\arctan x$；

(14) $y=(1+x^2)\arctan x\operatorname{arccot} x$；

(15) $y=\dfrac{\sin x-\cos x}{\sin x+\cos x}$.

2.19　求下列函数的导数：

(1) $y=(3x+2)^{50}$；

(2) $y=\cos^2 x$；

(3) $y=e^{-x}$；

(4) $y=3^{\sin x}$；

(5) $y=\cos(x^2)$；

(6) $y=\ln(\sin x)$；

(7) $y=\arctan(1+x^2)$；

(8) $y=\ln\left(\tan\dfrac{x}{2}\right)$；

(9) $y=\sqrt{\sin(x^2)}$；

(10) $y=\arcsin(x^3)$；

(11) $y=\tan^5 x$；

(12) $y=\sin^2(2x-1)$；

(13) $y=\sqrt{1+(\ln x)^2}$；

(14) $y=\sin^2(\cos 3x)$；

(15) $y=\csc\sqrt{1+2x}$.

2.20　利用一阶微分形式不变性及微分的运算法则求下列函数的微分：

(1) $y=\sqrt[5]{x^3}+x\sin\beta+\cos\alpha$ (其中 α,β 为常数)；

(2) $y=\sqrt[3]{x}\cos x$；

(3) $y=a^x\tan x\,(a>0)$；

(4) $y=\dfrac{x\sin x}{1+\tan x}$；

(5) $y=x\sin x\ln x$；

(6) $y=e^{-\tan\frac{1}{x}}$；

(7) $y=\sec^3(\ln x)$；

(8) $y=\cot(\sqrt[3]{1+x^2})$；

(9) $y=\dfrac{1}{2}\cot\sqrt{x}$；

(10) $y=(\arccos\sqrt{x})^2$.

2.21　在下列各等式的括号里填上适当的函数：

(1) $d(\qquad)=\dfrac{dx}{x}$；

(2) $d(\qquad)=\dfrac{dx}{1+x^2}$；

(3) $d(\qquad)=\dfrac{dx}{\sqrt{x}}$；

(4) $d(\qquad)=\dfrac{dx}{\sqrt{1-x^2}}$；

(5) $d(\qquad)=(2x+1)dx$；

(6) $d(\qquad)=e^{-3x}dx$；

(7) $d(\qquad)=\sin x\cos x dx$；

(8) $d(\qquad)=\dfrac{dx}{x\ln x}$；

(9) $d(\qquad)=\sin^2 x dx$；

(10) $d(\qquad)=\dfrac{x dx}{\sqrt{x^2+a^2}}$.

2.22　利用微分求下列各数的近似值：

(1) $\sqrt[3]{1.02}$；　(2) $\lg 11$；　(3) $\sin 29°$.

2.23　求下列函数的导数：

(1) $f(x)=\dfrac{2^x}{\log_2 x}$，求 $f'(2)$；

(2) $f(x)=\cos^2 x+\frac{\sin(2x)}{2}$，求 $f''\left(\frac{\pi}{2}\right)$；

(3) $f(x)=\sec^2\frac{x}{a}+\tan^2\frac{x}{b}$，求 $f'(x)$；

(4) $f(x)=\arctan(e^x)-\ln\sqrt{\frac{e^{2x}}{e^{2x}+1}}$，求 $f'(1),f'(0)$；

(5) $y=e^x+e^{x^2}+e^{e^x}$，求 $y'(x)$.

2.24 求下列函数的导数：

(1) $y=\ln\tan\left(\frac{x}{2}+\frac{\pi}{4}\right)$；

(2) $y=\left(\frac{a}{b}\right)^x\left(\frac{b}{x}\right)^a\left(\frac{x}{a}\right)^b(a>0,b>0)$；

(3) $y=x^{a^a}+a^{x^a}+a^{a^x}$；

(4) $y=\sqrt{x+\sqrt{x+\sqrt{x}}}$；

(5) $y=\sqrt{x\sqrt{x\sqrt{x}}}$；

(6) $y=\sqrt{1+e^{2x}}$；

(7) $y=\ln\frac{x+\sqrt{1+x^2}}{x}$；

(8) $y=x\ln(x+\sqrt{1+x^2})-\sqrt{1+x^2}$；

(9) $y=\ln(\cos^2 x+\sqrt{1+\cos^4 x})$；

(10) $y=\sqrt[5]{\frac{x-5}{\sqrt[5]{x^2+2}}}$；

(11) $y=\sin^2 x\sin(x^2)$；

(12) $y=x\arctan\sqrt{x}$；

(13) $y=\arctan\sqrt{\frac{1-x}{1+x}}$；

(14) $y=\sin\left(\frac{\cos x}{x}\right)$；

(15) $y=\frac{\sin(\cos x)}{x}$；

(16) $y=\cos\left(\frac{\arcsin x}{2}\right)$；

(17) $y=e^x\cos^3 x\ln x$；

(18) $y=x\arcsin(\ln x)$；

(19) $y=\ln\tan\frac{x}{2}-\cot x\ln(1+\sin x)-x$；

(20) $y=\arctan\sqrt{x^2-1}-\frac{\ln x}{\sqrt{x^2-1}}$.

2.25 求下列函数的导数：

(1) $y=\sqrt[x]{x}+\sqrt[x]{a}+\sqrt[a]{x}\ (a>0)$；

(2) $y=a^x+x^a+x^x(a>0)$；

(3) $y=(\sin x)^{\cos x}+(\cos x)^{\sin x}$；

(4) $y=x^{x^a}+x^{a^x}+a^{x^x}(a>0)$.

2.26 对下列函数先进行适当的恒等变形，然后再求导：

(1) $f(x)=\frac{1-2x}{x(1-x)}$；

(2) $f(x)=\frac{x^3-2x^2-x+1}{x^2-x-2}$；

(3) $f(x)=\frac{1}{\sqrt{x-1}+\sqrt{x+1}}$；

(4) $f(x)=\frac{1}{\sqrt{1+x^2}(x+\sqrt{1+x^2})}$；

(5) $f(x)=\sqrt{\frac{1-\cos x}{1+\cos x}}$；

(6) $f(x)=\frac{\sin(x+a)}{\sin x}$($a$ 为常数).

2.27 求下列函数的二阶导数：

(1) $y=\frac{1}{4\sqrt{2}}\ln\frac{x^2+\sqrt{2}x+1}{x^2-\sqrt{2}x+1}-\frac{1}{2\sqrt{2}}\arctan\frac{\sqrt{2}x}{x^2-1}$；

(2) $y=\frac{1}{2\sqrt{ab}}\ln\frac{\sqrt{a}+x\sqrt{b}}{\sqrt{a}-x\sqrt{b}}\ (a>0,b>0)$；

(3) $y=\frac{2}{\sqrt{a^2-b^2}}\arctan\left(\sqrt{\frac{a-b}{a+b}}\tan\frac{x}{2}\right)\ (a>b\geqslant 0)$.

2.28 利用变量替换的方法求下列函数的导数：

(1) $y=(\arccos x)^2\left[\ln^2(\arccos x)-\ln(\arccos x)+\dfrac{1}{2}\right]$；

(2) $y=\dfrac{1}{2}\arctan(\sqrt[4]{1+x^4})+\dfrac{1}{4}\ln\dfrac{\sqrt[4]{1+x^4}+1}{\sqrt[4]{1+x^4}-1}$；

(3) $y=\ln(\cos^2 x+\sqrt{1+\cos^4 x})$.

2.29 利用对数微分法求下列函数的导数：

(1) $y=x\sqrt{\dfrac{1-x}{1+x}}$；　　(2) $y=\dfrac{x^2}{1-x}\sqrt[3]{\dfrac{3-x}{(3+x)^2}}$；

(3) $y=(x-a_1)^{\alpha_1}(x-a_2)^{\alpha_2}\cdots(x-a_n)^{\alpha_n}$.

2.30 求下列函数的导数(其中 f 是可导函数)：

(1) $y=f(x^2)$；　　(2) $y=f(\sin^2 x)+f(\cos^2 x)$；

(3) $y=f(\mathrm{e}^x)\mathrm{e}^{f(x)}$；　　(4) $y=f\{f[f(x)]\}$.

2.31 求下列函数的导数：

(1) $y=|\sin^3 x|$；　　(2) $y=\arccos\dfrac{1}{|x|}$ $(|x|>1)$；

(3) $y=[x]\sin^2\pi x$ $(x\notin\mathbf{Z})$.

2.32 证明：双曲线 $xy=a$(a 为常数) 的切线与坐标轴所成三角形的面积为常数.

2.33 置光源于椭圆的一个焦点上，证明：光线经椭圆反射后通过另一个焦点.

2.34 求下列函数的左、右导数：

(1) $f(x)=\begin{cases}(x-a)^2(x-b)^2, & x\in[a,b],\\ 0, & x\notin[a,b];\end{cases}$

(2) $f(x)=\begin{cases}\dfrac{x}{1+\mathrm{e}^{\frac{1}{x}}}, & x\neq 0,\\ 0, & x=0.\end{cases}$

2.35 求下列隐函数的导数：

(1) 设 $\dfrac{x^2}{a^2}+\dfrac{y^2}{b^2}=1$，求 $\dfrac{\mathrm{d}y}{\mathrm{d}x}$；

(2) 设 $\operatorname{arccot}\dfrac{y}{x}=\ln\sqrt{x^2+y^2}$，求 $\dfrac{\mathrm{d}y}{\mathrm{d}x}$；

(3) 设 $\mathrm{e}^y+xy=\mathrm{e}$，求 $y''(0)$.

2.36 设 a,b 为常数，求 $f^{(n)}(0)$，若

(1) $f(x)=x^2\mathrm{e}^{ax}$；　　(2) $f(x)=\mathrm{e}^{ax}\sin bx$.

2.37 设 $y=\arctan x$，

(1) 证明：$(1+x^2)y^{(n+1)}+2nxy^{(n)}+n(n-1)y^{(n-1)}=0$；

(2) 求 $y^{(n)}(0)$.

2.38 证明：勒让德(Legendre) 多项式

$$P_n(x)=\frac{1}{2^n n!}\frac{\mathrm{d}^n(x^2-1)^n}{\mathrm{d}x^n}\ (n\in\mathbf{N})$$

满足方程：

$$(1-x^2)P''_n(x)-2xP'_n(x)+n(n+1)P_n(x)=0.$$

2.39 设函数 f 在$[a,b]$上连续，$f'(a)$ 存在，且 $f'(a)>\dfrac{f(b)-f(a)}{b-a}$，证明：若存在满足$f'(a)>\eta>$

$\frac{f(b)-f(a)}{b-a}$ 的数 η,则存在 $\xi \in (a,b)$,使得 $\frac{f(\xi)-f(a)}{\xi-a}=\eta$.

2.40 确定数 λ,使曲线 $\frac{x^2}{a^2}+\frac{y^2}{b^2}=1\ (a>0,b>0)$ 与曲线 $xy=\lambda$ 相切,并求公切线.

2.1.3 导数的应用

本节我们将利用导数工具研究可导函数的性质,寻求判别函数单调性与极值的简便实用方法,并将它们运用于寻找函数的最大(小)值和函数的作图等问题中.

1. 函数的极值与最值

定义 设函数 f 在区间 I 有定义,$x_0 \in I$.

1° 若 x_0 是 I 的内点且存在 x_0 的邻域 $U(x_0) \subset I$,使得对一切 $x \in U(x_0)$ 有

$$f(x) \leqslant f(x_0) \quad (f(x) \geqslant f(x_0))$$

成立,称 x_0 是 f 在 I 的一个**极大值点(极小值点)**,称 $f(x_0)$ 是 f 在 I 的**极大值(极小值)**.

2° 若对一切 $x \in I$,有

$$f(x) \leqslant f(x_0) \quad (f(x) \geqslant f(x_0))$$

成立,称 x_0 是 f 在 I 的**最大值点(最小值点)**,称 $f(x_0)$ 是 f 在 I 的**最大值(最小值)**.

极大与极小值点(极大与极小值)统称为**极值点(极值)**. 最大与最小值点(最大与最小值)统称为**最值点(最值)**.

函数 f 在区间 I 中可能有很多极值,但顶多只有一个最大值与一个最小值(可能有多个最值点),一般来说,函数 f 在 I 的最值点不一定是它的极值点,但函数 f 在 I 的内部的最值点一定是 f 的极值点.反之显然不对.

为了寻求函数 f 的极值点,先要缩小搜索范围,即研究函数在某点取得极值的必要条件.后面例1中的可导极值点 $x=-1$ 与 $x=1$ 已经显示了它的特性,即 $f'(-1)=f'(1)=0$,直观上表示曲线在 P_1 与 P_2 点的切线平行于 x 轴.一般地,有

定理1.7(费马定理) 设函数 f 在区间 I 有定义,若 x_0 是 f 的极值点,且 f 在 x_0 可导,则 $f'(x_0)=0$.

证明 不妨设 x_0 是 f 的极大值点.因 x_0 是 I 的内点,所以存在 x_0 的邻域 $U(x_0,\delta)$,使得 $U(x_0,\delta) \subset I$,当 $x \in U(x_0,\delta)$ 时,$f(x) \leqslant f(x_0)$.

当 $x \in (x_0-\delta,x_0)$ 时,因 $\frac{f(x)-f(x_0)}{x-x_0} \geqslant 0$,所以

$$f'(x_0)=f'_-(x_0)=\lim_{x\to x_0^-}\frac{f(x)-f(x_0)}{x-x_0} \geqslant 0.$$

当 $x \in (x_0,x_0+\delta)$ 时,因

$$\frac{f(x)-f(x_0)}{x-x_0} \leqslant 0,$$

所以

$$f'(x_0)=f'_+(x_0)=\lim_{x\to x_0^+}\frac{f(x)-f(x_0)}{x-x_0} \leqslant 0,$$

由 $f'(x_0) \geqslant 0$ 及 $f'(x_0) \leqslant 0$ 得到 $f'(x_0)=0$. □

注 (1) 定理的逆命题不成立,例如,$x=0$ 使得

$$f'(0)=(x^3)'\big|_{x=0}=3x^2\big|_{x=0}=0,$$

但它不是 $f(x)=x^3$ 的极值点.

(2) 按极值点的定义,极值点 x_0 必是 I 的**内点**.

导函数 f' 的零点,即使得 $f'(x)=0$ 的点 x 称为函数 f 的**临界点(或驻点)**. 费马定理给出了寻找可导极值点的范围,即 f 的可导极值点必在 f 的临界点集合之中. 那么,在 f 的不可导点中是否也有 f 的极值点呢?这是可能的. 例如,$f(x)=|x|$ 在 $x=0$ 点不可导,但 $x=0$ 是它的极小值点. 因此,f 的一切极值点必在 f 的临界点与不可导点组成的集合之中(称它们为**极值可疑点**).

2. 函数的单调性

定理 1.8 设函数 $f(x)$ 在 $[a,b]$ 连续,在 (a,b) 可微,且对一切 $x\in(a,b)$ 有 $f'(x)>0$ $(f'(x)<0)$,则函数 f 在 $[a,b]$ 严格增(严格减).

证明 若 f 在 $[a,b]$ 上不是严格单调,则只有两种可能,一是 f 在 $[a,b]$ 单调但非严格单调,从而存在 $[a,b]$ 中的两点 $x_1<x_2$,使得 $f(x_1)=f(x_2)$,又因 f 单调,f 在 $[x_1,x_2]$ 上是常值函数,所以 $f'(x)$ 在 (x_1,x_2) 上恒等于零,与已知条件矛盾. 另一种情形是,f 是 $[a,b]$ 上的非单调函数,则由 1.1.5 节的例 4 知,存在 $[a,b]$ 中的三点 $x_1<x_2<x_3$,使得 $f(x_1)<f(x_2)$ 且 $f(x_2)>f(x_3)$,或使得 $f(x_1)>f(x_2)$ 且 $f(x_2)<f(x_3)$,这说明,f 限制在 $[x_1,x_3]$ 上时,必在 (x_1,x_3) 中取到一个最值点,从而是极值点. 再由定理 1.7,就存在 $x_0\in(x_1,x_3)$,使得 $f'(x_0)=0$,这又与已知条件矛盾. 所以 f 在 $[a,b]$ 严格单调. 又因为 $f'(x_0)=\lim\limits_{x\to x_0}\dfrac{f(x)-f(x_0)}{x-x_0}$,由极限的保号性,当 $f'(x)>0$ $(f'(x)<0)$ 时 $f(x)$ 严格增(严格减).

有了定理 1.8,运用微扰方法可得

定理 1.9(函数单调性准则) 设函数 f 在 $[a,b]$ 连续,在 (a,b) 可微,则函数 f 在 $[a,b]$ 单调增(单调减)的充要条件是

$$f'(x)\geqslant 0\ (f'(x)\leqslant 0),\ x\in(a,b).$$

证明 必要性($\Rightarrow$) 设 f 在 $[a,b]$ 单调增. 则任取 $h\neq 0$,只要 $x+h,x\in[a,b]$,就有 $\dfrac{f(x+h)-f(x)}{h}\geqslant 0$. 那么当 $x\in(a,b)$ 时,在上面不等式中令 $h\to 0$,由极限的保号性就得到了 $f'(x)\geqslant 0,x\in(a,b)$.

充分性($\Leftarrow$) 设 $f'(x)\geqslant 0,x\in(a,b)$. 则对每个 $\varepsilon>0$,可构造函数

$$g(x)=f(x)+\varepsilon x,\ x\in(a,b),$$

则 $g(x)$ 的导数满足 $g'(x)=f'(x)+\varepsilon>0$,所以函数 g 在 $[a,b]$ 严格增. 在 $[a,b]$ 上任意取定 $x_1<x_2$,必有 $g(x_1)<g(x_2)$,即

$$f(x_1)+\varepsilon x_1<f(x_2)+\varepsilon x_2,$$

亦即

$$f(x_1)<f(x_2)+\varepsilon(x_2-x_1).$$

对取定的 $x_1<x_2$,上式对任意的 $\varepsilon>0$ 成立,上式中令 $\varepsilon\to 0^+$ 得 $f(x_1)\leqslant f(x_2)$,故 f 在 $[a,b]$ 单调增.

同理可证,当 $f'(x)\leqslant 0$ 时,f 在$[a,b]$单调减.

利用这个定理,读者很容易证明下面的定理.

定理 1.10 设函数 f 在$[a,b]$连续,则 f 在$[a,b]$为常值函数的充要条件是

$$f'(x)=0,\ x\in(a,b).$$

例 1 研究函数 $f(x)=3x-x^3$ 在 $\mathbf{R}$ 的单调性.

解 因 $f'(x)=3-3x^2=3(1+x)(1-x)$,所以当 $x<-1$ 时,$f'(x)<0$,因此,f 在$(-\infty,-1)$严格减;当 $-1<x<1$ 时,$f'(x)>0$,因此,f 在$(-1,1)$严格增;当 $x>1$ 时,$f'(x)<0$,因此,f 在$(1,+\infty)$严格减.

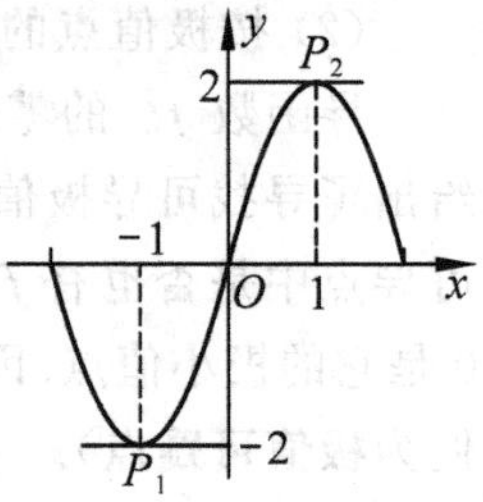

图 2.1-15

把所得结果列表并画图(见图 2.1-15).

x	$(-\infty,-1)$	-1	$(-1,1)$	1	$(1,+\infty)$
$f'(x)$	$-$	0	$+$	0	$-$
$f(x)$	↘	-2	↗	2	↘

例 2 证明:$e^x\geqslant 1+x\ (x\in\mathbf{R})$.

证明 令 $f(x)=e^x-(1+x),\ x\in\mathbf{R}$,显然 f 是 $x\in\mathbf{R}$ 上的可导函数,且

$$f'(x)=e^x-1\begin{cases}>0, & x>0;\\ <0, & x<0.\end{cases}$$

于是,f 在$(-\infty,0)$严格减;f 在$(0,+\infty)$严格增,且 $f(0)=0$. 故 $x<0$ 时有 $f(x)>f(0)=0$,$x>0$ 时有 $f(x)>f(0)=0$,即 $f(x)\geqslant 0$,也即 $e^x\geqslant 1+x\ (x\in\mathbf{R})$,且等号当且仅当 $x=0$ 时成立.

例 3 研究数列 $x_n=\sqrt[n]{n}\ (n\in\mathbf{N})$ 的单调性,并求最大项.

解 令 $f(x)=\sqrt[x]{x}\ (x>0)$,有

$$f'(x)=\left(e^{\frac{1}{x}\ln x}\right)'=\sqrt[x]{x}\left(\frac{1-\ln x}{x^2}\right)<0\quad(x>e),$$

所以 $f(x)$ 在 $x\geqslant e$ 上严格减,故数列 $x_n=\sqrt[n]{n}$ 从第三项以后严格减,最大项为 $x_3=\sqrt[3]{3}$,即有

$$\sqrt{2}<\sqrt[3]{3}>\sqrt[4]{4}>\sqrt[5]{5}>\cdots.$$

3. 极值判别法

定理 1.11(极值判别法(Ⅰ)) 设函数 f 在 x_0 的邻域 $U(x_0,\delta)$ 连续,在空心邻域 $\mathring{U}(x_0,\delta)$ 可导.

1° 当 $x\in(x_0-\delta,x_0)$ 时,$f'(x)\leqslant 0$;$x\in(x_0,x_0+\delta)$ 时,$f'(x)\geqslant 0$,则 x_0 是 f 的极小值点;

2° 当 $x_0\in(x_0-\delta,x_0)$ 时,$f'(x)\geqslant 0$;$x\in(x_0,x_0+\delta)$ 时,$f'(x)\leqslant 0$,则 x_0 是 f 的极大值点;

3° 当 $x\in\mathring{U}(x_0,\delta)$ 时,导函数 f' 不改变符号,则 x_0 不是 f 的极值点.

证明 仅证 1° 就行了.

因 $x \in (x_0-\delta, x_0)$，$f'(x) \leqslant 0$；$x \in (x_0, x_0+\delta)$，$f'(x) \geqslant 0$，且 f 在 $(x_0-\delta, x_0+\delta)$ 连续，所以，$f(x)$ 在 $(x_0-\delta, x_0]$ 单调减，在 $[x_0, x_0+\delta)$ 单调增，故 $\forall x \in U(x_0, \delta)$，有 $f(x) \geqslant f(x_0)$，因此，x_0 是 f 的极小值点. □

请注意：定理条件并不要求 f 在 x_0 可导，故此判别法也适用于在不可导的可疑极值点中寻找极值点.

定理 1.12（极值判别法（Ⅱ））　设函数 f 在 x_0 的邻域 $U(x_0)$ 可导，x_0 是 f 的临界点（即 $f'(x_0)=0$），且 $f''(x_0)$ 存在.

1°　若 $f''(x_0)<0$，则 x_0 是 f 的极大值点；

2°　若 $f''(x_0)>0$，则 x_0 是 f 的极小值点.

证明　只需证 1° 就行了.

因 $f''(x_0)<0$，$f'(x)=0$，及 $f''(x_0)$ 是 $\dfrac{f'(x_0+h)-f'(x_0)}{h}$ 当 $h \to 0$ 时的极限，由极限的保号性，存在 $\delta>0$，只要 $0<|h|<\delta$，就有 $\dfrac{f'(x_0+h)}{h}<0$，所以当 $x_0-\delta<x=x_0+h<x_0$，即 $h<0$ 时，有 $f'(x)>0$，而当 $x_0<x<x_0+\delta$ 时有 $f'(x)<0$，由定理 1.11 的 2°，x_0 是 f 的极大值点. □

上述两个判别法读者可根据函数性质及求一阶导数、二阶导数的简繁程度选择使用.

例 4　求函数 $f(x)=x^3-6x^2+9x+2$ 的极值点.

解　先求极值可疑点. 由方程

$$f'(x)=3x^2-12x+9=3(x-1)(x-3)=0$$

解出 f 的临界点：$x_1=1$，$x_2=3$. 又由于当 $x<1$ 或 $x>3$ 时，有 $f'(x)>0$；当 $1<x<3$ 时，有 $f'(x)<0$，根据极值判别法（Ⅰ）知 $x_1=1$ 是 f 的极大值点，$x_2=3$ 是 f 的极小值点.

也可用极值判别法（Ⅱ）研究临界点（驻点）x_1，x_2 的性质，由

$$f''(x)=6x-12$$

得

$$f''(1)=-6<0, \quad f''(3)=6>0,$$

故 $x_1=1$ 是 f 的极大值点，$x_2=3$ 是 f 的极小值点.

例 5　求函数 $f(x)=\dfrac{10\sqrt[3]{(x-1)^2}}{x^2+9}$ 的极值点.

解　先求极值可疑点. 由方程

$$f'(x)=\frac{20(9+3x-2x^2)}{3(x^2+9)^2(x-1)^{\frac{1}{3}}}=\frac{-40\left(x+\dfrac{3}{2}\right)(x-3)}{3(x^2+9)^2(x-1)^{\frac{1}{3}}}=0$$

得 f 的临界点（驻点）：$x_1=-\dfrac{3}{2}$，$x_2=3$. 又易知 $x_3=1$ 是 f 的不可导点.

由极值判别法（Ⅰ）知 x_1 与 x_2 是 f 的极大值点，x_3 是 f 的极小值点. 函数 $f(x)$ 的图像如图 2.1-16 所示.

也可用极值判别法（Ⅱ）研究临界点（驻点）x_1，x_2 的性质，但不能用它研究不可导点 x_3 的性质，因为

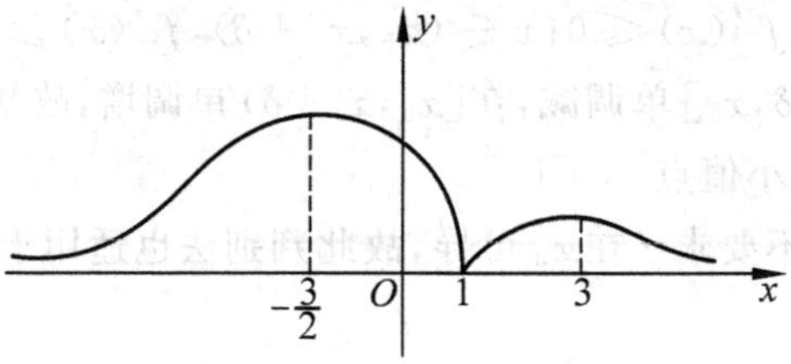

图 2.1-16

$$f''(x)=\frac{20}{3}\frac{(3-4x)[(x^2+9)(x-1)^{\frac{1}{3}}]-(9+3x-2x^2)[(x^2+9)^2(x-1)^{\frac{1}{3}}]}{(x^2+9)^4(x-1)^{\frac{2}{3}}},$$

由此得到

$$f''\left(-\frac{3}{2}\right)<0,\quad f''(3)<0,$$

故 x_1,x_2 是 f 的极大值点. 但是极值判别法(Ⅱ)不能判断 $x_3=1$ 是不是 f 的极值点.

下面来研究函数的最值问题,许多数学问题和实际问题均可转化为求函数的最值问题. 如上面的例 2 是要证明函数不等式 $e^x\geqslant 1+x, x\in\mathbf{R}$,它等价于证明 $f(x)=e^x-1-x\geqslant 0$, $x\in\mathbf{R}$,这就变为求 f 的最小值问题.

前面已指出,f 的内部最值点必是 f 的极值点. 所以,f 在有界闭区间$[a,b]$连续时,f 的最值点或是 f 的极值点,或是区间的端点. 因为 f 的极值点或是 f 的临界点或是导数不存在点(它们统称为极值可疑点),则当 f 在$[a,b]$连续,且除去有限个点外 f 在$[a,b]$可微时,f 在极值可疑点与端点处的函数值的最大值(最小值)就是 f 在$[a,b]$上的最大值(最小值).

在实际应用中,常可用下面的推论来求函数的最值.

推论 设 f 在区间 I 连续,I 的内点 x_0 是 f 在 I 中的唯一的极值点,则 $f(x_0)$必是 f 在 I 上的一个最值. 若 x_0 是 f 的极大(极小)值点,则 $f(x_0)$是 f 在 I 的最大(最小)值.

用反证法和连续函数的最值定理即可证明推论,请读者自证.

例 6 把一块宽为 b 的长方形铁皮两边分别向上折成直角,做成一个开口水槽(见图 2.1-17),求所折边缘的宽度 x,使得水槽容积最大.

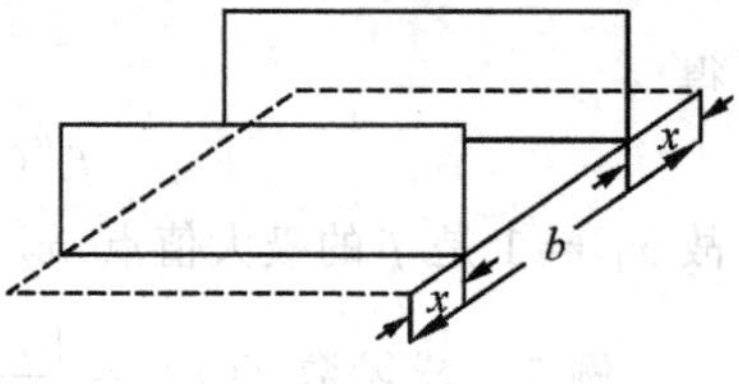

图 2.1-17

解 要求水槽容积最大相当于要求它的截面面积 S 最大. 这样问题就归结为求函数

$$S(x)=x(b-2x)$$

在 $0\leqslant x\leqslant\frac{b}{2}$上的最大值. 对 $S(x)$求导得

$$S'(x)=b-4x=0,$$

从上面方程解出极值可疑点为

$$x=\frac{b}{4},$$

因 $S''(x)=-4<0$,所以 $x_0=\frac{b}{4}$是 $S(x)$在$\left[0,\frac{b}{2}\right]$上唯一的极值点,且是极大值点,根据上面的推论,$S$ 的最大值是

$$S\left(\frac{b}{4}\right)=\frac{b^2}{8}.$$

即当所折边缘的宽度

$$x=\frac{b}{4}$$

时，水槽容积最大.

例 7　有一屋架尺寸如图 2.1-18 所示，要把它吊到柱子上去，厂里有一吊臂长 15 m，底座高 1.5 m 的起重机，问此起重机能将屋架吊离地面的最大高度是多少？

解　已知吊臂长 $ED=15$ m，底座高 $EG=1.5$ m，屋架高 $BC=2$ m，屋架的底面的短边长的一半 $CF=3$ m.

设吊臂仰角为 φ 且起重机将屋架吊到不能再升高时，屋架底部与地面距离为 h.

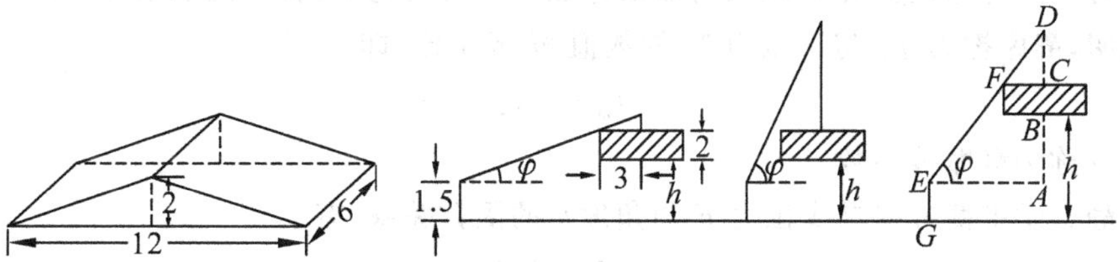

图 2.1-18

则由图 2.1-18 最右边图，就确定了 h 与 φ 的函数关系，有

$$\begin{aligned} h &= AB+EG=(AD-BC-CD)+EG=ED\sin\varphi-BC-CF\tan\varphi+EG \\ &=15\sin\varphi-3\tan\varphi-0.5,\ \varphi\in\left[0,\frac{\pi}{2}\right). \end{aligned}$$

由方程

$$\frac{\mathrm{d}h}{\mathrm{d}\varphi}=15\cos\varphi-\frac{3}{\cos^2\varphi}=0,$$

得到函数 $h(\varphi)$ 在 $\left[0,\frac{\pi}{2}\right)$ 内部唯一的临界点：

$$\varphi_0=\arccos\sqrt[3]{\frac{1}{5}}\approx 54°.$$

又 $\dfrac{\mathrm{d}^2h}{\mathrm{d}\varphi^2}=-15\sin\varphi-\dfrac{6\sin\varphi}{\cos^3\varphi}<0,\varphi\in\left[0,\dfrac{\pi}{2}\right)$，

故 φ_0 是 $h(\varphi)$ 在 $\left[0,\frac{\pi}{2}\right)$ 内唯一的极值点且是极大值点，因而必是 $h(\varphi)$ 在 $\left[0,\frac{\pi}{2}\right)$ 上的最大值点，最大值为

$$h(\varphi_0)\approx 15\sin 54°-3\tan 54°-0.5\approx 7.49(\mathrm{m}).$$

这就是说，起重机将屋架吊离地面的最大高度是 7.49 m.

例 8　如图 2.1-19 所示，质量为 G 的物体放在水平地面上，已知物体与地面间的摩擦系数为 μ，现加一力 $\boldsymbol{F}$ 使物体开始移动，问此力与水平方向夹角 θ 为多大时，用力最省？

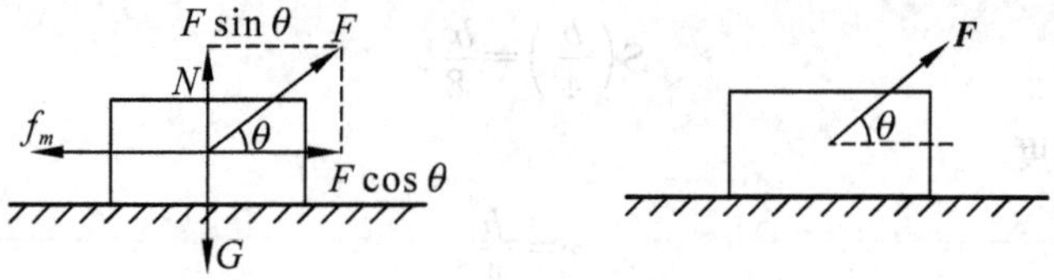

图 2.1-19

解 首先要分析物体的受力情况,取物体为隔离体,它受到4个力的作用:

重力 $\boldsymbol{G}$:即地球对物体的引力.

约束反力 $\boldsymbol{N}$:即地面对物体的支撑力,它与物体对地面的正压力 $\boldsymbol{N}'$ 是一对作用力与反作用力.

摩擦力(静摩擦力)$\boldsymbol{f}$:即固体之间如果存在相对滑动趋势,就会出现阻止相对滑动的力,由实验证明,静摩擦力 f_m 与正压力 $\boldsymbol{N}'$ 的数值 N 成正比,即

$$f_m=\mu N.$$

比例系数 μ 称为静摩擦系数.

利用静力学平衡方程寻找拉力 F 与角度 θ 的函数关系,有

$$\begin{cases}G=N+F\sin\theta,\\ f_m=F\cos\theta,\end{cases}$$

其中 G,N,F 是 $\boldsymbol{G},\boldsymbol{N},\boldsymbol{F}$ 的数值,把 $f_m=\mu N$ 代入上式得

$$F=\frac{\mu G}{\cos\theta+\mu\sin\theta}.$$

这样,上述物理问题归结为寻找函数 F 在区间 $\left[0,\frac{\pi}{2}\right]$ 上的最小值,为简化计算,它也等价于求函数

$$\varphi(\theta)=\cos\theta+\mu\sin\theta$$

在 $\left[0,\frac{\pi}{2}\right]$ 上的最大值,因为

$$\varphi'(\theta)=-\sin\theta+\mu\cos\theta,$$

故 $\theta_0=\arctan\mu$(称为摩擦角)是函数 $\varphi(\theta)$ 在 $\left[0,\frac{\pi}{2}\right]$ 内部唯一的临界点,因 $\varphi''(\theta)<0$,所以 θ_0 是 $\varphi(\theta)$ 在 $\left[0,\frac{\pi}{2}\right]$ 上唯一的极值点,且是极大值点,所以 θ_0 是它的最大值点. 这就是说,当拉力与水平面夹角 θ 等于摩擦角 θ_0 时最省力. 例如,石块与木板间的摩擦系数

$$\mu=0.4,$$

摩擦角 $\theta_0=\arctan 0.4\approx 22^\circ$,因此在木板地面上拉石块时,拉力方向与水平方向成 22° 角时最省力.

例 9 一个工厂究竟生产多少产品才能获得最好的经济效益呢? 也就是如何选择最佳产品数 q_*,使得生产一个产品的成本最低,亦即使得单位产品的成本最低.

解 设 $C(q)$ 是生产 q 个产品的成本,则 $\frac{C(q)}{q}$ 是生产 q 个产品的平均单位成本. 求最低

单位成本，就是求$\frac{C(q)}{q}$的最小值（图 2.1-20），设$\frac{C(q_*)}{q_*}$是最低单位成本，它必满足

$$\left[\frac{C(q)}{q}\right]'_{q=q_*}=\frac{q_*C'(q_*)-C(q_*)}{q_*^2}=0,$$

即

$$\left.\frac{\mathrm{d}C}{\mathrm{d}q}\right|_{q=q_*}=\frac{C(q_*)}{q_*},$$

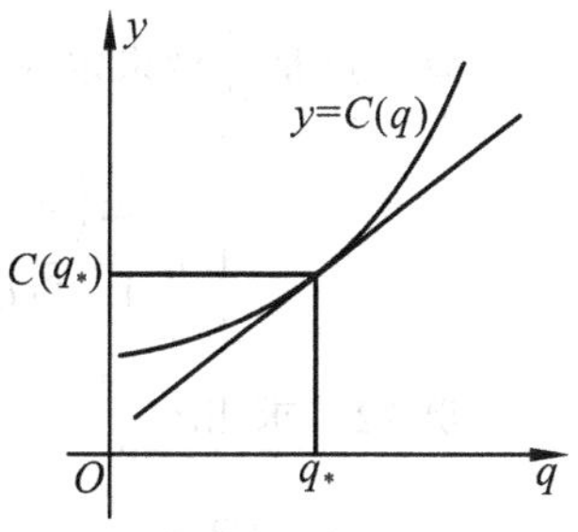

图 2.1-20

这就是说，当工厂生产的产品数 q_* 使得生产的边际成本$\left.\frac{\mathrm{d}C}{\mathrm{d}q}\right|_{q_*}$等于生产的平均成本$\frac{C(q_*)}{q_*}$时，工厂处于最有效的生产状态.

例 10　某快餐公司在某地区已有 40 个营业点，每个营业点平均每天营业额为 1 万元. 经调查发现：每开一个新营业点将会使所有各营业点每天的营业额减少 200 元，试问：该公司总共要开多少个营业点，才能使公司的总收入最多？

解　设新开营业点个数为 x，每天总收入为 R.

当营业点总数为 $40+x$ 个时，每个营业点每天收入为$(10\ 000-200x)$元，故公司总收入为

$$R(x)=(10\ 000-200x)(40+x)=200(50-x)(40+x),$$

故边际收入为 $R'(x)=400(5-x)$，又 $R''(x)=-400<0$，因此，$x=5$ 是唯一极值点且是极大值点，故为最大值点，即公司应新增 5 个营业点，才能使总收入最多.

4. 洛必达法则

求$\frac{0}{0}$型与$\frac{\infty}{\infty}$型未定式极限的一个重要而简便的方法就是洛必达法则，它的证明将在第 2 册中给出.

定理 1.13（洛必达法则）　设函数 f，g 在 a 点的空心邻域可导且 $g'(x)$恒不为 0，并满足

1°　当 $x\to a$ 时，$\frac{f'(x)}{g'(x)}$的极限存在；

2°　当 $x\to a$ 时，或者$\frac{f(x)}{g(x)}$是$\frac{0}{0}$型未定式，或者 $g(x)$趋于∞，则下式成立

$$\lim_{x\to a}\frac{f(x)}{g(x)}=\lim_{x\to a}\frac{f'(x)}{g'(x)}.$$

洛必达法则对于单侧极限及 $x\to\pm\infty$或 $x\to\infty$时的极限同样成立. 在应用洛必达法则时还要注意，即使$\lim\limits_{x\to a}\frac{f'(x)}{g'(x)}$不存在时，极限$\lim\limits_{x\to a}\frac{f(x)}{g(x)}$也可能存在. 例如，$\lim\limits_{x\to\infty}\frac{x}{2x+\sin x}=\frac{1}{2}$，但是$\lim\limits_{x\to\infty}\frac{1}{2+\cos x}$不存在. 所以该极限不能用洛必达法则来计算.

例 11　求$\lim\limits_{x\to\frac{\pi}{3}}\frac{\sin\left(x-\frac{\pi}{3}\right)}{1-2\cos x}$.

解 这是$\frac{0}{0}$型未定式,可试用洛必达法则来计算,有

$$\lim_{x\to\frac{\pi}{3}}\frac{\sin\left(x-\frac{\pi}{3}\right)}{1-2\cos x}=\lim_{x\to\frac{\pi}{3}}\frac{\left(\sin\left(x-\frac{\pi}{3}\right)\right)'}{(1-2\cos x)'}=\lim_{x\to\frac{\pi}{3}}\frac{\cos\left(x-\frac{\pi}{3}\right)}{2\sin x}=\frac{1}{\sqrt{3}}.$$

例 12 求 $\lim\limits_{x\to+\infty}\frac{x^n}{e^x}$.

解 这是$\frac{\infty}{\infty}$型未定式,多次应用洛必达法则,有

$$\lim_{x\to+\infty}\frac{x^n}{e^x}=\lim_{x\to+\infty}\frac{(x^n)'}{(e^x)'}=\cdots=\lim_{x\to+\infty}\frac{(x^n)^{(n)}}{(e^x)^{(n)}}=\lim_{x\to+\infty}\frac{n!}{e^x}=0.$$

5. 函数作图

画函数 $y=f(x),x\in I$ 的图像的基本方法是,先取 $x_i\in I,i=0,1,\cdots,m$,然后在图上标出点$(x_0,f(x_0)),\cdots,(x_m,f(x_m))$,最后用一条光滑曲线连接这 $m+1$ 个点.但是当 $y=f(x)$ 的定义域是开区间时,就需要研究 $x\to+\infty$ 或 $x\to c^+$ 或 c^- 时$(x,f(x))$在平面上的变化趋势,才能比较精确地描绘函数的图像,这就要研究函数的渐近线问题.它可分成两种情形.

情形 1 $x\to+\infty$或$x\to-\infty$.

设函数 $f(x)$定义在无界区间上,如果函数 f 的图像上一动点$P(x,f(x))$到固定直线 L 的距离$\delta(x)$,当 $x\to\pm\infty$时以零为极限,则称直线 L 为曲线$y=f(x)$的**渐近线**,亦可称它为函数 f 的渐近线.

如何寻找函数的渐近线呢? 设 $y=f(x)$有渐近线 L(见图 2.1-21),它的方程为

$$y=ax+b.$$

在曲线 $y=f(x)$上任取一点 $P(x,f(x))$,它到 L 的距离为

$$\delta(x)=|PK|,$$

由渐近线定义应有

$$\lim_{x\to+\infty}\delta(x)=0 \quad 或 \quad \lim_{x\to-\infty}\delta(x)=0,$$

因$|PK|=|PM|\cos\alpha$,而 $\cos\alpha$ 是非零常数,故上式等价于

$$\lim_{x\to\pm\infty}|PM|=0.$$

又 $|PM|=|f(x)-(ax+b)|$,所以

$$\lim_{x\to\pm\infty}[f(x)-(ax+b)]=0.$$

反之,若上式成立,易知 $y=ax+b$ 必是 $y=f(x)$的渐近线.由此得到下面的性质.

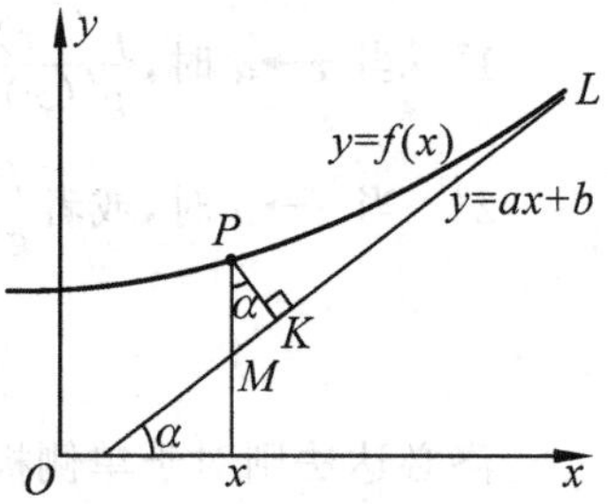

图 2.1-21

性质 1.14 直线 $y=ax+b$ 是函数 $f(x)$的渐近线的充要条件是

$$\lim_{x\to+\infty}[f(x)-(ax+b)]=0$$

或

$$\lim_{x\to-\infty}[f(x)-(ax+b)]=0.$$

当 $a\neq0$ 时,常称 $y=ax+b$ 为**斜渐近线**;

当 $a=0$ 时,常称 $y=b$ 为**水平渐近线**.

如何求上述条件中的 a 与 b 呢？

由上述性质中的条件，立即得到

$$\lim_{x\to\pm\infty}\left[\frac{f(x)}{x}-a-\frac{b}{x}\right]=0.$$

再由 $\lim\limits_{x\to\pm\infty}\frac{b}{x}=0$，就得到

$$a=\lim_{x\to\pm\infty}\frac{f(x)}{x}. \tag{1}$$

由 a 的存在性，通过式子

$$b=\lim_{x\to\pm\infty}[f(x)-ax] \tag{2}$$

就得到了数 b.

情形 2　$x\to c^+$ 或 $x\to c^-$.

设函数 $f(x)$ 定义在 $x=c$ 的空心邻域上，如果 $\lim\limits_{x\to c^-}f(x)=\infty$ 或 $\lim\limits_{x\to c^+}f(x)=\infty$，则称直线 $x=c$ 是曲线 $y=f(x)$ 的**垂直渐近线**，亦可称它为函数 f 的垂直渐近线，如图 2.1-22 所示.

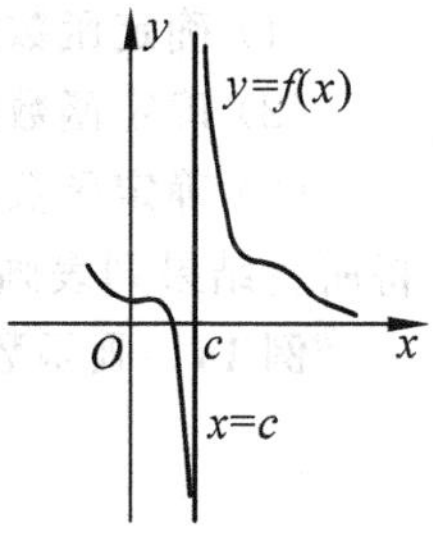

图 2.1-22

例 13　求函数

$$f(x)=\sqrt{\frac{x^3}{x-a}}\ (a>0)$$

的渐近线.

解　因

$$\lim_{x\to a^+}\sqrt{\frac{x^3}{x-a}}=+\infty,$$

所以，$x=a$ 是函数 $f(x)$ 的垂直渐近线，因为

$$a_1=\lim_{x\to+\infty}\frac{f(x)}{x}=\lim_{x\to+\infty}\sqrt{\frac{x}{x-a}}=1;$$

$$\begin{aligned}b_1&=\lim_{x\to+\infty}[f(x)-a_1x]\\&=\lim_{x\to+\infty}\left(\sqrt{\frac{x^3}{x-a}}-x\right)\\&=\lim_{x\to+\infty}x\left(\frac{\sqrt{x}-\sqrt{x-a}}{\sqrt{x-a}}\right)=\frac{a}{2},\end{aligned}$$

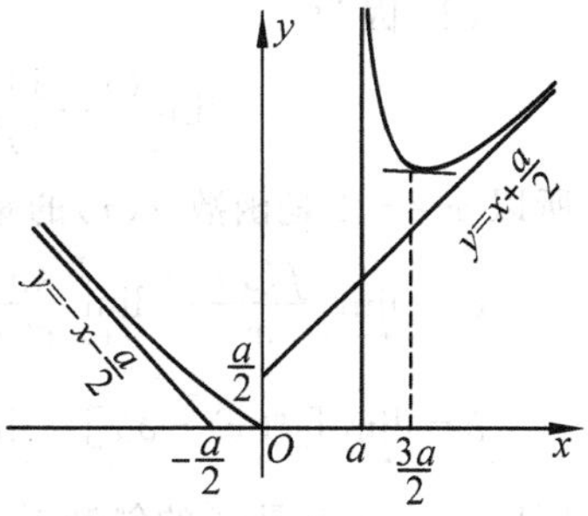

图 2.1-23

所以

$$y=x+\frac{a}{2}$$

是函数 $f(x)$ 的一条斜渐近线，如图 2.1-23 所示.

又有

$$a_2=\lim_{x\to-\infty}\frac{f(x)}{x}=\lim_{x\to-\infty}\frac{|x|}{x}\sqrt{\frac{x}{x-a}}=-1;$$

$$b_2=\lim_{x\to-\infty}[f(x)-a_2x]=\lim_{x\to-\infty}\left(\sqrt{\frac{x^3}{x-a}}+x\right)$$

$$\xlongequal{x=-y}\lim_{y\to+\infty}\left(\sqrt{\frac{y^3}{y+a}}-y\right)$$

$$=\lim_{y\to+\infty}\left[\frac{-ay}{(\sqrt{y}+\sqrt{y+a})\sqrt{y+a}}\right]=-\frac{a}{2},$$

所以

$$y=-x-\frac{a}{2}$$

是函数 $f(x)$的另一条斜渐近线，如图 2.1-23 所示.

函数作图的一般步骤如下：

(1) 确定函数的定义域、连续区间，讨论函数的奇偶性、周期性、零点、间断点等；

(2) 确定函数的渐近线；

(3) 确定函数的导数，求出所有可疑极值点，然后确定函数的单调区间与极值点，最后将所得结果列表画图.

例 14 画函数

$$f(x)=\frac{(x-1)^3}{(x+1)^2}$$

的图像.

解 (1) 函数 f 的定义域是$(-\infty,-1)\cup(-1,+\infty)$，这也是它的连续区间及可导区间. $x=-1$ 是 f 的间断点，而且容易看出，当 $x\to-1$ 时，函数值为负且它的绝对值无限增大. $x=1$ 是函数的零点. 函数无奇偶性也无周期性.

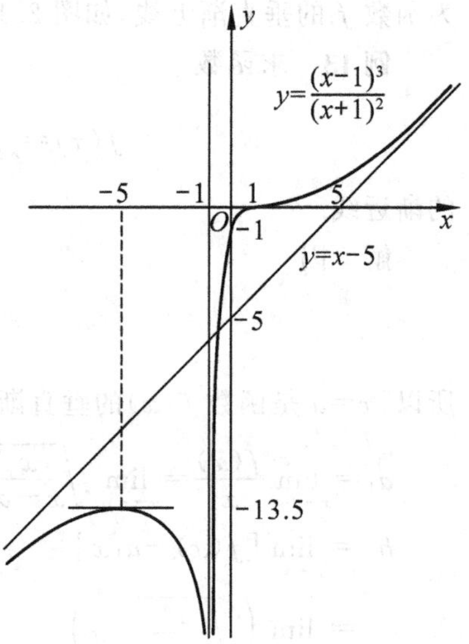

图 2.1-24

(2) 因为

$$\lim_{x\to-1}\frac{(x-1)^3}{(x+1)^2}=-\infty,$$

所以 $x=-1$ 是函数 $f(x)$的垂直渐近线. 又

$$a=\lim_{x\to+\infty}\frac{f(x)}{x}=\lim_{x\to+\infty}\frac{(x-1)^3}{x(x+1)^2}=1;$$

$$b=\lim_{x\to+\infty}[f(x)-ax]=\lim_{x\to+\infty}\left[\frac{(x-1)^3}{(x+1)^2}-x\right]=-5,$$

所以 $y=x-5$ 是 f 的斜渐近线，易知当 $x\to-\infty$时，上式结果不变，故 f 只有一条斜渐近线 $y=x-5$.

(3) 因为

$$f'(x)=\frac{(x-1)^2(x+5)}{(x+1)^3},$$

所以极值可疑点为

$$x_1=-5,x_2=1.$$

当 $x<-5$ 时，$f'(x)>0$，所以 f 在$(-\infty,-5)$严格增；

当$-5<x<-1$ 时，$f'(x)<0$，所以 f 在$(-5,-1)$严格减，故 $x_1=-5$ 是 f 的极大值点；

当 $x>-1$ 时，除 $f'(1)=0$ 外，$f'(x)>0$，所以 f 在 $(-1,+\infty)$ 严格增，故 $x_2=1$ 不是 f 的极值点.

最后列表画图，如图 2.1-24 所示.

x	$(-\infty,-5)$	-5	$(-5,-1)$	-1	$(-1,1)$	1	$(1,+\infty)$
$f'(x)$	$+$	0	$-$	不存在	$+$	0	$+$
$f(x)$	↗	极大值 -13.5	↘	$-\infty$	↗	0	↗

思　考　题

1. 证明定理 1.8 当 $f'(x)<0$ 的情形（仿照 $f'(x)>0$ 时的证明方法）.

2. 如果把定理 1.8 中"f 在有界闭区间 $[a,b]$ 连续"这一条件去掉，结论还成立吗？

3. 如果把定理 1.8 中的条件 $f'(x)>0$ 改成 $f'(x)\geqslant 0$，那么定理证明还通得过吗？

4. 如果函数 f 在区间 I 可导，且严格增，那么是否对一切 $x\in I$，有 $f'(x)>0$？

5. 若 $f(a)$ 是函数 f 在区间 $[a,b]$ 的最大值或最小值，且 $f'_+(a)$ 存在，是否一定有 $f'_+(a)=0$？

6. 设函数 f 在 x_0 的邻域可导，且 $f'(x_0)>0$，能否断定存在 x_0 的某个邻域，使得 f 在此邻域严格增？如果添加条件"导函数 f' 在 x_0 连续"，上述断言如何？

$$\left(\text{提示}: f(x)=\begin{cases}\dfrac{x}{2}+x^2\sin\dfrac{1}{x}, & x\neq 0,\\ 0, & x=0.\end{cases}\right)$$

7. 若 x_0 是函数 f 的极小值点，能否断定存在 x_0 的某个右邻域，使得 f 在此右邻域上是单调增的？

$$\left(\text{提示}: f(x)=\begin{cases}x^4\sin^2\dfrac{1}{x}, & x\neq 0,\\ 0, & x=0.\end{cases}\right)$$

8. 如果 f 在开区间 (a,b) 的任一有界闭区间 $[a_1,b_1]$ 有最大值，能否断定 f 在 (a,b) 有最大值？

9. 设函数 f 在 x_0 的某邻域可导，x_0 是 f 的临界点，且 $f''(x_0)=0$，关于 x_0 是否为极值点，你能得出什么结论呢？

10. 比较极值判别法（Ⅰ）（Ⅱ）的条件与各自适用的范围.

11. 从图 2.1-25 所示的函数 $f(x)$ 图像上，你能否猜出函数 $f(x)$ 向上凸与向下凸的现象与 $f''(x)$ 的关系？

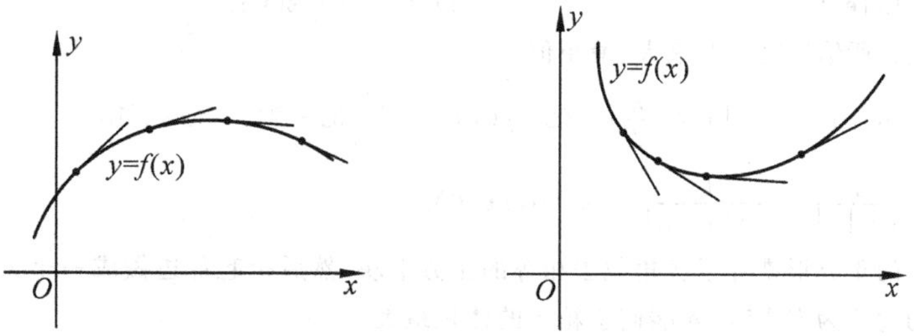

图 2.1-25

练　习　题

2.41　讨论下列函数的单调性.

(1) $f(x)=x^3-x^2-8x+1$；　　(2) $f(x)=x+\sin x$；

(3) $f(x)=\frac{1}{x^2+x+1}$；　　(4) $f(x)=x^n e^{-x}(n\in\mathbf{N}_+,x\geqslant 0)$；

(5) $f(x)=\frac{x+1}{x^2+1}$.

2.42 设对一切 x 有 $f'(x)>g'(x)$，并且 $f(a)=g(a)$. 求证：当 $x>a$ 时，$f(x)>g(x)$；当 $x<a$ 时，$f(x)<g(x)$. 并对上述结论给予几何解释.

2.43 证明下列不等式：

(1) 当 $x<0$ 时，$\arctan x>x$，当 $x>0$ 时，$\arctan x<x$；

(2) $x-\frac{x^2}{2}<\ln(1+x)<x\ (x>0)$；　　(3) $x-\frac{x^3}{6}<\sin x<x\ (x>0)$.

2.44 证明下列等式：

(1) $\arcsin x+\arccos x=-\frac{\pi}{2}$；　　(2) $\arctan x+\arctan\frac{1}{x}=\frac{\pi}{2}$.

2.45 图 2.1-26 是 f 的导函数的图形，指出函数 f 的所有极大值与极小值点.

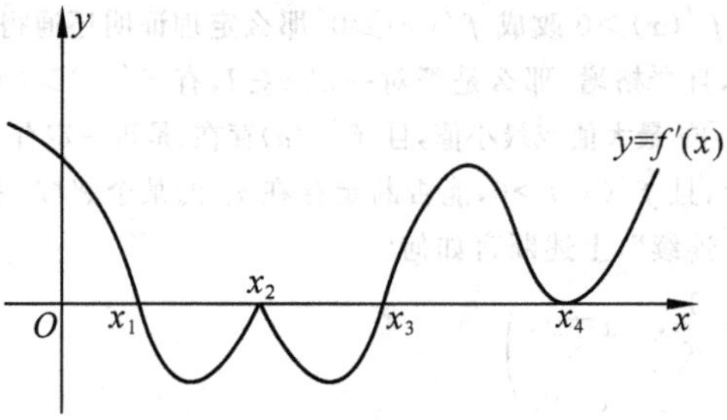

图 2.1-26

2.46 设 $f''(a)$ 存在，

证明：若 f 在 $x=a$ 有极小值，则 $f''(a)\geqslant 0$；若 f 在 $x=a$ 有极大值，则 $f''(a)\leqslant 0$.

2.47 证明下列函数在所给区间上的单调性：

(1) $f(x)=\frac{\sin x}{x}$ 在 $(0,\pi)$ 单调减；(2) $f(x)=(1+x)^{\frac{1}{x}}$ 在 $(0,+\infty)$ 单调减.

2.48 求下列函数的极值点：

(1) $f(x)=\sqrt{x}\ln x$；　　(2) $f(x)=\sin^3 x+\cos^3 x$；

(3) $f(x)=|x|e^{-|x-1|}$；　　(4) $f(x)=e^x\sin x$.

2.49 求下列函数在所给区间上的最大、最小值.

(1) $f(x)=\sin 2x-x,\quad |x|\leqslant\frac{\pi}{2}$；　(2) $f(x)=|x^2-3x+2|,\quad |x|\leqslant 10$；

(3) $f(x)=\frac{1}{1+|x|}+\frac{1}{1+|x-a|}\quad (a>0,x\in\mathbf{R})$.

2.50 将边长为 a 的正方形铁片于各角截去相等的正方形块，然后折起各边做成一个无顶盖的箱子，问所截正方形的边长为多少时，才能使这箱子的体积最大？

2.51 在直径为 d 的圆形木料中，截取一截面为矩形的梁，问如何选取矩形的两边 b,h，才能使此梁具有最大的抗弯强度？(由材料力学知，矩形截面的抗弯强度与 bh^2 成正比.)

2.52 用一块半径为 R 的圆形铁皮，剪去一块圆心角为 α 的扇形后做成一个漏斗，问 α 取何值时，漏斗的容积最大？

2.53 求点 $(0,b)$ 到抛物线 $x^2=4y$ 的最短距离.

2.54 过椭圆

$$\frac{x^2}{a^2}+\frac{y^2}{b^2}=1$$

上点 $M(x,y)$ 作切线，此切线与坐标轴围成一三角形，问 M 点如何选取可使此三角形面积最小？

2.55 某房地产公司有 50 套房要出租，租出的每套房除每月收取租金外，还要支付 100 元维修费，公司欲用数学方法研究：每套房的月租金定为多少能使公司收入最多？为此需构建一个租房模型，根据多年经验及市场调查分析，公司作如下预测(假设)：当月租金为 1 000 元时，房子将全部租出；当月租金每增加 50 元时，就有一套房租不出去. 试问：在上述假设下，每套房的月租金为多少时，能使公司收入最大？

2.56 画出下列函数的图像：

(1) $y=\frac{x^3}{3}-x^2+\frac{4}{3}$；　　(2) $y=x-2\arctan x$；

(3) $y=\frac{x^2}{1+x}$；　　(4) $y=\frac{(x-3)^2}{4(x-2)}$；

(5) $y=\frac{\sin x}{x}$；　　(6) $y=\mathrm{e}^{-\frac{1}{x^2}}$.

2.57 设 f 是 $\mathbf{R}$ 上两次可微的偶函数，且 $f''(0)\neq 0$，求证：$f(0)$ 是极值.

2.58 设 f 在 $[a,b]$ 二次可导，且满足

$$f''(x)+f'(x)g(x)-f(x)=0,\quad x\in(a,b),$$

其中 g 为某一函数.

(1) 证明：$f(x)$ 不能在 (a,b) 内部达到正最大值或负最小值.

(2) 证明：若 $f(a)=f(b)=0$，则 $f(x)=0$，$x\in[a,b]$.

2.59 设一质点沿 Ot 轴做直线运动，其坐标 s 与时间 t 的函数关系如图 2.1-27 所示，试分析质点在各个时间间隔 $[0,t_1]$，$[t_1,t_2]$，$[t_2,t_3]$，$[t_3,t_4]$，$[t_4,t_5]$ 内的运动状态(即运动指向，加速或减速).

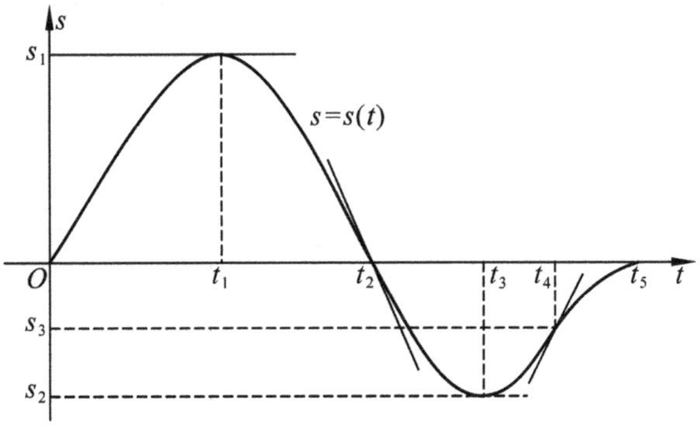

图 2.1-27

—导数小结—

本节介绍了导数的概念，定义，导数的局部性质和运算性质及其应用.

函数 f 在 x_0 点的导数是由 $x\to x_0$ 时，f 在 x_0 点的差商

$$\frac{f(x)-f(x_0)}{x-x_0}$$

的极限定义的.运用极限性质研究导数,就得到了可微的定义、导数的四则运算性质、复合函数与反函数的导数公式、高阶导数的莱布尼茨公式、基本导数表.这些性质,称为导数的运算性质.应用导数的极限定义与极限的保号性等局部性质来研究函数,就得到了函数单调性的判别准则、极值判别准则、最值判别准则.

在第2册中,还要研究导数的整体性质,即微分中值定理、洛必达法则与泰勒公式,所有的函数的未定式极限的计算,原则上均可用洛必达法则加以化简.

2.2 不定积分

求导运算或微分运算的逆向问题是：已知函数 f，求函数 F，使得 f 是 F 的导函数. 要研究这个问题，就要引进原函数与不定积分的概念.

2.2.1 不定积分概念

定义　设函数 F 与 f 在区间 I 有定义，若对一切 $x\in I$，有 $F'(x)=f(x)$，则称 F 是 f 在 I 的一个**原函数**.

例如，若 $f(x)=3x^2, x\in\mathbf{R}$，则 $F_1(x)=x^3$ 是 f 在 $\mathbf{R}$ 的一个原函数；$F_2(x)=x^3-5$ 也是 f 在 $\mathbf{R}$ 的一个原函数.

关于原函数也有所谓"存在性""唯一性""可解性"三大问题，也就是说，在区间 I 上给定函数 f，要问：f 具备什么条件它才存在原函数？f 的原函数唯一吗？如何求 f 的原函数？关于第一个问题，我们有下面的

定理 2.1　若函数 f 在区间 I 连续，则 f 在 I 存在原函数.

这个定理将在本章 2.3.2 的定理 3.8 加以证明.

定理 2.2　若 F 是 f 在区间 I 的一个原函数，则 f 在 I 的任一原函数均可表示为

$$F(x)+C, \quad x\in I$$

的形式，其中 C 是常数，C 取不同值时表示了 f 的不同的原函数. 所以称 C 是任意常数，称 $F(x)+C$ 是 f 在 I 的原函数的一般表达式.

证明　显然 $F(x)+C$ 是 $f(x)$ 在 I 的原函数，假若 $G(x)$ 是 $f(x)$ 在 I 的一个原函数，则 $G'(x)=f(x)$，又知

$$F'(x)=f(x),$$

所以

$$[G(x)-F(x)]'=0, \quad x\in I.$$

由定理 1.10 知 $G(x)=F(x)+C$，其中 C 是常数. 这就是说，$f(x)$ 在 I 的任一原函数只可能具有 $F(x)+C$ 的形式.　□

这个定理告诉我们，函数 f 的原函数不是唯一的，但它们仅差一个常数. 这就是说，我们只要找到 $f(x)$ 的一个原函数 $F(x)$，那么它的任何一个原函数都可表示为 $F(x)+C$，其中 C 是常数. 为了表示求已知函数 $f(x)$ 的原函数的运算，就要建立一个运算符号，它由下面定义给出：

定义　函数 f 在区间 I 上的原函数一般表达式称为 f 在 I 上的**不定积分**，记作

$$\int f(x)\mathrm{d}x, \quad x\in I,$$

其中 f 称为**被积函数**，x 称为**积分变量**，$f(x)\mathrm{d}x$ 称为**被积微分式**，符号 $\int$ 称为**不定积分号**.

如果 F 是 f 在 I 的一个原函数，则由定理 2.2 知

$$\int f(x)\mathrm{d}x=F(x)+C, \quad x\in I,$$

其中 C 为任意常数.

设 $F(x)$ 是 $f(x)$ 在区间 I 上的一个原函数,由微分公式有 $\mathrm{d}F(x)=F'(x)\mathrm{d}x=f(x)\mathrm{d}x$,将上式代入上面定义的等式中,可得下面的求不定积分的运算公式

$$\int f(x)\mathrm{d}x=\int F'(x)\mathrm{d}x=\int \mathrm{d}F(x)=F(x)+C,\quad x\in I, \tag{1}$$

这就给出了求不定积分的基本方法.由此可得

$$\int x^3\mathrm{d}x=\int \mathrm{d}\left(\frac{x^4}{4}\right)=\frac{x^4}{4}+C,\quad x\in(-\infty,+\infty);$$

$$\int \frac{1}{\sqrt{x}}\mathrm{d}x=\int \mathrm{d}(2x^{\frac{1}{2}})=2\sqrt{x}+C,\quad x\in(0,+\infty);$$

$$\int \cos x\mathrm{d}x=\int \mathrm{d}(\sin x)=\sin x+C,\quad x\in(-\infty,+\infty);$$

$$\int \frac{1}{\sqrt{1-x^2}}\mathrm{d}x=\int \mathrm{d}(\arcsin x)=\arcsin x+C,\quad x\in(-1,1).$$

由定义和定理 2.2 还可得到

$$\mathrm{d}\left(\int f(x)\mathrm{d}x\right)=f(x)\mathrm{d}x,\quad 或\quad \left(\int f(x)\mathrm{d}x\right)'_x=f(x),\quad x\in I, \tag{2}$$

$$\int \mathrm{d}f(x)=f(x)+C,\quad 或\quad \int f'(x)\mathrm{d}x=f(x)+C,\quad x\in I, \tag{3}$$

由此看出,积分(求原函数)与微分(求导函数)是互逆运算,精确到一个任意常数.

下面介绍不定积分的几何意义与物理意义.

不定积分的几何意义

在区间 I 上给定函数 $f(x)$,它的任意一个原函数 $F(x)$ 的图像称为 $f(x)$ 的一条**积分曲线**,它的不定积分

$$y=\int f(x)\mathrm{d}x=F(x)+C$$

的图像是一族曲线(见图 2.2-1),称为 $f(x)$ 的**积分曲线族**,其中任何一条曲线可由另一条曲线沿 y 轴平移一段距离而得到,因此,在横坐标相同的点处,所有积分曲线的切线彼此平行,具有相同的斜率 $f(x)$,即

$$y'=\left(\int f(x)\mathrm{d}x\right)'=f(x),\quad x\in I.$$

这就是说,寻求给定函数 $f(x)$ 的任意一个原函数,从直观上看就是在平面上某区域中的每一点处给定直线,求通过其中一点且以此直线为切线的曲线.如果要找一条通过定点 (x_0,y_0) 的积分曲线,可通过

$$y_0=F(x_0)+C$$

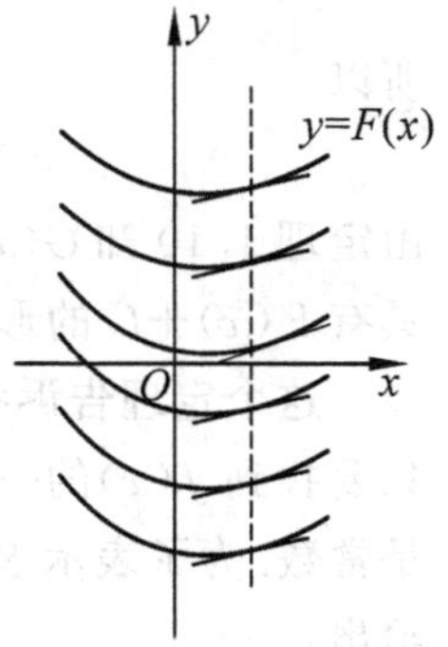

图 2.2-1

解出积分常数 $C=y_0-F(x_0)$,这样就得到了所求的积分曲线为

$$y=F(x)+[y_0-F(x_0)].$$

确定任意常数的条件称为**初始条件**,记作

$$y|_{x=x_0}=y_0.$$

例 1 已知曲线的切线斜率为 $k=\frac{1}{4}x,\quad x\in\mathbf{R}.$

(1) 求积分曲线族；

(2) 求通过点 $A\left(2,\frac{5}{2}\right)$ 的积分曲线.

解　(1) 设所求曲线为 $y=f(x)$，因 $y'=\frac{x}{4}$，$x\in\mathbf{R}$，故所求积分曲线族为

$$y=\int y'\mathrm{d}x=\int\frac{x}{4}\mathrm{d}x=\frac{x^2}{8}+C.$$

(2) 把点 $A\left(2,\frac{5}{2}\right)$ 代入 $y=\frac{x^2}{8}+C$，得 $C=2$，故通过点 A 的积分曲线为

$$y=\frac{x^2}{8}+2,\quad x\in\mathbf{R}.$$

不定积分的物理意义

已知质点做直线运动的速度 $v(t)$，求质点的位置坐标 $x(t)$. 由原函数定义知

$$x(t)=\int v(t)\mathrm{d}t,\quad t\in[T_1,T_2].$$

显然，这时质点在任一时刻 t 的位置是不确定的，如果给出初始位置 $x(t_0)=x_0$ 以后，就能确定质点的位置. 上述问题可叙述为

已知做直线运动的质点速度 $v(t)$ 及初始位置 $x(t_0)=x_0$，则所求质点的位移 $x(t)$ 是下述带有初始条件的微分方程的解

$$\begin{cases}\dfrac{\mathrm{d}x(t)}{\mathrm{d}x}=v(t),\\ x(t_0)=x_0.\end{cases}$$

思　考　题

1. 函数 $f(x)=\frac{1}{x^2}$ 在 $[-1,1]$ 存在原函数吗？在区间 $(0,+\infty)$ 是否存在呢？

2. 函数 $f(x)=[x]$ 在区间 $[0,2]$ 存在原函数吗？

3. 问：$F(x)=-\arctan\frac{1}{x}$ 是 $f(x)=\frac{1}{1+x^2}$ 在 $\mathbf{R}$ 上的一个原函数吗？又问：F 在什么区间上是 f 的一个原函数？

4. 试问：函数

$$f(x)=\begin{cases}2x\sin\dfrac{1}{x}-\cos\dfrac{1}{x}, & x=0,\\ 0, & x\neq 0\end{cases}$$

在 $\mathbf{R}$ 上存在原函数吗？

5. 设 F 是 f 在区间 (a,b) 的一个原函数，试问：函数 f 在 (a,b) 一定连续吗？函数 F 在 (a,b) 一定可微吗？

6. 设 F 是 f 在区间 (a,b) 的一个原函数，试问：函数 $f+F$ 在 (a,b) 一定存在原函数吗？

7. 设 F 是 f 在区间 (a,b) 的一个原函数，C 是任意正实数，试问：$F(x)+\sqrt{C}$，$F(x)+C^2$，$F(x)+\cos C$，$F(x)+\ln C$ 之中，谁是 f 的不定积分？

练　习　题

2.60　一曲线过原点,且在每一点(x,y)的切线斜率为$2x$,求此曲线.

2.61　在积分曲线族$y=\int 3x^2\mathrm{d}x$中,求通过点$P_0(0,-1)$的曲线.

2.62　已知一质点做平面运动,如果它在x轴方向和y轴方向的分速度分别为$v_x=5\sin t$,$v_y=2\cos t$,且$x(t)|_{t=0}=5$,$y(t)|_{t=0}=0$,求

(1) 质点的位置向量$\boldsymbol{r}(t)=x(t)\boldsymbol{i}+y(t)\boldsymbol{j}$;

(2) 质点的运动轨迹.

2.2.2　基本积分方法

下面研究不定积分运算的运算性质.由于不定积分运算是微分运算的逆运算,除个别情形外,每个微分运算的性质均对应一个不定积分运算的性质.为简便起见,在计算不定积分时,常省略自变量的变化范围.

1. 基本积分表与简单积分法

由基本导数表立即得到下面的基本积分表.

基本积分表

$\int 0\mathrm{d}x=C$,	$\int \cos x\mathrm{d}x=\sin x+C$,	$\int \frac{\mathrm{d}x}{\sqrt{1-x^2}}=\arcsin x+C$,
$\int k\mathrm{d}x=kx+C$,	$\int \sin x\mathrm{d}x=-\cos x+C$,	$\int \frac{-\mathrm{d}x}{\sqrt{1-x^2}}=\arccos x+C$,
$\int x^\alpha \mathrm{d}x=\frac{x^{\alpha+1}}{\alpha+1}+C\ (\alpha\neq-1)$,	$\int \frac{\mathrm{d}x}{\cos^2 x}=\tan x+C$,	$\int \frac{\mathrm{d}x}{1+x^2}=\arctan x+C$,
$\int \frac{\mathrm{d}x}{x}=\ln\lvert x\rvert+C$,	$\int \frac{\mathrm{d}x}{\sin^2 x}=-\cot x+C$,	$\int \frac{-\mathrm{d}x}{1+x^2}=\operatorname{arccot} x+C$
$\int \mathrm{e}^x\mathrm{d}x=\mathrm{e}^x+C$,		
$\int a^x\mathrm{d}x=\frac{a^x}{\ln a}+C(a>0$且$a\neq1)$,		

由导数运算的线性性质,立即得到下面的不定积分运算的线性性质.

定理 2.3　若函数f,g在区间I存在原函数,则

1°　$\int kf(x)\mathrm{d}x=k\int f(x)\mathrm{d}x+C$(其中$k,C$是常数);

2°　$\int[f(x)\pm g(x)]\mathrm{d}x=\int f(x)\mathrm{d}x\pm\int g(x)\mathrm{d}x$.

证明　仅证2°.由原函数定义知只需证明等式右边函数的导数等于等式左边的被积函数即可,对等式右边求导得

$$\left(\int f(x)\mathrm{d}x\pm\int g(x)\mathrm{d}x\right)'=\left(\int f(x)\mathrm{d}x\right)'\pm\left(\int g(x)\mathrm{d}x\right)'=f(x)\pm g(x).\quad\square$$

例 1　求 $\int \frac{(2x\sqrt{x}-x+3\sqrt{x})\sqrt{x}}{x^2}\mathrm{d}x$.

解　$$\int \frac{(2x\sqrt{x}-x+3\sqrt{x})\sqrt{x}}{x^2}\mathrm{d}x$$
$$=\int \frac{2x^2-x^{\frac{3}{2}}+3x}{x^2}\mathrm{d}x$$
$$=\int (2-x^{-\frac{1}{2}}+3x^{-1})\mathrm{d}x=\int 2\mathrm{d}x-\int x^{-\frac{1}{2}}\mathrm{d}x+3\int \frac{\mathrm{d}x}{x}$$
$$=2x-2\sqrt{x}+3\ln|x|+C.$$

例 2　求 $\int \frac{x^2}{1+x^2}\mathrm{d}x$.

解　$$\int \frac{x^2}{1+x^2}\mathrm{d}x=\int \left(1-\frac{1}{1+x^2}\right)\mathrm{d}x=x-\arctan x+C.$$

例 3　求 $\int \frac{\mathrm{d}x}{x^2-5x+6}$.

解　$$\int \frac{\mathrm{d}x}{x^2-5x+6}=\int \frac{\mathrm{d}x}{(x-2)(x-3)}$$
$$=\int \left(\frac{1}{x-3}-\frac{1}{x-2}\right)\mathrm{d}x=\ln\left|\frac{x-3}{x-2}\right|+C.$$

例 4　求 $\int \tan^2 x\mathrm{d}x$.

解　$$\int \tan^2 x\mathrm{d}x=\int (\sec^2 x-1)\mathrm{d}x=\int \frac{\mathrm{d}x}{\cos^2 x}-\int 1\mathrm{d}x=\tan x-x+C.$$

例 5　求 $\int \frac{\mathrm{d}x}{\sin^2 x\cos^2 x}$.

解　$$\int \frac{\mathrm{d}x}{\sin^2 x\cos^2 x}=\int \frac{\sin^2 x+\cos^2 x}{\sin^2 x\cos^2 x}\mathrm{d}x=\int \frac{\mathrm{d}x}{\cos^2 x}+\int \frac{\mathrm{d}x}{\sin^2 x}$$
$$=\tan x-\cot x+C.$$

例 6　求 $\int \sin^2 x\mathrm{d}x$.

解　$$\int \sin^2 x\mathrm{d}x=\int \frac{1-\cos 2x}{2}\mathrm{d}x=\frac{1}{2}\int 1\mathrm{d}x-\frac{1}{2}\int \cos 2x\mathrm{d}x$$
$$=\frac{x}{2}-\frac{\sin 2x}{4}+C.$$

先给出一个简单有用的积分法则，即线性换元法.

定理 2.4(线性换元法)　已知 $F(t)$是 $f(t)$在区间 $t\in J$ 上的原函数，复合函数 $F(ax+b)$和 $f(ax+b)$在区间 $x\in I$ 上有定义，且 $ax+b\in J$，则在区间 I 上成立.
$$\int f(ax+b)\mathrm{d}x=\frac{1}{a}F(ax+b)+C\quad (a\neq 0).$$

证明　只需证明等式右边函数的导数等于等式左边的被积函数，由复合函数求导公式有

$$\left(\frac{1}{a}F(ax+b)\right)'\xlongequal{t=ax+b}\frac{1}{a}F'(t)a=f(t)=f(ax+b).\qquad\square$$

运用线性换元法计算不定积分时,通常按照下面的运算步骤进行计算

$$\begin{aligned}\int f(ax+b)\mathrm{d}x&=\int f(ax+b)\mathrm{d}\left(\frac{ax+b}{a}\right)\\&=\frac{1}{a}\int f(ax+b)\mathrm{d}(ax+b)\\&\xlongequal{t=ax+b}\frac{1}{a}\int f(t)\mathrm{d}t=\frac{1}{a}F(t)+C\\&=\frac{1}{a}F(ax+b)+C\quad(a\neq 0).\end{aligned}$$

例 7 求 $\int \mathrm{e}^{-x}\mathrm{d}x$.

解
$$\begin{aligned}\int \mathrm{e}^{-x}\mathrm{d}x&=-\int \mathrm{e}^{-x}\mathrm{d}(-x)\\&\xlongequal{t=-x}-\int \mathrm{e}^{t}\mathrm{d}t=-\mathrm{e}^{t}+C\\&=-\mathrm{e}^{-x}+C.\end{aligned}$$

例 8 求 $\int \frac{\mathrm{d}x}{a^2+x^2}$.

解
$$\begin{aligned}\int \frac{\mathrm{d}x}{a^2+x^2}&=\frac{1}{a^2}\int \frac{\mathrm{d}x}{1+\left(\frac{x}{a}\right)^2}=\frac{1}{a}\int \frac{\mathrm{d}\left(\frac{x}{a}\right)}{1+\left(\frac{x}{a}\right)^2}\\&\xlongequal{t=\frac{x}{a}}\frac{1}{a}\int \frac{\mathrm{d}t}{1+t^2}=\frac{1}{a}\arctan t+C\\&=\frac{1}{a}\arctan\frac{x}{a}+C\quad(a\neq 0).\end{aligned}$$

例 9 求 $\int \frac{\mathrm{d}x}{1-\cos x}$.

解
$$\begin{aligned}\int \frac{\mathrm{d}x}{1-\cos x}&=\int \frac{\mathrm{d}x}{2\sin^2\frac{x}{2}}=\int \frac{\mathrm{d}\left(\frac{x}{2}\right)}{\sin^2\frac{x}{2}}\xlongequal{t=\frac{x}{2}}\int \frac{\mathrm{d}t}{\sin^2 t}\\&=-\cot t+C=-\cot\frac{x}{2}+C.\end{aligned}$$

练 习 题

求下列不定积分:

2.63 $\int \sqrt{3x}\,\mathrm{d}x$.

2.64 $\int \frac{\mathrm{d}h}{\sqrt{2gh}}$ (g 为常数).

2.65 $\int \left(2^x+x^2+\frac{1}{x^2}\right)\mathrm{d}x$.

2.66 $\int \left(\frac{1-x}{x}\right)^2\mathrm{d}x$.

2.67 $\int\left(1-\frac{1}{x^2}\right)\sqrt{x\sqrt{x}}\mathrm{d}x$.

2.68 $\int\frac{2+x^2}{1+x^2}\mathrm{d}x$.

2.69 $\int\frac{1}{x^2(1+x^2)}\mathrm{d}x$.

2.70 $\int\frac{\mathrm{d}x}{x^6+x^4}$.

2.71 $\int\cos^2 x\mathrm{d}x$.

2.72 $\int\cot^2 x\mathrm{d}x$.

2.73 $\int\frac{\cos 2x}{\cos x-\sin x}\mathrm{d}x$.

2.74 $\int\sin mx\cos nx\mathrm{d}x$($m,n$ 为常数).

2.75 $\int\frac{\mathrm{d}x}{x^2-a^2}\ (a\neq 0)$.

2.76 $\int\frac{\mathrm{d}x}{4x^2+4x+2}$.

2.77 $\int\frac{\mathrm{d}x}{4x^2+4x+1}$.

2.78 $\int\frac{\mathrm{d}x}{4x^2+4x-3}$.

2.79 $\int\frac{\mathrm{d}x}{\sqrt{a^2-x^2}}(a>0)$.

2.80 $\int\frac{1}{1-\cos 2x}\mathrm{d}x$.

2.81 $\int\mathrm{e}^{-3x}\mathrm{d}x$.

2.82 $\int\frac{1}{\sqrt[3]{3-2x}}\mathrm{d}x$.

2.83 $\int\frac{2^{x+1}-5^{x-1}}{10^x}\mathrm{d}x$.

2.84 $\int\frac{\mathrm{d}x}{1+\sin 2x}$.

2.85 $\int\frac{\mathrm{d}x}{\sqrt{x-1}-\sqrt{x-2}}$.

2.86 $\int\frac{\sqrt{x}-2\sqrt[3]{x^2}+1}{\sqrt[4]{x}}\mathrm{d}x$.

2. 换元积分法

由复合函数求导公式即链式法则，可得到不定积分的换元积分法，它有两种形式.

(1)第一换元法

定理 2.5(第一换元法)　已知 $F(t)$是 $f(t)$在区间 $t\in J$ 的原函数，$t=\varphi(x)$在区间 I 上可微，且 $J\supset\varphi(I)$，则在区间 I 上成立

$$\int f[\varphi(x)]\varphi'(x)\mathrm{d}x=\int f(t)\mathrm{d}t=F[\varphi(x)]+C.$$

证明　只需证明等式右边函数的导数等于等式左边的被积函数即可，由链式法则有

$$\frac{\mathrm{d}}{\mathrm{d}x}F[\varphi(x)]\xlongequal{u=\varphi(x)}F'(u)\varphi'(x)$$
$$=f(u)\varphi'(x)=f[\varphi(x)]\varphi'(x).$$ □

在运用第一换元法计算不定积分时，先将被积函数 $g(x)$表示为 $f(\varphi(x))\varphi'(x)$，且 $f(t)$的原函数 $F(t)$易求出，再按照下面的运算步骤进行计算.

$$\int g(x)\mathrm{d}x=\int f[\varphi(x)]\varphi'(x)\mathrm{d}x=\int f[\varphi(x)]\mathrm{d}[\varphi(x)]$$
$$\xlongequal{t=\varphi(x)}\int f(t)\mathrm{d}t=F(t)+C=F[\varphi(x)]+C.$$

例 10　求 $\int\frac{x^2\mathrm{d}x}{\cos^2(x^3)}$.

解　$\int\frac{x^2\mathrm{d}x}{\cos^2(x^3)}=\int\frac{1}{\cos^2(x^3)}\left(\frac{x^3}{3}\right)'\mathrm{d}x=\frac{1}{3}\int\frac{1}{\cos^2(x^3)}\mathrm{d}(x^3)$

$$\xlongequal{t=x^3}\frac{1}{3}\int\frac{\mathrm{d}t}{\cos^2 t}=\frac{1}{3}\tan t+C=\frac{1}{3}\tan x^3+C.$$

例 11 求 $\int \tan x\mathrm{d}x$.

解 $$\int \tan x\mathrm{d}x=\int \frac{\sin x}{\cos x}\mathrm{d}x=\int \frac{1}{\cos x}(-\cos x)'\mathrm{d}x$$

$$=-\int \frac{1}{\cos x}\mathrm{d}(\cos x)\xlongequal{t=\cos x}-\int \frac{\mathrm{d}t}{t}=-\ln|t|+C$$

$$=-\ln|\cos x|+C.$$

例 12 求 $\int \frac{\ln x}{x}\mathrm{d}x$.

解 $$\int \frac{\ln x}{x}\mathrm{d}x=\int \ln x(\ln x)'\mathrm{d}x=\int \ln x\mathrm{d}(\ln x)$$

$$\xlongequal{t=\ln x}\int t\mathrm{d}t=\frac{t^2}{2}+C=\frac{\ln^2 x}{2}+C.$$

例 13 求 $\int \frac{\sin\sqrt{x}}{\sqrt{x}}\mathrm{d}x$.

解 $$\int \frac{\sin\sqrt{x}}{\sqrt{x}}\mathrm{d}x=\int (\sin\sqrt{x})(2\sqrt{x})'\mathrm{d}x=2\int \sin\sqrt{x}\mathrm{d}(\sqrt{x})$$

$$=-2\cos\sqrt{x}+C.$$

例 14 求 $\int \sin\frac{1}{x}\cdot\frac{\mathrm{d}x}{x^2}$.

解 $$\int \sin\frac{1}{x}\cdot\frac{\mathrm{d}x}{x^2}=-\int \sin\frac{1}{x}\mathrm{d}\left(\frac{1}{x}\right)=\cos\frac{1}{x}+C.$$

例 15 求 $\int \frac{\mathrm{d}x}{\mathrm{e}^x+\mathrm{e}^{-x}}$.

解 $$\int \frac{\mathrm{d}x}{\mathrm{e}^x+\mathrm{e}^{-x}}=\int \frac{\mathrm{e}^x\mathrm{d}x}{1+\mathrm{e}^{2x}}=\int \frac{\mathrm{d}(\mathrm{e}^x)}{1+(\mathrm{e}^x)^2}=\arctan \mathrm{e}^x+C.$$

由上面例子看出,要想熟练运用第一换元法,记住一些常见函数的微分是很重要的,例如

$$\mathrm{d}x=\frac{1}{a}\mathrm{d}(ax+b)\quad (a\neq 0);$$

$$\frac{\mathrm{d}x}{x}=\mathrm{d}(\ln|x|);$$

$$\frac{\mathrm{d}x}{x^2}=-\mathrm{d}\left(\frac{1}{x}\right);$$

$$\frac{\mathrm{d}x}{\sqrt{x}}=2\mathrm{d}(\sqrt{x});$$

$$\frac{\mathrm{d}x}{\cos^2 x}=\mathrm{d}(\tan x);$$

$$\sin x\mathrm{d}x=-\mathrm{d}(\cos x)$$

等. 第一换元法是相当灵活的方法,变化万千,读者需多做题、多总结才能掌握它. 再看一些

较难一点的题.

例 16 求$\int \frac{\mathrm{d}x}{\sin x}$.

解 $$\int \frac{\mathrm{d}x}{\sin x}=\int \frac{\mathrm{d}x}{2\sin \frac{x}{2}\cos \frac{x}{2}}=\int \frac{\mathrm{d}x}{2\tan \frac{x}{2}\cos^2 \frac{x}{2}}=\int \frac{\mathrm{d}\left(\tan \frac{x}{2}\right)}{\tan \frac{x}{2}}$$

$$=\ln\left|\tan \frac{x}{2}\right|+C=\ln|\csc x-\cot x|+C.$$

例 17 求$\int \frac{\mathrm{d}x}{\sin^2 x+3\cos^2 x}$.

解 $$\int \frac{\mathrm{d}x}{\sin^2 x+3\cos^2 x}=\int \frac{\mathrm{d}x}{(3+\tan^2 x)\cos^2 x}=\int \frac{\mathrm{d}(\tan x)}{(\sqrt{3})^2+\tan^2 x}$$

$$=\frac{1}{\sqrt{3}}\int \frac{\mathrm{d}\left(\frac{\tan x}{\sqrt{3}}\right)}{1+\left(\frac{\tan x}{\sqrt{3}}\right)^2}=\frac{1}{\sqrt{3}}\arctan\left(\frac{\tan x}{\sqrt{3}}\right)+C.$$

例 18 求$\int \frac{2x^3+x}{x^4+2x^2+2}\mathrm{d}x$.

解 $$\int \frac{2x^3+x}{x^4+2x^2+2}\mathrm{d}x=\int \frac{\frac{1}{2}(4x^3+4x)-x}{x^4+2x^2+2}\mathrm{d}x$$

$$=\frac{1}{2}\int \frac{\mathrm{d}(x^4+2x^2+2)}{x^4+2x^2+2}-\int \frac{x\mathrm{d}x}{(x^2+1)^2+1}$$

$$=\frac{1}{2}\ln|x^4+2x^2+2|-\frac{1}{2}\int \frac{\mathrm{d}(x^2+1)}{1+(x^2+1)^2}$$

$$=\frac{1}{2}\ln|x^4+2x^2+2|-\frac{1}{2}\arctan(x^2+1)+C.$$

例 19 求$\int \frac{x\mathrm{d}x}{\sqrt{x^2+2}-x}$.

解 $$\int \frac{x\mathrm{d}x}{\sqrt{x^2+2}-x}=\int \frac{x(\sqrt{x^2+2}+x)}{(\sqrt{x^2+2}-x)(\sqrt{x^2+2}+x)}\mathrm{d}x$$

$$=\int \frac{x(\sqrt{x^2+2}+x)}{2}\mathrm{d}x$$

$$=\frac{1}{2}\int x^2\mathrm{d}x+\frac{1}{2}\int x\sqrt{x^2+2}\mathrm{d}x$$

$$=\frac{x^3}{6}+\frac{1}{4}\int \sqrt{x^2+2}\mathrm{d}(x^2+2)$$

$$=\frac{x^3}{6}+\frac{1}{6}(x^2+2)^{\frac{3}{2}}+C.$$

(2)第二换元法

若将第一换元法的第一个等式反方向使用,则只要$f(\varphi(x))\varphi'(x)$的原函数$g(x)$已知,

且 $t=\varphi(x)$ 在 I 上存在反函数 $x=\varphi^{-1}(t)$ 时，就得到了第二换元法.

定理 2.6(第二换元法)　已知 $g(t)$ 是 $f(\varphi(t))\varphi'(t)$ 在区间 $t\in I$ 上的原函数，$x=\varphi(t)$ 在区间 I 可微且存在反函数 $t=\varphi^{-1}(x)$，则在区间 $x\in J=\varphi(I)$ 上成立

$$\int f(x)\mathrm{d}x=g[\varphi^{-1}(x)]+C.$$

证明　只需证明等式右边函数的导数等于等式左边的被积函数，由链式法则及反函数微分法有

$$\frac{\mathrm{d}}{\mathrm{d}x}g[\varphi^{-1}(x)]\xlongequal{t=\varphi^{-1}(x)}\frac{\mathrm{d}g}{\mathrm{d}t}\frac{\mathrm{d}t}{\mathrm{d}x}=g'(t)\frac{1}{\frac{\mathrm{d}x}{\mathrm{d}t}}$$

$$=\frac{f[\varphi(t)]\varphi'(t)}{\varphi'(t)}=f[\varphi(t)]=f(x).\qquad\square$$

用第二换元法计算不定积分时，可按照下面的运算步骤进行计算：

$$\int f(x)\mathrm{d}x\xlongequal{x=\varphi(t)}\int f[\varphi(t)]\mathrm{d}[\varphi(t)]$$

$$=\int f[\varphi(t)]\varphi'(t)\mathrm{d}t=g(t)+C=g[\varphi^{-1}(x)]+C.$$

例 20　求 $\int\sqrt{a^2-x^2}\mathrm{d}x\ (a>0)$.

解　作换元法 $x=a\sin t, t\in\left[-\frac{\pi}{2},\frac{\pi}{2}\right]$，则存在反函数 $t=\arcsin\frac{x}{a}, x\in[-a,a]$，由第二换元法有

$$\int\sqrt{a^2-x^2}\mathrm{d}x=\int\sqrt{a^2-a^2\sin^2 t}\,a\cos t\mathrm{d}t=a^2\int\cos^2 t\mathrm{d}t$$

$$=a^2\int\frac{1+\cos 2t}{2}\mathrm{d}t=\frac{a^2}{2}(t+\sin t\cos t)+C.$$

因为 $t\in\left[-\frac{\pi}{2},\frac{\pi}{2}\right]$，所以 $\cos t\geqslant 0$，由 $\sin t=\frac{x}{a}$ 可得

$$\cos t=\sqrt{1-\sin^2 t}=\frac{\sqrt{a^2-x^2}}{a},$$

也可以由图 2.2-2 的直角三角形得到上式. 故

$$\int\sqrt{a^2-x^2}\mathrm{d}x=\frac{a^2}{2}\arcsin\frac{x}{a}+\frac{x}{2}\sqrt{a^2-x^2}+C.$$

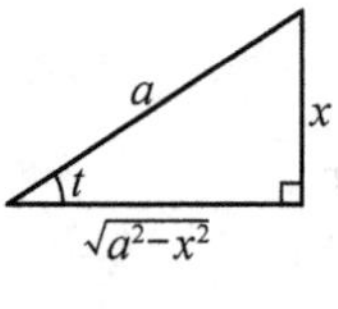

图 2.2-2

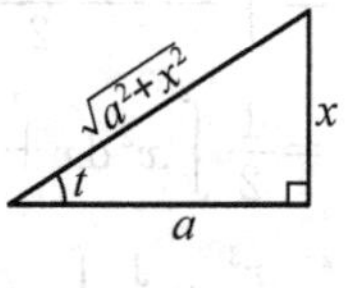

图 2.2-3

例 21　求 $\int\frac{\mathrm{d}x}{\sqrt{a^2+x^2}}\quad(a>0)$.

解　设 $x=a\tan t, t\in\left(-\frac{\pi}{2},\frac{\pi}{2}\right)$，则存在反函数 $t=\arctan\frac{x}{a}$，由第二换元法和

图 2.2-3 有

$$\begin{aligned}\int \frac{dx}{\sqrt{a^2+x^2}} &= \int \frac{d(a\tan t)}{\sqrt{a^2+a^2\tan^2 t}} = \int \frac{\sec^2 t dt}{\sec t} = \int \frac{dt}{\cos t} \\ &= \int \frac{\cos t dt}{1-\sin^2 t} = \int \frac{d(\sin t)}{(1-\sin t)(1+\sin t)} \\ &= \frac{1}{2}\ln\left|\frac{1+\sin t}{1-\sin t}\right| + C_1 = \ln|\sec t+\tan t| + C_1 \\ &= \ln\left|\frac{\sqrt{a^2+x^2}}{a}+\frac{x}{a}\right| + C_1 = \ln\left|\sqrt{a^2+x^2}+x\right| + C.\end{aligned}$$

例 22　求 $\int \frac{x+1}{\sqrt[3]{3x+1}}dx$.

解　设 $t=\sqrt[3]{3x+1}$，有 $x=\frac{t^3-1}{3}$，由第二换元法有

$$\begin{aligned}\int \frac{x+1}{\sqrt[3]{3x+1}}dx &= \int \frac{\frac{t^3-1}{3}+1}{t} d\left(\frac{t^3-1}{3}\right) \\ &= \frac{1}{3}\int t(t^3+2)dt = \frac{1}{3}\left(\frac{t^5}{5}+t^2\right)+C \\ &= \frac{1}{15}(3x+1)^{\frac{5}{3}} + \frac{1}{3}(3x+1)^{\frac{2}{3}} + C.\end{aligned}$$

练　习　题

2.87　在下列各等式中的横线上填入适当的系数．

(1) $dx=$________ $d\left(\frac{x}{3}\right)$；　(2) $dx=$________ $d(1-2x)$；

(3) $dx=$________ $d(ax+b)$ $(a\neq 0)$；　(4) $xdx=$________ $d(x^2+1)$；

(5) $x^2dx=$________ $d(2-3x^3)$；　(6) $\frac{dx}{\sqrt{x}}=$________ $d(\sqrt{x})$；

(7) $e^{-3x}dx=$________ $d(e^{-3x})$；　(8) $\frac{dx}{\cos^2 2x}=$________ $d(3\tan 2x+1)$；

(9) $\cos\left(\frac{x}{3}-\frac{\pi}{4}\right)dx=$________ $d\left[\sin\left(\frac{x}{3}-\frac{\pi}{4}\right)\right]$；

(10) $\frac{dx}{(2x+3)^2}=$________ $d\left(\frac{1}{2x+3}\right)$.

2.88　在下列各等式的括号中填入适当的函数．

(1) $xdx=d(\quad\quad)$；　(2) $x^2dx=d(\quad\quad)$；

(3) $\frac{dx}{x^2}=d(\quad\quad)$；　(4) $\frac{dx}{x}=d(\quad\quad)$；

(5) $e^{kx}dx=d(\quad\quad)$；　(6) $\sin(\omega t+\varphi)dt=d(\quad\quad)$；

(7) $\frac{dx}{1+x^2}=d(\quad\quad)$；　(8) $\frac{xdx}{\sqrt{a^2-x^2}}=d(\quad\quad)$.

2.89　下列各式是否正确？为什么？

(1) $\int \frac{dx}{1-e^x}=\ln(1-e^x)+C$；

(2) $\int\left(\frac{1}{\cos^2 x}-1\right)\mathrm{d}(\cos x)=\tan x-x+C$;

(3) $\int\sin^2 x\mathrm{d}x=\frac{1}{3}\sin^3 x+C$;

(4) $\int\frac{\ln x}{x}\mathrm{d}x=\int\frac{1}{x}\mathrm{d}\left(\frac{1}{x}\right)=\frac{1}{2x^2}+C$;

(5) $\int\frac{-x\mathrm{d}x}{\sin^2 x}=\int x\left(-\frac{1}{\sin^2 x}\right)\mathrm{d}x=\int x\mathrm{d}\left(\frac{1}{\sin x}\right)$;

(6) $\int\frac{1-\cos x}{\cos^2 x}x\,\mathrm{d}x=\int\frac{1}{\cos^2 x}\mathrm{d}x-\int\frac{1}{\cos x}\mathrm{d}x=\tan x-\ln|\cos x|+C$.

求下列不定积分：

2.90 $\int x\mathrm{e}^{-x^2}\mathrm{d}x$.

2.91 $\int\frac{x\mathrm{d}x}{\sqrt{1-x^2}}$.

2.92 $\int\frac{x\mathrm{d}x}{4+x^2}$.

2.93 $\int\frac{\mathrm{d}x}{\sqrt{x}(1+x)}$.

2.94 $\int\frac{1}{x^2}\cos\frac{1}{x}\mathrm{d}x$.

2.95 $\int x\sqrt{1+x^2}\mathrm{d}x$.

2.96 $\int\frac{(\arctan x)^2}{1+x^2}\mathrm{d}x$.

2.97 $\int\frac{\ln^2 x}{x}\mathrm{d}x$.

2.98 $\int\frac{\mathrm{e}^x}{1+\mathrm{e}^x}\mathrm{d}x$.

2.99 $\int\frac{1}{1+\mathrm{e}^x}\mathrm{d}x$.

2.100 $\int\mathrm{e}^{\mathrm{e}^x+x}\mathrm{d}x$.

2.101 $\int\frac{\mathrm{d}x}{\cos^2 x\sqrt{\tan x}}$.

2.102 $\int\frac{\cos x}{\mathrm{e}^{\sin x}}\mathrm{d}x$.

2.103 $\int\mathrm{e}^x\sqrt[3]{1-\mathrm{e}^x}\mathrm{d}x$.

2.104 $\int\frac{\tan\sqrt{x}}{\sqrt{x}}\mathrm{d}x$.

2.105 $\int\frac{\sin 2x}{(1+\cos 2x)^2}\mathrm{d}x$.

2.106 $\int\frac{\mathrm{d}x}{x\sqrt{3-\ln^2 x}}$.

2.107 $\int\frac{\mathrm{d}x}{\cos x}$.

2.108 $\int\frac{\mathrm{d}x}{1+\sin^2 x}$.

2.109 $\int\frac{\mathrm{d}x}{\sqrt{5+x-x^2}}$.

求下列不定积分：

2.110 $\int\frac{\sqrt{x^2-a^2}}{x}\mathrm{d}x\ (a>0)$.

2.111 $\int\frac{\sqrt{a^2-x^2}}{x}\mathrm{d}x\ (a>0)$.

2.112 $\int\sqrt{x^2-a^2}\mathrm{d}x\ (a>0)$.

2.113 $\int\sqrt{x^2+a^2}\mathrm{d}x\ (a>0)$.

2.114 $\int\sqrt{2+x-x^2}\mathrm{d}x$.

2.115 $\int\frac{\mathrm{d}x}{\sqrt{4x^2+4x-3}}$.

2.116 $\int\frac{\mathrm{d}x}{(x+1)\sqrt{x^2+1}}$.

2.117 $\int\frac{\mathrm{d}x}{1+2\sqrt{x-x^2}}$.

求下列不定积分：

2.118 $\int\frac{\mathrm{d}x}{\sqrt{x}(1-x)}$.

2.119 $\int\frac{x\mathrm{d}x}{2-x^4}$.

2.120 $\int\frac{\arcsin\sqrt{x}}{\sqrt{x(1-x)}}\mathrm{d}x$.

2.121 $\int\frac{\arctan\sqrt{x}}{\sqrt{x}(1+x)}\mathrm{d}x$.

2.122 $\int\sin^2 x\mathrm{d}x$.

2.123 $\int\cos^3 x\mathrm{d}x$.

2.124 $\int \sin^4 x \mathrm{d}x$.

2.125 $\int \frac{\sqrt{1-\sqrt{x}}}{\sqrt{x}} \mathrm{d}x$.

2.126 $\int (2x^{\frac{3}{2}}-1)^{\frac{1}{3}}\sqrt{x}\mathrm{d}x$.

2.127 $\int \frac{\sin^2 x\cos x}{1+\sin^2 x}\mathrm{d}x$.

2.128 $\int \frac{\mathrm{d}x}{(1-\arcsin x)^2\sqrt{1-x^2}}$.

2.129 $\int \frac{\sin x+\cos x}{\sqrt[3]{\sin x-\cos x}}\mathrm{d}x$.

2.130 $\int \frac{(x+1)\mathrm{d}x}{\sqrt[3]{x^2+2x}}$.

2.131 $\int \frac{\mathrm{d}x}{x\ln x\ln(\ln x)}$.

2.132 $\int \frac{\ln x}{x(\ln^2 x-1)}\mathrm{d}x$.

2.133 $\int \frac{\ln(x+1)-\ln x}{x(x+1)}\mathrm{d}x$.

2.134 $\int \frac{\mathrm{d}x}{a^2\sin^2 x+b^2\cos^2 x}$ $(a\neq 0, b\neq 0)$.

2.135 $\int \frac{\sin x\cos x}{a^2\sin^2 x+b^2\cos^2 x}\mathrm{d}x$ $(a^2\neq b^2)$.

2.136 $\int \frac{\mathrm{d}x}{\sin x+\cos x}$.

2.137 $\int \frac{x\mathrm{d}x}{\sqrt{1+x^2}+\sqrt{(1+x^2)^3}}$.

2.138 $\int \frac{\mathrm{d}x}{(x^2+a^2)(x^2+b^2)}$ $(ab\neq 0, a^2\neq b^2)$.

2.139 $\int \frac{\mathrm{d}x}{(x+a)^2(x+b)^2}$ $(a\neq b)$.

2.140 $\int \frac{\mathrm{d}x}{1+\sqrt[3]{x}}$.

2.141 $\int \frac{1}{(x+2)\sqrt{x+1}}\mathrm{d}x$.

2.142 $\int \sqrt{\frac{1-x}{1+x}}\mathrm{d}x$.

2.143 $\int \frac{\sqrt{x}\mathrm{d}x}{\sqrt[3]{x^2}-\sqrt[4]{x}}$.

2.144 $\int \frac{\mathrm{d}x}{x\sqrt{a^2-x^2}}$ $(a>0)$.

2.145 $\int \frac{\mathrm{d}x}{x^2\sqrt{x^2-a^2}}$ $(a>0)$.

2.146 $\int \frac{\mathrm{d}x}{x\sqrt{x^2+2x+3}}$.

2.147 $\int x^3\sqrt[3]{1+x^2}\mathrm{d}x$.

2.148 $\int \frac{\mathrm{d}x}{\sqrt{1+\mathrm{e}^x}}$.

2.149 $\int \frac{\mathrm{d}x}{\sqrt{(x-a)(b-x)}}$.

2.150 用下列几种代换求不定积分 $I=\int \frac{\mathrm{d}x}{x\sqrt{x^2-1}}$.

(1) $x=\sec t$;　(2) $x=\csc t$;　(3) $x=\frac{1}{t}$;

(4) $x=\mathrm{ch}\, t$;　(5) $t=\sqrt{x^2-1}$.

2.151 在下列各题中,求出函数 f,设

(1) $f'(x^2)=\frac{1}{x}$,　$x>0$;　(2) $f'(\sin^2 x)=\cos^2 x$;

(3) $f'(\ln x)=\begin{cases}1, & 0<x\leqslant 1,\\ x, & x>1,\end{cases}$　$f(0)=0$.

2.152 设 $F(x)$是 $f(x)$在区间 I 上的原函数,

(1)证明:若 $f(x)$是奇函数,则 $F(x)$是偶函数;

(2)若 $f(x)$是偶函数,$F(x)$是否一定是奇函数?何时是奇函数?

3. 分部积分法

与两个函数的乘积的导数公式相对应的,是不定积分的分部积分公式.

定理 2.7(分部积分法)　设 u,v 是区间 I 的可微函数,且 $u'v$ 与 uv'之中至少有一个原函数易求出,则

$$\int u(x)v'(x)\mathrm{d}x=u(x)v(x)-\int v(x)u'(x)\mathrm{d}x,$$

它又可简记为 $\int u\mathrm{d}v=uv-\int v\mathrm{d}u$.

证明 因 $(uv)'=u'v+uv'$,此即

$$\int (u'v+uv')\mathrm{d}x=uv+C_1,$$

再由

$$\int (u'v+uv')\mathrm{d}x=\int u'v\mathrm{d}x+\int uv'\mathrm{d}x$$

即可得证. □

用分部积分法求不定积分 $\int f(x)\mathrm{d}x$ 时,先将 $f(x)$ 表示成两个函数之积,即记 $f(x)=u(x)v'(x)$,其中 $v'(x)$ 的原函数容易求出,$u'(x)v(x)$ 的原函数也容易求出.

用分部积分公式具体计算时,通常按照下面的计算步骤进行计算

$$\begin{aligned}\int f(x)\mathrm{d}x &\equiv \int u(x)v'(x)\mathrm{d}x=\int u(x)\mathrm{d}(v(x))\\ &=u(x)v(x)-\int v(x)\mathrm{d}(u(x))\\ &=\int u(x)v(x)-\int v(x)u'(x)\mathrm{d}x.\end{aligned}$$

分部积分的关键是选好 $u(x)$ 或 $v'(x)$. 当被积函数是初等函数时,它们常见的选取方法如下:

1° 常选 $u(x)$ 为多项式,$\ln x$,$\arcsin x$,$\arctan x$ 及它们的乘方等;

2° 常选 $v'(x)$ 为指数函数、三角函数、有理函数或常数 1 等;

然后用定理 2.7 作分部积分.

例 23 求 $\int x\cos x\mathrm{d}x$.

解
$$\begin{aligned}\int x\cos x\mathrm{d}x &= \int x(\sin x)'\mathrm{d}x=\int x\mathrm{d}(\sin x)\\ &=x\sin x-\int \sin x\mathrm{d}x=x\sin x+\cos x+C.\end{aligned}$$

如果按下法来做:

$$\begin{aligned}\int x\cos x\mathrm{d}x &= \int \cos x\left(\frac{x^2}{2}\right)'\mathrm{d}x=\int \cos x\mathrm{d}\left(\frac{x^2}{2}\right)\\ &=\frac{x^2\cos x}{2}+\frac{1}{2}\int x^2\sin x\mathrm{d}x,\end{aligned}$$

那就越来越难了.

例 24 求 $\int x^2\sin x\mathrm{d}x$.

解
$$\begin{aligned}\int x^2\sin x\mathrm{d}x &= \int x^2\mathrm{d}(-\cos x)\\ &=-x^2\cos x+2\int x\cos x\mathrm{d}x\end{aligned}$$

$$=-x^2\cos x+2\int x\mathrm{d}(\sin x)$$

$$=-x^2\cos x+2x\sin x-2\int \sin x\mathrm{d}x$$

$$=-x^2\cos x+2x\sin x+2\cos x+C.$$

例 25 求 $\int \ln x\mathrm{d}x$.

解 $\int \ln x\mathrm{d}x=\int \ln x(x)'\mathrm{d}x=x\ln x-\int x\frac{1}{x}\mathrm{d}x$

$$=x(\ln x-1)+C.$$

例 26 求 $\int x\arctan x\mathrm{d}x$.

解 $\int x\arctan x\mathrm{d}x=\int \arctan x\mathrm{d}\left(\frac{x^2}{2}\right)$

$$=\frac{x^2}{2}\arctan x-\frac{1}{2}\int\frac{x^2}{1+x^2}\mathrm{d}x$$

$$=\frac{x^2}{2}\arctan x-\frac{1}{2}\int\left(1-\frac{1}{1+x^2}\right)\mathrm{d}x$$

$$=\frac{x^2+1}{2}\arctan x-\frac{x}{2}+C.$$

例 27 求 $\int x\mathrm{e}^x\mathrm{d}x$.

解 $\int x\mathrm{e}^x\mathrm{d}x=\int x\mathrm{d}(\mathrm{e}^x)=x\mathrm{e}^x-\int \mathrm{e}^x\mathrm{d}x=\mathrm{e}^x(x-1)+C.$

由上面例子看出，对形如

$$\int x^n\sin x\mathrm{d}x,\qquad \int x^n\cos x\mathrm{d}x,\qquad \int x^n\mathrm{e}^x\mathrm{d}x$$

的不定积分($n\in\mathbf{N}$)，一般是选取 $\sin x,\cos x,\mathrm{e}^x$ 为 $v'(x)$. 而形如

$$\int x^n\arctan x\mathrm{d}x,\qquad \int x^n\ln x\mathrm{d}x$$

的不定积分，一般则选取 x^n 为 $v'(x)$.

例 28 求 $\int x\tan^2x\mathrm{d}x$.

解 $\int x\tan^2x\mathrm{d}x=\int x(\sec^2x-1)\mathrm{d}x=\int x\sec^2x\mathrm{d}x-\frac{x^2}{2}$

$$=\int x\mathrm{d}(\tan x)-\frac{x^2}{2}=x\tan x-\int\tan x\mathrm{d}x-\frac{x^2}{2}$$

$$=x\tan x-\frac{x^2}{2}+\ln|\cos x|+C.$$

例 29 求 $\int\frac{x^2}{(1+x^2)^2}\mathrm{d}x$.

解 $\int\frac{x^2}{(1+x^2)^2}\mathrm{d}x=-\frac{1}{2}\int x\mathrm{d}\left(\frac{1}{1+x^2}\right)$

$$=\frac{-x}{2(1+x^2)}+\frac{1}{2}\int\frac{\mathrm{d}x}{1+x^2}$$

$$=\frac{-x}{2(1+x^2)}+\frac{1}{2}\arctan x+C.$$

例 30 求 $J=\int e^{ax}\cos bx\mathrm{d}x \quad (a\neq 0)$.

解
$$\begin{aligned}J&=\frac{1}{a}\int\cos bx\mathrm{d}(e^{ax})\\&=\frac{e^{ax}\cos bx}{a}+\frac{b}{a}\int e^{ax}\sin bx\mathrm{d}x\\&=\frac{e^{ax}\cos bx}{a}+\frac{b}{a^2}\int\sin bx\mathrm{d}(e^{ax})\\&=\frac{e^{ax}(a\cos bx+b\sin bx)}{a^2}-\frac{b^2}{a^2}J,\end{aligned}$$

故
$$\int e^{ax}\cos bx\mathrm{d}x=\frac{e^{ax}(a\cos bx+b\sin bx)}{a^2+b^2}+C.$$

同理
$$\int e^{ax}\sin bx\mathrm{d}x=\frac{e^{ax}(a\sin bx-b\cos bx)}{a^2+b^2}+C.$$

此题不是直接求出积分,而是使得所求积分满足一个一元一次方程式,然后通过求解此方程把原积分求出来.

分部积分法的一个重要功用是能用它得到一些重要的递推公式.

例 31 求 $J_n=\int\sin^n x\mathrm{d}x$.

解
$$\begin{aligned}J_n&=\int\sin^{n-1}x\mathrm{d}(-\cos x)\\&=-\sin^{n-1}x\cos x+(n-1)\int\sin^{n-2}x\cos^2x\mathrm{d}x\\&=-\sin^{n-1}x\cos x+(n-1)\int(1-\sin^2x)\sin^{n-2}x\mathrm{d}x\\&=-\sin^{n-1}x\cos x+(n-1)J_{n-2}-(n-1)J_n.\end{aligned}$$

由此得到递推公式
$$J_n=\frac{-\sin^{n-1}x\cos x}{n}+\frac{n-1}{n}J_{n-2}.$$

容易求出
$$J_1=\int\sin x\mathrm{d}x,\quad J_2=\int\sin^2x\mathrm{d}x,$$

于是由递推公式就能求出一切 J_n.

最后举一个换元积分法与分部积分法相结合的例子.

例 32 求 $\int\frac{\arctan e^x}{e^x}\mathrm{d}x$.

解 设 $t=e^x$,有 $x=\ln t,\mathrm{d}x=\frac{\mathrm{d}t}{t}$,所以

$$\begin{aligned}\int\frac{\arctan e^x}{e^x}\mathrm{d}x&=\int\frac{\arctan t}{t^2}\mathrm{d}t=\int\arctan t\mathrm{d}\left(\frac{-1}{t}\right)\\&=\frac{-\arctan t}{t}+\int\frac{\mathrm{d}t}{t(1+t^2)}=\frac{-\arctan t}{t}+\int\left(\frac{1}{t}-\frac{t}{1+t^2}\right)\mathrm{d}t\end{aligned}$$

$$=\frac{-\arctan t}{t}+\ln|t|-\frac{1}{2}\ln(1+t^2)+C$$

$$=\frac{-\arctan e^x}{e^x}+x-\frac{1}{2}\ln(1+e^{2x})+C.$$

一般来说，当被积函数是由不同类型函数经乘、除与复合运算构成时，分部积分法是将它们分开并化成较易积分的有力工具．

思　考　题

1. 下面两式，谁对谁错？

(1) $\int f'(2x)\mathrm{d}x=f(2x)+C$；　　(2) $\int f'(2x)\mathrm{d}(2x)=f(2x)+C$.

2. $\left[\int xf(x^2)\mathrm{d}x\right]_x'=xf(x^2)$. 这个式子对吗？

3. 下面做法对吗？

设 $f'(x^2)=\frac{1}{x}\quad(x>0)$，求 $f(x)$.

对上式两边积分，得 $f(x^2)=\int f'(x^2)\mathrm{d}x=\int\frac{1}{x}\mathrm{d}x=\ln x\quad(x>0)$，故　$f(x)=\frac{1}{2}\ln x$.

4. 下面推导，错在何处？

有 $\int\frac{\cos x}{\sin x}\mathrm{d}x=\int\frac{\mathrm{d}(\sin x)}{\sin x}=\frac{1}{\sin x}\sin x+\int\sin x\frac{\cos x}{\sin^2 x}\mathrm{d}x=1+\int\frac{\cos x}{\sin x}\mathrm{d}x$,

等式两边消去 $\int\frac{\cos x}{\sin x}\mathrm{d}x$，得 $1=0$.

练　习　题

求下列不定积分：

2.153 $\int x\sin 2x\mathrm{d}x$.

2.154 $\int x^2\operatorname{sh}x\mathrm{d}x$.

2.155 $\int xe^{-x}\mathrm{d}x$.

2.156 $\int x^2\ln x\mathrm{d}x$.

2.157 $\int\frac{\arctan x}{x^2}\mathrm{d}x$.

2.158 $\int e^{2x}\sin^2 x\mathrm{d}x$.

2.159 $\int\frac{x\mathrm{d}x}{\cos^2 x}$.

2.160 $\int x\arcsin x\mathrm{d}x$.

2.161 $\int\sin x\ln(\tan x)\mathrm{d}x$.

2.162 $\int x^3e^{-x^2}\mathrm{d}x$.

求下列不定积分：

2.163 $\int\arctan\sqrt{x}\mathrm{d}x$.

2.164 $\int(\arcsin x)^2\mathrm{d}x$.

2.165 $\int\ln^2 x\mathrm{d}x$.

2.166 $\int\ln(x+\sqrt{1+x^2})\mathrm{d}x$.

2.167 $\int\sin(\ln x)\mathrm{d}x$.

2.168 $\int\ln(\sqrt{1-x}+\sqrt{1+x})\mathrm{d}x$.

求下列不定积分：

2.169 $\int e^{\sqrt{x}}\mathrm{d}x$.

2.170 $\int\frac{x^2\arctan x}{1+x^2}\mathrm{d}x$.

2.171 $\int \frac{x\arccos x}{(1-x^2)^{\frac{3}{2}}}\mathrm{d}x$.

2.172 $\int x\sin\sqrt{x}\mathrm{d}x$.

2.173 $\int \frac{\arcsin x}{\sqrt{(1-x^2)^3}}\mathrm{d}x$.

2.174 $\int \frac{\ln(\tan x)}{\sin x\cos x}\mathrm{d}x$.

2.175 $\int \frac{\ln(\tan x)}{\sin^2 x\cos^2 x}\mathrm{d}x$.

2.176 $\int \frac{x\mathrm{e}^{\arctan x}}{(1+x^2)^{\frac{3}{2}}}\mathrm{d}x$.

2.177 $\int \frac{\mathrm{e}^{\arctan x}}{(1+x^2)^{\frac{3}{2}}}\mathrm{d}x$.

2.178 $\int x\arccos\frac{1}{x}\mathrm{d}x$.

求下列不定积分：

2.179 (1) $\int x\mathrm{e}^x\sin x\mathrm{d}x$； (2) $\int x\mathrm{e}^x\cos x\mathrm{d}x$.

2.180 $\int x\arctan x\ln(1+x^2)\mathrm{d}x$.

2.181 $\int \left(1-\frac{2}{x}\right)^2\mathrm{e}^x\mathrm{d}x$.

利用递推公式求下列不定积分：

2.182 $I_n=\int \ln^n x\mathrm{d}x$.

2.183 $I_n=\int \frac{\mathrm{d}x}{\sin^n x}$.

2.184 求下列不定积分：

(1) $\int xf''(x)\mathrm{d}x$； (2) $\int f'(2x)\mathrm{d}x$.

2.2.3 几个初等函数类的积分方法

初等函数的导函数必然是初等函数. 但是初等函数的原函数，可能是初等函数，也可能是非初等函数. 当被积的初等函数 $f(x)$ 的原函数不是初等函数时，就不可能用上面的基本积分表与基本积分方法求出 $f(x)$ 的原函数. 这时，称不定积分 $\int f(x)\mathrm{d}x$ 是“积不出来”的. 例如

$$\int \frac{\sin x}{x}\mathrm{d}x,\int \sin x^2\mathrm{d}x,\int \sqrt{\sin x}\mathrm{d}x,\int \mathrm{e}^{-x^2}\mathrm{d}x,\int \frac{\mathrm{d}x}{\ln x},\int \sqrt{x^3+1}\mathrm{d}x,$$

这些不定积分都积不出来. 最著名的积不出来的不定积分是

$$\int \frac{\mathrm{d}x}{\sqrt{1-k^2\sin^2 x}},\int \sqrt{1-k^2\sin^2 x}\mathrm{d}x,\int \frac{\mathrm{d}x}{(1+h\sin^2 x)\sqrt{1-k^2\sin^2 x}}(0<k<1),$$

分别称为第一、第二、第三类椭圆积分，它们是在计算椭圆弧长时碰到的，并由此得名. 法国数学家刘维尔(Liouville)曾经证明了它们不能用初等函数表示.

为了求出那些“积得出来”的初等函数的不定积分，就需要研究几类重要的初等函数类的积分方法.

1. 有理函数积分法

有理函数就是两个多项式函数 $P(x)$ 与 $Q(x)$ 的商 $\frac{P(x)}{Q(x)}$，并且约定分子、分母没有公因式(即为既约分式，也称之为 $P(x)$ 与 $Q(x)$ 互素). 当分子的次数低于分母的次数时，称为**真分式**，否则，称为**假分式**. 任何假分式都可表示为一个多项式与一个真分式之和，例如

$$\frac{x^3+1}{x^2+x+1}=x-1+\frac{2}{x^2+x+1}.$$

由于多项式的原函数仍是多项式，因此，只需研究真分式的积分就可以了.

称形如

$$\frac{A}{(x-a)^k},\frac{Mx+N}{(x^2+px+q)^k}(p^2-4q<0),$$

的两类有理函数为最简分式，其中 k 是正整数，A,a,M,N,p,q 是常数.

设$\frac{P(x)}{Q(x)}$是真分式，若存在正整数 m，使得

1° $Q(x)=(x-a)^m Q_1(x)$且 $Q_1(x)$与 $x-a$ 互素，则存在真分式$\frac{P_1(x)}{Q_1(x)}$，使得

$$\frac{P(x)}{Q(x)}=\sum_{k=1}^{m}\frac{A_k}{(x-a)^k}+\frac{P_1(x)}{Q_1(x)}.$$

2° $Q(x)=(x^2+px+q)^m Q_2(x)$，$p^2-4q<0$，$Q_2(x)$与 x^2+px+q 互素，则存在真分式$\frac{P_2(x)}{Q_2(x)}$，使得

$$\frac{P(x)}{Q(x)}=\sum_{k=1}^{m}\frac{M_k x+N_k}{(x^2+px+q)^k}+\frac{P_2(x)}{Q_2(x)}.$$

将上面两个等式的右边通分后，用待定系数法可证明 1°与 2°成立，也可用多项式除法来计算 $P(x)/(x-a)^m$ 或计算 $P(x)/(x^2+px+q)^m$，来证明 1°与 2°成立. 再运用数学归纳就可得到，真分式必可分解成有限个最简分式之和. 例如，要将真分式

$$\frac{P(x)}{Q(x)}=\frac{2x+2}{x^5-x^4+2x^3-2x^2+x-1}$$

分解为最简分式. 首先将 $Q(x)$分解素因式可得

$$Q(x)=(x-1)(x^2+1)^2,$$

然后根据 1°中公式和 2°中公式就得到

$$\frac{P(x)}{Q(x)}=\frac{A}{x-1}+\frac{P_1(x)}{(x^2+1)^2}=\frac{A}{x-1}+\frac{Bx+C}{x^2+1}+\frac{Dx+E}{(x^2+1)^2}.$$

把上式右端通分，得到

$$2x+2=A(x^2+1)^2+(Bx+C)(x-1)(x^2+1)+(Dx+E)(x-1),\tag{1}$$

比较两端同类项的系数有

$$\begin{cases}A+B=0,\\-B+C=0,\\2A+B-C+D=0,\\-B+C-D+E=2,\\A-C-E=2.\end{cases}\tag{2}$$

解上述线性方程组得

$$A=1,\quad B=-1,\quad C=-1,\quad D=-2,\quad E=0.$$

最后有

$$\frac{2x+2}{x^5-x^4+2x^3-2x^2+x-1}=\frac{1}{x-1}-\frac{x+1}{x^2+1}-\frac{2x}{(x^2+1)^2}.$$

按上述常规步骤求解线性方程组(2)有时是很烦琐的，由于这些待定常数是唯一的，我们可以灵活地使用各种方便的方法来确定它们，例如，将 $x=1$ 代入式(1)得 $A=1$. 再将 $A=$

1 代入式(2),依次可得 $B=C=-1, D=-2, E=0$. 还可以不求出式(2). 直接对式(1)用代入方法求出待定系数,如下面的例 1 和例 2.

由上面的讨论得到求有理函数$\dfrac{P(x)}{Q(x)}$积分的步骤是

(1) 把有理函数$\dfrac{P(x)}{Q(x)}$化为多项式与真分式的和;

(2) 把真分式的分母多项式 $Q(x)$在实数范围内进行因式分解;

(3) 把真分式分解为最简分式的代数和,并用待定系数法求出分解式中的常数;

(4) 求最简分式的不定积分.

不定积分 $\int \dfrac{A}{(x-a)^k}\mathrm{d}x$ 容易求出. 另一类最简分式的不定积分有递推公式

$$\int \frac{Mx+N}{(x^2+px+q)^k}\mathrm{d}x=\frac{Ax+B}{(x^2+px+q)^{k-1}}+\int \frac{C}{(x^2+px+q)^{k-1}}\mathrm{d}x.$$

其中正整数 $k\geqslant 2$, $A=\left(N-\dfrac{Mp}{2}\right)\dfrac{2}{4q-p^2}\cdot\dfrac{1}{k-1}$, $B=\left[\left(N-\dfrac{Mp}{2}\right)\dfrac{2p}{4q-p^2}-M\right]\cdot\dfrac{1}{2k-2}$, $C=\left(N-\dfrac{Mp}{2}\right)\dfrac{4}{4q-p^2}\dfrac{2k-3}{2k-2}$. 上式可用分部积分来求出,故只需求出 $k=1$ 时下面的不定积分

$$\begin{aligned}\int \frac{Mx+N}{x^2+px+q}\mathrm{d}x &=M\int \frac{\left(x+\frac{p}{2}\right)-\frac{p}{2}}{x^2+px+q}\mathrm{d}x+N\int \frac{\mathrm{d}x}{\left(x+\frac{p}{2}\right)^2+\left(q-\frac{p^2}{4}\right)}\\ &=\frac{M}{2}\int \frac{\mathrm{d}(x^2+px+q)}{x^2+px+q}+\left(N-\frac{Mp}{2}\right)\int \frac{\mathrm{d}\left(x+\frac{p}{2}\right)}{\left(x+\frac{p}{2}\right)^2+\left(\sqrt{q-\frac{p^2}{4}}\right)^2}\\ &=\frac{M}{2}\ln|x^2+px+q|+\frac{2N-Mp}{\sqrt{4q-p^2}}\arctan\frac{2x+p}{\sqrt{4q-p^2}}+C.\end{aligned}$$

这样,我们从理论上证明了下列性质.

性质 2.8 有理函数的原函数是初等函数.

求有理函数的不定积分问题理论上已经解决. 但需要注意,从理论上说实系数多项式 $Q(x)$必可分解成有限个素因式之积. 它的素因式或是形如 $x-a$ 的一次多项式,或是形如 x^2+px+q 且 $p^2-4q<0$ 的二次多项式. 在比较简单的情形,通过观察法,可将 $Q(x)$因式分解.

例 1 求 $J=\int \dfrac{x^5+x^4-8}{x^3-x}\mathrm{d}x$.

解 **方法 1** 先把有理式$\dfrac{x^5+x^4-8}{x^3-x}$化为多项式与真分式的和,即

$$\frac{x^5+x^4-8}{x^3-x}=x^2+x+1+\frac{x^2+x-8}{x(x-1)(x+1)}.$$

令
$$\frac{x^2+x-8}{x(x-1)(x+1)}=\frac{A}{x}+\frac{B}{x-1}+\frac{C}{x+1},$$

有
$$x^2+x-8=A(x^2-1)+Bx(x+1)+Cx(x-1).$$

分别令 $x=0,x=1,x=-1$,代入上式得

$$A=8,B=-3,C=-4,$$

故 $$J=\frac{x^3}{3}+\frac{x^2}{2}+x+\ln\frac{x^8}{|(x^2-1)^3(x+1)|}+C.$$

方法 2 $$J=\int\frac{x^5+x^4}{x^3-x}\mathrm{d}x-8\int\frac{\mathrm{d}x}{x^3-x}=\int\frac{x^3}{x-1}\mathrm{d}x-8\int\frac{\mathrm{d}x}{x(x^2-1)}$$

$$=\int\left(x^2+x+1+\frac{1}{x-1}\right)\mathrm{d}x-8\int\left(\frac{x}{x^2-1}-\frac{1}{x}\right)\mathrm{d}x$$

$$=\frac{x^3}{3}+\frac{x^2}{2}+x+\ln\frac{x^8}{|(x^2-1)^3(x+1)|}+C.$$

例 2 求 $J=\int\frac{\mathrm{d}x}{x^2(x^2+1)^2}$.

解 方法 1 令

$$\frac{1}{x^2(x^2+1)^2}=\frac{A}{x}+\frac{B}{x^2}+\frac{Cx+D}{x^2+1}+\frac{Ex+F}{(x^2+1)^2}.$$

有 $1=Ax(x^2+1)^2+B(x^2+1)^2+(Cx+D)x^2(x^2+1)+(Ex+F)x^2.$ (3)

令 $x=0$,代入式(3)得 $B=1$.

对式(3)两边求导得

$$0=A(x^2+1)^2+Ax[(x^2+1)^2]'+4Bx(x^2+1)+[\cdots]'+[\cdots]'.$$

再令 $x=0$,代入上式得 $A=0$.

令 $x=\mathrm{i}$,代入式(3)得 $E=0,F=-1$.

对式(3)两边求导得

$$0=[\cdots]'+[\cdots]'+[(Cx+D)x^2]'(x^2+1)+$$
$$2x[(Cx+D)x^2]+Ex^2+2x(Ex+F).$$

再令 $x=\mathrm{i}$,代入上式得 $C=0,\quad D=-1$.

故 $J=\int\frac{\mathrm{d}x}{x^2}-\int\frac{\mathrm{d}x}{1+x^2}-\int\frac{\mathrm{d}x}{(x^2+1)^2}=-\frac{3x^2+2}{2x(x^2+1)}-\frac{3}{2}\arctan x+C.$

方法 2 $$J=\int\left[\frac{1}{x(x^2+1)}\right]^2\mathrm{d}x=\int\left(\frac{1}{x}-\frac{x}{x^2+1}\right)^2\mathrm{d}x$$

$$=\int\left[\frac{1}{x^2}-\frac{2}{x^2+1}+\frac{x^2}{(x^2+1)^2}\right]\mathrm{d}x=\int\left[\frac{1}{x^2}-\frac{1}{x^2+1}-\frac{1}{(x^2+1)^2}\right]\mathrm{d}x$$

$$=-\frac{3x^2+2}{2x(x^2+1)}-\frac{3}{2}\arctan x+C.$$

2. 三角函数有理式积分法

设 u,v 是两个独立变化的自变量,m 和 n 是非负整数,称二元函数 u^mv^n 是 u 和 v 的 $m+n$ 次单项式,再给定一组常数 a_{mn},$0\leqslant m+n\leqslant N$,就称

$$P(u,v)=\sum_{m+n\leqslant N}a_{mn}u^mv^n$$

是 u 和 v 的 N 次多项式,其中求和是对所有满足 $m+n\leqslant N$ 的非负整数 m 和 n 求和.

设 $P(u,v),Q(u,v)$ 是 u,v 的两个互素的(即无公因式的)多项式,称它们的商

$$R(u,v)=\frac{P(u,v)}{Q(u,v)}$$

是 u,v 的有理函数. 再用 $u=\sin x, v=\cos x$ 代入 $R(u,v)$ 中,称 $R(\sin x,\cos x)$ 是三角函数有理式,它是有限个三角函数经过有限次四则运算得到的分式.

性质 2.9 三角函数有理式的原函数是初等函数.

证明 设 $t=\tan\frac{x}{2}$, $x\in(-\pi,\pi)$,

有
$$x=2\arctan t,\quad \mathrm{d}x=\frac{2\mathrm{d}t}{1+t^2},$$

且
$$\sin x=2\sin\frac{x}{2}\cos\frac{x}{2}=\frac{2\tan\frac{x}{2}}{1+\tan^2\frac{x}{2}}=\frac{2t}{1+t^2};$$

$$\cos x=\cos^2\frac{x}{2}-\sin^2\frac{x}{2}=\frac{1-\tan^2\frac{x}{2}}{1+\tan^2\frac{x}{2}}=\frac{1-t^2}{1+t^2}.$$

由第二换元法有

$$\int R(\sin x,\cos x)\mathrm{d}x=\int R\left(\frac{2t}{1+t^2},\frac{1-t^2}{1+t^2}\right)\frac{2\mathrm{d}t}{1+t^2}.$$

显然

$$R\left(\frac{2t}{1+t^2},\frac{1-t^2}{1+t^2}\right)\frac{2}{1+t^2}$$

是 t 的有理函数,它的原函数可积出,是 t 的初等函数,再令 $t=\tan\frac{x}{2}$,就证明了性质 2.9. □

常称

$$t=\tan\frac{x}{2}$$

为**万能代换**. 利用万能代换可以把三角函数有理式的不定积分化为有理函数的不定积分,但有时计算可能很繁,还可针对具体问题采用其他一些常用的代换,如 $t=\tan x$, $t=\sin x$, $t=\cos x$ 等. 总之,仍需注意灵活性. 由于三角函数恒等式变化多,使得采取不同的代换时,三角函数不定积分计算的繁简程度可能相距甚大,读者需多做题、多总结才能达到熟练的程度.

例 3 求 $J=\int\frac{1-r^2}{1-2r\cos x+r^2}\mathrm{d}x\quad(0<r<1,-\pi<x<\pi)$.

解 设 $t=\tan\frac{x}{2}$,则 $x=2\arctan t$,故

有
$$\cos x=\frac{1-t^2}{1+t^2},\quad \mathrm{d}x=\frac{2\mathrm{d}t}{1+t^2},$$

故
$$\begin{aligned}J&=(1-r^2)\int\frac{2\mathrm{d}t}{(1-r)^2+(1+r)^2t^2}=2\arctan\left(\frac{1+r}{1-r}t\right)+C\\&=2\arctan\left(\frac{1+r}{1-r}\tan\frac{x}{2}\right)+C.\end{aligned}$$

例 4　求 $J=\int \frac{\sin x}{\sin x+\cos x}\mathrm{d}x$.

解　**方法 1**　设 $t=\tan\frac{x}{2}$，则 $x=2\arctan t$，故

$$\begin{aligned}
J &= \int \frac{4t\mathrm{d}t}{(1+t^2)(1+2t-t^2)} \\
&= \int \frac{2t}{1+t}\left(\frac{1}{1+t^2}+\frac{1}{1+2t-t^2}\right)\mathrm{d}t \\
&= \int \frac{2t}{(1+t)(1+t^2)}\mathrm{d}t+\int \frac{2t}{(1+t)(1+2t-t^2)}\mathrm{d}t \\
&= \int t\left(\frac{1}{1+t}+\frac{1-t}{1+t^2}\right)\mathrm{d}t+\int \left(\frac{1}{1+t}-\frac{1-t}{1+2t-t^2}\right)\mathrm{d}t \\
&= \int 1\mathrm{d}t+\int \frac{t\mathrm{d}t}{1+t^2}-\int \frac{t^2\mathrm{d}t}{1+t^2}-\int \frac{t-1}{t^2-2t-1}\mathrm{d}t \\
&= \arctan t+\frac{1}{2}\ln\frac{1+t^2}{t^2-2t-1}+C \\
&= \frac{1}{2}\left(x-\ln|\sin x+\cos x|\right)+C.
\end{aligned}$$

方法 2　设 $t=\tan x$，有

$$\begin{aligned}
J &= \int \frac{\tan x}{1+\tan x}\mathrm{d}x=\int \frac{t}{(1+t)(1+t^2)}\mathrm{d}t=\frac{1}{2}\int \left(\frac{t+1}{t^2+1}-\frac{1}{t+1}\right)\mathrm{d}t \\
&= \frac{1}{2}\left(\arctan t+\ln\frac{\sqrt{1+t^2}}{|t+1|}\right)+C=\frac{1}{2}\left(x-\ln|\sin x+\cos x|\right)+C.
\end{aligned}$$

方法 3　引进新的不定积分

$$\hat{J}=\int \frac{\cos x}{\sin x+\cos x}\mathrm{d}x,$$

有

$$J+\hat{J}=\int 1\mathrm{d}x=x,$$

$$\begin{aligned}
-J+\hat{J} &= \int \frac{\cos x-\sin x}{\sin x+\cos x}\mathrm{d}x \\
&= \int \frac{\mathrm{d}(\sin x+\cos x)}{\sin x+\cos x}=\ln|\sin x+\cos x|.
\end{aligned}$$

所以

$$J=\frac{1}{2}\left(x-\ln|\sin x+\cos x|\right)+C;$$

$$\hat{J}=\frac{1}{2}\left(x+\ln|\sin x+\cos x|\right)+C.$$

方法 4

$$\begin{aligned}
J &= \int \frac{\sin x}{\sqrt{2}\sin\left(x+\frac{\pi}{4}\right)}\mathrm{d}x=\frac{1}{\sqrt{2}}\int \frac{\sin\left[\left(x+\frac{\pi}{4}\right)-\frac{\pi}{4}\right]}{\sin\left(x+\frac{\pi}{4}\right)}\mathrm{d}x \\
&= \frac{1}{\sqrt{2}}\int \frac{\frac{1}{\sqrt{2}}\left[\sin\left(x+\frac{\pi}{4}\right)-\cos\left(x+\frac{\pi}{4}\right)\right]}{\sin\left(x+\frac{\pi}{4}\right)}\mathrm{d}x
\end{aligned}$$

$$=\frac{x}{2}-\frac{1}{2}\int\frac{\cos\left(x+\frac{\pi}{4}\right)}{\sin\left(x+\frac{\pi}{4}\right)}\mathrm{d}x=\frac{x}{2}-\frac{1}{2}\ln\left|\sin\left(x+\frac{\pi}{4}\right)\right|+C_1$$

$$=\frac{1}{2}\left(x-\ln|\sin x+\cos x|\right)+C.$$

3. 某些根式的有理式积分法

设 $R(u,v)$ 是 u,v 的有理函数,称

$$R\left(x,\sqrt[n]{\frac{ax+b}{cx+d}}\right) \tag{4}$$

是含根式 $\sqrt[n]{\frac{ax+b}{cx+d}}$ 的有理式. 称

$$R(x,\sqrt{ax^2+bx+c}), \tag{5}$$

是含根式 $\sqrt{ax^2+bx+c}$ 的有理式,其中 $a\neq 0$.

性质 2.10 含根式 $\sqrt[n]{\frac{ax+b}{cx+d}}$ 或 $\sqrt{ax^2+bx+c}$ 的有理式的原函数可积出,是初等函数.

证明 (1) 先求 $R\left(x,\sqrt[n]{\frac{ax+b}{cx+d}}\right)$ 的原函数.

设
$$t=\sqrt[n]{\frac{ax+b}{cx+d}},$$

则
$$x=\frac{dt^n-b}{a-ct^n},$$

$$\mathrm{d}x=\frac{nt^{n-1}(ad-bc)}{(a-ct^n)^2}\mathrm{d}t,$$

由第二换元法有

$$\int R\left(x,\sqrt[n]{\frac{ax+b}{cx+d}}\right)\mathrm{d}x=\int R\left(\frac{\mathrm{d}t^n-b}{a-ct^n},t\right)\frac{nt^{n-1}(ad-bc)}{(a-ct^n)^2}\mathrm{d}t,$$

上式右端的被积函数显然是 t 的有理函数,由性质 2.8 知,它的原函数可积出,是 t 的初等函数,再回到变量 x 得

$$R\left(x,\sqrt[n]{\frac{ax+b}{cx+d}}\right),$$

其原函数可积出,是初等函数.

(2) 再来求 $R(x,\sqrt{ax^2+bx+c})$ 的原函数.

不妨假定 $b^2-4ac\neq 0$,有

$$\sqrt{ax^2+bx+c}=\frac{1}{2}\sqrt{\frac{1}{a}[u^2+(4ac-b^2)]},$$

其中 $u=2ax+b$.

当 $a>0$ 时,有

$$\sqrt{ax^2+bx+c}=\begin{cases}\dfrac{1}{2\sqrt{a}}\sqrt{u^2+A_1^2},\ b^2-4ac=-A_1^2<0,\\ \dfrac{1}{2\sqrt{a}}\sqrt{u^2-A_2^2},\ b^2-4ac=A_2^2>0;\end{cases}$$

当 $a<0$ 时，有

$$\sqrt{ax^2+bx+c}=\frac{1}{2\sqrt{-a}}\sqrt{A^2-u^2},\ b^2-4ac=A^2>0.$$

总之，$R(x,\sqrt{ax^2+bx+c})$ 恒可通过配方的方法化为

$$R(u,\sqrt{u^2+A^2})\quad 或\quad R(u,\sqrt{u^2-A^2})\quad 或\quad R(u,\sqrt{A^2-u^2}),$$

且 u 是 x 的一次函数，而这 3 种形式又可用下式代换

$$u=A\tan t,\quad u=A\sec t,\quad u=A\sin t$$

化为三角函数有理式，于是由性质 2.9 知

$$R(x,\sqrt{ax^2+bx+c})$$

的原函数是初等函数．

例 5　求 $J=\displaystyle\int\frac{\mathrm{d}x}{\sqrt[3]{(x-1)(x+1)^2}}$.

解　$J=\displaystyle\int\sqrt[3]{\frac{x+1}{x-1}}\frac{\mathrm{d}x}{x+1}$.

设
$$t=\sqrt[3]{\frac{x+1}{x-1}},$$
有
$$x=\frac{t^3+1}{t^3-1},$$
$$\mathrm{d}x=\frac{-6t^2}{(t^3-1)^2}\mathrm{d}t.$$

所以
$$\begin{aligned}J&=-3\int\frac{\mathrm{d}t}{t^3-1}=\int\frac{t+2}{t^2+t+1}\mathrm{d}t-\int\frac{\mathrm{d}t}{t-1}\\&=\frac{1}{2}\ln\frac{t^2+t+1}{(t-1)^2}+\sqrt{3}\arctan\frac{2t+1}{\sqrt{3}}+C\\&=\frac{1}{2}\ln\frac{\left(\frac{x+1}{x-1}\right)^{\frac{2}{3}}+\left(\frac{x+1}{x-1}\right)^{\frac{1}{3}}+1}{\left[\left(\frac{x+1}{x-1}\right)^{\frac{1}{3}}-1\right]^2}+\sqrt{3}\arctan\frac{2\left(\frac{x+1}{x-1}\right)^{\frac{1}{3}}+1}{\sqrt{3}}+C.\end{aligned}$$

例 6　求　$J=\displaystyle\int\frac{\mathrm{d}x}{x-\frac{1}{2}+\sqrt{x^2-x+1}}$.

解　$J=\displaystyle\int\frac{\mathrm{d}x}{x-\frac{1}{2}+\sqrt{\left(x-\frac{1}{2}\right)^2+\frac{3}{4}}}=\int\frac{2\mathrm{d}x}{2x-1+\sqrt{(2x-1)^2+(\sqrt{3})^2}}$

$$\xlongequal{t=2x-1}\int\frac{\mathrm{d}t}{t+\sqrt{t^2+(\sqrt{3})^2}}=-\int\frac{t-\sqrt{t^2+3}}{3}\mathrm{d}t$$

$$=-\frac{t^2}{6}+\frac{1}{3}\int\sqrt{3+t^2}\,\mathrm{d}t$$

$$=-\frac{t^2}{6}+\frac{1}{3}\left[\frac{t}{2}\sqrt{3+t^2}+\frac{3}{2}\ln|t+\sqrt{3+t^2}|\right]+C$$

$$=\frac{1-2x}{6}\left[2x-1-2\sqrt{x^2-x+1}\right]+\frac{1}{2}\ln|2x-1+2\sqrt{x^2-x+1}|+C.$$

例 7 求 $\int\frac{2x+1}{\sqrt{-x^2-4x}}\mathrm{d}x$.

解 $$\int\frac{2x+1}{\sqrt{-x^2-4x}}\mathrm{d}x=\int\frac{-(-x^2-4x)'-3}{\sqrt{-x^2-4x}}\mathrm{d}x$$

$$=-\int\frac{\mathrm{d}(-x^2-4x)}{\sqrt{-x^2-4x}}-3\int\frac{\mathrm{d}x}{\sqrt{4-(x+2)^2}}$$

$$=-2\sqrt{-x^2-4x}-3\arcsin\frac{x+2}{2}+C.$$

例 8 求 $J=\int\frac{\mathrm{d}x}{x^2\sqrt{a^2+x^2}}\quad(a>0)$.

解 化无理式为有理式的方法除性质 2.10 中介绍的两种代换外,我们再介绍一种常用的所谓“倒代换”(被积函数是偶函数时,原函数必是奇函数),

设 $$x=\frac{1}{t},$$

有 $$\mathrm{d}x=\frac{-\mathrm{d}t}{t^2},$$

于是有 $$J=-\int\frac{t\mathrm{d}t}{\sqrt{a^2t^2+1}}=-\frac{1}{2a^2}\int\frac{\mathrm{d}(a^2t^2+1)}{\sqrt{a^2t^2+1}}$$

$$=-\frac{1}{a^2}\sqrt{a^2t^2+1}+C=-\frac{1}{a^2x}\sqrt{a^2+x^2}+C.$$

最后,我们再举一些概念性、综合性的例子.

例 9 设 $f'(\cos^2x)=\sin^2x$, $f(0)=1$, 求 $f(x)$.

解 由 $f'(\cos^2x)=1-\cos^2x$,

有 $$f'(t)=1-t,$$

故 $$f(t)=\int(1-t)\mathrm{d}t=t-\frac{t^2}{2}+C.$$

$f(0)=1\Rightarrow C=1$,因此

$$f(x)=x-\frac{x^2}{2}+1.$$

注意,$f'(\cos^2x)\neq[f(\cos^2x)]'$.

例 10　设 $\dfrac{\arcsin x}{\sqrt{1-x^2}}$ 是 $f(x)$的一个原函数，求 $\int xf(x)\mathrm{d}x$.

解　$$\int xf(x)\mathrm{d}x=\int x\mathrm{d}\left(\frac{\arcsin x}{\sqrt{1-x^2}}\right)=\frac{x\arcsin x}{\sqrt{1-x^2}}-\int\frac{\arcsin x}{\sqrt{1-x^2}}\mathrm{d}x$$
$$=\left(\frac{x}{\sqrt{1-x^2}}-\frac{1}{2}\arcsin x\right)\arcsin x+C.$$

试问：若先求出 $f(x)$，再求 $\int xf(x)\mathrm{d}x$ 如何？

例 11　设 $\int\dfrac{\sin x}{x}\mathrm{d}x=f(x)+C$，　求 $\int f''(x)\dfrac{\sin x}{x}\mathrm{d}x$.

解　原式$=\int f''(x)f'(x)\mathrm{d}x=\int f'(x)\mathrm{d}[f'(x)]$
$$=\frac{1}{2}[f'(x)]^2+C=\frac{1}{2}\frac{\sin^2x}{x^2}+C.$$

试问：若先求出 $f''(x)$，再求 $\int f''(x)\dfrac{\sin x}{x}\mathrm{d}x$ 如何？

例 12　求 $\int\dfrac{1-\cos x\sqrt{\tan x}}{\cos^3x}\mathrm{d}x$.

解　原式$=\int\dfrac{1-\cos x\sqrt{\tan x}}{\cos x}\mathrm{d}(\tan x)$
$$=\int\frac{1}{\cos x}\mathrm{d}(\tan x)-\int\sqrt{\tan x}\mathrm{d}(\tan x)$$
$$=\frac{\tan x}{\cos x}-\int\frac{\sin^2x}{\cos^3x}\mathrm{d}x-\frac{2}{3}\sqrt{(\tan x)^3}$$
$$=\frac{\sin x}{\cos^2x}-\int\frac{\mathrm{d}x}{\cos^3x}+\int\frac{\mathrm{d}x}{\cos x}-\frac{2}{3}(\tan x)^{\frac{3}{2}}.$$

又
$$\int\frac{\mathrm{d}x}{\cos^3x}=\int\frac{1}{\cos x}\mathrm{d}(\tan x)=\frac{\sin x}{\cos^2x}-\int\frac{\sin^2x}{\cos^3x}\mathrm{d}x$$
$$=\frac{\sin x}{\cos^2x}-\int\frac{\mathrm{d}x}{\cos^3x}+\int\frac{\mathrm{d}x}{\cos x},$$

所以
$$\int\frac{\mathrm{d}x}{\cos^3x}=\frac{\sin x}{2\cos^2x}+\frac{1}{2}\int\frac{\mathrm{d}x}{\cos x}.$$

而
$$\int\frac{\mathrm{d}x}{\cos x}=\frac{1}{2}\ln\left|\frac{1+\sin x}{1-\sin x}\right|+C,$$

故　原式$=\dfrac{\sin x}{2\cos^2x}+\dfrac{1}{4}\ln\left|\dfrac{1+\sin x}{1-\sin x}\right|-\dfrac{2}{3}\tan^{\frac{3}{2}}x+C.$

例 13　求 $\int\mathrm{e}^{-|x|}\mathrm{d}x$，　$x\in\mathbf{R}$.

解　当 $x\geqslant0$ 时，原式$=\int\mathrm{e}^{-x}\mathrm{d}x=-\mathrm{e}^{-x}+C_1$；

当 $x<0$ 时，原式$=\int\mathrm{e}^{x}\mathrm{d}x=\mathrm{e}^{x}+C_2$.

令
$$F(x)=\begin{cases}-e^{-x}+C_1, & x\geqslant 0,\\ e^{x}+C_2, & x<0\end{cases}$$
是 $e^{-|x|}$ 在 **R** 上的一个原函数,则有 F 在 **R** 连续,再由
$$\lim_{x\to 0^+}F(x)=-1+C_1,$$
$$\lim_{x\to 0^-}F(x)=1+C_2,$$
得到
$$-1+C_1=1+C_2,$$
即
$$C_1=2+C_2.$$
所以有
$$\int e^{-|x|}\,dx=\begin{cases}-e^{-x}+2+C, & x\geqslant 0,\\ e^{x}+C, & x<0,\end{cases}$$
其中 C 为任意常数.

练 习 题

求下列不定积分:

2.185 $\displaystyle\int\frac{5x+6}{x^2+x+1}dx.$

2.186 $\displaystyle\int\frac{x^4-x^3+x+1}{x^2(x-1)}dx.$

2.187 $\displaystyle\int\frac{x^4dx}{x^4+5x^2+4}.$

2.188 $\displaystyle\int\frac{dx}{(x+1)^2(x^2+1)}.$

2.189 $\displaystyle\int\frac{dx}{(x^2+1)(x^2+x)}.$

2.190 $\displaystyle\int\frac{xdx}{(x+1)(x+2)(x+3)}.$

2.191 $\displaystyle\int\frac{dx}{(x^2+1)^2(x^2+2)}.$

2.192 $\displaystyle\int\frac{x^3-1}{4x^3-x}dx.$

2.193 $\displaystyle\int\frac{dx}{x(x^6+4)}.$

2.194 $\displaystyle\int\frac{x^8-1}{x(x^8+1)}dx.$

求下列不定积分:

2.195 $\displaystyle\int\frac{dx}{5-3\cos x}.$

2.196 $\displaystyle\int\frac{dx}{2\sin x-\cos x+5}.$

2.197 $\displaystyle\int\frac{\tan xdx}{\sin x+\cos x-1}.$

2.198 $\displaystyle\int\frac{dx}{\sin x\cos^4x}.$

2.199 $\displaystyle\int\frac{dx}{\sin^3x}.$

2.200 $\displaystyle\int\sin^2x\cos^4xdx.$

2.201 $\displaystyle\int\frac{\sin 2xdx}{\sin^4x+\cos^4x}.$

2.202 $\displaystyle\int\frac{\sin x\cos x}{\sin x+\cos x}dx.$

2.203 $\displaystyle\int\frac{\cos^3x}{\sin^5x}dx.$

2.204 $\displaystyle\int\sin^6xdx.$

求下列不定积分:

2.205 $\displaystyle\int\frac{dx}{\sqrt{x}(1+\sqrt[4]{x})^3}.$

2.206 $\displaystyle\int\frac{x\sqrt[3]{2+x}}{x+\sqrt[3]{2+x}}dx.$

2.207 $\displaystyle\int\frac{dx}{x(1+2\sqrt{x}+\sqrt[3]{x})}.$

2.208 $\displaystyle\int\frac{1}{x}\sqrt{\frac{1+x}{1-x}}dx.$

2.209 $\displaystyle\int\frac{\sqrt{x+1}-\sqrt{x-1}}{\sqrt{x+1}+\sqrt{x-1}}dx.$

2.210 $\displaystyle\int\frac{1}{\sqrt[3]{(x+1)^2(x-1)^4}}dx.$

综合练习题

求下列不定积分：

2.211 $\int \frac{\ln^2 x}{x^2}\mathrm{d}x$.

2.212 $\int \frac{\ln(\sin x)}{\sin^2 x}\mathrm{d}x$.

2.213 $\int \frac{\ln x}{(1+x^2)^{\frac{3}{2}}}\mathrm{d}x$.

2.214 $\int x\arctan(x+1)\mathrm{d}x$.

2.215 $\int \arcsin\frac{2\sqrt{x}}{1+x}\mathrm{d}x$.

2.216 $\int \frac{\mathrm{d}x}{\sqrt{1+\mathrm{e}^x}+\sqrt{1-\mathrm{e}^x}}$.

2.217 $\int \frac{\ln x}{x\sqrt{1+\ln x}}\mathrm{d}x$.

2.218 $\int \mathrm{e}^{\sqrt{x+1}}\mathrm{d}x$.

2.219 $\int \sqrt{\frac{x}{1-x\sqrt{x}}}\mathrm{d}x$.

2.220 $\int \frac{x^2+1}{x\sqrt{x^4+1}}\mathrm{d}x$.

2.221 $\int \frac{\mathrm{d}x}{\sqrt[3]{x^2(1-x)}}$.

2.222 $\int \frac{1+\sqrt{1-x^2}}{1-\sqrt{1-x^2}}\mathrm{d}x$.

2.223 $\int \frac{\ln(1+x+x^2)}{(1+x)^2}\mathrm{d}x$.

2.224 $\int \frac{x\ln x}{(1+x^2)^2}\mathrm{d}x$.

2.225 $\int \frac{x\arctan x}{\sqrt{1+x^2}}\mathrm{d}x$.

2.226 $\int \frac{ax^2+b}{x^2+1}\arctan x\mathrm{d}x$.

2.227 $\int \sqrt{\tan x}\,\mathrm{d}x$.

2.228 $\int \tan x\sqrt{\cos 2x}\,\mathrm{d}x$.

2.229 $\int \sqrt{\frac{\sin^3 x}{\cos^7 x}}\mathrm{d}x$.

2.230 $\int \frac{x}{\sqrt{1-x^2}}\ln\frac{x}{\sqrt{1-x}}\mathrm{d}x$.

2.231 $\int \frac{\mathrm{d}x}{x\sqrt{x^4-2x^2-1}}$.

2.232 $\int \frac{\arctan \mathrm{e}^{\frac{x}{2}}}{\mathrm{e}^{\frac{x}{2}}(1+\mathrm{e}^x)}\mathrm{d}x$.

求下列不定积分：

2.233 $\int \frac{\cos x+\sin x}{\sqrt{\sin 2x}}\mathrm{d}x$ $\left(提示:设\ t=\frac{\pi}{4}-x\right)$.

2.234 $\int \frac{x^2-1}{x^2+1}\frac{\mathrm{d}x}{\sqrt{x^4+1}}$ $\left(提示:设\ t=x+\frac{1}{x}\right)$.

2.235 $\int \frac{2-x^3}{(1+x^3)\sqrt{1+x^3}}\mathrm{d}x$ $\left(提示:设\ t=\frac{1}{x^2}+x\right)$.

求下列不定积分：

2.236 $I_1=\int \frac{\mathrm{d}x}{x^4+1}$； $I_2=\int \frac{x^2}{x^4+1}\mathrm{d}x$.

2.237 $I_0=\int \frac{x^4+1}{x^6+1}\mathrm{d}x$； $I_1=\int \frac{\mathrm{d}x}{x^6+1}$； $I_2=\int \frac{x^4}{x^6+1}\mathrm{d}x$.

2.238 $I_1=\int \frac{\mathrm{d}x}{1-\sin x}$； $I_2=\int \frac{\mathrm{d}x}{1+\sin x}$.

— 不定积分小结 —

不定积分运算是求导运算的递运算,由导数的运算法则常可得到对应的不定积分的运算法则,这些积分法则、基本积分表、不定积分的线性性质、第一换元法、第二换元法、分部积分法都是很重要的内容.

不妨称基本积分表中的被积函数为基本可积函数,则基本可积函数、有理函数、三角有理式、两类含根式的有理式这5类函数的原函数必可用上面的不定积分的5种运算法则积出,具体的积分方法也已经给出.为简便起见,若一个函数是上面5类函数之一,称它为好函数,否则称该函数为坏函数.

运用第一换元法求不定积分的基本思路是,先将被积函数分成两个因子之积,一个是好函数,另一个是坏函数.坏函数通常是几个基本初等函数的复合函数,适当选取坏函数的中间变量 $t=\varphi(x)$,再运用第一换元法;也可以将坏函数作恒等变形后,再选取中间变量 $t=\varphi(x)$,然后运用第一换元法.

用分部积分法求不定积分时,先将被积函数分成两个因子之乘积,一个因子是坏函数,另一个因子是好函数,将坏函数选为 $u(x)$,将好函数选为 $v'(x)$.当两个因子都是好函数时,通常选多项式为 $u(x)$,选 e^x,$\sin x$,$\cos x$ 等为 $v'(x)$.

不定积分还有一些重要的积分方法.例如,处理形如

$$\int x^m(a+x^n)^p\,\mathrm{d}x$$

的不定积分的**二项式微分式方法**.处理形如

$$\int R(x,\sqrt{ax^2+bx+c})\,\mathrm{d}x$$

的不定积分的**欧拉替换方法**等.有兴趣的读者,可参看菲赫金哥尔茨的《微积分学教程》这一名著,它有人民教育出版社出版的中译本.

2.3　黎曼积分

2.3.1　定积分概念与性质

黎曼积分又称为定积分，黎曼积分即定积分的概念起源于求平面图形的面积问题.

设 $f(x)$ 是 $[a,b]$ 上的非负连续函数. 由曲线 $y=f(x)$，直线 $x=a$，$x=b$ 及 x 轴围成的图形 D 称为曲边梯形，它就是集合

$$D=\{(x,y)\mid x\in[a,b],0\leqslant y\leqslant f(x)\}.$$

如何求曲边梯形 D 的面积 $S(D)$ 呢?

在中学，我们通过求圆内接正多边形面积的极限得到了圆的面积，现在我们也用这种极限方法来求曲边梯形的面积(见图 2.3-1).

在 $[a,b]$ 内部插入 $n-1$ 个分点：

$$a=x_0<x_1<\cdots<x_{i-1}<x_i<\cdots<x_{n-1}<x_n=b,$$

它们把 $[a,b]$ 分成 n 个小区间：

$$[x_{i-1},x_i],\quad i=1,2,\cdots,n.$$

用直线 $x=x_i$ 把 D 分割成 n 个小曲边梯形 $D_1,D_2,\cdots,D_n$，在每个 $[x_{i-1},x_i]$ 上任取一点 ξ_i，作高为 $f(\xi_i)$，底为

$$\Delta x_i=x_i-x_{i-1}$$

的小矩形，那么就可取小矩形的面积作为曲边梯形 D_i 的面积的近似值，即

$$S(D_i)\approx f(\xi_i)\Delta x_i,$$

所以曲边梯形 D 的面积的近似值就是

$$S(D)=\sum_{i=1}^{n}S(D_i)\approx\sum_{i=1}^{n}f(\xi_i)\Delta x_i.$$

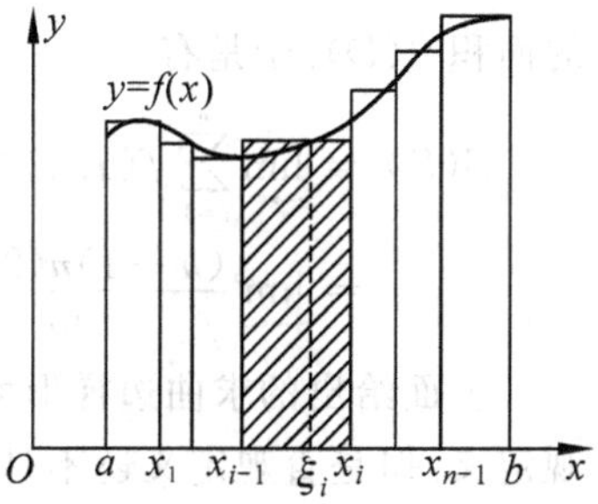

图 2.3-1

观察图 2.3-1 容易发现，当我们将曲边梯形 D 分割成 n 个小曲边梯形的分割越来越细时，也就是最大的小区间的长度越来越小时，曲边梯形的面积的近似值就越来越接近 D 的面积 $S(D)$. 这就是说，曲边梯形 D 的面积是用上面的分割-近似-求和方法得到的近似值，是分得越来越细时的极限.

先用上面的方法求抛物线的一小段围出的曲边梯形的面积.

例 1　求 $y=x^2$ 在 $[0,1]$ 上的曲边梯形 D 的面积 $S(D)$.

解　(1) 分割. 把 $[0,1]$ 分成 n 等份，分点为

$$x_0=0,x_1=\frac{1}{n},\cdots,x_i=\frac{i}{n},\cdots,x_{n-1}=\frac{n-1}{n},x_n=1.$$

每个小区间 $[x_{i-1},x_i]$ 的长

$$\Delta x_i=\frac{1}{n}.$$

(2) 近似. 在每个 $[x_{i-1},x_i]$ 上取左端点的函数值

$$f(x_{i-1}) = x_{i-1}^2$$

为高,底边长为

$$\Delta x_i = \frac{1}{n}$$

的小矩形近似代替小曲边梯形 D_i,得到 D_i 的面积 $S(D_i)$ 的近似值是

$$S(D_i) \approx x_{i-1}^2 \Delta x_i = \left(\frac{i-1}{n}\right)^2 \frac{1}{n}.$$

(3) 求和. 把上述乘积式求和,得到 D 的面积 $S(D)$ 的近似值是

$$\begin{aligned} S(D) \approx \sum_{i=1}^{n} f(x_{i-1})\Delta x_i &= \sum_{i=1}^{n}\left(\frac{i-1}{n}\right)^2 \frac{1}{n} \\ &= \frac{1^2 + 2^2 + \cdots + (n-1)^2}{n^3} \\ &= \frac{(n-1)n(2n-1)}{6n^3}. \end{aligned}$$

(4) 取极限. 从图 2.3-2 容易发现,当分得越来越细时,也就是 n 取得越来越大时,上面的近似值与 D 的面积的误差就越来越小(实际上误差小于$\frac{1}{n}$). 所以 D 的面积的近似值越来越靠近 D 的面积 $S(D)$. 于是有

$$\begin{aligned} S(D) &= \lim_{x\to\infty}\sum_{i=1}^{n} f(x_{i-1})\Delta x_i \\ &= \lim_{n\to\infty}\frac{(n-1)n(2n-1)}{6n^3} = \frac{1}{3}. \end{aligned}$$

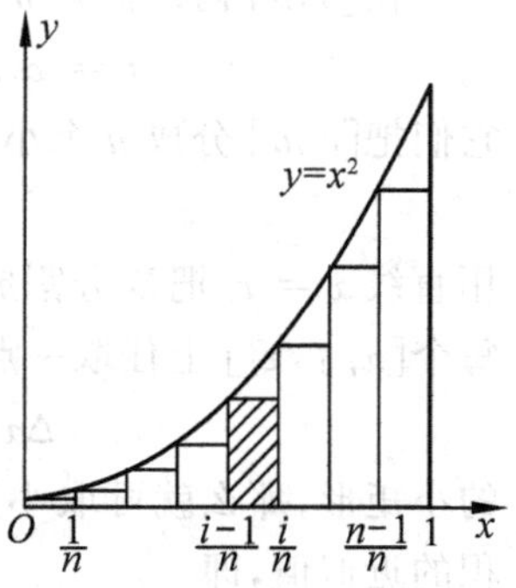

图 2.3-2

上面给出的求曲边梯形面积的方法,实际上就是定积分的直观定义. 但是直观定义还不是数学定义,因为"分得越来越细""越来越靠近"均不是数学语言. 这就需要用数学语言来表述上面的分割 — 近似 — 求和 — 取极限的方法. 先定义**分法**、**取法**、**分法范数**、**积分和**这 4 个概念.

定义 设函数 f 在有界闭区间 $[a,b]$ $(a<b)$ 上有定义. 在 $[a,b]$ 内任取 $n-1$ 个点:

$$a = x_0 < x_1 < \cdots < x_{i-1} < x_i < \cdots < x_{n-1} < x_n = b,$$

由它们构成的集合

$$\Omega = \{a = x_0 < x_1 < \cdots < x_{n-1} < x_n = b\}$$

称为 $[a,b]$ 的一个**分法**,区间 $[x_{i-1}, x_i]$ $(i=1,2,\cdots,n)$ 称为 $[a,b]$ 的**子区间**,所有子区间长 $\Delta x_i = x_i - x_{i-1}$ 的最大者,记作

$$\|\Omega\| = \max_{1\leqslant i\leqslant n}\{\Delta x_i\},$$

称为分法 Ω 的**范数**或**模**,它是衡量把 $[a,b]$ 分得细密程度的一个量,在每个子区间上任取一点 $\xi_i \in [x_{i-1}, x_i]$,由它们构成的集合,记作

$$\xi = \{\xi_1 \leqslant \xi_2 \leqslant \cdots \leqslant \xi_n\},$$

并称它为属于分法 Ω 的一个**取法**,对任意给定的分法 Ω 和属于 Ω 的取法 ξ,称

$$\sum(f,\Omega,\xi) = \sum_{i=1}^{n} f(\xi_i)\Delta x_i \tag{1}$$

为函数 f 在 $[a,b]$ 上关于分法 Ω 和属于 Ω 的取法 ξ 的一个**积分和**，亦称它为**黎曼和**.

下面用分法、取法、分法范数、积分和来给出定积分的定义

定义　设函数 f 在 $[a,b](a<b)$ 上有定义，若存在常数 J，对于任给的 $\varepsilon>0$，存在 $\delta>0$，使得对满足 $\|\Omega\|<\delta$ 的任意分法 Ω 与属于 Ω 的任意取法 ξ，均有

$$\left|\sum_{i=1}^{n} f(\xi_i)\Delta x_i - J\right| < \varepsilon$$

成立，则称函数 f 在 $[a,b]$ **黎曼常义可积**，简称 f 在 $[a,b]$ **可积**. 常数 J 称为 f 在 $[a,b]$ 的**黎曼常义积分**，简称为**定积分**，记作

$$J=\int_a^b f(x)\mathrm{d}x,$$

其中，f 称为**被积函数**；x 称为**积分变量**；$[a,b]$ 称为**积分区间**；a 与 b 分别称为**积分下限**与**积分上限**.

定积分定义可用 ε-δ 语言简述为：存在实数 J，任给 $\varepsilon>0$，存在 $\delta>0$，只要 $\|\Omega\|<\delta$ 且 ξ 是属于 Ω 的取法，就有 $\left|\sum\limits_{k=1}^{n} f(\xi_i)\Delta x_i - J\right| < \varepsilon$ 成立.

上述定义就是赋范极限的定义. 所以又可用赋范极限存在来定义定积分为

$$\int_a^b f(x)\mathrm{d}x = \lim_{\|\Omega\|\to 0}\sum_{i=1}^{n} f(\xi_i)\Delta x_i.$$

当取 f 为 $[a,b]$ 上的非负连续函数时，定积分就表示了上面的曲边梯形 D 的面积.

作元素 (Ω,ξ)，其中 Ω 是 $[a,b]$ 的分法，ξ 是属于 Ω 的取法. 全体 (Ω,ξ) 组成了一个集合 X. 在 X 中定义准范数为 $\|(\Omega,\xi)\|=\|\Omega\|$，则 $(X,\|\ \|)$ 是赋范集合. 给定 $[a,b]$ 上的函数 f，它就将每个 X 的元素 (Ω,ξ) 唯一对应了一个实数 $\sum(f,\Omega,\xi)$，这就定义了 X 上的函数 $F(\Omega,\xi)=\sum(f,\Omega,\xi)$，而定积分的定义，就是函数 $F(\Omega,\xi)$ 当 $\|(\Omega,\xi)\|\to 0$ 时的赋范极限的定义，所以一元函数的极限性质对定积分同样成立.

定积分有一条很简单但很重要的性质，就是定积分与积分变量无关，即

$$\int_a^b f(x)\mathrm{d}x = \int_a^b f(t)\mathrm{d}t = \int_a^b f(u)\mathrm{d}u. \tag{2}$$

由极限的性质，立即可得定积分的性质.

定理 3.1（唯一性）　若函数 f 在 $[a,b]$ 可积，则 f 在 $[a,b]$ 的定积分是唯一的.

证明　假设 f 在 $[a,b]$ 有两个定积分 J_1 和 J_2，我们要证 $J_1=J_2$. 因 f 在 $[a,b]$ 可积，对定积分 J_1 有，任给 $\varepsilon>0$，存在 $\delta_1>0$，只要 $\|\Omega\|<\delta_1$，且 ξ 是属于 Ω 的取法，则

$$\left|\sum_{i=1}^{n} f(\xi_i)\Delta x_i - J_1\right| < \varepsilon$$

成立. 对定积分 J_2 有，任给 $\varepsilon>0$，存在 $\delta_2>0$，只要 $\|\Omega\|<\delta_2$ 且 ξ 是属于 Ω 的取法，则

$$\left|\sum_{i=1}^{n} f(\xi_i)\Delta x_i - J_2\right| < \varepsilon$$

成立. 现在取 $\delta=\min\{\delta_1,\delta_2\}$，则只要 $\|\Omega\|<\delta$ 且 ξ 是属于 Ω 的取法，上面两个不等式均成立，从而有

$$|J_1-J_2|\leqslant\left|\sum_{i=1}^{n}f(\xi_i)\Delta x_i-J_1\right|+\left|\sum_{i=1}^{n}f(\xi_i)\Delta x_i-J_2\right|<\varepsilon+\varepsilon=2\varepsilon.$$

由 $\varepsilon>0$ 的任意性得知 $J_1=J_2$. □

容易发现,定理3.1的证明,与极限的唯一性(1.2.1节的定理2.1)的证明相同.利用极限的局部有界性可证明以下定理.

定理3.2(有界性) 若函数 f 在 $[a,b]$ 可积,则 f 在 $[a,b]$ 有界.

证明 因 f 可积,所以存在常数 J,对 $\varepsilon=1$,存在 $\delta>0$,只要 $\|\Omega\|<\delta$ 且 ξ 是属于 Ω 的取法,就有

$$\left|\sum_{i=1}^{n}f(\xi_i)\Delta x_i-J\right|<1.$$

今取定满足 $\|\Omega\|<\delta$ 的一个分法

$$\Omega=\{a=x_0<x_1<\cdots<x_n=b\},$$

这时 x_i 与 Δx_i 均是取定的常数,并令 $\delta_1>0$ 是所有 $\Delta x_i>0$ 的最小值.

任取 $x\in[a,b]$,必有 $1\leqslant k\leqslant n$,使得 $x_{k-1}\leqslant x\leqslant x_k$,再取 $\xi_i=x_i(i\neq k)$ 和 $\xi_k=x$,又设 $M=\max\{|f(x_i)|,0\leqslant i\leqslant n\}$,代入上面的绝对值不等式得

$$|f(x)\Delta x_k+\sum_{i\neq k}f(x_i)\Delta x_i-J|<1,$$

那么对任意的 $x\in[a,b]$ 就有

$$|f(x)|\leqslant\frac{1}{\Delta x_k}[M(b-a)+|J|+1]\leqslant\frac{1}{\delta_1}[M(b-a)+|J|+1].$$

所以定理3.2成立.

推论 若函数 f 在 $[a,b]$ 无界,则 f 在 $[a,b]$ 不可积.

以上两条性质是函数可积的必要条件.更重要的是它的充要条件,这是可积性理论的核心问题,将在第5章中证明.利用可积性理论可以得到下面几个重要的结论.

命题1 有界闭区间 $[a,b]$ 上的连续函数,或 $[a,b]$ 上只有有限个间断点的有界函数,或 $[a,b]$ 上的单调函数,均是 $[a,b]$ 上的可积函数.

命题2 若函数 f 在 $[a,b]$ 可积,则 f 在 $[a,b]$ 的任一子区间上可积.

命题3 若函数 f 在 $[a,c]$ 与 $[c,b]$ 上均可积,则 f 在 $[a,b]$ 可积.

命题4 若函数 f 在 $[a,b]$ 可积,则 $|f|$ 在 $[a,b]$ 可积.

这四个命题的证明将在第5章中给出.我们现在就可应用这四个命题.

例2 证明狄利克雷函数

$$D(x)=\begin{cases}1, & x\in\mathbf{Q},\\0, & x\in\mathbf{R}\backslash\mathbf{Q}\end{cases}$$

在任何 $[a,b]$ 不可积 $(a<b)$.

证明 任取分法 $\Omega=\{a=x_0<\cdots<x_n=b\}$,再作取法

$$\xi'=\{\xi'_1\leqslant\xi'_2\leqslant\cdots\leqslant\xi'_n\mid\xi'_i\in\mathbf{Q},\quad i=1,2,\cdots,n\}$$

与

$$\xi''=\{\xi''_1\leqslant\xi''_2\leqslant\cdots\leqslant\xi''_n\mid\xi''_i\in\mathbf{R}/\mathbf{Q},\quad i=1,2,\cdots,n\},$$

则

$$\sum_{i=1}^{n}D(\xi'_i)\Delta x_i=\sum_{i=1}^{n}1\cdot\Delta x_i=b-a>0;$$

$$\sum_{i=1}^{n} D(\xi''_i)\Delta x_i = \sum_{i=1}^{n} 0 \cdot \Delta x_i = 0,$$

对上面两个等式分别令 $\|\Omega\| \to 0$,得到定义定积分的赋范极限的两个部分极限不相等,由极限的同一性知,赋范极限不存在,即狄利克雷函数在任何$[a,b]$上不可积.

例 3 设 $f(x) = \begin{cases} 0, & x \neq 1, \\ C, & x = 1, \end{cases}$ $x \in [0,2]$ $(C > 0)$. 用定义证明

$$\int_0^2 f(x)\mathrm{d}x = 0.$$

证明 在$[0,2]$上任取分法与取法

$$\Omega = \{0 = x_0 < x_1 < \cdots < x_n = 2\},$$
$$\xi = \{\xi_1 \leqslant \xi_2 \leqslant \cdots \leqslant \xi_n\},$$

不妨设 $x_{k-1} < 1 \leqslant x_k$,所以至多可取到 $\xi_k = \xi_{k+1} = 1$,于是有

$$0 \leqslant \sum_{i=1}^{n} f(\xi_i)\Delta x_i \leqslant C(\Delta x_k + \Delta x_{k+1}) \leqslant 2C\|\Omega\|.$$

上式中令 $\|\Omega\| \to 0$,由夹逼定理就得到了

$$\int_0^2 f(x)\mathrm{d}x = 0.$$

此例表明,恒等于零的函数在有限个点上改变它的函数值不影响它的可积性与积分值.

推而广之,函数 f 在$[a,b]$上的可积性及积分值与 f 在$[a,b]$中有限个点的值没有关系,甚至可以在$[a,b]$中有限个点处无定义(例如可去间断点),但它的定积分还是确定的.

例 4 计算$\int_a^b x^2\mathrm{d}x$.

解 因 $f(x) = x^2$ 在$[a,b]$连续必可积,定积分等于赋范极限,由极限的同一性,它等于将$[a,b]$ n 等分的分法,分点是 $x_i = a + \frac{i}{n}(b-a)$, $i = 0,1,\cdots,n$ 和取 $\xi_i = x_i$, $i = 1,2,\cdots,n$ 的取法时的积分和,当 $n \to \infty$ 时的极限,因 $\Delta x_i = \frac{1}{n}(b-a)$, $i = 1,2,\cdots,n$,于是有

$$\begin{aligned}\int_a^b x^2\mathrm{d}x &= \lim_{n\to\infty}\sum_{i=1}^{n} x_i^2\Delta x_i = \lim_{n\to\infty}\sum_{i=1}^{n}\left(a + \frac{i}{n}(b-a)\right)^2 \frac{b-a}{n} \\ &= \lim_{n\to\infty}\left(\sum_{i=1}^{n}\frac{a^2(b-a)}{n} + \sum_{i=1}^{n}\frac{i^2}{n^3}(b-a)^3 + 2\sum_{i=1}^{n}\frac{i}{n^2}a(b-a)^2\right) \\ &= \frac{1}{3}(b^3 - a^3) = \frac{x^3}{3}\Big|_a^b.\end{aligned}$$

例 5 求证$\int_a^b c\,\mathrm{d}x = c(b-a)$,其中 c 为常数,$a < b$.

证明 设 $f(x) = c$ 是常值函数,则由定积分的极限定义有

$$\begin{aligned}\int_a^b c\,\mathrm{d}x &= \lim_{\|\Omega\|\to 0}\sum_{i=1}^{n} f(\xi_i)\Delta x_i \\ &= \lim_{\|\Omega\|\to 0}\sum_{i=1}^{n} c\Delta x_i \\ &= \lim_{\|\Omega\|\to 0} c(b-a) = c(b-a).\end{aligned}$$

下面来研究定积分的基本性质,先扩充定积分概念.在定积分定义中,曾经规定:

积分下限 $a <$ 积分上限 b.

现在要取消这个限制,只需规定:

当 $a=b$ 时,令 $$\int_a^b f(x)\mathrm{d}x=0;$$

当 $a>b$ 时,令 $$\int_a^b f(x)\mathrm{d}x=-\int_b^a f(x)\mathrm{d}x.$$

这样定义的积分,它的积分区间仍记为 $[a,b]$,当 $a<b$ 时称区间 $[a,b]$ 为正定向区间,当 $a>b$ 时,称区间 $[a,b]$ 为负定向区间,它们统一称为定向区间.

区间 $[a,b]$ 上所有可积函数之集记作 $\mathscr{R}[a,b]$,称为 $[a,b]$ 上的**可积函数族**.

定理 3.3(线性性质) 设函数 f,g 在 $[a,b]$ 可积,则函数 $cf,f\pm g$ (c 为常数) 在 $[a,b]$ 可积,且

1° $\int_a^b cf(x)\mathrm{d}x=c\int_a^b f(x)\mathrm{d}x$;

2° $\int_a^b [f(x)\pm g(x)]\mathrm{d}x=\int_a^b f(x)\mathrm{d}x\pm\int_a^b g(x)\mathrm{d}x$.

证明 因为 $\sum(cf,\Omega,\xi)=c\sum(f,\Omega,\xi)$, $\sum(f\pm g,\Omega,\xi)=\sum(f,\Omega,\xi)\pm\sum(g,\Omega,\xi)$, 由于 f,g 在 $[a,b]$ 可积,由极限的线性性质,上面两式中令 $\|\Omega\|\to 0$ 即得证.

定理 3.4(单调性质) 设函数 f,g 在 $[a,b]$($a\leqslant b$) 可积,若 $f\leqslant g$,则

$$\int_a^b f(x)\mathrm{d}x\leqslant\int_a^b g(x)\mathrm{d}x.$$

证明 因为 $a\leqslant b,f\leqslant g$,由式(1) 易得

$$\sum(f,\Omega,\xi)\leqslant\sum(g,\Omega,\xi).$$

上式中令 $\|\Omega\|\to 0$,由极限的保序性即得证.

推论 1 设 f 在 $[a,b]$($a\leqslant b$) 可积,且 $f\geqslant 0$,则

$$\int_a^b f(x)\mathrm{d}x\geqslant 0.$$

推论 2 设 f 在 $[a,b]$($a\leqslant b$) 可积,且 $m\leqslant f\leqslant M$,则

$$m(b-a)\leqslant\int_a^b f(x)\mathrm{d}x\leqslant M(b-a).$$

由定理 3.4 和 $\pm f\leqslant|f|$ 可得

定理 3.5(绝对值性质) 设函数 f 与 $|f|$ 在 $[a,b]$ 可积,则

$$\left|\int_a^b f(x)\mathrm{d}x\right|\leqslant\left|\int_a^b |f(x)|\mathrm{d}x\right|,$$

当 $a\leqslant b$ 时,有

$$\left|\int_a^b f(x)\mathrm{d}x\right|\leqslant\int_a^b |f(x)|\mathrm{d}x.$$

定理 3.6(有限可加性质) 设函数 f 在 $[a,c]$,$[c,b]$,$[a,b]$ 皆可积,则

$$\int_a^b f(x)\mathrm{d}x=\int_a^c f(x)\mathrm{d}x+\int_c^b f(x)\mathrm{d}x.$$

证明 不妨设 $a<c<b$.作 $[a,c]$ 的分法 Ω_1 与属于 Ω_1 的取法 ξ' 为

$$\Omega_1=\{a=x'_0<x'_1<\cdots<x'_k\leqslant x'_{k+1}=c\},\xi'=\{\xi'_1\leqslant\xi'_2\leqslant\cdots\leqslant\xi'_{k+1}\}.$$

再作$[c,b]$的分法Ω_2与属于Ω_2的取法ξ''为

$$\Omega_2=\{c=y_0<y_1<\cdots<y_p=b\},\xi''=\{\xi''_1\leqslant\xi''_2\leqslant\cdots\leqslant\xi''_p\}.$$

则$\Omega_c=\Omega_1\cup\Omega_2$是$[a,b]$的分法,$\xi=\xi'\cup\xi''$是属于分法$\Omega_c$的取法,且有

$$\sum(f,\Omega_c,\xi)=\sum(f,\Omega_1,\xi')+\sum(f,\Omega_2,\xi'').$$

又可得$\|\Omega_c\|\to0$等价$\|\Omega_1\|\to0$且$\|\Omega_2\|\to0$.因f在$[a,c]$,$[c,b]$,$[a,b]$均可积,由极限的同一性,上式中令$\|\Omega_1\|\to0$得

$$\begin{aligned}\int_a^b f(x)\mathrm{d}x&=\lim_{\|\Omega\|\to0}\sum(f,\Omega,\xi)=\lim_{\|\Omega_c\|\to0}\sum(f,\Omega_c,\xi)\\&=\lim_{\|\Omega_1\|\to0}\sum(f,\Omega_1,\xi')+\lim_{\|\Omega_2\|\to0}\sum(f,\Omega_2,\xi'')\\&=\int_a^c f(x)\mathrm{d}x+\int_c^b f(x)\mathrm{d}x.\end{aligned}$$

推论　设f在$[a,b]$非负可积且$a<b$,若f在$x_0\in[a,b]$连续且$f(x_0)>0$,则$\int_a^b f(x)\mathrm{d}x>0$.

证明　因$f(x_0)>\frac{1}{2}f(x_0)>0$,由极限的保序性,存在$x_0\in[c_1,c_2]\subset[a,b]$且$c_1<c_2$,使得$f(x)>\frac{1}{2}f(x_0)$在$[c_1,c_2]$上恒成立,于是有

$$\int_a^b f(x)\mathrm{d}x=\int_a^{c_1}f(x)\mathrm{d}x+\int_{c_1}^{c_2}f(x)\mathrm{d}x+\int_{c_2}^b f(x)\mathrm{d}x\geqslant0+\frac{1}{2}f(x_0)(c_2-c_1)+0>0.$$

定理 3.7(积分中值定理)　设函数f,g在$[a,b]$可积,且g在$[a,b]$不变号,则

1°　存在常数μ,使得

$$\int_a^b f(x)g(x)\mathrm{d}x=\mu\int_a^b g(x)\mathrm{d}x;$$

2°　当f在$[a,b]$连续时,存在$\xi\in[a,b]$,使得

$$\int_a^b f(x)g(x)\mathrm{d}x=f(\xi)\int_a^b g(x)\mathrm{d}x.$$

证明　不妨设$g\geqslant0$.

1°　由f的可积性知它在$[a,b]$有界,可设$m\leqslant f\leqslant M$,再由$g\geqslant0$得

$$m\int_a^b g(x)\mathrm{d}x\leqslant\int_a^b f(x)g(x)\mathrm{d}x\leqslant M\int_a^b g(x)\mathrm{d}x$$

与

$$\int_a^b g(x)\mathrm{d}x\geqslant0.$$

当$\int_a^b g(x)\mathrm{d}x=0$时,定理显然成立;

当$\int_a^b g(x)\mathrm{d}x>0$时,有

$$m\leqslant\frac{\int_a^b f(x)g(x)\mathrm{d}x}{\int_a^b g(x)\mathrm{d}x}=\mu\leqslant M,$$

这就证明了1°.

2° 由连续函数的最值性,可取

$$m=\min_{a\leqslant x\leqslant b}\{f(x)\},\quad M=\max_{a\leqslant x\leqslant b}\{f(x)\},$$

有

$$m\leqslant f(x)\leqslant M,\ m\leqslant \mu\leqslant M.$$

再由连续函数的介值性,存在 $\xi\in[a,b]$,使得 $\mu=f(\xi)$,由此证得2°. □

推论 1° 若函数 f 在$[a,b]$可积,则存在常数 μ,使得

$$\int_a^b f(x)\mathrm{d}x=\mu(b-a);$$

2° 若函数 f 在$[a,b]$连续,则存在 $\xi\in[a,b]$,使得

$$\int_a^b f(x)\mathrm{d}x=f(\xi)(b-a).$$

推论2°的几何意义如图2.3-3所示.

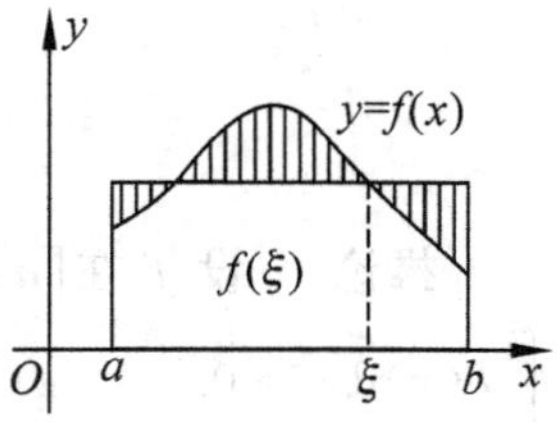

图 2.3-3

实数 $\mu=\dfrac{1}{b-a}\displaystyle\int_a^b f(x)\mathrm{d}x$ 称为函数 f 在$[a,b]$的**平均值**,它是有限个数 $a_1,a_2,\cdots,a_n$ 的算术平均值 $\bar{x}=\dfrac{1}{n}\displaystyle\sum_{i=1}^{n}a_i$ 的推广.

实数 $\mu=\dfrac{\int_a^b f(x)g(x)\mathrm{d}x}{\int_a^b g(x)\mathrm{d}x}$ 称为函数f 关于权函数g 在$[a,b]$的**加权平均值**,它是有限个数 $a_1,a_2,\cdots,a_n$ 关于权 $m_1,m_2,\cdots,m_n(m_i\geqslant 0)$ 的加权平均值 $\bar{x}=\dfrac{\sum_{i=1}^{n}a_im_i}{\sum_{i=1}^{n}m_i}$ 的推广.如果把 a_i 看成数轴上 n 个质点的坐标 x_i,把 m_i 看成它们的质量,则

$$\bar{x}=\frac{\sum_{i=1}^{n}m_ix_i}{\sum_{i=1}^{n}m_i}$$

就是这 n 个质点构成的质点组的**重心坐标**.由此容易得到长为 l,密度为 $\rho(x)$ 的细杆(设它在数轴上占有区间$[a,b]$)的重心坐标为

$$\bar{x}=\frac{\int_a^b x\rho(x)\mathrm{d}x}{\int_a^b \rho(x)\mathrm{d}x}.$$

例6 判断下面两个定积分的大小:

$$J_1=\int_0^{\frac{\pi}{2}}x\mathrm{d}x,$$

$$J_2=\int_0^{\frac{\pi}{2}}\sin x\mathrm{d}x.$$

解 因 $f_1(x)=x$ 与 $f_2(x)=\sin x$ 在$\left[0,\dfrac{\pi}{2}\right]$连续,所以 J_1 与 J_2 皆存在.又

$\forall x \in \left[0,\frac{\pi}{2}\right]$，有 $\sin x \leqslant x$，故由定积分的单调性知

$$\int_0^{\frac{\pi}{2}} \sin x \mathrm{d}x \leqslant \int_0^{\frac{\pi}{2}} x \mathrm{d}x.$$

例 7　证明：

$$\frac{1}{2} \leqslant \int_{\frac{\pi}{4}}^{\frac{\pi}{2}} \frac{\sin x}{x} \mathrm{d}x \leqslant \frac{\sqrt{2}}{2}.$$

证明　因

$$f(x) = \frac{\sin x}{x}$$

在 $\left[\frac{\pi}{4},\frac{\pi}{2}\right]$ 连续，故

$$\int_{\frac{\pi}{4}}^{\frac{\pi}{2}} \frac{\sin x}{x} \mathrm{d}x$$

存在，对 $f(x)$ 求导后易得函数 f 在 $\left[\frac{\pi}{4},\frac{\pi}{2}\right]$ 严格减，所以当 $x \in \left[\frac{\pi}{4},\frac{\pi}{2}\right]$ 时有

$$\frac{2}{\pi} = \frac{\sin \frac{\pi}{2}}{\frac{\pi}{2}} \leqslant \frac{\sin x}{x} \leqslant \frac{\sin \frac{\pi}{4}}{\frac{\pi}{4}} = \frac{2\sqrt{2}}{\pi}.$$

再由定积分的单调性对上式分别积分即可证得本题.

例 8　设 f 是 $[a,b]$ $(a<b)$ 上的非负连续函数且不恒为 0，求证：

$$\int_a^b f(x) \mathrm{d}x > 0.$$

证明　由条件知存在 $x_0 \in (a,b)$，使 $f(x_0) > 0$，因 f 在 x_0 连续，所以

$$\lim_{x \to x_0} f(x) = f(x_0) > \frac{f(x_0)}{2} > 0,$$

由极限的保序性存在 $U(x_0,\delta) \subset (a,b)$，使得对一切 $x \in U(x_0,\delta)$，有

$$f(x) > \frac{f(x_0)}{2},$$

由定积分的有限可加性与单调性得

$$\begin{aligned} \int_a^b f(x) \mathrm{d}x &= \int_a^{x_0-\delta} f(x) \mathrm{d}x + \int_{x_0-\delta}^{x_0+\delta} f(x) \mathrm{d}x + \int_{x_0+\delta}^b f(x) \mathrm{d}x \\ &\geqslant \int_{x_0-\delta}^{x_0+\delta} f(x) \mathrm{d}x \geqslant \int_{x_0-\delta}^{x_0+\delta} \frac{f(x_0)}{2} \mathrm{d}x = f(x_0)\delta > 0. \end{aligned}$$

思　考　题

1. 黎曼和 $\sum(\Omega,\xi) = \sum_{i=1}^{n} f(\xi_i)\Delta x_i$ 与哪些量有关？能否说它是分法模 $\|\Omega\|$ 的函数？能否将定积分写成

$$\int_a^b f(x) \mathrm{d}x = \lim_{n \to \infty} \sum_{i=1}^{n} f(\xi_i)\Delta x_i.$$

为什么不由极限的唯一性直接得出定积分的唯一性？

2. 关于命题：若 f 在$[a,b]$可积，则

$$\left|\int_a^b f(x)\mathrm{d}x\right| \leqslant \int_a^b |f(x)|\mathrm{d}x$$

的下述证法对吗？

任取分法：$\Omega = \{a = x_0 < x_1 < \cdots < x_{n-1} < x_n = b\}$

与取法：$\xi = \{\xi_1 \leqslant \xi_2 \leqslant \cdots \leqslant \xi_n\}$，

有
$$\left|\sum_{i=1}^n f(\xi_i)\Delta x_i\right| \leqslant \sum_{i=1}^n |f(\xi_i)|\Delta x_i.$$

令 $\|\Omega\| \to 0$，由上式得证命题.

3. 在定积分的单调性质中，去掉条件：“$a \leqslant b$”，定理仍成立吗？

4. (1) 积分中值定理 2° 中的 $f(x)$ 由“连续”减弱为“可积”，定理仍成立吗？

(2) 积分中值定理 2° 中的 $g(x)$，去掉“不变号”条件，定理仍成立吗？

5. 若函数 f 在$[a,b]$非负可积且不恒为零，能否判定$\int_a^b f(x)\mathrm{d}x > 0$？

6. 你能把定积分$\int_a^b\left[\int_a^b f(x)g(y)\mathrm{d}x\right]\mathrm{d}x$用定积分$\int_a^b f(x)\mathrm{d}x$与$\int_\alpha^\beta g(x)\mathrm{d}x$表示出来吗？

练　习　题

2.239　证明本节定理 3.3 ～ 定理 3.6.

2.240　设 f 在$[a,b]$可积，$c \in [a,b]$，令

$$g(x) = \begin{cases} f(x), & x \neq c, \\ k, & x = c, \end{cases} \quad x \in [a,b],$$

求证：g 在$[a,b]$可积，且

$$\int_a^b g(x)\mathrm{d}x = \int_a^b f(x)\mathrm{d}x.$$

2.241　用定积分定义证明：$f(x) = k$ 在$[a,b]$可积，且

$\int_a^b f(x)\mathrm{d}x = \int_a^b k\,\mathrm{d}x = k(b-a).$

特别地，当 $k = 1$ 时，$\int_a^b \mathrm{d}x = b - a.$

2.242　已知下列定积分存在，用定义求下列定积分.

(1) $\int_a^b x\,\mathrm{d}x \quad (b > a)$；　　(2) $\int_a^b \frac{\mathrm{d}x}{x^2} \quad (b > a > 0)$.

2.243　用定积分定义证明：

$$\int_a^b f(x)\mathrm{d}x = \int_{a+c}^{b+c} f(x-c)\mathrm{d}x.$$

2.244　利用定积分的几何意义求下列定积分.

(1) $\int_a^b \left|x - \frac{a+b}{2}\right|\mathrm{d}x$；　　(2) $\int_a^b \sqrt{(x-a)(b-x)}\,\mathrm{d}x$.

2.245　设

$$f(x)=\begin{cases}x, & x\in\mathbf{Q},\\ 0, & x=\mathbf{R}\backslash\mathbf{Q},\end{cases}$$

试问：$f(x)$ 在$[0,1]$可积吗？为什么？

2.246　估计下列各定积分的值：

(1) $\int_{\frac{\pi}{4}}^{\frac{5}{4}\pi}(1+\sin^2 x)\mathrm{d}x$；　　(2) $\int_{\frac{1}{\sqrt{3}}}^{\sqrt{3}}x\arctan x\mathrm{d}x$.

2.247　比较下列定积分的大小：

(1) $\int_0^1 \mathrm{e}^{-x}\mathrm{d}x$ 与 $\int_0^1 \mathrm{e}^{-x^2}\mathrm{d}x$；　　(2) $\int_0^{\frac{\pi}{2}}\frac{\sin x}{x}\mathrm{d}x$ 与 $\int_0^{\frac{\pi}{2}}\frac{\sin^2 x}{x^2}\mathrm{d}x$.

2.248　证明：

(1) $\int_0^{2\pi}|a\sin x+b\cos x|\mathrm{d}x\leqslant 2\pi\sqrt{a^2+b^2}$；

(2) $\frac{2}{\sqrt[4]{\mathrm{e}}}\leqslant\int_0^2 \mathrm{e}^{x^2-x}\mathrm{d}x\leqslant 2\mathrm{e}^2$；

(3) $\int_0^1 x^m(1-x)^n\mathrm{d}x\leqslant\frac{m^m n^n}{(m+n)^{m+n}}\quad(m,n>0)$.

2.249　设 f,g 在$[a,b]$连续，证明：

$$\int_a^b f(x)g(x)\mathrm{d}x\leqslant\frac{1}{2}\left[\int_a^b f^2(x)\mathrm{d}x+\int_a^b g^2(x)\mathrm{d}x\right].$$

2.250　设 f 在$[0,+\infty)$单调增，求证：

$$\int_0^n f(x)\mathrm{d}x\leqslant\sum_{k=1}^n f(k)\leqslant\int_1^{n+1}f(x)\mathrm{d}x.$$

2.251　如果 f 在 x_0 连续，对任意的 $\delta>0$，f 在$[x_0-\delta,x_0+\delta]$可积，且

$$\int_{x_0-\delta}^{x_0+\delta}f(x)\mathrm{d}x=0,$$

求证：$f(x_0)=0$.

2.252　设 f 是$[a,b]$上的非负连续函数，且

$$\int_a^b f(x)\mathrm{d}x=0,$$

求证：$f(x)=0,\ x\in[a,b]$.

2.253　如果 f 在$[a,b]$连续，且对$[a,b]$上所有连续函数 g，有

$$\int_a^b f(x)g(x)\mathrm{d}x=0,$$

求证：$f(x)=0,\ x\in[a,b]$.

2.254　设 $h(x)$，$f'_n(x)$ 在$[a,b]$连续，且对$[a,b]$中任意的 x_1,x_2 和正整数 n，有

$$|f_n(x_1)-f_n(x_2)|\leqslant\frac{M}{n}|x_1-x_2|.$$

其中 $M>0$ 是常数，求证：

$$\lim_{n\to\infty}\int_a^b h(x)f'_n(x)\mathrm{d}x=0.$$

2.255　设 f,g 在$[a,b]$连续，$f>0$，$g\geqslant 0$，求

$$\lim_{n\to\infty}\int_a^b g(x)\sqrt[n]{f(x)}\,\mathrm{d}x.$$

2.3.2 微积分基本定理

微积分基本定理是数学分析最重要的定理之一,要证明微积分基本定理,首先要用可积函数的定积分,构造出一个新的函数.

设函数 f 在$[a,b]$可积,则 f 在任一子区间$[a,x]$($x\in[a,b]$)均可积,于是由函数 f 可以构造一个新的函数

$$\Phi(x)=\int_a^x f(t)\mathrm{d}t,\quad x\in[a,b];$$

同理,f 在任一子区间$[x,b]$($x\in[a,b]$)均可积,由函数 f 还可构造一个新的函数

$$G(x)=\int_x^b f(t)\mathrm{d}t,\quad x\in[a,b],$$

分别称 Φ 与 G 是由 f 定义的**积分上限与积分下限函数**,统称为**积分变限函数**.因为

$$G(x)=-\int_b^x f(t)\mathrm{d}t,$$

所以二者性质相同,只需研究积分上限函数.

定理 3.8 设函数 f 在$[a,b]$可积,

$$\Phi(x)=\int_a^x f(t)\mathrm{d}t,\quad x\in[a,b].$$

则有 1° $\Phi(x)$ 在$[a,b]$连续,且 $\Phi(a)=0$.

2° 若 f 在 $x_0\in[a,b]$ 连续,则 Φ 在 x_0 可导,且

$$\Phi'(x_0)=f(x_0).$$

证明 1° 任意取定 $x\in[a,b]$,当 $x+h\in[a,b]$ 时,由积分的有限可加性有

$$\Phi(x+h)-\Phi(x)=\int_a^{x+h}f(t)\mathrm{d}t-\int_a^x f(t)\mathrm{d}t=\int_x^{x+h}f(t)\mathrm{d}t,$$

因为 f 在$[a,b]$可积必有界,可设 $|f(x)|\leqslant M$.在上式中取绝对值,由积分的绝对值性质与积分的单调性得到

$$|\Phi(x+h)-\Phi(x)|\leqslant\left|\int_x^{x+h}|f(t)|\mathrm{d}t\right|\leqslant M|h|.$$

上式中令 $h\to0$ 就得到 Φ 在 x 连续,且易见有 $\Phi(a)=0$.

2° 当 f 在 x_0 连续且 $x_0+h\in[a,b]$ 时,由积分的有限可加性有

$$\frac{\Phi(x_0+h)-\Phi(x_0)}{h}-f(x_0)=\frac{1}{h}\int_{x_0}^{x_0+h}[f(x)-f(x_0)]\mathrm{d}x,$$

因为 f 在 x_0 连续,则任给 $\varepsilon>0$,存在 $\delta>0$,只要 $|x-x_0|<\delta$,$|f(x)-f(x_0)|<\varepsilon$ 就必然成立.那么,在上式中取绝对值,由积分的绝对值性质与积分的单调性可得,只要 $0<|h|<\delta$,就有 $|x-x_0|<\delta$,从而有

$$\left|\frac{\Phi(x_0+h)-\Phi(x_0)}{h}-f(x_0)\right|\leqslant\left|\frac{1}{h}\int_{x_0}^{x_0+h}|f(x)-f(x_0)|\mathrm{d}x\right|<\varepsilon$$

成立.由导数的定义就得到了 $\Phi'(x_0)=f(x_0)$.□

推论 1 若函数 f 在$[a,b]$连续,则 f 的变限积分函数$\int_a^x f(t)\mathrm{d}t$ 与$\int_x^b f(t)\mathrm{d}t$ 在$[a,b]$可导,且

$$\frac{\mathrm{d}}{\mathrm{d}x}\int_a^x f(t)\mathrm{d}t = f(x),$$

$$\frac{\mathrm{d}}{\mathrm{d}x}\int_x^b f(t)\mathrm{d}t = -f(x).$$

推论 2　若函数 f 在$[a,b]$连续，函数 β 可导，且值在$[a,b]$中，则

$$\frac{\mathrm{d}}{\mathrm{d}x}\int_a^{\beta(x)} f(t)\mathrm{d}t = f[\beta(x)]\beta'(x).$$

请读者用链式法则证明之.

推论 3　若 f 是$[a,b]$上的连续函数，则 f 在$[a,b]$一定存在原函数，且

$$\int f(x)\mathrm{d}x = \int_a^x f(t)\mathrm{d}t + C,\quad x \in [a,b].$$

定理 3.8 表明，连续函数的原函数一定存在，而且还可表示成定积分形式.

定理 3.9(微积分基本定理(Ⅰ))　设函数 f 在$[a,b]$连续，函数 F 是 f 在$[a,b]$上的一个原函数，则

$$\int_a^b f(x)\mathrm{d}x = F(b) - F(a).$$

证明　记

$$\Phi(x) = \int_a^x f(t)\mathrm{d}t,\quad x \in [a,b].$$

由题设及定理 3.8，任取 $x \in [a,b]$，有

$$F'(x) = \Phi'(x) = f(x),$$

即

$$[F(x) - \Phi(x)]' = 0,$$

所以

$$\Phi(x) = F(x) + C.$$

令 $x = a$，代入上式，因 $\Phi(a) = 0$ 得 $C = -F(a)$，故

$$\int_a^b f(x)\mathrm{d}x = \Phi(b) = F(b) + C = F(b) - F(a).\quad \square$$

为了书写简单，记

$$F(x)\Big|_a^b = F(b) - F(a),$$

则有

$$\int_a^b f(x)\mathrm{d}x = F(x)\Big|_a^b.$$

微积分基本定理是牛顿和莱布尼茨各自独立地发现的，故也称为**牛顿 — 莱布尼茨公式**.

注　牛顿 — 莱布尼茨公式的条件可以适当减弱，结论仍成立. 例如

推论　设 f 在$[a,b]$连续且 $a < b$，函数 F 是 f 在开区间(a,b)上的一个原函数，且 $F(b^-)$，$F(a^+)$皆存在，则

$$\int_a^b f(x)\mathrm{d}x = F(b^-) - F(a^+) = F(x)\Big|_a^b.\tag{1}$$

证明　由定理 3.9，任给 $\varepsilon > 0$ 有

$$\int_{a+\varepsilon}^{b-\varepsilon} f(x)\mathrm{d}x = F(b-\varepsilon) - F(a+\varepsilon).$$

上式中令 $\varepsilon \to 0^+$，由变限积分函数的连续性和左、右极限的定义即得证.

当导函数 f' 在$[a,b]$连续时,微积分基本定理(Ⅰ)也常写成下面形式

$$\int_a^b f'(x)\mathrm{d}x = f(b) - f(a).$$

例 1 求$\left(\int_x^0 \sqrt{1+t^4}\mathrm{d}t\right)'$.

解 $\left(\int_x^0 \sqrt{1+t^4}\mathrm{d}t\right)' = \left(-\int_0^x \sqrt{1+t^4}\mathrm{d}t\right)' = -\sqrt{1+x^4}.$

例 2 设 $f(x) = \int_0^{x^2} \mathrm{e}^{\frac{1}{t}}\mathrm{d}t$, 求 $f'(x)$.

解 设 $g(u) = \int_0^u \mathrm{e}^{\frac{1}{t}}\mathrm{d}t$, $u = x^2$,则

$$f'(x) = g'(u)u'(x) = \mathrm{e}^{\frac{1}{u}}2x = 2x\mathrm{e}^{\frac{1}{x^2}}.$$

例 3 求$\int_{-1}^1 |x|\mathrm{d}x$.

解 $\int_{-1}^1 |x|\mathrm{d}x = \int_{-1}^0 |x|\mathrm{d}x + \int_0^1 |x|\mathrm{d}x = \int_{-1}^0 (-x)\mathrm{d}x + \int_0^1 x\mathrm{d}x$

$$= -\frac{x^2}{2}\Big|_{-1}^0 + \frac{x^2}{2}\Big|_0^1 = 1.$$

例 4 求曲线 $y = x^2$ 与 $x = y^2$ 围成图形 A 的面积 $S(A)$.

解 先求出两曲线的交点,易知为点$(0,0)$与点$(1,1)$. 由图 2.3-4 知

$$S(A) = \int_0^1 (\sqrt{x} - x^2)\mathrm{d}x$$

$$= \frac{2}{3}x^{\frac{3}{2}}\Big|_0^1 - \frac{1}{3}x^3\Big|_0^1 = \frac{1}{3}.$$

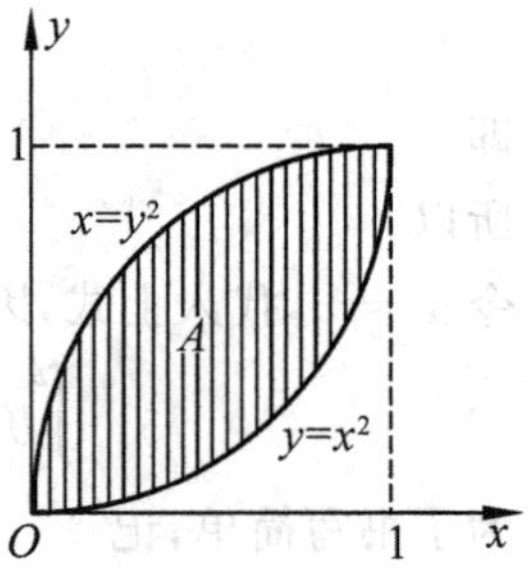

图 2.3-4

例 5 求 $J = \int_{-\pi}^{\pi} \frac{1-r^2}{1-2r\cos x + r^2}\mathrm{d}x \quad (0 < r < 1).$

解 设 $t = \tan\frac{x}{2}$,有

$$\int \frac{1-r^2}{1-2r\cos x + r^2}\mathrm{d}x = 2\arctan\left(\frac{1+r}{1-r}\tan\frac{x}{2}\right) + C.$$

记

$$F(x) = 2\arctan\left(\frac{1+r}{1-r}\tan\frac{x}{2}\right),$$

$$f(x) = \frac{1-r^2}{1-2r\cos x + r^2},$$

则 $$F'(x) = f(x), \quad x \in (-\pi, \pi),$$

且 $$F(-\pi^+) = \lim_{x\to-\pi^+} F(x) = -\pi$$

与 $$F(\pi^-) = \lim_{x\to\pi^-} F(x) = \pi$$

皆存在,故

$$J = F(x)\Big|_{-\pi}^{\pi} = F(\pi^-) - F(-\pi^+) = 2\pi.$$

例 6　求 $J = \int_0^{\pi} \dfrac{\mathrm{d}x}{2+\cos 2x}$.

解　易知

$$\int \frac{\mathrm{d}x}{2+\cos 2x} = \frac{1}{\sqrt{3}}\arctan\left(\frac{\tan x}{\sqrt{3}}\right).$$

注意到被积函数在$[0,\pi]$上连续，那么由定理 3.8 和它的推论 3，被积函数的原函数必然在$[0,\pi]$上连续. 但是 $x = \dfrac{\pi}{2}$ 是上式右边函数的间断点，所以它不是被积函数在$[0,\pi]$上的原函数，而是被积函数分别在区间$\left[0,\dfrac{\pi}{2}\right)$和区间$\left(\dfrac{\pi}{2},\pi\right]$上的原函数. 再注意到

$$F\left(\frac{\pi}{2}^-\right) = \frac{\pi}{2\sqrt{3}}, F\left(\frac{\pi}{2}^+\right) = -\frac{\pi}{2\sqrt{3}},$$

由积分的有限可加性与定理 3.9 的推论得到

$$\begin{aligned} J &= \int_0^{\frac{\pi}{2}} f(x)\mathrm{d}x + \int_{\frac{\pi}{2}}^{\pi} f(x)\mathrm{d}x = F(x)\Big|_0^{\frac{\pi}{2}} + F(x)\Big|_{\frac{\pi}{2}}^{\pi} \\ &= \left(\frac{\pi}{2\sqrt{3}} - 0\right) + \left(0 - \frac{-\pi}{2\sqrt{3}}\right) = \frac{\pi}{\sqrt{3}}. \end{aligned}$$

例 7　求 $\lim\limits_{n\to\infty}\left(\dfrac{1}{n+1} + \dfrac{1}{n+2} + \cdots + \dfrac{1}{n+n}\right)$.

解　显然有

$$\begin{aligned} \frac{1}{n+1} + \frac{1}{n+2} + \cdots + \frac{1}{n+n} &= \frac{1}{n}\left(\frac{1}{1+\frac{1}{n}} + \frac{1}{1+\frac{2}{n}} + \cdots + \frac{1}{1+\frac{n}{n}}\right) \\ &= \sum_{k=1}^{n} \frac{1}{1+\frac{k}{n}}\frac{1}{n}. \end{aligned}$$

易见令 $x = \dfrac{k}{n}$ 时，$\dfrac{1}{1+\frac{k}{n}}$ 是函数 $f(x) = \dfrac{1}{1+x}$，$x \in [0,1]$，在点 $x = \dfrac{k}{n}$ 处的函数值. 因 f 在$[0,1]$连续，必在$[0,1]$可积，取$[0,1]$的 n 等分分法 Ω_n，其分点是 $x_k = \dfrac{k}{n}$，$k = 0,1,2,\cdots,n$，取属于 Ω_n 的取法 ξ^*，它的取点是 $\xi_k = x_k = \dfrac{k}{n}$，则 $\Delta x_k = \dfrac{1}{n}$，$k = 1,2,\cdots,n$. 而积分和 $\sum(f,\Omega_n,\xi)$ 则等于

$$\sum_{k=1}^{n} f(x_k)\Delta x_k = \sum_{k=1}^{n} \frac{1}{1+\frac{k}{n}}\frac{1}{n} = \frac{1}{n+1} + \frac{1}{n+2} + \cdots + \frac{1}{n+n},$$

因为 $\|\Omega_n\| \to 0 \Leftrightarrow n \to \infty$，所以由定积分的极限定义与极限的同一性得

$$\lim_{n\to\infty}\left(\frac{1}{n+1} + \frac{1}{n+2} + \cdots + \frac{1}{n+n}\right) = \lim_{n\to\infty}\sum_{k=1}^{n} f(x_k)\Delta x_k$$

$$= \int_0^1 \frac{\mathrm{d}x}{1+x} = \ln(1+x)\Big|_0^1 = \ln 2.$$

本题是一个重要的方法，它既可以用定积分来求极限，又可用求极限来计算某些函数的定积分.

例 8 证明：$\lim\limits_{n\to\infty}\int_0^1 \frac{x^n}{1+x}\mathrm{d}x = 0$.

证明 因 $f(x)=\frac{1}{1+x}$ 在 $[0,1]$ 连续，$g(x)=x^n$ 在 $[0,1]$ 不变号，由积分中值定理，存在 $0\leqslant \xi_n \leqslant 1$，使得

$$\lim_{n\to\infty}\int_0^1 \frac{x^n}{1+x}\mathrm{d}x = \lim_{n\to\infty}\frac{1}{1+\xi_n}\int_0^1 x^n\mathrm{d}x$$

$$= \lim_{n\to\infty}\frac{1}{(1+\xi_n)(1+n)} = 0.$$

例 9 设 f 在 $[0,a]\,(a>0)$ 是连续减函数，证明：

$$F(x) = \frac{1}{x}\int_0^x f(t)\mathrm{d}t$$

在 $(0,a]$ 是可导减函数.

证明 易知 F 在 $(0,a]$ 可导，且

$$F'(x) = \frac{xf(x)-\int_0^x f(t)\mathrm{d}t}{x^2} = \frac{\int_0^x [f(x)-f(t)]\mathrm{d}t}{x^2} \leqslant 0$$

$\Big($因 f 单减，当 $t\leqslant x$ 时，有 $f(t)\geqslant f(x)\Big)$，故 F 在 $(0,a]$ 是减函数.

思 考 题

1. 可以把牛顿—莱布尼茨公式稍作推广，即设函数 f 在 $[a,b]$ 连续，$x_0\in(a,b)$，$\forall x\in[a,x_0)\cup(x_0,b]$，有 $f'(x)=f(x)$，且 $F(x_0^-)$，$F(x_0^+)$ 皆存在，则有

$$\int_a^b f(x)\mathrm{d}x = [F(b)-F(a)]-[F(x_0^+)-F(x_0^-)].$$

请证明上述结论.

2. 对于下列每个函数 f，设 $F(x)=\int_0^x f(t)\mathrm{d}t$，问在哪些点上有 $F'(x)=f(x)$？

(1) $f(x)=\begin{cases}0, & x\leqslant 1,\\ 1, & x>1;\end{cases}$ (2) $f(x)=\begin{cases}0, & x<1,\\ 1, & x\geqslant 1;\end{cases}$

(3) $f(x)=\begin{cases}0, & x\leqslant 0,\\ x, & x>0.\end{cases}$

3. 下面的推理错在何处？

因为 $(\operatorname{sgn} x)'=0\ (x\neq 0)$，由微积分基本定理有

$$0=\int_{-1}^1 0\mathrm{d}x = \operatorname{sgn} x\Big|_{-1}^1 = 2.$$

4. 下面两种计算 $J=\int_{-1}^1 \frac{-\mathrm{d}x}{1+x^2}$ 的方法，谁对谁错？

方法 1

$$J=-\arctan x\,\Big|_{-1}^{1}=-\frac{\pi}{2}.$$

方法 2

$$J=\operatorname{arccot} x\,\Big|_{-1}^{1}=\frac{\pi}{2}.$$

5. 给定函数

$$f(x)=\begin{cases}2x\sin\dfrac{1}{x^2}-\dfrac{2}{x}\cos\dfrac{1}{x^2}, & x\neq 0,\\ 0, & x=0,\end{cases}$$

试找出它在 $[-1,1]$ 上的一个原函数，并证明 f 在 $[-1,1]$ 不可积.

6. 设 $f(x)=\begin{cases}\cos x, & -\dfrac{\pi}{2}\leqslant x<0,\\ e^x, & 0\leqslant x\leqslant 1,\end{cases}$　试问下面计算 $J=\int_{-\frac{\pi}{2}}^{1}f(x)\mathrm{d}x$ 的方法对吗？

易知 $F(x)=\begin{cases}\sin x, & -\dfrac{\pi}{2}\leqslant x\leqslant 0,\\ e^x, & 0\leqslant x\leqslant 1\end{cases}$　在 $\left[-\dfrac{\pi}{2},1\right]$ 上是 $f(x)$ 的一个原函数，故

$$J=F(1)-F\left(-\frac{\pi}{2}\right)=e+1.$$

7. 下面做法，对吗？

$$\int_{-1}^{1}\frac{\mathrm{d}}{\mathrm{d}x}\left(\arctan\frac{1}{x}\right)\mathrm{d}x=\arctan\frac{1}{x}\Big|_{-1}^{1}=\frac{\pi}{2}.$$

8. 下列做法，谁对谁错？

甲：设 $f(x)=\int_0^x(t-x)\mathrm{d}t$，　则 $f'(x)=(t-x)\Big|_{t=x}=0.$

乙：设 $f(x)=\int_0^x(t-x)\mathrm{d}t$，　有 $f(x)=\int_0^x t\mathrm{d}t-\int_0^x x\mathrm{d}t=\int_0^x t\mathrm{d}t-x^2$，

所以 $f'(x)=x-2x=-x.$

9. 设函数 f 在 $[a,b]$ 可积，f 在 $x_0\in[a,b]$ 间断，能断定 $F(x)=\int_a^x f(t)\mathrm{d}t$ 在 x_0 一定不可导吗？请研究

$$F(x)=\int_{-1}^{x}\operatorname{sgn} t\mathrm{d}t,\ x\in[-1,1],$$

$$G(x)=\int_{-1}^{x}\left(2t\sin\frac{1}{t}-\cos\frac{1}{t}\right)\mathrm{d}t,\ x\in[-1,1]$$

在 $x=0$ 的可导性.

练　习　题

2.256　求：

(1) $\dfrac{\mathrm{d}}{\mathrm{d}x}\left(\int_a^b\sin x^2\mathrm{d}x\right)$；　(2) $\dfrac{\mathrm{d}}{\mathrm{d}a}\left(\int_a^b\sin x^2\mathrm{d}x\right)$；

(3) $\dfrac{\mathrm{d}}{\mathrm{d}x}\int_{\sin x}^{\cos x}\cos(\pi t^2)\mathrm{d}t$；　(4) $\dfrac{\mathrm{d}}{\mathrm{d}x}\left(\int_a^{x^2}\sqrt{1+t^2}\mathrm{d}t\right)$.

求下列定积分：

2.257　$\int_{-\frac{1}{2}}^{\frac{1}{2}}\dfrac{\mathrm{d}x}{\sqrt{1-x^2}}$.　**2.258**　$\int_{\frac{1}{\sqrt{3}}}^{\sqrt{3}}\dfrac{\mathrm{d}x}{1+x^2}$.

2.259　$\int_0^{\frac{\pi}{4}}\tan^2\theta\mathrm{d}\theta$.　**2.260**　$\int_0^2\dfrac{x^3}{x+1}\mathrm{d}x$.

2.261 $\int_0^{\frac{\pi}{2}} \frac{dx}{a^2\cos^2 x + b^2\sin^2 x} \quad (ab \neq 0)$.

2.262 $\int_1^e \frac{1+\ln x}{x}dx$.

2.263 $\int_0^3 |2-x|\,dx$.

2.264 $\int_1^3 \frac{dx}{x(1+x)}$.

2.265 $\int_{-\frac{\pi}{2}}^{\frac{\pi}{2}} \sqrt{\cos x - \cos^3 x}\,dx$.

2.266 $\int_0^{\frac{\pi}{2}} \sqrt{1-\sin 2x}\,dx$.

2.267 求下列极限:

(1) $\lim\limits_{n\to\infty}\left(\frac{n}{n^2+1^2}+\frac{n}{n^2+2^2}+\cdots+\frac{n}{n^2+n^2}\right)$;

(2) $\lim\limits_{n\to\infty}\frac{1^p+2^p+\cdots+n^p}{n^{p+1}} \quad (p>0)$;

(3) $\lim\limits_{n\to\infty}\sin\frac{\pi}{n}\sum\limits_{k=1}^{n}\frac{1}{2+\cos\frac{k\pi}{n}}$.

2.268 设 $5x^3+40=\int_c^x f(t)dt$,求 $f(x)$ 及常数 c.

2.269 设 f 在$[a,b]$可积,$\Phi(x)=\int_a^x f(t)dt,\quad x\in[a,b]$,求证:$\Phi$ 在$[a,b]$连续.

注:此题与定理 3.8 表明,由函数 f 的积分通过"变限"而得到的变限积分函数 $\Phi(x)=\int_a^x f(t)dt$ 的性质比原来的函数 f 的性质要好一些.

2.270 设 f 在$[a,b]$可积,求证:存在 $x_0\in[a,b]$,使得

$$\int_a^{x_0} f(x)dx=\int_{x_0}^b f(x)dx.$$

2.271 求下列极限:

(1) $\lim\limits_{n\to\infty}\int_a^b e^{-nx^2}dx \quad (0<a<b)$;

(2) $\lim\limits_{n\to\infty}\int_n^{n+p}\frac{\cos x}{x}dx \quad (p>0)$;

(3) $\lim\limits_{n\to\infty}\int_0^1\frac{x^n}{1+x}dx$.

2.272 设 f 在$[a,b]$可积,

$$F(t)=\int_a^x f(t)dt,\quad x\in[a,b],$$

求证:$\forall\varepsilon>0,\exists\delta>0$,对任意有限个互不相交的开区间

$$(\alpha_k,\beta_k)\subset[a,b],\ (k=1,2,\cdots,n),$$

当 $\sum\limits_{k=1}^{n}(\beta_k-\alpha_k)<\delta$ 时,有 $\sum\limits_{k=1}^{n}|F(\beta_k)-F(\alpha_k)|<\delta$.

2.273 设 $f(x)$ 在正实轴上连续,且满足关系式:

$$\int_0^x f(t)dt=\frac{1}{2}xf(x),\quad x\in(0,+\infty),$$

求证:$f(x)=cx,\ x\in(0,+\infty)$,其中 c 为常数.

2.274 设 f 在 $\mathbf{R}$ 连续,且 $f(x)=\int_0^x f(t)dt$,求证:$f(x)=0(x\in\mathbf{R})$.

2.275 设 f 在$[1,+\infty)$连续可微,且 $0<f'(x)<\frac{1}{x^2}$,

求证:$\lim\limits_{n\to\infty}f(n)$ 存在.

2.3.3　定积分的计算方法

积分上限函数将定积分与不定积分相联系. 所以不定积分的每个运算法则，自然对应了或转化为定积分的积分法则. 前面已经研究了定积分的线性性质，下面研究定积分的换元积分法与分部积分法.

定理 3.10(换元积分法)　设函数 $y=f(x)$ 与 $x=\varphi(t)$ 能构成复合函数，且函数 f 在 $[A,B]$ 连续，导函数 φ' 在 $[\alpha,\beta]$ 连续，则

$$\int_{\varphi(\alpha)}^{\varphi(\beta)} f(x)\,\mathrm{d}x=\int_{\alpha}^{\beta} f[\varphi(t)]\varphi'(t)\,\mathrm{d}t.$$

证明　由已知条件中的连续性条件可得，上面等式两边的定积分均存在，等式两边的被积函数的原函数均存在.

设 $F(x)$ 是 $f(x)$ 在 $[A,B]$ 上的原函数，则由复合函数求导公式(链式法则)易得 $G(t)=F[\varphi(t)]$ 是 $f[\varphi(t)]\varphi'(t)$ 在 $[\alpha,\beta]$ 上的原函数. 由微积分基本定理可得

$$\int_{\alpha}^{\beta} f[\varphi(x)]\varphi'(t)\,\mathrm{d}t=F[\varphi(t)]\Big|_{\alpha}^{\beta}=F(x)\Big|_{\varphi(\alpha)}^{\varphi(\beta)}=\int_{\varphi(\alpha)}^{\varphi(\beta)} f(x)\,\mathrm{d}x,$$

由此得证. □

注　这个公式有两种用法:

(1) 如果要计算左边积分

$$\int_{a}^{b} f(x)\,\mathrm{d}x,$$

首先要寻找合适的变换 $x=\varphi(t)$，由已知的 a,b，通过方程 $b=\varphi(t)$ 与 $a=\varphi(t)$，分别解出右边积分限 β 与 α，然后把函数 $x=\varphi(t)$ 代入 $\int_{a}^{b} f(x)\,\mathrm{d}x$，得到

$$\int_{\alpha}^{\beta} f[\varphi(t)]\varphi'(t)\,\mathrm{d}t,$$

最后计算它就可以了. 这种情况并不要求 $x=\varphi(t)$ 存在反函数，这是与不定积分第二换元法不同之处，也是它的优点.

(2) 如果要计算右边积分

$$\int_{\alpha}^{\beta} g(t)\,\mathrm{d}t,$$

首先把函数 $g(t)$ 表示成

$$g(t)\equiv f[\varphi(t)]\varphi'(t),$$

使得 f,φ 满足定理的条件，且 $f(x)$ 的原函数可积出，则根据定理 3.10 只要计算 $\int_{\varphi(\alpha)}^{\varphi(\beta)} f(x)\,\mathrm{d}x$ 即可.

定理 3.11(分部积分法)　设函数 $u(x),v(x)$ 的导函数 $\mu'(x),v'(x)$ 在 $[a,b]$ 连续，则

$$\int_{a}^{b} u(x)v'(x)\,\mathrm{d}x=u(x)v(x)\Big|_{a}^{b}-\int_{a}^{b} u'(x)v(x)\,\mathrm{d}x.$$

证明　因 $[u(x)v(x)]'=u'(x)v(x)+u(x)v'(x)$，且两端函数皆可积，所以

$$\int_{a}^{b}[u(x)v(x)]'\,\mathrm{d}x=\int_{a}^{b} u'(x)v(x)\,\mathrm{d}x+\int_{a}^{b} u(x)v'(x)\,\mathrm{d}x.$$

又因$(uv)'$在$[a,b]$连续,由牛顿—莱布尼茨公式有

$$\int_a^b [u(x)v(x)]'\mathrm{d}x = u(x)v(x)\Big|_a^b.$$

由此证得本定理. □

例 1(奇偶函数积分性质) 证明:

1° 若 f 是$[-a,a]$上的连续偶函数,则

$$\int_{-a}^a f(x)\mathrm{d}x = 2\int_0^a f(x)\mathrm{d}x;$$

2° 若 f 是$[-a,a]$上的连续奇函数,则

$$\int_{-a}^a f(x)\mathrm{d}x = 0.$$

证明 仅证 1° 就可以了. 有

$$\int_{-a}^a f(x)\mathrm{d}x = \int_{-a}^0 f(x)\mathrm{d}x + \int_0^a f(x)\mathrm{d}x,$$

又

$$\int_{-a}^0 f(x)\mathrm{d}x \xlongequal{x=-t} -\int_a^0 f(-t)\mathrm{d}t = \int_0^a f(-x)\mathrm{d}x,$$

由题设知 $f(x)=f(-x)$,故

$$\begin{aligned}\int_{-a}^a f(x)\mathrm{d}x &= \int_{-a}^0 f(x)\mathrm{d}x + \int_0^a f(x)\mathrm{d}x \\ &= \int_0^a f(-x)\mathrm{d}x + \int_0^a f(x)\mathrm{d}x = 2\int_0^a f(x)\mathrm{d}x.\end{aligned}$$

例 2(周期函数积分性质) 证明:若 f 是定义在 **R** 上且周期为 T 的连续周期函数,则对任意常数 a,有

$$\int_a^{a+T} f(x)\mathrm{d}x = \int_0^T f(x)\mathrm{d}x.$$

证明 有

$$\begin{aligned}\int_a^{a+T} f(x)\mathrm{d}x &= \int_a^0 f(x)\mathrm{d}x + \int_0^T f(x)\mathrm{d}x + \int_T^{a+T} f(x)\mathrm{d}x \\ &= -\int_0^a f(x)\mathrm{d}x + \int_T^{a+T} f(x)\mathrm{d}x + \int_0^T f(x)\mathrm{d}x,\end{aligned}$$

由函数的周期性及换元法知

$$\int_T^{a+T} f(x)\mathrm{d}x \xlongequal{x=t+T} \int_0^a f(t+T)\mathrm{d}t = \int_0^a f(t)\mathrm{d}t = \int_0^a f(x)\mathrm{d}x.$$

由此得证本题.

以上两例对于简化奇偶函数与周期函数的积分计算是很有用的.

例 3 求 $J=\displaystyle\int_1^4 \frac{\mathrm{d}x}{1+\sqrt{x}}$.

解 **方法 1** 设 $x=t^2$,则$\sqrt{x}=|t|$,$\mathrm{d}x=2t\mathrm{d}t$,当 $x=1$ 时,有 $t=\pm 1$;当 $x=4$ 时,有 $t=\pm 2$,

故

$$J=\int_{1}^{2}\frac{2t\mathrm{d}t}{1+|t|}=\int_{1}^{2}\frac{2t}{1+t}\mathrm{d}t=2\left(1-\ln\frac{3}{2}\right);$$

或

$$J=\int_{-1}^{-2}\frac{2t\mathrm{d}t}{1+|t|}=\int_{-1}^{-2}\frac{2t\mathrm{d}t}{1-t}=2\left(1-\ln\frac{3}{2}\right);$$

或

$$J=\int_{-1}^{2}\frac{2t\mathrm{d}t}{1+|t|}=\int_{-1}^{0}\frac{2t\mathrm{d}t}{1-t}+\int_{0}^{2}\frac{2t\mathrm{d}t}{1+t}=2\left(1-\ln\frac{3}{2}\right);$$

或

$$J=\int_{1}^{-2}\frac{2t\mathrm{d}t}{1+|t|}=\int_{1}^{0}\frac{2t\mathrm{d}t}{1+t}+\int_{0}^{-2}\frac{2t\mathrm{d}t}{1-t}=2\left(1-\ln\frac{3}{2}\right).$$

方法 2　设 $t=\sqrt{x}$，$\mathrm{d}x=2t\mathrm{d}t$，当 $x=1$ 时，有 $t=1$；当 $x=4$ 时，有 $t=2$，故

$$J=\int_{1}^{2}\frac{2t\mathrm{d}t}{1+t}=2\left(1-\ln\frac{3}{2}\right).$$

由方法 1 看出，通过方程 $b=\varphi(t)$，$a=\varphi(t)$ 求解 α,β 时，可能不唯一，但这没关系，随便选取相应的一对 α,β 都可以，当然要注意使之便于计算.

例 4　求 $J=\int_{-1}^{1}\sqrt{1-x^2}\mathrm{d}x$.

解　设 $x=\sin t$，　$\mathrm{d}x=\cos t\,\mathrm{d}t$，

当 $x=-1$ 时，有 $t=\frac{4k-1}{2}\pi$；当 $x=1$ 时，有 $t=\frac{4k+1}{2}\pi$，$(k\in\mathbf{Z})$，

显然取

$$t=-\frac{\pi}{2}\quad 与\quad t=\frac{\pi}{2}$$

最为简单，此时有

$$J=\int_{-\frac{\pi}{2}}^{\frac{\pi}{2}}|\cos t|\cos t\mathrm{d}t=\int_{-\frac{\pi}{2}}^{\frac{\pi}{2}}\cos^2 t\mathrm{d}t=\int_{-\frac{\pi}{2}}^{\frac{\pi}{2}}\frac{1+\cos 2t}{2}\mathrm{d}t=\frac{\pi}{2}.$$

如果取

$$t=\frac{3\pi}{2}\quad 与\quad t=\frac{\pi}{2}$$

也可以，此时有

$$J=\int_{\frac{3\pi}{2}}^{\frac{\pi}{2}}|\cos t|\cos t\mathrm{d}t=-\int_{\frac{3\pi}{2}}^{\frac{\pi}{2}}\cos^2 t\mathrm{d}t=\frac{\pi}{2}.$$

如果取

$$t=-\frac{\pi}{2}\quad 与\quad t=\frac{5\pi}{2}$$

仍有上述结果，即

$$J=\int_{-\frac{\pi}{2}}^{\frac{5\pi}{2}}|\cos t|\cos t\mathrm{d}t=\int_{-\frac{\pi}{2}}^{\frac{\pi}{2}}\cos^2 t\mathrm{d}t-\int_{\frac{\pi}{2}}^{\frac{3\pi}{2}}\cos^2 t\mathrm{d}t+\int_{\frac{3\pi}{2}}^{\frac{5\pi}{2}}\cos^2 t\mathrm{d}t=\frac{\pi}{2}.$$

例 5 求 $J=\int_0^{\pi}\frac{x\sin x}{1+\cos^2 x}\mathrm{d}x$.

分析 被积函数的因子函数 $y=\frac{\sin x}{1+\cos^2 x}$,在 $x\in[0,\pi]$ 时的函数图像关于 $y=\frac{\pi}{2}$ 轴是轴对称的. 这一对称性提示了两种换元方法,第一种换元是用 $x=\frac{\pi}{2}-t$ 来换元,它将 x 的函数变为 t 在 $\left[-\frac{\pi}{2},\frac{\pi}{2}\right]$ 上的偶函数. 第二种换元是用 $x=\pi-t$ 来换元,这个换元方法将函数图像上的一点,变为关于 $y=\frac{\pi}{2}$ 轴的轴对称点,且保持函数图像不变.

解

$$\int_0^{\pi}\frac{x\sin x}{1+\cos^2 x}\mathrm{d}x \xlongequal{x=\pi-t} -\int_{\pi}^{0}\frac{(\pi-t)\sin(\pi-t)}{1+\cos^2(\pi-t)}\mathrm{d}t$$

$$=\int_0^{\pi}\frac{(\pi-t)\sin t}{1+\cos^2 t}\mathrm{d}t=\pi\int_0^{\pi}\frac{\sin t\mathrm{d}t}{1+\cos^2 t}-\int_0^{\pi}\frac{t\sin t}{1+\cos^2 t}\mathrm{d}t,$$

故

$$\int_0^{\pi}\frac{x\sin x}{1+\cos^2 x}\mathrm{d}x=\frac{\pi}{2}\int_0^{\pi}\frac{\sin x\mathrm{d}x}{1+\cos^2 x}=-\frac{\pi}{2}\arctan(\cos x)\Big|_0^{\pi}=\frac{\pi^2}{4}.$$

此题直接用牛顿 — 莱布尼茨公式大概是很难做出来的,由此可见定积分换元法的威力.

例 6 求 $J_m=\int_0^{\frac{\pi}{2}}\sin^m x\mathrm{d}x$.

解

$$\begin{aligned}J_m&=-\int_0^{\frac{\pi}{2}}\sin^{m-1}x\mathrm{d}(\cos x)\\&=-\sin^{m-1}x\cos x\Big|_0^{\frac{\pi}{2}}+\int_0^{\frac{\pi}{2}}(m-1)\sin^{m-2}x\cos^2 x\mathrm{d}x\\&=(m-1)\int_0^{\frac{\pi}{2}}\sin^{m-2}x(1-\sin^2 x)\mathrm{d}x\\&=(m-1)J_{m-2}-(m-1)J_m.\end{aligned}$$

由此得到递推公式

$$J_m=\frac{m-1}{m}J_{m-2}\quad(m\geqslant 2).$$

易知 $J_0=\frac{\pi}{2}, J_1=1$. 于是有

$$\int_0^{\frac{\pi}{2}}\sin^m x\mathrm{d}x=\begin{cases}\dfrac{(2n-1)(2n-3)\times\cdots\times 3\times 1}{2n(2n-2)\times\cdots\times 4\times 2}\times\dfrac{\pi}{2}, & m=2n;\\ \dfrac{2n(2n-2)\times\cdots\times 4\times 2}{(2n+1)(2n-1)\times\cdots\times 3\times 1}, & m=2n+1.\end{cases}\tag{1}$$

利用本题结果易得

$$\frac{\pi}{2}=\frac{2}{1}\times\frac{2}{3}\times\frac{4}{3}\times\frac{4}{5}\times\cdots\times\frac{2n-2}{2n-1}\times\frac{2n}{2n-1}\times\frac{2n}{2n+1}\times\frac{J_{2n}}{J_{2n+1}}.$$

又对一切 $x\in\left(0,\frac{\pi}{2}\right)$,有

$$\sin^{2n+1}x < \sin^{2n}x < \sin^{2n-1}x,$$

于是
$$0 < J_{2n+1} < J_{2n} < J_{2n-1},$$

即
$$1 < \frac{J_{2n}}{J_{2n+1}} < \frac{J_{2n-1}}{J_{2n+1}} = \frac{2n+1}{2n}.$$

由此得到著名的沃利斯(Wallis) 公式

$$\boxed{\frac{\pi}{2} = \lim_{n\to\infty} \frac{2\times 2\times 4\times 4\times \cdots \times 2n\times 2n}{1\times 3\times 3\times 5\times 5\times \cdots \times (2n-1)(2n+1)}.}$$

作为第一个把超越数 π 表示成有理数列极限的沃利斯公式,它在理论上是有用的,在历史上曾引起很大兴趣. 当初沃利斯是用完全不同的颇为繁难的方法才获得这个结果的.

例 7　设 f 处处连续,且满足 $\int_0^x f(t-x)\mathrm{d}t = \mathrm{e}^{2x}-1$,求 $f(x)$.

解　上式左边 $\xlongequal{u=t-x} \int_{-x}^0 f(u)\mathrm{d}u$,

即
$$\int_{-x}^0 f(u)\mathrm{d}u = \mathrm{e}^{2x}-1.$$

两边求导得

$$f(-x) = 2\mathrm{e}^{2x},$$

故
$$f(x) = 2\mathrm{e}^{-2x}.$$

例 8　设 $f(x) = \begin{cases} 1+x^2, x<0, \\ \mathrm{e}^{-x}, \quad x \geqslant 0, \end{cases}$ 求 $\int_1^3 f(x-2)\mathrm{d}x$.

解　$\int_1^3 f(x-2)\mathrm{d}x \xlongequal{t=x-2} \int_{-1}^1 f(t)\mathrm{d}t = \int_{-1}^0 (1+t^2)\mathrm{d}t + \int_0^1 \mathrm{e}^{-t}\mathrm{d}t = \frac{7}{3}-\frac{1}{\mathrm{e}}.$

例 9　设 $f(x)$ 在 $[0,1]$ 可积,且满足等式

$$f(x) = \frac{1}{1+x^2} - \mathrm{e}^{\sqrt{x}}\int_0^1 f(x)\mathrm{d}x,$$

求 $\int_0^1 f(x)\mathrm{d}x$.

解　两边积分得

$$\int_0^1 f(x)\mathrm{d}x = \int_0^1 \frac{\mathrm{d}x}{1+x^2} - \left(\int_0^1 \mathrm{e}^{\sqrt{x}}\mathrm{d}x\right)\left(\int_0^1 f(x)\mathrm{d}x\right) = \frac{\pi}{4} - 2\int_0^1 f(x)\mathrm{d}x,$$

故
$$\int_0^1 f(x)\mathrm{d}x = \frac{\pi}{12}.$$

例 10　设 f 是 $[0,1]$ 上的非负连续函数,且 $f(1)=0$,求证:存在 $\xi \in (0,1)$,使得

$$f(\xi) = \int_0^\xi f(x)\mathrm{d}x.$$

证明　不妨设 f 不恒等于 0,由连续函数最值性知,存在 $\eta \in [0,1)$,使得

$$f(\eta) = \max_{0\leqslant x\leqslant 1}\{f(x)\} > 0.$$

令　$F(x) = f(x) - \int_0^x f(t)\mathrm{d}t$,由 2.3.1 节的例 8 有

$$F(1) = f(1) - \int_0^1 f(t)\mathrm{d}t = -\int_0^1 f(t)\mathrm{d}t < 0.$$

$$F(\eta)=f(\eta)-\int_0^{\eta}f(t)\mathrm{d}t=\int_0^1 f(\eta)\mathrm{d}t-\int_0^{\eta}f(t)\mathrm{d}t$$
$$\geqslant\int_0^1 f(\eta)\mathrm{d}t-\int_0^1 f(t)\mathrm{d}t=\int_0^1[f(\eta)-f(t)]\mathrm{d}t>0.$$

由连续函数零值性知，$\exists\,\xi\in(\eta,1)\subset(0,1)$，使得 $F(\xi)=0$，即

$$f(\xi)=\int_0^{\xi}f(x)\mathrm{d}x.$$

思　考　题

1. 下面的做法对吗？若不对，应怎样改正？

(1) $\displaystyle\int_0^4\frac{\mathrm{d}x}{1+\sqrt{x}}\xlongequal{令\sqrt{x}=t}\int_0^4\frac{2t}{1+t}\mathrm{d}t$；

(2) $\displaystyle\int_{-1}^0\sqrt{1-x^2}\,\mathrm{d}x\xlongequal{令x=\sin t}\int_{\frac{3}{2}\pi}^0\sqrt{1-\sin^2 t}\,\mathrm{d}(\sin t)=\int_{\frac{3}{2}\pi}^0\cos^2 t\mathrm{d}t=-\frac{3}{4}\pi.$

2. 下列代换是否正确？

(1) $\displaystyle\int_{-1}^1 1\cdot\mathrm{d}x$，　设 $t=x^{\frac{2}{3}}$；　　(2) $\displaystyle\int_{-1}^1\frac{\mathrm{d}x}{1+x^2}$，　设 $x=\dfrac{1}{t}$；

(3) $\displaystyle\int_0^{\pi}\frac{\mathrm{d}x}{1+\sin^2 x}$，　设 $t=\tan x$.

3. 在定积分 $\displaystyle\int_0^3 x\sqrt[3]{1-x^2}\,\mathrm{d}x$ 中，令 $x=\sin t$ 是否合适？应怎样求这个定积分？

4. 设 $J=\displaystyle\int_0^{\frac{s}{t}}tf(tx)\mathrm{d}x\quad(t\neq0)$，　问：$\dfrac{\mathrm{d}J}{\mathrm{d}s}=?$　$\dfrac{\mathrm{d}J}{\mathrm{d}t}=?$　$\dfrac{\mathrm{d}J}{\mathrm{d}x}=?$

练　习　题

求下列定积分：

2.276 $\displaystyle\int_0^{\ln 2}x\mathrm{e}^{-x}\mathrm{d}x.$

2.277 $\displaystyle\int_0^1 x\arctan x\mathrm{d}x.$

2.278 $\displaystyle\int_0^{\pi}x^2\sin^2 x\mathrm{d}x.$

2.279 $\displaystyle\int_0^{\sqrt{\ln 2}}x^3\mathrm{e}^{-x^2}\mathrm{d}x.$

2.280 $\displaystyle\int_0^{\pi}\mathrm{e}^x\cos^2 x\mathrm{d}x.$

2.281 $\displaystyle\int_0^1 x^n\ln x\mathrm{d}x\ (n\in\mathbf{N}).$

2.282 $\displaystyle\int_1^4\frac{\ln x}{\sqrt{x}}\mathrm{d}x.$

2.283 $\displaystyle\int_0^a\ln(x+\sqrt{a^2+x^2})\mathrm{d}x(a>0).$

求下列定积分：

2.284 $\displaystyle\int_{-1}^1\frac{x\mathrm{d}x}{\sqrt{5-4x}}.$

2.285 $\displaystyle\int_0^1\frac{\arcsin\sqrt{x}}{\sqrt{x(1-x)}}\mathrm{d}x.$

2.286 $\displaystyle\int_0^3\frac{x\mathrm{d}x}{1+\sqrt{1+x}}.$

2.287 $\displaystyle\int_0^{\ln 2}\sqrt{\mathrm{e}^x-1}\,\mathrm{d}x.$

2.288 $\displaystyle\int_0^1\sqrt{4-x^2}\,\mathrm{d}x.$

2.289 $\displaystyle\int_0^a x^2\sqrt{a^2-x^2}\,\mathrm{d}x\ (a>0).$

2.290 $\displaystyle\int_0^2\frac{\mathrm{d}x}{\sqrt{x+1}+\sqrt{(x+1)^3}}.$

2.291 $\displaystyle\int_0^{\frac{\pi}{2}}\frac{\mathrm{d}x}{2+\sin x}.$

求下列定积分：

2.292 $\int_1^e \ln^3 x\mathrm{d}x$.

2.293 $\int_0^{\sqrt{3}} x\sqrt[5]{1+x^2}\,\mathrm{d}x$.

2.294 $\int_1^2 \frac{\mathrm{d}x}{x+x^3}$.

2.295 $\int_0^{\frac{1}{2}} (\arcsin x)^2\mathrm{d}x$.

2.296 $\int_1^{e^3} \frac{\mathrm{d}x}{x\sqrt{1+\ln x}}$.

2.297 $\int_0^1 \frac{x\arctan x}{(1+x^2)^3}\mathrm{d}x$.

2.298 $\int_0^{0.75} \frac{\mathrm{d}x}{(x+1)\sqrt{x^2+1}}$.

2.299 $\int_0^{2\pi} \frac{\mathrm{d}x}{\sin^4 x+\cos^4 x}$.

2.300 利用奇、偶函数的积分性质计算下列定积分：

(1) $\int_{-2}^2 x^3\cos^3 x\mathrm{d}x$;

(2) $\int_{-\pi}^{\pi} x^4\sin x\mathrm{d}x$;

(3) $\int_{-\frac{1}{2}}^{\frac{1}{2}} \frac{x\arcsin x}{\sqrt{1-x^2}}\mathrm{d}x$;

(4) $\int_{-5}^5 \frac{x^2\sin^3 x}{(x^4+3x^2-5)^2}\mathrm{d}x$.

2.301 利用分部积分法求

$$B(m,n)=\int_0^1 x^{m-1}(1-x)^{n-1}\mathrm{d}x\quad(m,n\in\mathbf{N}_+).$$

2.302 设 f 在$[a,b]$连续可微，且 $f(a)=f(b)=0$，$\int_a^b f^2(x)\mathrm{d}x=1$，

求证：
$$\int_a^b xf(x)f'(x)\mathrm{d}x=-\frac{1}{2}.$$

2.303 设 f 在$[a,b]$连续可微，求证：

$$\lim_{t\to+\infty}\int_a^b f(x)\sin tx\mathrm{d}x=0.$$

2.304 设 f 在$[a,b]$连续可微，求证：存在 $\xi\in[a,b]$，使得 $f(b)=f(a)+f'(\xi)(b-a)$.

2.305 设下列各题中的函数 f 在给定积分区间上连续，求证：

(1) $\int_0^{\frac{\pi}{2}} f(\sin x)\mathrm{d}x=\int_0^{\frac{\pi}{2}} f(\cos x)\mathrm{d}x$;

(2) $\int_0^{\pi} xf(\sin x)\mathrm{d}x=\frac{\pi}{2}\int_0^{\pi} f(\sin x)\mathrm{d}x$;

(3) $\int_1^a f\left(x^2+\frac{a^2}{x^2}\right)\frac{\mathrm{d}x}{x}=\int_1^a f\left(x+\frac{a^2}{x}\right)\frac{\mathrm{d}x}{x}\ (a>0)$.

2.306 证明：$\int_0^x e^{-t^2}\,\mathrm{d}t\leqslant\arctan x\quad(x\geqslant 0)$.

2.307 设 f 在$[A,B]$连续，$A<a<b<B$，求证：

$$\lim_{h\to 0}\frac{1}{h}\int_a^b[f(h+t)-f(t)]\mathrm{d}t=f(b)-f(a).$$

2.308 设

$$P_n(x)=\frac{1}{n!2^n}\frac{\mathrm{d}^n}{\mathrm{d}x^n}(x^2-1)^n,$$

求证：

$$\int_{-1}^1 P_n(x)P_m(x)\mathrm{d}x=\begin{cases}0, & m\neq n,\\ \dfrac{2}{2n+1}, & m=n.\end{cases}$$

2.3.4 定积分的应用

1. 定积分在几何上的应用

下面研究用定积分求某些平面图形的面积问题,分两种情形讨论:

情形 1 图形边界的曲线方程用直角坐标式表示

设 $f(x),f_1(x),f_2(x)$ 均在区间$[a,b]$连续,它们分别围成了图 2.3-5 中的平面图形 D,由定积分的分割 — 近似 — 求和 — 取极限的方形可得:

由曲线 $y=f(x),y=0,x=a,x=b\ (a<b)$ 围成的平面图形 D 的面积为

$$S(D)=\int_a^b |f(x)|\,\mathrm{d}x.$$

由曲线 $y=f_1(x),y=f_2(x),x=a,x=b\ (a<b)$ 围成的平面图形 D 的面积为

$$S(D)=\int_a^b |f_1(x)-f_2(x)|\,\mathrm{d}x.$$

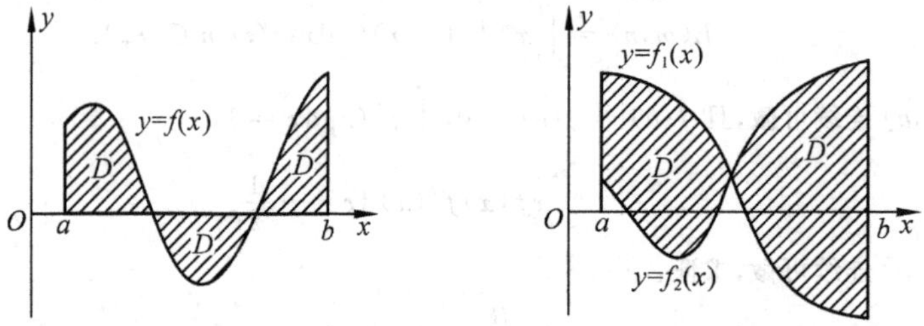

图 2.3-5

例 1 求曲线 $y^2=x$ 与 $y=-x+2$ 围成的图形 D 的面积 $S(D)$.

解 先求出两曲线的交点为 $A(1,1),B(4,-2)$(见图 2.3-6).

方法 1 由 $y^2=x$ 得 $y=\pm\sqrt{x}$,用直线 $x=1$ 将图形分成 D_1 与 D_2 之并,记 $f_1=\sqrt{x}$, $f_2=-\sqrt{x}$, $g(x)=-x+2$,则有

$$S(D_1)=\int_0^1 |f_1(x)-f_2(x)|\,\mathrm{d}x=\int_0^1\left[\sqrt{x}-(-\sqrt{x})\right]\mathrm{d}x=\frac{4}{3},$$

$$S(D_2)=\int_1^4 |f_2(x)-g(x)|\,\mathrm{d}x=\int_1^4\left[(-x+2)-(-\sqrt{x})\right]\mathrm{d}x=\frac{19}{6},$$

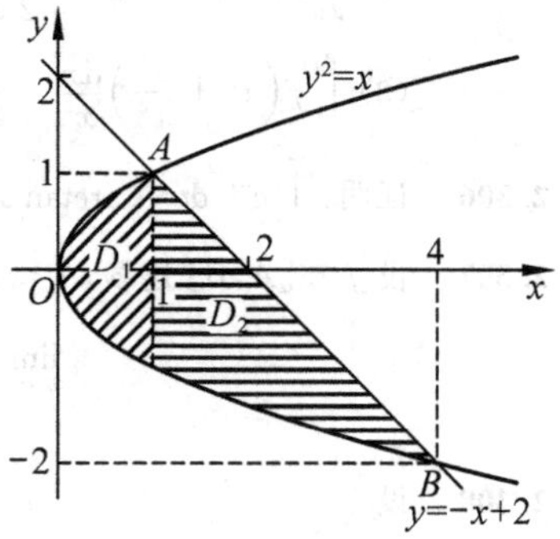

图 2.3-6

故 $$S(D)=S(D_1)+S(D_2)=4\frac{1}{2}.$$

方法 2 将 y 作为自变量,则图形由曲线 $x=\varphi_1(y)=y^2,x=\varphi_2(y)=2-y$ 围出,其中 $y\in[-2,1]$,则有

$$S(D)=\int_{-2}^1 |\varphi_1(y)-\varphi_2(y)|\,\mathrm{d}y=\int_{-2}^1\left[(2-y)-y^2\right]\mathrm{d}y=4\frac{1}{2}.$$

例 2　求由摆线

$$x = a(t - \sin t), y = a(1 - \cos t)\ (a > 0)$$

的一拱与 x 轴围成图形 D 的面积(见图 2.3-7).

解　当 $t = 0$ 与 $t = 2\pi$ 时，y 都等于 0，且当 t 由 0 变到 2π 时，摆线上的点由原点(0,0)变到点$(2\pi a, 0)$，正好构成一拱，设曲线的方程是 $y = f(x)$，则作 $x = a(t - \sin t)$ 换元，得 $y = f(x) = a(1 - \cos t)$，所以有

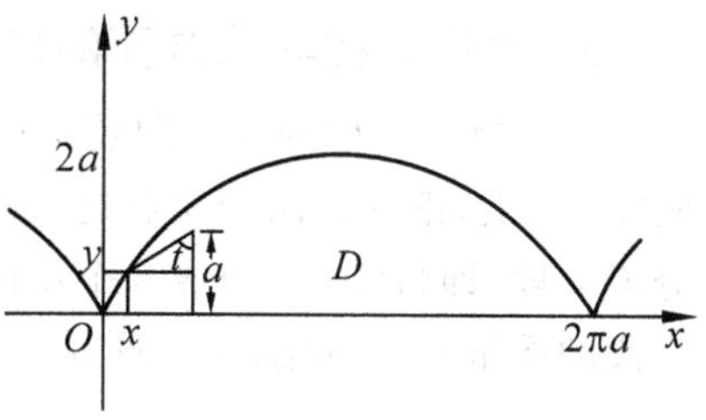

图 2.3-7

$$S(D) = \int_0^{2\pi a} y\mathrm{d}x = \int_0^{2\pi} a(1 - \cos t)[a(t - \sin t)]'\mathrm{d}t = 3\pi a^2.$$

情形 2　图形边界的曲线方程用极坐标式表示

设图形边界的曲线的极坐标方程是

$$r = r(\theta), \quad \theta \in [\alpha, \beta],$$

且 $r(\theta)$ 在$[\alpha,\beta]$连续，$\beta - \alpha \leqslant 2\pi$. 由曲线 $r = r(\theta)$ 与两条射线 $\theta = \alpha, \theta = \beta$ 围成的图形 D 常称为曲边扇形. 现在我们来求它的面积 $S(D)$.

在$[\alpha,\beta]$上任作一分法(见图 2.3-8)：

$$\Omega = \{\alpha = \theta_0 < \theta_1 < \cdots < \theta_n = \beta\},$$

射线 $\theta = \theta_i (i = 0,1,\cdots,n)$ 把 D 分成 n 个小曲边扇形 D_i，而每个 D_i 皆可用半径为 $r(\theta_i)$，夹角为 $\Delta\theta_i$ 的圆弧小扇形近似代替，即

$$S(D_i) \approx \frac{1}{2}r^2(\theta_i)\Delta\theta_i,$$

其中 $\Delta\theta_i = \theta_i - \theta_{i-1} (i = 1,2,\cdots,n)$，从而有

$$S(D) = \sum_{i=1}^{n} S(D_i) \approx \sum_{i=1}^{n} \frac{1}{2}r^2(\theta_i)\Delta\theta_i,$$

故
$$S(D) = \frac{1}{2}\int_\alpha^\beta r^2(\theta)\mathrm{d}\theta.$$

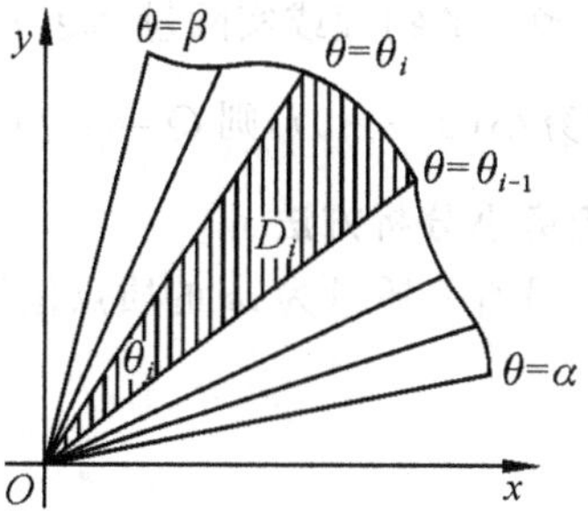

图 2.3-8

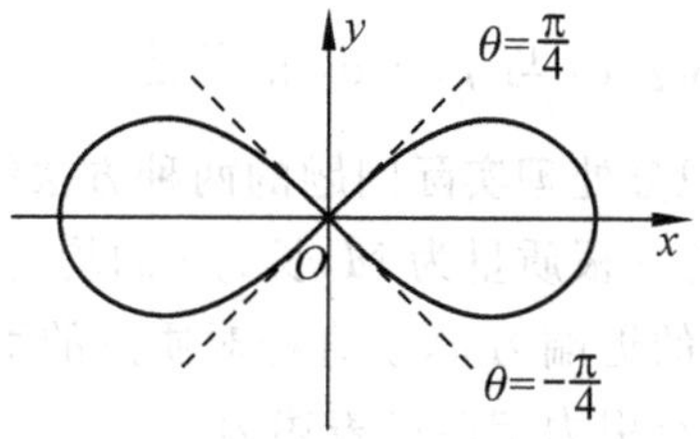

图 2.3-9

例 3　求双纽线 $r^2 = a^2\cos 2\theta$ 围成图形 D 的面积 $S(D)$.

解　因 $r^2 \geqslant 0$，故 θ 取值范围是

$$\left[-\frac{\pi}{4}, \frac{\pi}{4}\right] \quad 与 \quad \left[\frac{3\pi}{4}, \frac{5\pi}{4}\right].$$

由图形(见图 2.3-9)对称性知

$$S(D) = 2 \times \frac{1}{2}\int_{-\frac{\pi}{4}}^{\frac{\pi}{4}} a^2\cos 2\theta\mathrm{d}\theta = a^2.$$

2. 定积分在其他方面的应用

许多物理问题与实际问题均可用定积分的方法来处理.例如,将一根细杆放在实轴的区间$[a,b]$上,细杆的两个端点是a和b,要求出该细杆的质量Q,用定积分的方法,就是将细杆分成n段,即将$[a,b]$分成n个小区间$[x_{i-1},x_i]$,$i=1,2,\cdots,n$,小区间$[x_{i-1},x_i]$确定的细杆小段的质量ΔQ_i,则细杆的质量Q就可表为

$$Q=\sum_{i=1}^{n}\Delta Q_i.$$

设$f(x)$,$x\in[a,b]$是细杆的质量密度分布,$f(x)$通常不是常值函数,因密度通常是非均匀分布的.取一点$\xi_i\in[x_{i-1},x_i]$,$[x_{i-1},x_i]$确定的细杆小段的密度分布,可近似地看作均匀分布的,它的近似均匀密度是$f(\xi_i)$,则ΔQ_i的近似值是

$$\Delta Q_i\approx f(\xi_i)\Delta x_i.$$

若$f(x)$在$[a,b]$连续,则对近似值求和后取极限可得

$$Q=\lim_{\|\Omega\|\to 0}\sum_{i=1}^{n}f(\xi_i)\Delta x_i=\int_a^b f(x)\mathrm{d}x.$$

另一方面,许多的物理量或实际量Q,均可由区间$[a,b]$来确定,该物理量由小区间$[x_{i-1},x_i]$确定的量的近似值,可由物理学定律或实际的性质得到,这时量Q就可由下面的微元分析法(简称为微元法)来求出.

对每个$x\in[a,b]$,设区间$[a,x]$确定的物理量或实际量是$Q(x)$,则所求的量$Q=Q(b)$.再设微区间$[x,x+\Delta x]$确定的量是$\Delta Q(x)$,则$\Delta Q(x)=Q(x+\Delta x)-Q(x)$.设由物理学定律或实际性质,可求出$\Delta Q(x)$的近似值是$f(x)\Delta x$,且当$\Delta x\to 0$时,$\Delta Q(x)$与$f(x)\Delta x$的差是$\Delta x$的高阶无穷小,由可微的定义得,$Q(x)$在点$x$可微,它在点$x$的微分$\mathrm{d}Q(x)=f(x)\Delta x$,因为自变量的增量$\Delta x$等于自变量的微分$\mathrm{d}x$,所以有$\mathrm{d}Q(x)=f(x)\mathrm{d}x$,且可将微区间记为$[x,x+\Delta x]=[x,x+\mathrm{d}x]$.那么所求的量$Q=\int_a^b \mathrm{d}Q(x)=\int_a^b f(x)\mathrm{d}x$.上面的讨论还可进一步简述为:若微区间$[x,x+\mathrm{d}x]$确定的物理或实际量$\Delta Q(x)$的近似值是$f(x)\mathrm{d}x$,且$\Delta Q(x)$与$f(x)\mathrm{d}x$的差是$\mathrm{d}x$的高阶无穷小($\mathrm{d}x\to 0$),则$Q=\int_a^b f(x)\mathrm{d}x$.以上讲述的利用定积分处理实际问题的两种方法统称为**无穷小分析方法**.

例4 有一根质量为M,长为l的均匀细直杆,另有一质量为m的质点位于直杆所在直线上,且距杆的近端为a,求直杆对质点的引力$\boldsymbol{F}$.

注 万有引力定律可表述为

$$\boldsymbol{F}_{12}=G\frac{m_1m_2}{r_{12}^2}\boldsymbol{r}_0,$$

其中,m_1,m_2为两质点的质量;r_{12}为它们的距离;$\boldsymbol{r}_0$为两质点连线上的单位矢量;G为引力常数.

解 先建立坐标系,如图2.3-10所示,将质点m位于数轴的原点,将细杆位于数轴区间$[a,a+l]$上,$a>0$.设$F(x)\geqslant 0$是区间$[a,x]$确定的细杆段对质点m的引力值,$F=F(b)$就是细杆对质点m的引力值,引力方向是x轴的正向.

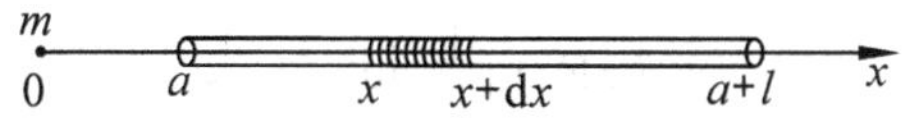

图 2.3-10

在区间$[a,a+l]$上任取一微段$[x,x+\mathrm{d}x]$，它的质量为$\frac{M}{l}\mathrm{d}x$，将它近似看成是位于点 x 处的质点，由万有引力定律，可得微段对质点的万有引力的近似值，该近似值等于 $\mathrm{d}F(x)$，即有

$$\mathrm{d}F = G\frac{m\left(\frac{M}{l}\mathrm{d}x\right)}{x^2} = \frac{mMG}{x^2}\mathrm{d}x,$$

故直杆对质点的引力值为

$$F = \int_a^{a+l}\frac{mMG}{lx^2}\mathrm{d}x = \frac{GmM}{a(a+l)}.$$

坐标系的选择可以多种多样，但计算的简繁相差甚大，读者可按图 2.3-11 中的情形计算一下，从而体会坐标系选择的重要性.

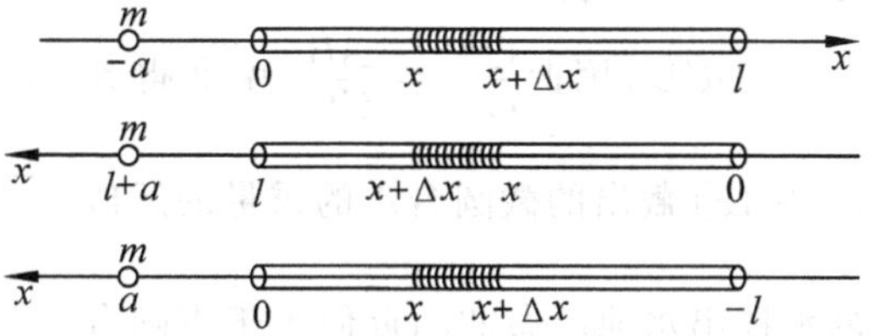

图 2.3-11

例 5 从地面垂直发射质量为 m 的火箭，当火箭发射到距离地面高为 h 时，求地球引力所做的功，并由此计算第二宇宙速度(即火箭脱离地球引力范围所具有的初速度 v_0).

解 建立坐标系如图 2.3-12 所示，设地球质量为 M，半径为 R，O 是地球的球心.

在 Or 轴的区间$[R,R+h]$上任取一点 r，地球对位于 r 点的火箭引力大小为 $f(r)=G\frac{Mm}{r^2}$，引力指向球心 O. 当 $r=R$ 即在地面上时，地球对火箭的引力大小等于重力 mg，即 $G\frac{Mm}{R^2}=mg$，由此得到引力常数 $G=\frac{R^2g}{M}$，于是

$$f(r)=\frac{mgR^2}{r^2},$$

因此，当火箭从地面发射到距地面高度为 h 时，地球引力所做的功为

$$W=\int_R^{R+h}-f(r)\mathrm{d}r=-\int_R^{R+h}\frac{mgR^2}{r^2}\mathrm{d}r=-mgR^2\left(\frac{1}{R}-\frac{1}{R+h}\right).$$

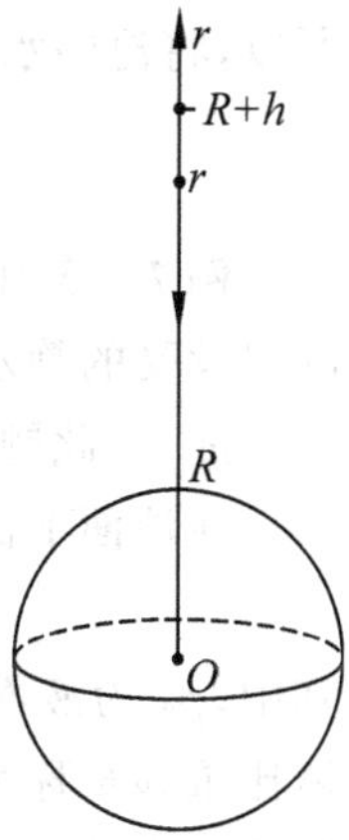

图 2.3-12

火箭脱离地球引力是指在图 2.3-12 的模型中地球对火箭的引力 $f(r)=0$，即 $r\to+\infty$，这时引力所做的功是

$$W^* = \lim_{h\to+\infty}W=-mgR,$$

即火箭在地面所具有的势能为 $-mgR$. 由机械能守恒原理知，为使火箭脱离地球引力火箭发射时的初速度 v_0 产生的动能，必能抵消火箭脱离地球引力时，引力所做的功，即 v_0 要满足

$$-mgR+\frac{1}{2}mv_0^2\geqslant 0,$$

故 v_0 至少应等于

$$v_{\mathrm{II}}=\sqrt{2gR},$$

它叫作第二宇宙速度. 把 $g=9.8\ \mathrm{m/s^2}$, $R=6\ 371\ \mathrm{km}$ 代入得到

$$v_{\mathrm{II}}\approx 11.2\ \mathrm{km/s}.$$

例6 有一圆锥形蓄水池,池口直径20 m,池深15 m,池中盛满了水,欲将池内的水全部抽出池外,问需做多少功?

解 先建立坐标系如图 2.3-13 所示,其中圆锥的顶点 O 是 x 轴的坐标原点,且 x 轴与圆锥的底面垂直,过 x 轴上的点 x,作平面 π_x 垂直于 x 轴. 它截圆锥得到的圆的半径是线段 AB,它的长度也记为 AB. 而圆锥底面的半径是 $CD=10$.

设平面 π_0 与 π_x 所夹水池中的水移出水池需做功 $W(x)$, $x\in[0,15]$.

在区间[0,15]中任取一微段 $[x,x+\mathrm{d}x]$,则平面 π_x 与 $\pi_{x+\mathrm{d}x}$ 截出的微圆台的体积的近似值是 $\pi AB^2\mathrm{d}x$,而水的比重 1 $\mathrm{t/m^3}$,则微圆台水的重量是 $\pi AB^2\mathrm{d}x(\mathrm{t})$.

由图 2.3-13 知 $\triangle OAB\backsim\triangle OCD$,因此 $\dfrac{OA}{OC}=\dfrac{AB}{CD}$,由此得到 $AB=\dfrac{2}{3}x$. 所以微段 $[x,x+\mathrm{d}x]$ 截出的微圆台水的重量的近似值是 $\dfrac{4}{9}\pi x^2\mathrm{d}x$. 将微圆台的水抽出水池所做的功近似等于将圆台水集中于坐标轴的点 x 处然后移到坐标为 15 的点处所做的功,其移动距离是 $15-x$,则所做功的近似值等于 $\mathrm{d}W(x)$,即

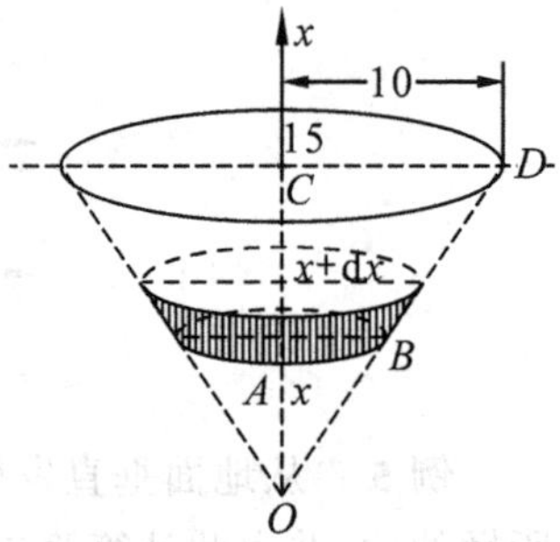

图 2.3-13

$$\mathrm{d}W(x)=\frac{4}{9}\pi x^2(15-x)\mathrm{d}x.$$

所以,将池中水全部抽出所做的功是

$$W=\int_0^{15}\frac{4}{9}\pi x^2(15-x)\mathrm{d}x=1\ 875\pi\ (\mathrm{t}\cdot\mathrm{m}).\ (\text{重力制})$$

例7 某水渠中,有一等腰梯形的直立闸门,尺寸如图 2.3-14 所示. 当渠道灌满水时,求闸门承受的静水总压力 p.

注 此题的物理依据是液体静压力公式:

在液面下深度为 h 的地方,液体的压强为

$$p=p_0+\nu h,$$

其中,p_0 为液面压强. 如果液体是处于大气中的水,则 p_0 就是标准气压强(10 $\mathrm{t/m^2}$),ν 是液体比重,νh 称为相对压强,仍用 $p=\nu h$ 表示. 若在面积为 S 的面 H 的每一点处的相对压强均等于常数 P_1,则面 H 承受的液体静压力等于 P_1S.

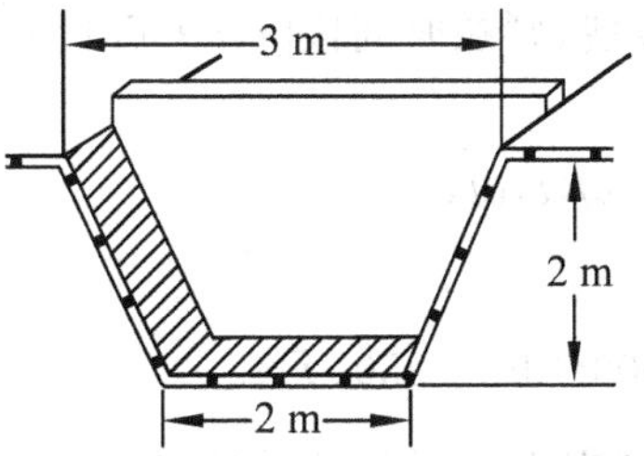

图 2.3-14

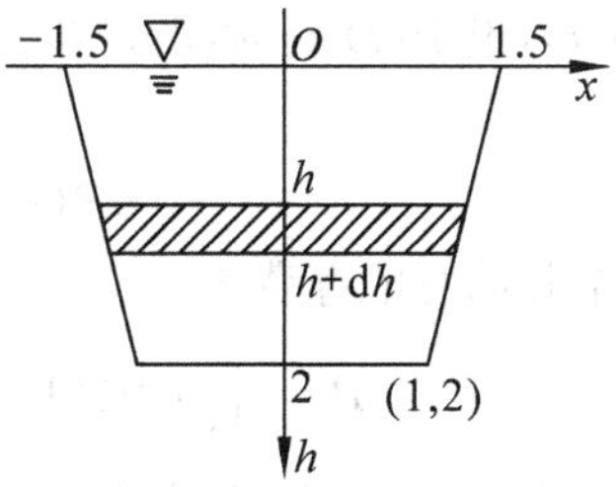

图 2.3-15

解　建立坐标系如图 2.3-15 所示. 在 h 轴的 $[0,2]$ 区间上任取一微段 $[h,h+\mathrm{d}h]$. 题中的闸门受压部分是图 2.3-15 中的等腰梯形,其右腰方程是 $x=\frac{6-h}{4}$,上底是 x 轴的一段,下底是 $h=2$ 的直线的一段,等腰梯形关于 h 轴轴对称. 用 I_h 表示过 h 轴的 $(0,h)$ 点平行于 x 轴的直线,它与梯形右腰的交点是 (x,h),则 I_h 与 $I_{h+\mathrm{d}h}$ 截出的微梯形的面积近似等于 $2x\mathrm{d}h$. 因水的比重为 1,微梯形每点处的相对压强(静水压强) 近似地均等于 h,所以微梯形承受的静水压力的近似值是 $2xh\,\mathrm{d}h=\frac{1}{2}h(6-h)\mathrm{d}h$,再设 $p(h)$ 表示直线 I_0 与 I_h 截出的闸门的那一部分的等腰梯形承受的静水压力,由微元法可得

$$\mathrm{d}p(h)=\frac{h(6-h)}{2}\mathrm{d}h,$$

故闸门承受的静水总压力为

$$p=\int_0^2\frac{h(6-h)}{2}\mathrm{d}h=4\frac{2}{3}\approx 4.7(\mathrm{t}).$$

例 8　在纯电阻电路中,正弦交流电的电流强度为 $i(t)=I_m\sin\omega t$,其中 I_m 是电流最大值(峰值),ω 是角频率,周期为 $T=\frac{2\pi}{\omega}$,求平均功率.

解　对于电器来说,计算瞬时功率 $P=Ri^2(t)$ 是没有实用价值的,需要计算的是一段时间内的平均功率,如灯泡上标记的"40 W" 就是消耗在该电器上的平均功率. 由函数的平均值性质(中值定理) 知,所求平均功率为

$$\begin{aligned}\overline{P}&=\frac{1}{T}\int_0^T P(x)\mathrm{d}t=\frac{1}{T}\int_0^T i^2(t)R\mathrm{d}t\\&=\frac{R}{T}\int_0^T I_m^2\sin^2\omega t\,\mathrm{d}t=\frac{I_m^2R}{2}=\frac{U_mI_m}{2},\end{aligned}$$

其中,$U_m=I_mR$ 为最大电压.

例 9　某公司购得 10 000 kg 大米,并立即全部存入仓库,然后每月平均以 2 000 kg 的数量取出供应市场,共 5 个月全部取出,如果贮存费为每月每千克 0.01 元,试问:在这 5 个月中,公司应支付多少贮存费?

解　设 $Q(t)$ 表示时刻 t 库存的大米数(kg),大米全部存入仓库的时刻记为 $t=0$.

不妨设库存大米是按每月 2 000 kg 的流速,连续、均匀地出库,则有

$$Q(t)=10\ 000-2\ 000t,\quad 0\leqslant t\leqslant 5.$$

在整体区间 $[0,5]$ 中,任取一微段 $[t,t+\mathrm{d}t]$,则可近似地认为在该时间段中大米的库存

量不变，为$Q(t)$，设$P(t)$是时间段$[0,t]$内的贮存费，则在时间段$[t,t+\mathrm{d}t]$内贮存费的近似值是

$$\mathrm{d}P(t)=0.01\times Q(t)\mathrm{d}t,$$

由微元法，5个月的总贮存费为

$$P=\int_0^5 0.01(10\,000-2\,000t)\mathrm{d}t=250(\text{元}).$$

例 10 已知将现金A_0存入银行，若银行年利率为r，并按连续复利计算，则t年末的存款为$A_t=A_0\mathrm{e}^{rt}$(称A_0为现在值，A_t为未来值).

如果某企业每年将a元存入银行(此存款方式似以定常流量a流动的水流，俗称年流量a)，试问：T年末的存款总额为多少？

解 由于不同时间间隔的存款数与存期都是变量，不能直接利用公式$A_t=A_0\mathrm{e}^{rt}$，故采用无穷小分析方法.

在整体区间$[0,T]$中，任取一微段$[t,t+\mathrm{d}t]$，在此时间段内，存款为$a\mathrm{d}t$(元)，T年末这些存款的存期为$T-t$，故相应存款额为

$$(a\mathrm{d}t)\mathrm{e}^{r(T-t)}=a\mathrm{e}^{r(T-t)}\mathrm{d}t,$$

因此，T年末存款总额为

$$A=\int_0^T a\mathrm{e}^{r(T-t)}\mathrm{d}t=\frac{a}{r}(\mathrm{e}^{rT}-1),$$

这就是年流量为a的存款(均匀货币流)在T年末的未来值，将它乘以因子e^{-rT}，就得到计算现在值(亦称贴现值)的公式

$$P=A\mathrm{e}^{-rT}=\frac{a}{r}(1-\mathrm{e}^{-rT}).$$

下面举一具体例子以示它的应用.

某厂需某机器，已知它的使用寿命为10年，若买此机器，需35 000元；若租此机器，每月租金为600元，年利率为14%(按连续复利计算)，试问：该厂是买机器合算还是租机器合算？

必须在同一时刻，才能比较资金的多少，因此，我们先求租金流的现在值，然后与买机器的现在价钱比较就行了.

因每月租金为600元，所以每年租金$a=7\,200$元，$r=0.14$，$T=10$，故租金流的现在值为

$$P=\frac{7\,200}{0.14}(1-\mathrm{e}^{-0.14\times10})\approx 38\,756(\text{元}),$$

而买机器的现在价钱为35 000元.故还是买机器合算.

思考题

1. 曲线$y=\sin x$位于区间$[0,2\pi]$的一段与x轴围成图形的面积是否等于$\int_0^{2\pi}\sin x\mathrm{d}x$？

2. 如图2.3-16所示，设曲线$y=x$，$x\in[0,1]$.在$[0,1]$上取分点$x_{i-1}=\frac{i-1}{n}$，过分点作小矩形$A_{i-1}x_{i-1}x_iC_{i-1}$，子区间$[x_{i-1},x_i]$的长为$\Delta x_i=x_i-x_{i-1}=\frac{1}{n}$ $(i=1,2,\cdots,n;A_0=0,A_n=A)$.

(1) 当 n 充分大时，能否用线段 $A_{i-1}C_{i-1}$ 近似代替线段 $A_{i-1}A_i$ 而得到

$$|OA| = \sum_{i=1}^{n} |A_{i-1}A_i| \approx \sum_{i=1}^{n} |A_{i-1}C_{i-1}|,$$

然后求出线段 OA 的长 $|OA|$？

(2) 当 n 充分大时，能否用小矩形 $A_{i-1}x_{i-1}x_iC_{i-1}$ 的面积近似代替小梯形 $A_{i-1}x_{i-1}x_iA_i$ 的面积，从而求得曲边三角形 Ox_nA 的面积？

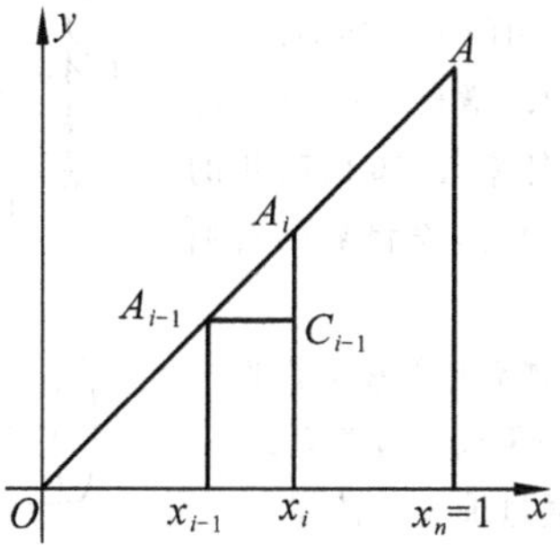

图 2.3-16

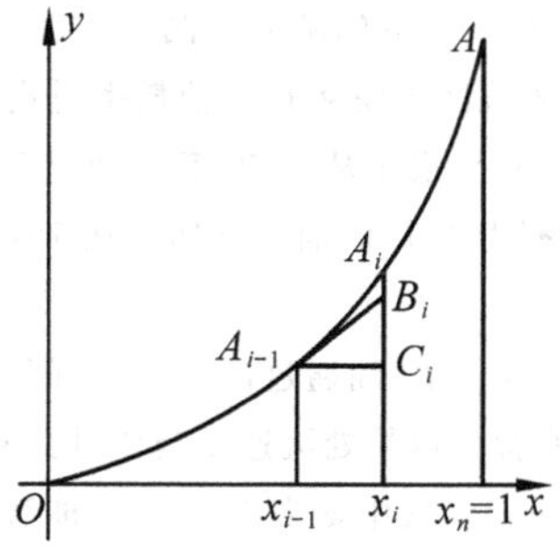

图 2.3-17

3. 如图 2.3-17 所示，设曲线 $y = x^2$，　$x \in [0,1]$. 在 $[0,1]$ 上取分点 $x_{i-1} = \dfrac{i-1}{n}$，过分点作垂直于 x 轴的直线交曲线于 A_{i-1}，过 A_{i-1} 作平行于 x 轴的直线交 A_ix_i 于 $C_i(i = 1,2,\cdots,n, A_0 = 0, A_n = A)$.

(1) 当 n 充分大时，能否用直线段 $A_{i-1}C_i$ 近似代替曲线段 $\overset{\frown}{A_{i-1}A_i}$，从而求出曲线 $\overset{\frown}{OA}$ 的长度？

(2) 当 n 充分大时，能否用切线段 $A_{i-1}B_i$ 近似代替曲线段 $\overset{\frown}{A_{i-1}A_i}$，从而求出曲线段 $\overset{\frown}{OA}$ 的长度？

(3) 当 n 充分大时，能否用小梯形 $A_{i-1}x_{i-1}x_iB_i$ 近似代替小曲边梯形 $A_{i-1}x_{i-1}x_iA_i$，从而求出曲边三角形 Ox_nA 的面积？

练　习　题

2.309　求下列曲线所围图形的面积.

(1) $y^2 = 4(x+1)$，$y^2 = 4(1-x)$；　　(2) $y = |\lg x|$，$y = 0$，$x = 0.1$，$x = 10$；

(3) $y = \dfrac{x^2}{4} - 1$，$x + y = 2$；　　(4) $y = 1 - \dfrac{x^2}{4}$，$y = -\dfrac{5}{12}x$；

(5) $y = x$，$y = x + \sin^2 x\ (0 \leqslant x \leqslant \pi)$.

2.310　求下列曲线所围图形的面积.

(1) 由 $x = t - t^3$，$y = 1 - t^4$ 所围图形；

(2) 由星形线 $x^{\frac{2}{3}} + y^{\frac{2}{3}} = a^{\frac{2}{3}}$ 所围图形.

2.311　求下列曲线所围图形的面积.

(1) 由三叶线 $r = a\sin 3\theta$ 所围图形；

(2) 圆 $r \leqslant 1$ 被心脏线 $r = 1 + \cos\theta$ 分割成的两部分.

2.312　(1) 求质量为 M，半径为 R 的半圆形均匀细环对其圆心处质量为 m 的质点的引力；

(2) 设有一质量为 M，长为 l 的均匀细杆 AB，另有一质量为 m 的质点 C，位于过 A 点且垂直于细杆的直线上，$|AC| = h$，求细杆对质点的引力.

2.313　某油井月产 300 桶原油，3 年后该油井将要枯竭. 预计从现在起第 t 个月每桶原油价格为 $R(t) = 18 + 0.3\sqrt{t}$ (美元)，假定原油产出后能及时售出，试问：该油井能获得多少收入.

2.314 有一弹簧,原长 1 m,一端固定,压缩另一端,假定每压缩 1 cm 需要 49×10^{-3} N 的力,今将弹簧自 80 cm 压缩到60 cm,需做多少功?

2.315 如图 2.3-18 所示,有一截面积 $S=20\ \mathrm{m}^2$,深 $h=5$ m 的水池,用水泵把水池中的水全部抽到 $H=10$ m 高的水塔顶上,问要做多少功?

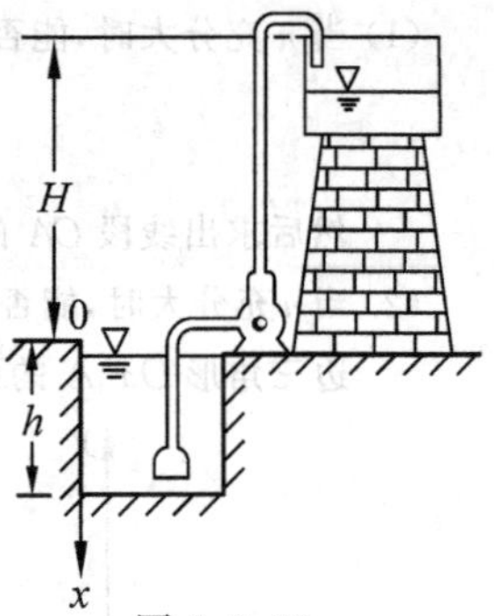

图 2.3-18

2.316 长 10 m 的铁索下垂于矿井中,已知铁索 1 m 重 8 kg,问将此铁索由井中全部提出地面,需做多少功?

2.317 有一半径 $R=3$ m 的圆溢水洞,水半满,求作用在闸门上的压力.

2.318 近年来世界范围内每年石油消耗率呈指数函数增长,增长率 $k=0.07$. 该 $R(t)=Ke^{kt}$ 表示从1970年起,第 t 年的石油消耗率. 已知1970年的石油消耗率为 161(亿桶),试估算从 1970 年到 1990 年,全世界的石油消耗总量.

2.319 如图 2.3-19 所示,油通过油管时,中间流速最大,越靠近管壁,流速越小,由实验测得某处流速 v 与该处到管子中心的距离 r 有关系式 $v=k(a^2-r^2)$,其中 k 为常数,a 为油管半径,求通过油管的流量.

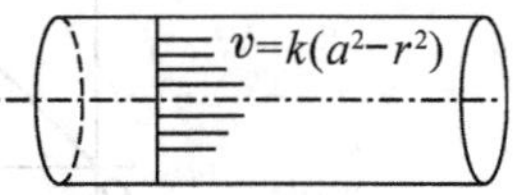

图 2.3-19

2.3.5 反常积分及计算

定积分有两条限制:积分区间必须是有界区间;被积函数必须是有界函数. 现在,我们要去掉这些限制,把定积分拓广为无界区间上的积分与无界函数的积分. 它们统称为**广义黎曼积分**,简称为**广义积分**,现在一般称为反常积分.

首先介绍无界区间上的反常积分,简称为**无穷积分**.

无穷积分的几何意义如下(见图 2.3-20).

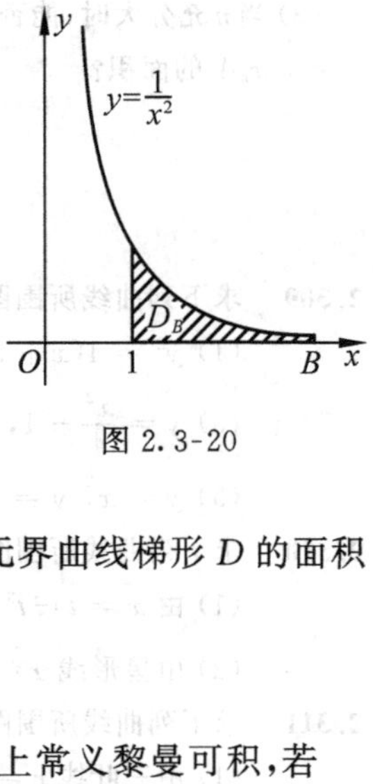

图 2.3-20

曲线 $y=\dfrac{1}{x^2}$ 与直线 $y=0,x=1,x=B$ 围成的曲边梯形 D_B 的面积为

$$S(D_B)=\int_1^B\frac{\mathrm{d}x}{x^2}=1-\frac{1}{B},$$

显然有

$$\lim_{B\to+\infty}S(D_B)=1.$$

我们很自然地把上述极限看作曲线 $y=\dfrac{1}{x^2}$与直线 $y=0,x=1$ 所围的无界曲线梯形 D 的面积 $S(D)$,即

$$S(D)=\lim_{B\to+\infty}S(D_B).$$

定义 设函数 f 在$[a,+\infty)$有定义,且 f 在任何有界区间$[a,B]$上常义黎曼可积,若

$$I=\lim_{B\to+\infty}\int_a^B f(x)\mathrm{d}x$$

存在,则称 f 在$[a,+\infty)$**广义黎曼可积**,称实数 I 为无界区间上的广义黎曼积分,简称为**无穷积分**,记作

$$I=\int_a^{+\infty}f(x)\mathrm{d}x=\lim_{B\to+\infty}\int_a^B f(x)\mathrm{d}x.$$

此时也称广义积分 $\int_a^{+\infty} f(x)\mathrm{d}x$ **收敛**. 若上述极限不存在,则称广义积分 $\int_a^{+\infty} f(x)\mathrm{d}x$ **发散**,称 f 在 $[a,+\infty)$ **广义不可积**.

同理可定义

$$\int_{-\infty}^{a} f(x)\mathrm{d}x = \lim_{A\to-\infty}\int_A^b f(x)\mathrm{d}x.$$

若对任意的实数 a,反常积分

$$\int_{-\infty}^{a} f(x)\mathrm{d}x \quad 与 \quad \int_a^{+\infty} f(x)\mathrm{d}x$$

都收敛,则规定

$$\int_{-\infty}^{+\infty} f(x)\mathrm{d}x = \int_{-\infty}^{a} f(x)\mathrm{d}x + \int_a^{+\infty} f(x)\mathrm{d}x,$$

并称 $\int_{-\infty}^{+\infty} f(x)\mathrm{d}x$ 收敛. 若 $\int_{-\infty}^{a} f(x)\mathrm{d}x$ 与 $\int_a^{+\infty} f(x)\mathrm{d}x$ 之中有一个发散,则 $\int_{-\infty}^{+\infty} f(x)\mathrm{d}x$ 发散. 容易证明:$\int_{-\infty}^{+\infty} f(x)\mathrm{d}x$ 收敛与数 a 的选择无关.

由定义看出,研究无穷积分实际上就是研究积分上限函数

$$F(B) = \int_a^B f(x)\mathrm{d}x$$

或积分下限函数

$$G(A) = \int_A^b f(x)\mathrm{d}x$$

的极限存在与求法问题. 本段主要研究广义积分的计算问题.

例 1　研究反常积分

$$\int_a^{+\infty} \frac{\mathrm{d}x}{x^p} \quad (a > 0)$$

的敛散性.

解　因为

$$\int_a^B \frac{\mathrm{d}x}{x^p} = \begin{cases} \dfrac{B^{1-p}}{1-p} - \dfrac{a^{1-p}}{1-p}, & p \neq 1, \\ \ln B - \ln a, & p = 1, \end{cases}$$

所以,当 $p>1$ 时,$\lim\limits_{B\to+\infty}\int_a^B \frac{\mathrm{d}x}{x^p} = \frac{a^{1-p}}{p-1}$;当 $p\leqslant 1$ 时,$\lim\limits_{B\to+\infty}\int_a^R \frac{\mathrm{d}x}{x^p} = +\infty$.

由此得到重要结论:

反常积分 $\int_a^{+\infty} \frac{\mathrm{d}x}{x^p}$,当 $p>1$ 时收敛;当 $p\leqslant 1$ 时发散.

被积函数 $f(x)=\frac{1}{x^p}$,当 $x\to+\infty$ 时是 p 阶无穷小量. $p=1$ 是广义积分 $\int_a^{+\infty} \frac{\mathrm{d}x}{x^p}$ 收敛与发散的分界线. p 越大,$f(x)=\frac{1}{x^p}$ 趋于零的速度越快,因而 $p>1$ 时广义积分 $\int_a^{+\infty} \frac{\mathrm{d}x}{x^p}$ 收敛(见图 2.3-21).

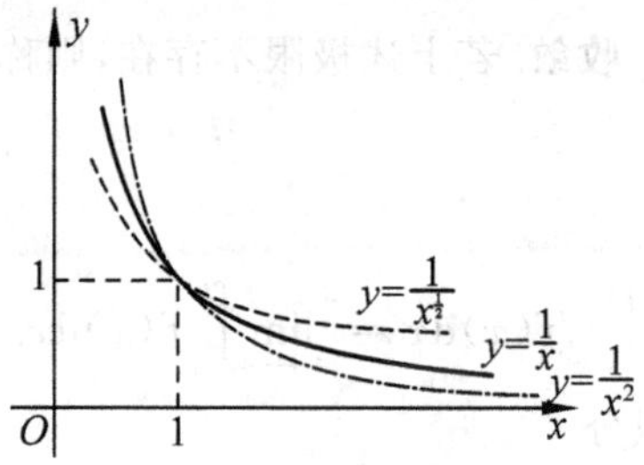

图 2.3-21

反常积分的计算方法,与定积分的计算方法相似,主要有

定理 3.12 设函数 f 在$[a,+\infty)$存在原函数 F,即 $F'(x)=f(x)$,且 $\lim\limits_{x\to+\infty}F(x)=F(+\infty)$存在,则反常积分的微积分基本定理成立,即

$$\int_a^{+\infty}f(x)\mathrm{d}x=F(+\infty)-F(a)=F(x)\Big|_a^{+\infty}.$$

定理 3.13 设函数 u,v 的导函数 u',v'在$[a,+\infty)$连续,则反常积分的分部积分公式

$$\int_a^{+\infty}u(x)v'(x)\mathrm{d}x=u(x)v(x)\Big|_a^{+\infty}-\int_a^{+\infty}u'(x)v(x)\mathrm{d}x$$

成立的条件是一个反常积分收敛且 $x\to+\infty$时 $u(x)v(x)$收敛(或者是两个反常积分收敛).

对微积分基本定理与定积分的分部积分法取极限,即可证明上面两个定理.

定理 3.14 设函数 $y=f(x)$在(A,B)连续,函数 $x=\varphi(t)$在$[\alpha,\beta)$上严格单调,连续可微且能与 $y=f(x)$构成复合函数 $y=f[\varphi(t)]$,$t\in[\alpha,\beta)$,则反常积分的换元积分公式

$$\int_{\varphi(\alpha)}^{\varphi(\beta)}f(x)\mathrm{d}x=\int_\alpha^\beta f[\varphi(t)]\varphi'(t)\mathrm{d}t$$

成立的条件是等式中的两个积分,只要有一个积分存在(即广义或常义可积).

证明 不妨设 $\alpha<\beta$,φ 严格增,左边的反常积分或常义积分存在,$v=\varphi(u)$,则 $v\to\varphi(\beta)^-$当且仅当 $u\to\beta^-$,则有

$$\int_{\varphi(\alpha)}^{\varphi(\beta)}f(x)\mathrm{d}x=\lim_{v\to\varphi(\beta)^-}\int_{\varphi(\alpha)}^{v}f(x)\mathrm{d}x=\lim_{u\to\beta^-}\int_\alpha^u f[\varphi(t)]\varphi'(t)\mathrm{d}t$$
$$=\int_\alpha^\beta f[\varphi(t)]\varphi'(t)\mathrm{d}t.$$ □

注 若 $f(x)$在(A,B)的任一有界闭区间上常义可积,φ 在$[\alpha,\beta)$严格单调,可微,且$\varphi'(x)$在$[\alpha,\beta)$的任一有界闭子区间上常义可积,定理仍然成立.

例 2 求$\int_0^{+\infty}\mathrm{e}^{-x}\cos x\mathrm{d}x$.

解 有

$$\int_0^{+\infty}\mathrm{e}^{-x}\cos x\mathrm{d}x=\int_0^{+\infty}\mathrm{e}^{-x}\mathrm{d}(\sin x)$$
$$=\mathrm{e}^{-x}\sin x\Big|_0^{+\infty}+\int_0^{+\infty}\mathrm{e}^{-x}\sin x\mathrm{d}x$$
$$=-\mathrm{e}^{-x}\cos x\Big|_0^{+\infty}-\int_0^{+\infty}\mathrm{e}^{-x}\cos x\mathrm{d}x,$$

故

$$\int_0^{+\infty} e^{-x}\cos x\,dx = \frac{1}{2}.$$

例 3　求 $J=\int_0^{+\infty}\frac{dx}{1+x^4}$.

解　设

$$x=\frac{1}{t},\quad t\in[0,+\infty),$$

有

$$\frac{dx}{dt}=-\frac{1}{t^2}<0,$$

则

$$J=\int_{+\infty}^{0}\frac{-\frac{1}{t^2}}{1+\left(\frac{1}{t}\right)^4}dt=\int_0^{+\infty}\frac{t^2}{1+t^4}dt,$$

所以

$$J=\frac{1}{2}\int_0^{+\infty}\frac{1+x^2}{1+x^4}dx=\frac{1}{2}\int_0^{+\infty}\frac{\left(1+\frac{1}{x^2}\right)dx}{x^2+\frac{1}{x^2}}.$$

设

$$u=x-\frac{1}{x},$$

有

$$\frac{du}{dx}=1+\frac{1}{x^2}>0,$$

$$J=\frac{1}{2}\int_{-\infty}^{+\infty}\frac{du}{u^2+2}=\frac{1}{2\sqrt{2}}\arctan\frac{u}{\sqrt{2}}\Big|_{-\infty}^{+\infty}=\frac{\pi}{2\sqrt{2}}.$$

例 4　求 $\int_0^{+\infty}\frac{\ln x}{1+x^2}dx$.

解

$$\int_0^{+\infty}\frac{\ln x}{1+x^2}dx=\int_0^1\frac{\ln x}{1+x^2}dx+\int_1^{+\infty}\frac{\ln x}{1+x^2}dx.$$

又

$$\int_1^{+\infty}\frac{\ln x}{1+x^2}dx\xlongequal{x=\frac{1}{t}}\int_1^0\frac{\ln t}{1+t^2}dt=-\int_0^1\frac{\ln x}{1+x^2}dx,$$

故

$$\int_0^{+\infty}\frac{\ln x}{1+x^2}dx=\int_0^1\frac{\ln x}{1+x^2}dx-\int_0^1\frac{\ln x}{1+x^2}dx=0.$$

下面研究无界函数的反常积分，简称为**瑕积分**.

定义　设函数 f 在$[a,b)$有定义($a<b$)，且对任何 $\varepsilon>0$，函数 f 在$[a,b-\varepsilon]$上常义可积，但 f 在 b 点局部无界，即 f 在 b 点左方任一区间$[b-\varepsilon,b)$均无界，此时称 b 为 f 的**瑕点**. 若

$$I=\lim_{\varepsilon\to0^+}\int_a^{b-\varepsilon}f(x)dx$$

存在，则称 f 在$[a,b)$**广义黎曼可积**，称实数 I 为无界函数的广义黎曼积分，简称为**瑕积分**. 记作

$$I=\int_a^b f(x)dx=\lim_{\varepsilon\to0^+}\int_a^{b-\varepsilon}f(x)dx,$$

此时也称反常积分 $\int_a^b f(x)dx$ **收敛**. 若上述极限不存在，则称反常积分 $\int_a^b f(x)dx$ **发散**，称 f

在$[a,b)$广义不可积.

同理可定义

$$\int_a^b f(x)\mathrm{d}x=\lim_{\varepsilon\to0^+}\int_{a+\varepsilon}^b f(x)\mathrm{d}x,$$

此时,a 为 f 的瑕点,$a<b$.

若$[a,b]$两端点 a,b 都是 f 的瑕点,且 f 在$[a,b]$内部无瑕点时,则规定

$$\int_a^b f(x)\mathrm{d}x=\int_a^c f(x)\mathrm{d}x+\int_c^b f(x)\mathrm{d}x$$

成立当且仅当下面两个反常积分

$$\int_a^c f(x)\mathrm{d}x \quad 与 \quad \int_c^b f(x)\mathrm{d}x$$

都收敛,其中 c 为任意常数.易知反常积分 $\int_a^b f(x)\mathrm{d}x$ 的敛散性及其积分值均与 c 点选择无关.

如果$[a,b]$内部的 c 点是 f 在$[a,b]$上的唯一瑕点,则当反常积分

$$\int_a^c f(x)\mathrm{d}x \quad 与 \quad \int_c^b f(x)\mathrm{d}x$$

都收敛时,规定

$$\int_a^b f(x)\mathrm{d}x=\int_a^c f(x)\mathrm{d}x+\int_c^b f(x)\mathrm{d}x,$$

即

$$\int_a^b f(x)\mathrm{d}x=\lim_{\varepsilon_1\to0^+}\int_a^{c-\varepsilon_1} f(x)\mathrm{d}x+\lim_{\varepsilon_2\to0^+}\int_{c+\varepsilon_2}^b f(x)\mathrm{d}x.$$

并称反常积分 $\int_a^b f(x)\mathrm{d}x$ 收敛.如果$\int_a^c f(x)\mathrm{d}x$ 与$\int_c^b f(x)\mathrm{d}x$ 之中有一个发散,则反常积分 $\int_a^b f(x)\mathrm{d}x$ 发散.

请注意,上式中的ε_1与ε_2彼此独立变化,如果强令它们相等$\varepsilon_1=\varepsilon_2$,再求极限,即使存在极限也不能说反常积分$\int_a^b f(x)\mathrm{d}x$ 收敛.

例 5 研究反常积分

$$\int_a^b \frac{\mathrm{d}x}{(x-a)^p}$$

的敛散性,其中 $a<b$.

解 当 $p\leqslant0$ 时,上述积分为定积分,它显然存在.

当 $p>0$ 时,$x=a$ 是瑕点.

因为

$$\int_{a+\varepsilon}^b \frac{\mathrm{d}x}{(x-a)^p}=\begin{cases}\dfrac{1}{1-p}(x-a)^{1-p}\Big|_{a+\varepsilon}^b=\dfrac{1}{1-p}[(b-a)^{1-p}-\varepsilon^{1-p}], & p\neq1,\\ \ln(x-a)\Big|_{a+\varepsilon}^b=\ln(b-a)-\ln\varepsilon, & p=1,\end{cases}$$

所以,当 $p<1$ 时,

$$\lim_{\varepsilon\to0^+}\int_{a+\varepsilon}^{b}\frac{\mathrm{d}x}{(x-a)^p}=\frac{1}{1-p}(b-a)^{1-p};$$

当 $p\geqslant1$ 时，

$$\lim_{\varepsilon\to0^+}\int_{a+\varepsilon}^{b}\frac{\mathrm{d}x}{(x-a)^p}=+\infty.$$

由此得到重要结论：

反常积分 $\int_a^b\frac{\mathrm{d}x}{(x-a)^p}$，当 $p<1$ 时收敛；当 $p\geqslant1$ 时发散.

其中，被积函数 $f(x)=\frac{1}{(x-a)^p}$，当 $x\to a^+$ 时是 p 阶无穷大量（见图 2.3-22）.

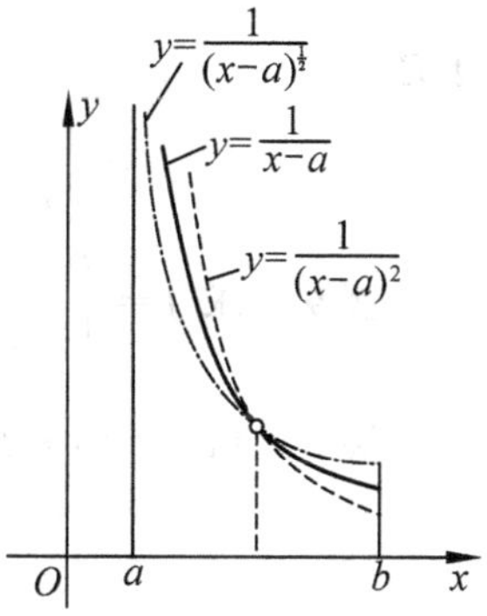

图 2.3-22

同理，$a<b$ 时反常积分 $\int_a^b\frac{\mathrm{d}x}{(b-x)^p}$ 当 $p<1$ 时收敛，当 $p\geqslant1$ 时发散.

注意　无界反常积分的定理 3.12，3.13，3.14 这 3 个定理中，只要将点 $+\infty$ 变成瑕点 β 或瑕点 $\varphi(\beta)$，就对瑕积分成立.

例 6　求　$J=\int_0^3\frac{\mathrm{d}x}{(x-1)^{\frac{2}{3}}}$.

解　$x=1$ 是瑕点.

$$\int_0^3(x-1)^{-\frac{2}{3}}\mathrm{d}x=\lim_{\varepsilon_1\to0^+}\int_0^{1-\varepsilon_1}(x-1)^{-\frac{2}{3}}\mathrm{d}x+\lim_{\varepsilon_2\to0^+}\int_{1+\varepsilon_2}^{3}(x-1)^{-\frac{2}{3}}\mathrm{d}x$$
$$=\lim_{\varepsilon_1\to0^+}\left[3(x-1)^{\frac{1}{3}}\right]\Big|_0^{1-\varepsilon_1}+\lim_{\varepsilon_2\to0^+}\left[3(x-1)^{\frac{1}{3}}\right]\Big|_{1+\varepsilon_2}^{3}=3(1+\sqrt[3]{2}).$$

例 7　求欧拉积分 $J=\int_0^{\frac{\pi}{2}}\ln\sin x\mathrm{d}x$.

解　$x=0$ 是瑕点.

$$J=\int_0^{\frac{\pi}{2}}\ln\sin x\mathrm{d}x$$
$$\xlongequal{x=2t}2\int_0^{\frac{\pi}{4}}\ln\sin 2t\mathrm{d}t=2\int_0^{\frac{\pi}{4}}\ln(2\sin t\cos t)\mathrm{d}t$$
$$=\frac{\pi\ln2}{2}+2\int_0^{\frac{\pi}{4}}\ln\sin x\mathrm{d}x+2\int_0^{\frac{\pi}{4}}\ln\cos x\mathrm{d}x,$$

因为

$$2\int_0^{\frac{\pi}{4}}\ln\cos x\mathrm{d}x\xlongequal{x=\frac{\pi}{2}-t}2\int_{\frac{\pi}{4}}^{\frac{\pi}{2}}\ln\sin t\mathrm{d}t,$$

所以

$$J=\frac{\pi\ln2}{2}+2J,$$

故

$$\int_0^{\frac{\pi}{2}}\ln\sin x\mathrm{d}x=-\frac{\pi}{2}\ln2.$$

例 8 求 $J=\int_0^{+\infty}\frac{x\mathrm{d}x}{\sqrt{\mathrm{e}^{2x}-1}}$.

解 设

$$x=\ln\frac{1}{\sin t},\quad t\in\left(0,\frac{\pi}{2}\right],$$

有

$$\mathrm{e}^{2x}=\frac{1}{\sin^2 t},\ \sqrt{\mathrm{e}^{2x}-1}=\cot t$$

$$\frac{\mathrm{d}x}{\mathrm{d}t}=-\cot t<0,\quad t\in\left(0,\frac{\pi}{2}\right],$$

于是

$$J=\int_0^{+\infty}\frac{x\mathrm{d}x}{\sqrt{\mathrm{e}^{2x}-1}}=\int_{\frac{\pi}{2}}^0\ln\sin t\mathrm{d}t=-\int_0^{\frac{\pi}{2}}\ln\sin t\mathrm{d}t=\frac{\pi}{2}\ln 2.$$

例 9 求 $J=\int_a^b\frac{\mathrm{d}x}{\sqrt{(x-a)(b-x)}}$.

解 $x=a,x=b$ 是瑕点. 设 $x=a\cos^2\theta+b\sin^2\theta,\quad \theta\in\left(0,\frac{\pi}{2}\right)$,

$$\frac{\mathrm{d}x}{\mathrm{d}\theta}=(b-a)\sin 2\theta>0,$$

则有 $x-a=(b-a)\sin^2\theta, b-x=(b-a)\cos^2\theta$,于是有

$$J=\int_0^{\frac{\pi}{2}}\frac{(b-a)\sin 2\theta}{(b-a)\sin\theta\cos\theta}\mathrm{d}\theta=\pi.$$

例 10 求 $J=\int_0^{\frac{\pi}{2}}\frac{\mathrm{d}\theta}{\sqrt{\tan\theta}}$.

解 $\theta=0$ 是瑕点. 设 $t=\sqrt{\tan\theta},\quad t\in(0,+\infty)$,

有

$$\theta=\arctan t^2,\qquad \frac{\mathrm{d}\theta}{\mathrm{d}t}=\frac{2t}{1+t^4}>0,$$

于是

$$J=2\int_0^{+\infty}\frac{\mathrm{d}t}{1+t^4}=\frac{\pi}{\sqrt{2}}.$$

思 考 题

1. 下面的做法对吗?

(1) $$\int_{-1}^1\frac{\mathrm{d}x}{x}=\int_{-1}^0\frac{\mathrm{d}x}{x}+\int_0^1\frac{\mathrm{d}x}{x}$$
$$=\lim_{\varepsilon\to0^+}\left[\ln|x|\Big|_{-1}^{-\varepsilon}\right]+\lim_{\varepsilon\to0^+}\left[\ln|x|\Big|_{\varepsilon}^{1}\right]$$
$$=\lim_{\varepsilon\to0^+}(\ln\delta-\ln\delta)=0.$$

(2) $$\int_1^{+\infty}\frac{\mathrm{d}x}{x^3(x+1)}=\int_1^{+\infty}\left(\frac{1}{x+1}-\frac{1}{x}+\frac{1}{x^2}\right)\mathrm{d}x$$
$$=\ln(x+1)\Big|_1^{+\infty}-\ln x\Big|_1^{+\infty}-\frac{1}{x}\Big|_1^{+\infty}.$$

因 $\lim\limits_{x\to+\infty}\ln(x+1)=+\infty$，故反常积分发散.

2. 反常积分的换元法与定积分的换元法完全一样吗？

练　习　题

2.320 对比定积分的四条性质，写出反常积分相应的四条性质（线性、单调性、绝对值性质、有限可加性），并加以证明.

计算下列反常积分，若其中有发散的，予以指出.

2.321 $\int_0^{+\infty}\mathrm{e}^{-\sqrt{x}}\mathrm{d}x$.　　**2.322** $\int_1^{+\infty}\dfrac{\arctan x}{x^2}\mathrm{d}x$.

2.323 $\int_0^{+\infty}x^3\mathrm{e}^{-x^2}\mathrm{d}x$.　　**2.324** $\int_{-\infty}^{+\infty}\dfrac{\mathrm{d}x}{x^2+2x+2}$.

2.325 $\int_2^{+\infty}\dfrac{x\ln x}{(1-x^2)^2}\mathrm{d}x$.　　**2.326** $\int_0^1\dfrac{\arcsin x}{\sqrt{1-x^2}}\mathrm{d}x$.

2.327 $\int_0^2\dfrac{\mathrm{d}x}{x^2-4x+3}$.　　**2.328** $\int_1^2\dfrac{\mathrm{d}x}{x\sqrt{x^2-1}}$.

2.329 $\int_{-\frac{\pi}{4}}^{\frac{3\pi}{4}}\dfrac{\mathrm{d}x}{\cos^2 x}$.　　**2.330** $\int_1^{+\infty}\dfrac{\mathrm{d}x}{x\sqrt{x^4-1}}$.

2.331 $\int_0^{+\infty}\dfrac{\arctan(x-1)}{\sqrt{(x-1)^4}}\mathrm{d}x$.　　**2.332** $\int_0^{+\infty}x^n\mathrm{e}^{-x}\mathrm{d}x\ (n\in\mathbf{N}_+)$.

2.333 $\int_0^{+\infty}\dfrac{\arctan x}{(1+x^2)^{\frac{3}{2}}}\mathrm{d}x$.　　**2.334** $\int_1^{\mathrm{e}}\dfrac{\mathrm{d}x}{x\sqrt{1-(\ln x)^2}}$.

2.335 当 k 为何值时，积分 $\int_0^{+\infty}\mathrm{e}^{-kx}\cos bx\,\mathrm{d}x$ 收敛？何时发散？

2.336 当 k 为何值时，积分 $\int_2^{+\infty}\dfrac{\mathrm{d}x}{x(\ln x)^k}$ 收敛？何时发散？

2.337 证明下列各式（设下列各积分皆收敛）.

(1) $\int_0^{+\infty}\dfrac{\sin^2 x}{x^2}\mathrm{d}x=\int_0^{+\infty}\dfrac{\sin x}{x}\mathrm{d}x$；

(2) $\int_0^1\dfrac{x^{p-1}}{1+x}\mathrm{d}x=\int_1^{+\infty}\dfrac{x^{-p}}{1+x}\mathrm{d}x\ (p>0)$.

2.338 利用欧拉积分 $\int_0^{\frac{\pi}{2}}\ln(\sin x)\mathrm{d}x=-\dfrac{\pi}{2}\ln 2$，　求

(1) $\int_0^{\frac{\pi}{2}}\dfrac{x}{\tan x}\mathrm{d}x$；　　(2) $\int_0^1\dfrac{\arcsin x}{x}\mathrm{d}x$.

2.339 设 $L_n(x)=\mathrm{e}^x\dfrac{\mathrm{d}^n}{\mathrm{d}x^n}(x^n\mathrm{e}^{-x})$，求证：

$$\int_0^{+\infty}\mathrm{e}^{-x}L_m(x)L_n(x)\mathrm{d}x=\begin{cases}0, & m\neq n,\\(n!)^2, & m=n.\end{cases}$$

2.340 设 $H_n(x)=(-1)^n\mathrm{e}^{x^2}\dfrac{\mathrm{d}^n}{\mathrm{d}x^n}(\mathrm{e}^{-x^2})$，求证：

$$\int_{-\infty}^{+\infty}\mathrm{e}^{-x^2}H_m(x)H_n(x)\mathrm{d}x=\begin{cases}0, & m\neq n,\\2^n n!\sqrt{\pi}, & m=n.\end{cases}$$

$\left(\text{已知}\int_{-\infty}^{+\infty}\mathrm{e}^{-x^2}\mathrm{d}x=\sqrt{\pi}\right)$

2.3.6 定积分的数值计算

前面我们讨论的各种各样的定积分计算,都是以牛顿—莱布尼茨公式为依据的.然而在很多实际应用中,被积函数可能不是用解析式表示的,因而无法求出原函数,它也可能虽是用解析式表示的,但原函数不能用初等函数表示,或者虽能用初等函数表示,但计算过于复杂.解决这个问题的基本思想是用较简单的易于计算的多项式函数近似代替较复杂的被积函数,从而得到定积分的近似计算公式.这就是所谓定积分的数值计算方法.

选择不同的近似多项式可以得到满足各种精度要求的定积分近似计算公式,下面介绍两种最简单也是最常用的梯形公式与抛物线公式.

1. 梯形公式

设定积分 $\int_a^b f(x)\mathrm{d}x$ 存在.记 $x_0=a,x_1=b,y_0=f(x_0),y_1=f(x_1)$.利用通过两点 $P_0(x_0,y_0),P_1(x_1,y_1)$ 的直线(一次多项式函数)近似代替曲线 $y=f(x)$ 所得到的定积分近似计算公式称为**梯形公式**.

通过 P_0,P_1 两点的直线方程是

$$y=y_0+\frac{y_1-y_0}{x_1-x_0}(x-x_0),$$

因而表达此直线的一次多项式函数为

$$p_1(x)=y_0+\frac{y_1-y_0}{x_1-x_0}(x-x_0),$$

故梯形公式就是

$$\int_a^b f(x)\mathrm{d}x\approx\int_a^b p_1(x)\mathrm{d}x.$$

右边的定积分很易直接求出,留给读者自己去算,为了便于今后的推广,我们把 $p_1(x)$ 改写为:

$$p_1(x)=y_0\frac{x-x_1}{x_0-x_1}+y_1\frac{x-x_0}{x_1-x_0}=y_0\delta_0(x)+y_1\delta_1(x),\tag{1}$$

其中

$$\delta_0(x)=\frac{x-x_1}{x_0-x_1},\qquad\delta_1(x)=\frac{x-x_0}{x_1-x_0},$$

是满足条件

$$\delta_i(x_j)=\begin{cases}1, & i=j,\\0, & i\neq j,\end{cases}\quad(i,j=0,1)$$

的基本一次多项式.式(1)表达了由基本一次多项式 $\delta_0(x)$ 与 $\delta_1(x)$ 构造的通过点 (x_0,y_0) 与点 (x_1,y_1) 的一次多项式 $p_1(x)$ 的一般方法.因为

$$w_0=\int_a^b\delta_0(x)\mathrm{d}x=\int_a^b\frac{x-x_1}{x_0-x_1}\mathrm{d}x=\frac{1}{2}(b-a),$$

$$w_1=\int_a^b\delta_1(x)\mathrm{d}x=\int_a^b\frac{x-x_0}{x_1-x_0}\mathrm{d}x=\frac{1}{2}(b-a),$$

所以

$$\int_a^b f(x)\mathrm{d}x \approx \int_a^b p_1(x)\mathrm{d}x = \int_a^b [y_0\delta_0(x) + y_1\delta_1(x)]\mathrm{d}x = \frac{b-a}{2}(y_0 + y_1).$$

读者可能会说这个近似公式太粗糙了，我们可做一些改进. 这就是把区间$[a,b]$分为 n 等份，分点记作 $a=x_0, x_1, \cdots, x_{n-1}, x_n=b$，每个小区间的长记作

$$h = x_i - x_{i-1} = \frac{b-a}{n},$$

在每个小区间$[x_{i-1}, x_i]$$(i=1,2,\cdots,n)$上应用梯形公式，就得到比较实用的**复合梯形公式**，简称**梯形公式**.

$$\boxed{\int_a^b f(x)\mathrm{d}x = \sum_{i=1}^{n}\int_{x_{i-1}}^{x_i} f(x)\mathrm{d}x \approx \frac{b-a}{n}\left(\frac{y_0}{2} + y_1 + y_2 + \cdots + y_{n-1} + \frac{y_n}{2}\right).}$$

2. 抛物线公式

设定积分 $\int_a^b f(x)\mathrm{d}x$ 存在，记

$$x_0 = a,\quad x_1 = \frac{a+b}{2},\quad x_2 = b,$$

$$y_0 = f(x_0),\quad y_1 = f(x_1),\quad y_2 = f(x_2).$$

利用通过 3 点 $P_0(x_0, y_0), P_1(x_1, y_1), P_2(x_2, y_2)$的抛物线(二次多项式函数)近似代替曲线 $y=f(x)$所得到的定积分近似计算公式称为**抛物线公式**，也称为辛普森(Simpson)公式.

如何寻找通过 P_0, P_1, P_2 3 点的抛物线方程呢？当然可以直接计算，但这要比找直线方程麻烦些了. 我们仿照梯形公式中的方法，先构造 3 个基本二次多项式 $\delta_0(x), \delta_1(x), \delta_2(x)$，要求它们满足条件

$$\delta_i(x_j) = \begin{cases} 1, & i = j, \\ 0, & i \neq j, \end{cases} \quad (i,j = 0,1,2)$$

如果能够找到它们，那么，待求的通过 P_0, P_1, P_2 3 点的二次多项式(抛物线方程)必然是

$$p_2(x) = y_0\delta_0(x) + y_1\delta_1(x) + y_2\delta_2(x).$$

容易知道，满足上述条件的基本二次多项式是

$$\delta_0(x) = \frac{(x-x_1)(x-x_2)}{(x_0-x_1)(x_0-x_2)},$$

$$\delta_1(x) = \frac{(x-x_2)(x-x_0)}{(x_1-x_2)(x_1-x_0)},$$

$$\delta_2(x) = \frac{(x-x_0)(x-x_1)}{(x_2-x_0)(x_2-x_1)},$$

因为

$$\begin{aligned} w_0 &= \int_a^b \delta_0(x)\mathrm{d}x \\ &= \frac{1}{(x_0-x_1)(x_0-x_2)}\int_{x_0}^{x_2}(x-x_1)(x-x_2)\mathrm{d}x \\ &= \frac{2}{(b-a)^2}\int_{x_0}^{x_2}(x-x_1)\mathrm{d}\left[\frac{(x-x_2)^2}{2}\right] \end{aligned}$$

$$= \frac{2}{(b-a)^2}\left[-\frac{(x_0-x_1)(x_0-x_2)}{2}+\frac{(x_0-x_2)^3}{6}\right]$$

$$= \frac{1}{(b-a)^2}\frac{(x_0-x_2)^2}{6}(-2x_0+3x_1-x_2) = \frac{1}{6}(b-a);$$

$$w_1 = \int_a^b \delta_1(x)\mathrm{d}x = \frac{2}{3}(b-a);$$

$$w_2 = \int_a^b \delta_2(x)\mathrm{d}x = \frac{1}{6}(b-a).$$

$$\int_a^b f(x)\mathrm{d}x = \int_a^b p_2(x)\mathrm{d}x = \int_a^b [y_0\delta_0(x)+y_1\delta_1(x)+y_2\delta_2(x)]\mathrm{d}x$$

$$= y_0w_0+y_1w_1+y_2w_2 = \frac{b-a}{6}(y_0+4y_1+y_2).$$

类似于梯形公式,我们把$[a,b]$分为$m=2n$等份,分点为$a=x_0,x_1,\cdots,x_{2n-1},x_{2n}=b$,每个小区间的长为

$$h = \frac{b-a}{2n},$$

在每个小区间$[x_{2i-2},x_{2i}]$($i=1,2,\cdots,n$)上应用抛物线公式,就得到比较适用的**复合抛物线公式**,简称**抛物线公式**:

$$\int_a^b f(x)\mathrm{d}x = \sum_{i=1}^n \int_{x_{2i-2}}^{x_{2i}} f(x)\mathrm{d}x$$

$$= \frac{b-a}{6n}[y_0+4(y_1+y_3+\cdots+y_{2n-1})+2(y_2+y_4+\cdots+y_{2n-2})+y_{2n}].$$

请注意,公式中的$6n$不是总份数的 6 倍,而是总份数$m=2n$的 3 倍.

例 分别利用梯形公式与抛物线公式计算定积分

$$\int_0^1 \frac{\mathrm{d}x}{1+x^2}$$

的近似值.

解 把区间$[0,1]$分为 10 等份,计算函数

$$f(x) = \frac{1}{1+x^2}.$$

在分点的值精确到 4 位小数,列表如下:

x	$\frac{1}{1+x^2}$
0	1.000 0
0.1	0.990 1
0.2	0.961 5
0.3	0.917 4
0.4	0.862 1
0.5	0.800 0

续表

x	$\frac{1}{1+x^2}$
0.6	0.735 3
0.7	0.671 1
0.8	0.609 8
0.9	0.552 5
1.0	0.500 0

依梯形公式有

$$\int_0^1 \frac{\mathrm{d}x}{1+x^2} \approx \frac{1}{10}\left(\frac{1}{2}+0.990\,1+0.961\,5+\cdots+0.552\,5+\frac{0.5}{2}\right)=0.785\,0.$$

依抛物线公式有

$$\begin{aligned}\int_0^1 \frac{\mathrm{d}x}{1+x^2} &\approx \frac{1}{30}[1+4(0.990\,1+0.917\,4+\cdots+0.552\,5)+\\ &\quad 2(0.961\,5+0.862\,1+\cdots+0.609\,8)+0.500\,0]\\ &=0.785\,39.\end{aligned}$$

我们知道

$$\int_0^1 \frac{\mathrm{d}x}{1+x^2}=\arctan 1=\frac{\pi}{4}=0.785\,398\,16\cdots$$

由此可见，在一般情况下，抛物线公式比梯形公式更准确些.

由以上方法看出，用数值方法计算定积分 $\int_a^b f(x)\mathrm{d}x$ 指的是利用 $f(x)$ 在一些点 x_i（称为基点）的值 $y_i=f(x_i)$ 的带权 w_i 的和 $\sum_{i=1}^n w_i f(x_i)$ 近似代替 $\int_a^b f(x)\mathrm{d}x$，即

$$\int_a^b f(x)\mathrm{d}x \approx \sum_{i=1}^n w_i f(x_i)$$

或

$$\int_a^b f(x)\mathrm{d}x = \sum_{i=1}^n w_i f(x_i)+R.$$

上述式子称为**求积公式**，权 w_i 称为求积系数，R 称为余项.

在梯形求积公式中，求积系数 w_i 是基本一次多项式 $\delta_i(x)$ 在 $[a,b]$ 上的定积分，即

$$w_i(x)=\int_a^b \frac{x-x_i}{x_i-x_j}\mathrm{d}x \quad (i,j=0,1;i\neq j).$$

在抛物线求积公式中，求积系数 w_i 是基本二次多项式 $\delta_i(x)$ 在 $[a,b]$ 上的定积分，即

$$w_i(x)=\int_a^b \frac{(x-x_j)(x-x_k)}{(x_i-x_j)(x_i-x_k)}\mathrm{d}x(i,j,k=0,1;i\neq j\neq k).$$

求积公式中余项的估计是一个极重要的课题，读者在今后的《计算方法》课程中将会获得这方面的知识.

练　习　题

2.341　利用抛物线公式求 $\int_0^{\frac{\pi}{2}}\frac{\sin x}{x}dx$ 的近似值.$\left(\text{把区间}\left[0,\frac{\pi}{2}\right]\text{分成 10 等份,函数值取到小数点后 4 位}\right)$

2.342　设有一河,宽为 200 m,从一岸到对岸每隔 20 m 测量一次水深,数据如下:

宽 x /m	0	20	40	60	80	100	120	140	160	180	200
深 y/m	2	5	9	11	13	17	21	15	11	6	2

分别利用梯形公式与抛物线公式计算此河横断面面积的近似值.

——黎曼积分小结——

黎曼积分或定积分起源于求图形的面积问题.人们用从近似到精确这一重要的数学思想,来求由函数 $y=f(x)$ 的图像围出的曲边梯形的面积,就产生了分割—近似—求和—取极限的定积分的基本思想或基本方法.对一般的函数运用这一思想,就产生了定积分的概念,建立了定积分的数学定义.

定积分有下面的基本性质,首先,定积分的定义仍然是用极限来定义的,不过这个极限是比较复杂的极限,即是赋范极限.定积分有唯一性、有界性、线性性、单调性(非负性)、绝对值性质、有限可加性、积分中值定理、变限积分的连续性和可微性、微积分基本定理、换元积分、分部积分、奇偶函数的积分性质、周期函数的积分性质.这些性质均有广泛的应用.

用函数的观点看待定积分,就产生了积分上限(下限)函数,它们统称为变限积分,变限积分与微积分基本定理,建立了定积分与不定积分,积分与微分之间的深刻联系.

定积分的计算方法就是不定积分的计算方法并添加积分上、下限.在换元积分时,原积分下限换元后变为换元后积分的下限,原积分上限变为换元后积分的上限,这一对应,称为边界对应原理.

用定积分概念处理实际问题常用所谓微元法.微元法是把待求的量 Q 改换成函数 $Q(x)$(这是观点上的重大改变),这时,局部量 ΔQ 就是函数的增量,因而可利用微分特点作近似代替,得到微分式 $dQ(x)=f(x)dx$,最后利用微积分基本定理得到

$$Q=Q(x)\Big|_a^b=\int_a^b f(x)dx.$$

定积分的存在性问题,即可积性理论,将在第 5 章中系统研究.

复习参考题

2.343 设 $g(x)=\begin{cases}x^2\sin\dfrac{1}{x}, & x\neq 0,\\ 0, & x=0,\end{cases}$ 函数 f 在 $x=0$ 可微，求证：$\dfrac{\mathrm{d}}{\mathrm{d}x}[f(g(x))]\Big|_{x=0}=0$.

2.344 设 f 是多项式函数，求证：实数 a 是 f 的重根的充要条件是：a 同时是 f 与 f' 的根.

2.345 设 f 在 x_0 可导，求证：

(1) 若 $f(x_0)\neq 0$，则 $|f|$ 在 x_0 可导，并求 $|f|$ 在 x_0 的导数；

(2) 若 $f(x_0)=0$，则

(i) 当 $f'(x_0)\neq 0$ 时，$|f|$ 在 x_0 不可导；

(ii) 当 $f'(x_0)=0$ 时，$|f|$ 在 x_0 可导，且 $|f|'(x_0)=0$.

2.346 设 $|f|$ 在 x_0 可导，

(1) f 在 x_0 是否可导？$\left(\text{考虑 } f(x)=\begin{cases}1, & x\geqslant 0,\\ -1, & x<0\end{cases}\right)$

(2) 如果又有 f 在 x_0 连续，求证：f 在 x_0 可导.

2.347 设 $f(0)=0$，$f'(0)$ 存在，

(1) 求证：$\forall\varepsilon>0$，$\exists N\in\mathbf{N}$，对 $\forall n>N$，有

$$\frac{k}{n^2}[f'(0)-\varepsilon]<f\left(\frac{k}{n^2}\right)<\frac{k}{n^2}[f'(0)+\varepsilon]\quad(k=1,2,\cdots,n);$$

(2) 令 $x_n=f\left(\dfrac{1}{n^2}\right)+f\left(\dfrac{2}{n^2}\right)+\cdots+f\left(\dfrac{n}{n^2}\right)$，求 $\lim\limits_{n\to\infty}x_n$.

2.348 求下列极限：

(1) $\lim\limits_{n\to\infty}\left(\sin\dfrac{1}{n^2}+\sin\dfrac{2}{n^2}+\cdots+\sin\dfrac{n}{n^2}\right)$； (2) $\lim\limits_{n\to\infty}\left(1+\dfrac{1}{n^2}\right)\left(1+\dfrac{2}{n^2}\right)\cdots\left(1+\dfrac{n}{n^2}\right)$.

2.349 设 f 在 $[a,b]$ 可导，$f'(a)<0$，$f'(b)>0$，求证：

(1) f 在 (a,b) 内部取到最小值； (2) 存在 $c\in(a,b)$，使 $f'(c)=0$.

2.350 设 f 在 $[a,b]$ 连续，在 (a,b) 可导，且 $x\in(a,b)$ 时，$f'(x)\neq 0$，求证：f 在 $[a,b]$ 严格单调.

2.351 f 是多项式函数，a,b 是 f 的两个相邻单根，即

$$f(x)=(x-a)(x-b)g(x),\quad g(a)\neq 0,\ g(b)\neq 0\ (a<b).$$

求证：(1) $g(a)g(b)>0$； (2) 存在 $x_0\in(a,b)$，使 $f'(x_0)=0$.

2.352 设 $y=\arcsin x$，

(1) 证明：$(1-x^2)y''+xy'=0$；

(2) 证明：$(1-x^2)y^{(n+2)}-(2n+1)xy^{(n+1)}-n^2y^{(n)}=0$；

(3) 求 $y^{(n)}_{(0)}$.

2.353 设 $y=\dfrac{x^n}{(x+1)^2(x+2)^2}$，求 $y^{(n)}$.

2.354 设 f 是实轴上任意阶可微函数，求证：当 $x\neq 0$ 时，有

$$\frac{1}{x^{n+1}}f^{(n)}\left(\frac{1}{x}\right)=(-1)^n\frac{\mathrm{d}^n}{\mathrm{d}x^n}\left[x^{n-1}f\left(\frac{1}{x}\right)\right].$$

2.355 设 f 在 $[a,b]$ 连续，且 $f(a)=f(b)=0$，又 $f'(a)f'(b)>0$，求证：存在 $\xi\in(a,b)$，使 $f(\xi)=0$.

2.356 证明不等式

$$(x^\alpha+y^\alpha)^{\frac{1}{\alpha}}>(x^\beta+y^\beta)^{\frac{1}{\beta}}\quad(x,y>0;\beta>\alpha>0).$$

2.357 设 f 在 $[0,+\infty)$ 连续可微，$f(0)=1$，且 $|f(x)|\leqslant e^{-x}$，$0\leqslant x<+\infty$，求证：存在 $x_0\in(0,+\infty)$，使 $f'(x_0)=-e^{-x_0}$.

2.358 设函数 f 在 $[a,b]$ 连续，求证：在两个极大值点之间必有极小值点，在两个极小值点之间必有极大值点.

2.359 设函数 f 在 $[a,b]$ 连续，且只有一个极值点，求证：如果此极值点是极大(小)值点，则它必是最大(小)值点.

2.360 设 f 在 $[a,b]$ 上是连续函数，且 $f(a)=f(b)=\min\limits_{a\leqslant x\leqslant b}\{f(x)\}$，求证：$\exists\,\xi\in(a,b)$，使得 $\int_a^\xi f(x)\mathrm{d}x=(\xi-a)f(\xi)$.

2.361 设 f 在 $[0,+\infty)$ 连续且 $f(x)>0$，求证：$\varphi(x)=\dfrac{\int_0^x tf(t)\mathrm{d}t}{\int_0^x f(t)\mathrm{d}t}$ 在 $(0,+\infty)$ 严格增.

2.362 证明：

(1) $\dfrac{\mathrm{d}}{\mathrm{d}x}\left[\dfrac{f(x)-f(x_0)}{x-x_0}\right]=\dfrac{1}{(x-x_0)^2}\int_{x_0}^x(t-x_0)f''(t)\mathrm{d}t$;

(2) $\dfrac{\mathrm{d}^n}{\mathrm{d}x^n}\left[\dfrac{f(x)-f(x_0)}{x-x_0}\right]=\dfrac{1}{(x-x_0)^{n+1}}\int_{x_0}^x(t-x_0)^n f^{(n+1)}(t)\mathrm{d}t$.

2.363 设 f 在 $x>0$ 时连续，$\forall\, a,b>0$，积分值 $\int_a^{ab}f(x)\mathrm{d}x$ 与 a 无关，求证：$f(x)=\dfrac{c}{x}$，$x\in(0,+\infty)$，其中 c 为常数.

2.364 如果 f 在 $[a,b]$ 连续，且对于 $[a,b]$ 上满足条件：$g(a)=g(b)=0$ 的所有连续函数 g，有

$$\int_a^b f(x)g(x)\mathrm{d}x=0,$$

求证：$f(x)=0$，$x\in[a,b]$.

2.365 设 f 在 $[a,b]$ 连续，且对于 $\forall\,[\alpha,\beta]\subset[a,b]$ 有

$$\left|\int_\alpha^\beta f(x)\mathrm{d}x\right|\leqslant M|\beta-\alpha|^{1+\delta}\quad(M>0,\delta>0),$$

求证：$f(x)=0$，$x\in[a,b]$.

2.366 设 f 在 $[0,1]$ 连续可微，且 $f(0)=0$，$f(1)=1$，求证：

$$\int_0^1|f(t)-f'(t)|\mathrm{d}t\geqslant e^{-1}.$$

2.367 证明：

$$\int_0^x(t-t^2)\sin^{2n}t\,\mathrm{d}t\leqslant\frac{1}{(2n+2)(2n+3)}\quad(x\geqslant 0,\ n\in\mathbf{N}).$$

2.368 设 f 是 $\mathbf{R}$ 上的周期为 T 的连续函数，求证：

$$\lim_{x\to+\infty}\frac{1}{x}\int_0^x f(t)\mathrm{d}t=\frac{1}{T}\int_0^T f(t)\mathrm{d}x.$$

2.369 证明下列极限：

(1) $\lim\limits_{n\to\infty}\int_\delta^1(1-x^2)^n\mathrm{d}x=0\ (0<\delta<1)$;　(2) $\lim\limits_{n\to\infty}\int_0^1(1-x^2)^n\mathrm{d}x=0$;

(3) $\lim\limits_{n\to\infty}\int_0^{\frac{\pi}{2}}\sin^n x\mathrm{d}x=0$;　(4) $\lim\limits_{n\to\infty}\dfrac{\int_\delta^1(1-x^2)^n\mathrm{d}x}{\int_0^1(1-x^2)^n\mathrm{d}x}=0\ (0<\delta<1)$.

2.370 设 g 在 $[a,b]$ 连续，f 在 $[a,b]$ 连续可微，且 $f'\geqslant 0$，求证：存在 $\xi\in[a,b]$，使得

$$\int_a^b f(x)g(x)\mathrm{d}x=f(a)\int_a^\xi g(x)\mathrm{d}x+f(b)\int_\xi^b g(x)\mathrm{d}x.$$

2.371　设函数 f,g 在 $[a,b]$ 连续.

(1) 证明许瓦尔兹(Schwarz)不等式：

$$\left[\int_a^b f(x)g(x)\mathrm{d}x\right]^2 \leqslant \left[\int_a^b f^2(x)\mathrm{d}x\right]\left[\int_a^b g^2(x)\mathrm{d}x\right];$$

(2) 证明：$\left[\int_a^b f(x)\mathrm{d}x\right]\left[\int_a^b \frac{\mathrm{d}x}{f(x)}\right] \geqslant (b-a)^2$　(其中 $f>0$).

2.372　某厂投资 2 000 万元建成一条生产线，投产后，在 t 年的追加成本与追加收益分别为 $G(t)=5+2t^{\frac{2}{3}}$（百万元/年），$\Phi(t)=17-t^{\frac{2}{3}}$（百万元/年），试确定该生产线在何时停产可获得最大利润？并求最大净利润.

注：所谓追加成本就是每年增加的成本费，即作为连续变量(时间) t 的成本函数的变化率，因此，追加利润 $\Phi(t)-G(t)$ 就是利润函数对时间 t 的变化率.

2.373　设 f 在 $[a,b]$ 连续，$f\geqslant 0$，$\int_a^b f(x)\mathrm{d}x=1$，求证：

$$\left(\int_a^b f(x)\cos kx\,\mathrm{d}x\right)^2+\left(\int_a^b f(x)\sin kx\,\mathrm{d}x\right)^2 \leqslant 1.$$

第3章　多元函数微积分初步

多元函数的微积分在18世纪初期已经出现.多元函数的偏导数研究的主要动力来自早期偏微分方程方面的工作.欧拉在18世纪30—60年代研究流体力学的一系列文章中进行了偏导数演算,并处理了变量替换和函数行列式等问题.达朗贝尔在1744年动力学著作中推广了偏导数演算.多元函数的积分(重积分)在牛顿发现微积分的时候已经被他考虑到了,但直到18世纪才被人们以分析的形式加以考虑和推广.1770年左右,欧拉对二重积分已有了清楚的概念,并且给出了用累次积分计算这种积分的程序.拉格朗日在他关于旋转椭球的引力的著作中用三重积分表示引力,当他发现有些三重积分用直角坐标计算很困难以后,引进了球坐标,自此,他开始了重积分变量替换课题的研究.

本章介绍多元函数微积分中最简单的概念与最基本的微分法与积分法.

3.1　偏　导　数

3.1.1　多元数值函数

一元函数的定义域是实数集合,二元函数的定义域则是平面的子集,一般地,多元函数的定义域自然是多维空间的子集.一维、二维、三维空间是有几何表示的,可是高于三维的空间,就没有有效的几何表示了.但是它们有下面的解析表示.

在平面上建立直角坐标系后,平面的点与它的坐标(x,y)是一一对应的,全体有序实数对(x,y)组成的集合记为

$$\mathbf{R}^2=\{(x,y)\mid x,y\in\mathbf{R}\}.$$

它就是平面的解析表示.而三元有序数组(x,y,z)组成的集合$\mathbf{R}^3$是空间的解析表示

$$\mathbf{R}^3=\{(x,y,z)\mid x,y,z\in\mathbf{R}\}.$$

$\mathbf{R}^2$与$\mathbf{R}^3$中的元素(x,y)与(x,y,z)称为点或向量.两向相量相加是对应坐标相加后得到的新向量,数乘向量是数乘该向量的每个坐标后得到的新向量.所以,$\mathbf{R}^2$与$\mathbf{R}^3$是实二维或实三维的向量空间.

平面与空间最重要的几何量是长度与角度.下面以$\mathbf{R}^3$为例来建立长度与角度.

设$\boldsymbol{p}_1=(x_1,y_1,z_1)$,$\boldsymbol{p}_2=(x_2,y_2,z_2)$是$\mathbf{R}^3$中任意两个向量,称

$$\boldsymbol{p}_1\cdot\boldsymbol{p}_2=x_1x_2+y_1y_2+z_1z_2 \tag{1}$$

为$\mathbf{R}^3$中向量$\boldsymbol{p}_1$与$\boldsymbol{p}_2$的欧氏内积.由内积可定义范数,称

$$|\boldsymbol{p}|=\sqrt{\boldsymbol{p}\cdot\boldsymbol{p}}=\sqrt{x^2+y^2+z^2}. \tag{2}$$

是$\mathbf{R}^3$中向量$\boldsymbol{p}=(x,y,z)$的欧氏范数或长度,由范数又可引入距离概念,称

$$d(\boldsymbol{p};\boldsymbol{q})=|\boldsymbol{p}-\boldsymbol{q}| \tag{3}$$

是$\mathbf{R}^3$中两点$\boldsymbol{p}$与$\boldsymbol{q}$的欧氏距离.又可引入两向量的夹角概念,记

$$\cos\theta=\frac{\boldsymbol{p}\cdot\boldsymbol{q}}{|\boldsymbol{p}||\boldsymbol{q}|}, \tag{4}$$

则称 θ 是两向量 $\boldsymbol{p}$ 与 $\boldsymbol{q}$ 的夹角的弧度($0\leqslant\theta\leqslant\pi$).

下面 3 个向量之集是 $\mathbf{R}^3$ 的特殊的标准正交基,称它们为 $\mathbf{R}^3$ 的欧氏基,

$$\boldsymbol{i}=(1,0,0);\quad \boldsymbol{j}=(0,1,0);\quad \boldsymbol{k}=(0,0,1).$$

于是,$\mathbf{R}^3$ 中任一向量 $\boldsymbol{p}=(x,y,z)$可以唯一地表示成

$$\boldsymbol{p}=x\boldsymbol{i}+y\boldsymbol{j}+z\boldsymbol{k}.$$

称带有欧氏内积的 $\mathbf{R}^3$ 为三维欧氏空间,称带有欧氏内积的 $\mathbf{R}^2$ 为欧氏平面或二维欧氏空间.这就得到了平面与空间的解析表示.

在讨论四元、五元、…,直至 n 元的多元函数时,就将 n 元有序实数组$(x_1,x_2,\cdots,x_n)$之全体组成的集合记为 $\mathbf{R}^n$,即

$$\mathbf{R}^n=\{(x_1,x_2,\cdots,x_n)\mid x_i\in\mathbf{R},i=1,2,\cdots,n\},\tag{5}$$

它就是 n 维空间的解析表示.称 $\mathbf{R}^n$ 的元素$(x_1,x_2,\cdots,x_n)$为 $\mathbf{R}^n$ 中的点或向量,向量加法仍然是对应坐标相加,数乘以向量仍然是数乘以向量的每一个坐标.对 $\mathbf{R}^n$ 中的两个向量 $\boldsymbol{p}_1=(x_1,x_2,\cdots,x_n)$,$\boldsymbol{p}_2=(y_1,y_2,\cdots,y_n)$定义欧氏内积为

$$\boldsymbol{p}_1\cdot\boldsymbol{p}_2=x_1y_1+x_2y_2+\cdots+x_ny_n,\tag{6}$$

$\mathbf{R}^n$ 上的欧氏内积同样具有双线性与对称性.$\mathbf{R}^n$ 的向量 $\boldsymbol{p}=(x_1,x_2,\cdots,x_n)$的长度是

$$|\boldsymbol{p}|=\sqrt{\boldsymbol{p}\cdot\boldsymbol{p}}=\sqrt{x_1^2+x_2^2+\cdots+x_n^2},\tag{7}$$

而 $\mathbf{R}^n$ 中两点距离公式及两向量夹角公式则与 $\mathbf{R}^3$ 相同.称具有欧氏内积的 $\mathbf{R}^n$ 为 n 维欧氏空间.$\mathbf{R}^n$ 中有两个重要的不等式.

定理 1.1　设 $\boldsymbol{p},\boldsymbol{q}\in\mathbf{R}^n$,则成立

1°　**许瓦尔兹(Schwarz)不等式**:$|\boldsymbol{p}\cdot\boldsymbol{q}|\leqslant|\boldsymbol{p}||\boldsymbol{q}|$;

2°　**三角形不等式**:$|\boldsymbol{p}+\boldsymbol{q}|\leqslant|\boldsymbol{p}|+|\boldsymbol{q}|$.

证明　1°　因 $0\leqslant|\boldsymbol{p}+t\boldsymbol{q}|^2=(\boldsymbol{p}+t\boldsymbol{q})\cdot(\boldsymbol{p}+t\boldsymbol{q})=|\boldsymbol{p}|^2+2t(\boldsymbol{p}\cdot\boldsymbol{q})+t^2|\boldsymbol{q}|^2$,其中 $t\in\mathbf{R}$,当 $\mathbf{q}\neq\mathbf{0}$ 向量时,作为 t 的二次三项式恒非负,故其判别式非正,即$(\boldsymbol{p}\cdot\boldsymbol{q})^2\leqslant|\boldsymbol{p}|^2|\boldsymbol{q}|^2$,当 $\boldsymbol{q}=\mathbf{0}$,1°显然成立,由此得证.

2°　因
$$\begin{aligned}|\boldsymbol{p}+\boldsymbol{q}|^2&=(\boldsymbol{p}+\boldsymbol{q})\cdot(\boldsymbol{p}+\boldsymbol{q})=|\boldsymbol{p}|^2+|\boldsymbol{q}|^2+2\boldsymbol{p}\cdot\boldsymbol{q}\\&\leqslant|\boldsymbol{p}|^2+|\boldsymbol{q}|^2+2|\boldsymbol{p}||\boldsymbol{q}|=(|\boldsymbol{p}|+|\boldsymbol{q}|)^2,\end{aligned}$$

由此得证.　□

下面介绍多元函数及其极限与连续的概念.

设 D 是 $\mathbf{R}^n$ 的子集,f 是一个对应关系,若对于 D 中的每一点 $x=(x_1,x_2,\cdots,x_n)\in D$,经过对应关系 f,都有唯一的 $\mathbf{R}^m$ 中的点 $y=(y_1,y_2,\cdots,y_m)$与之对应,就称 f 是从 $D\subset\mathbf{R}^n$ 到 $\mathbf{R}^m$ 的 n 元函数,记作

$$f:\mathbf{R}^n\supset D\to\mathbf{R}^m,(x_1,x_2,\cdots,x_n)\to y=f(x_1,x_2,\cdots,x_n).$$

称集合 D 为 f 的定义域,称集合

$$f(D)=\{f(x)\in\mathbf{R}^m\mid x=(x_1,\cdots,x_n)\in D\}$$

为 f 的值域,称每个坐标 $x_i(i=1,2,\cdots,n)$均为 f 的自变量,称 $y_i(i=1,2,\cdots,m)$为因变量.其中

1°　若 $m=1$,称 f 为 n 元数值函数;

2°　若 $m\geqslant2$,称 f 为 n 元向量值函数;

3° 若 $n=m=1$,仍然称 f 为一元函数.

当 $f:\mathbf{R}^n\supset D\to\mathbf{R}^m$ 是 n 元向量值函数时,则存在 m 个 n 元数值函数 $f_i(x)$, $i=1,2,\cdots,m$,使得 f 可表示为

$$f(x)=(f_1(x),f_2(x),\cdots,f_m(x)),x\in D.$$

又可将 f 用数值函数表示为

$$y_1=f_1(x),y_2=f_2(x),\cdots,y_m=f_m(x),x\in D\in\mathbf{R}^n.$$

n 元函数 $f:D\subset\mathbf{R}^n\to\mathbf{R}^m$ 在习惯上还可简记为

$$y=f(x),x\in D\in\mathbf{R}^n,y\in\mathbf{R}^m.$$

当 $n\geqslant 2$ 时,n 元函数称为多元函数.

一元数值函数的图像(图形)是 $\mathbf{R}^2$ 中的集合

$$G(f)=\{(x,y)\mid y=f(x),x\in D\subset\mathbf{R}\}.$$

二元数值函数的图像则是 $\mathbf{R}^3$ 中的集合

$$G(f)=\{(x,y,z)\mid z=f(x,y),(x,y)\in D\subset\mathbf{R}^2\}.$$

如二元函数

$$z=xy;\qquad z=x^2+y^2;\qquad z=\sqrt{1-x^2-y^2}$$

的图像分别是解析几何中的双曲抛物面,旋转抛物面与上半球面(见图 3.1-1).

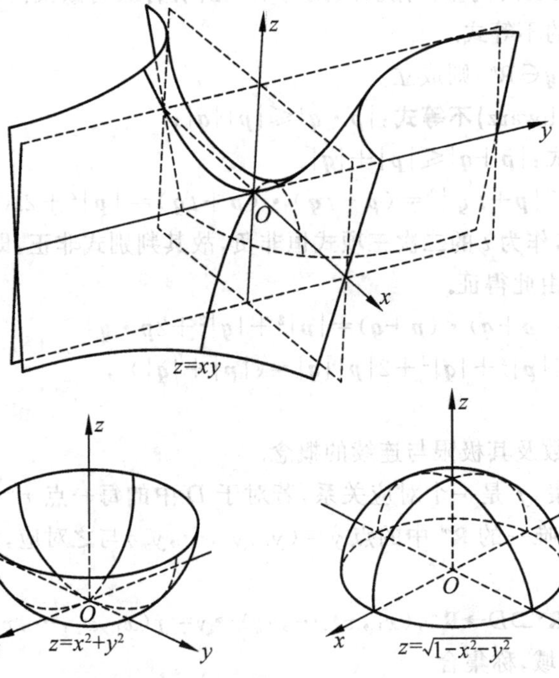

图 3.1-1

请注意,三元数值函数的图像

$$G(f)=\{(x,y,z,w)\mid w=f(x,y,z),(x,y,z)\in D\subset\mathbf{R}^3\}$$

是 $\mathbf{R}^4$ 中的集合,它没有有效的几何表示.

在数值函数中,有一类最简单也很重要的函数,称为**线性函数**.一元线性函数一般表达

式是

$$L(x)=\alpha x,\ x\in\mathbf{R}\quad(\alpha\text{ 是常数}),$$

它的图像是平面 $\mathbf{R}^2$ 上通过坐标原点的一条直线. 二元线性函数一般表达式是

$$L(x,y)=\alpha x+\beta y,\ (x,y)\in\mathbf{R}^2\quad(\alpha,\beta\text{ 是常数}),$$

它的图像是空间 $\mathbf{R}^3$ 中通过坐标原点的一个平面. 三元线性函数一般表达式是

$$L(x,y,z)=\alpha x+\beta y+\gamma z,\ (x,y,z)\in\mathbf{R}^3\quad(\alpha,\beta,\gamma\text{ 是常数}),$$

它的图像是 $\mathbf{R}^4$ 中的过原点的三维超平面. $\mathbf{R}^n$ 上的线性函数是

$$L(\boldsymbol{x})=\boldsymbol{a}\cdot\boldsymbol{x}=a_1x_1+a_2x_2+\cdots+a_nx_n,$$

其中, $\boldsymbol{x}=(x_1,x_2,\cdots,x_n)\in\mathbf{R}^n$, $\boldsymbol{a}=(a_1,a_2,\cdots,a_n)\in\mathbf{R}^n$ 且 $a_i(i=1,2,\cdots,n)$ 是常数.

用坐标 x_i 来组成一元基本初等函数，就可得到 n 组函数，称为 n 元基本初等函数. 它们经有限次四则运算与复合运算，就得到 n 元初等函数，n 元初等函数的定义域仍取自然定义域.

例 1　求下列函数的自然定义域.

(1) $z=\ln(-x-y)$;　　(2) $z=\arcsin\dfrac{y}{x}$;

(3) $z=\ln(-1-x^2-y^2+z^2)$.

解　(1) 定义域为 $D=\{(x,y)\mid x+y<0\}$.

(2) 定义域为 $D=\{(x,y)\mid |y|\leqslant|x|,x\neq0\}$.

(3) 定义域为 $D=\{(x,y,z)\mid x^2+y^2-z^2<-1|\}$. (见图 3.1-2)

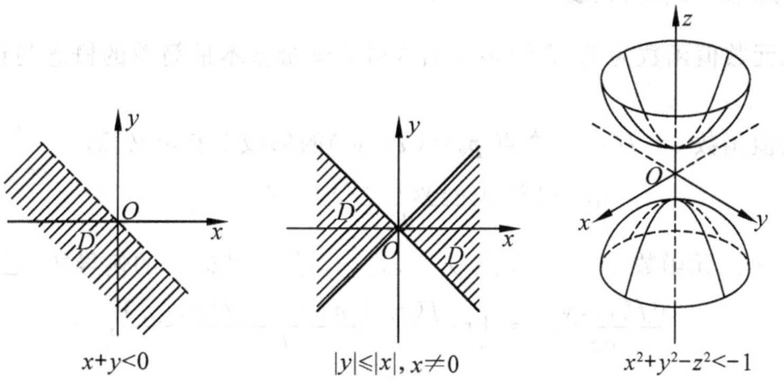

图 3.1-2

一元数值函数常见的定义域是区间. 多元数值函数常见的定义域是**区域**. 例如 $\mathbf{R}^2$ 中的圆、长方形以及由分段光滑曲线围成的平面图形，又如 $\mathbf{R}^3$ 中的球、长方体以及由分片光滑曲面围成的立体等都是区域.

下面从两个方面将一元函数极限概念推广到多元函数.

设 $\boldsymbol{p}_0\in\mathbf{R}^n$, $\delta>0$，称下面 $\mathbf{R}^n$ 的子集为 $\boldsymbol{p}_0$ 点的 δ 球形邻域

$$U(\boldsymbol{p}_0,\delta)=\{\boldsymbol{p}\in\mathbf{R}^n\mid|\boldsymbol{p}-\boldsymbol{p}_0|<\delta\},$$

而 $\boldsymbol{p}_0$ 点的 δ 空心邻域则是 $\mathring{U}(\boldsymbol{p}_0;\delta)=\{\boldsymbol{p}\in\mathbf{R}^n\mid 0<|\boldsymbol{p}-\boldsymbol{p}_0|<\delta\}$.

设函数 $f:\mathbf{R}^n\supset D\to\mathbf{R}^m$ 在 $\boldsymbol{p}_0$ 点的空心邻域 $\mathring{U}(\boldsymbol{p}_0;r)\subset D$ 上有定义. 若存在 $A\in\mathbf{R}^m$，对任给的 $\varepsilon>0$，存在 $\delta>0$，只要 $0<|\boldsymbol{p}-\boldsymbol{p}_0|<\delta$，就有 $|f(\boldsymbol{p})-A|<\varepsilon$ 成立，则称 $\boldsymbol{p}$ 趋于 $\boldsymbol{p}_0$ 时 $f(\boldsymbol{p})$

收敛于 A,称 $A\in\mathbf{R}^m$ 是 $\boldsymbol{p}$ 趋于 $\boldsymbol{p}_0$ 时 $f(\boldsymbol{p})$ 的极限,记为

$$\lim_{\boldsymbol{p}\to\boldsymbol{p}_0}f(\boldsymbol{p})=A.$$

当 $n\geqslant 2$ 时,称上面的极限为重极限或 n 重极限,若上面定义中的 $A=f(\boldsymbol{p}_0)$,即

$$\lim_{\boldsymbol{p}\to\boldsymbol{p}_0}f(\boldsymbol{p})=f(\boldsymbol{p}_0),$$

则称函数 f 在点 $\boldsymbol{p}_0$ **连续**.若 f 在区域 D 的每一点都连续,就称 f 是 D 上的**连续函数**.

除单调有界收敛原理外,一元函数极限的所有性质,对多元数值函数均成立,证明也相同.

还可以从另一个角度考虑二元函数 $f(x,y)$ 的极限,这就是把其中一个自变量固定,让另一个自变量变动所得到的极限,它就是一元函数的极限,即

$$\lim_{x\to x_0}f(x,y)=A_1;$$

$$\lim_{y\to y_0}f(x,y)=A_2,$$

并分别称它们为函数 f **关于坐标 x** 与**坐标 y** 的极限.二元函数的极限常记为

$$\lim_{(x,y)\to(x_0,y_0)}f(x,y)=\lim_{\substack{x\to x_0\\ y\to y_0}}f(x,y)=A.$$

注 称$\{x_{mn}\}:\mathbf{N}\times\mathbf{N}\to\mathbf{R}$,$(m,n)\to x_{mn}$是二重数列,它的极限定义为:若存在实数 A,任给 $\varepsilon>0$,存在正整数 N,只要 $m,n>N$,就有$|x_{mn}-A|<\varepsilon$ 成立,则称$\lim\limits_{\substack{m\to\infty\\ n\to\infty}}x_{mn}=A$.

3.1.2 可微性与偏导数

我们以二元数值函数为例,介绍多元函数微分学最基本最简单的概念与计算.先定义偏导数.

设二元数值函数 $z=f(x,y)$在点 $\boldsymbol{p}_0=(x_0,y_0)$的邻域上有定义,若

$$\lim_{h\to 0}\frac{f(x_0+h,y_0)-f(x_0,y_0)}{h}=A_1$$

存在,则称 A_1 为二元函数 $f(x,y)$在点 $\boldsymbol{p}_0=(x_0,y_0)$关于坐标 x 的**偏导数**,记作

$$\frac{\partial f(x_0,y_0)}{\partial x}=\lim_{h\to 0}\frac{f(x_0+h,y_0)-f(x_0,y_0)}{h},$$

也可记作 $f'_x(x_0,y_0)$或 $f'_1(x_0,y_0)$或$\dfrac{\partial f(\boldsymbol{p}_0)}{\partial x}$,$f'_x(\boldsymbol{p}_0)$,$f'_1(\boldsymbol{p}_0)$.同理,可定义$f(x,y)$在点 $\boldsymbol{p}_0$ 关于坐标 y 的偏导数为

$$\frac{\partial f(x_0,y_0)}{\partial y}=\lim_{h\to 0}\frac{f(x_0,y_0+h)-f(x_0,y_0)}{h}.$$

简单地说,二元函数 $f(x,y)$关于坐标 x 的偏导数,就是将 y 看作常数时,作为 x 的一元函数的导数.而 $f(x,y)$关于坐标 y 的偏导数,就是将 x 看作常数时,作为 y 的一元函数的导数.

考察偏导数的几何意义.平面 $y=y_0$,$x=x_0$ 和曲面 $z=f(x,y)$的交线分别称为 **x-曲线**,**y-曲线**,于是偏导数$\dfrac{\partial f(\boldsymbol{p}_0)}{\partial x}$与$\dfrac{\partial f(\boldsymbol{p}_0)}{\partial y}$分别表示$x$-曲线与$y$-曲线上通过点

$$\boldsymbol{q}_0=(x_0,y_0,f(x_0,y_0))$$

的切线斜率(见图 3.1-3),切线方程分别是

$$\begin{cases} z-z_0=\dfrac{\partial f(\boldsymbol{p}_0)}{\partial x}(x-x_0), \\ y-y_0=0, \end{cases}$$

与

$$\begin{cases} z-z_0=\dfrac{\partial f(\boldsymbol{p}_0)}{\partial y}(y-y_0), \\ x-x_0=0. \end{cases}$$

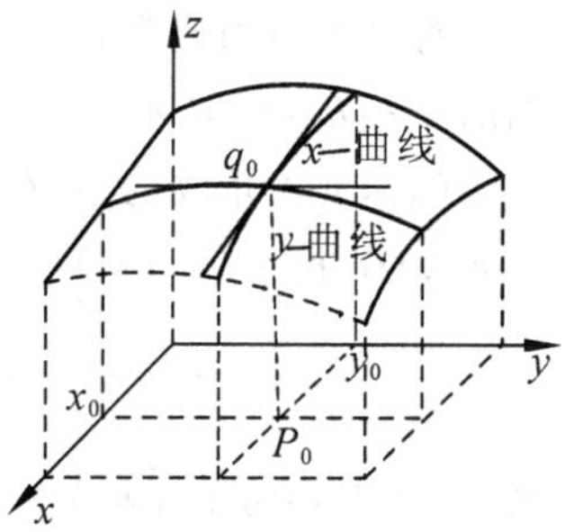

图 3.1-3

如果 $z=f(x,y)$ 在区域 $D\subset\mathbf{R}^2$ 有定义,且它在 D 的每点 $\boldsymbol{p}=(x,y)$ 的两个偏导数 $\dfrac{\partial f(x,y)}{\partial x}$ 与 $\dfrac{\partial f(x,y)}{\partial y}$ 都存在,那么,它们构成两个新的二元数值函数称它们为偏导函数,记为 $\dfrac{\partial f}{\partial x}$ 与 $\dfrac{\partial f}{\partial y}$.

前面已指出,偏导数就是一元函数的导数,在具体计算偏导数 $\dfrac{\partial f}{\partial x}$ 与 $\dfrac{\partial f}{\partial y}$ 时,只要分别把 y 或 x 看成常数,利用一元函数求导法则进行计算. 如函数

$$f(x,y)=\arctan\frac{y}{x},$$

则

$$\frac{\partial f}{\partial x}=\frac{1}{1+\left(\dfrac{y}{x}\right)^2}\frac{\partial}{\partial x}\left(\frac{y}{x}\right)=\frac{x^2}{x^2+y^2}\left(\frac{-y}{x^2}\right)=\frac{-y}{x^2+y^2},$$

$$\frac{\partial f}{\partial y}=\frac{1}{1+\left(\dfrac{y}{x}\right)^2}\frac{\partial}{\partial y}\left(\frac{y}{x}\right)=\frac{x^2}{x^2+y^2}\left(\frac{1}{x}\right)=\frac{x}{x^2+y^2}.$$

再来研究可微. 一元数值函数 $y=f(x)$ 在点 x_0 可微定义是:若存在一元线性函数 $L(h)=Ah$,使得函数等式

$$f(x_0+h)-f(x_0)=L(h)+o(h)(h\to 0)$$

成立,称 f 在 x_0 可微,称线性函数 $L(h)$ 是 f 在 x_0 的微分. 称 $\mathrm{d}x=h$ 是自变量的微分,称 $\mathrm{d}f(x_0)=L(h)=A\mathrm{d}x$ 是 f 在 x_0 的微分.

那么,只要将实数 x_0 换成 $p_0\in\mathbf{R}^n$,将实数 $h\in\mathbf{R}^n$ 换成 $h=(h_1,h_2,\cdots,h_n)\in\mathbf{R}^n$ 将一元线性函数 $L(h)$ 换成 n 元线性函数 $L(h)$,上面一元可微的定义就自然地变成了 n 元数值函数可微的定义.

定义　设 n 元数值函数 $f(x)$ 在 $\boldsymbol{p}_0$ 点的邻域 $U(\boldsymbol{p}_0)$ 上有定义. 若存在 n 元线性函数 $L(h)=A_1h_1+A_2h_2+\cdots+A_nh_n$,使得函数等式

$$f(\boldsymbol{p}_0+h)-f(\boldsymbol{p}_0)=L(h)+o(h)\ (h\to 0) \tag{1}$$

成立,称 f 在 $\boldsymbol{p}_0$ 可微,称 $\mathrm{d}f(\boldsymbol{p}_0)=L(h)=A_1h_1+A_2h_2+\cdots+A_nh_n$ 是 f 在 $\boldsymbol{p}_0$ 的全微分,称 $\mathrm{d}x=h$,即 $\mathrm{d}x_i=h_i,i=1,2,\cdots,n$ 是自变量 x 的微分,其中 $o(h)=|h|\cdot o(1)\ (h\to 0)$,$o(1)$ 是 $h\to 0$ 时的无穷小量,$\mathrm{d}x=(\mathrm{d}x_1,\mathrm{d}x_2,\cdots,\mathrm{d}x_n)$.

一般地,设 $f:D\subset\mathbf{R}^n\to\mathbf{R}^m$ 在 $\mathring{U}(p_0)\subset D$ 上有定义,若 $\lim\limits_{x\to\boldsymbol{p}_0}f(x)=0$,当 $m=1$ 时称 f 为 $x\to\boldsymbol{p}_0$ 时的无穷小量,若 $m\geqslant 2$,称 $f(x)$ 是 $x\to\boldsymbol{p}_0$ 时的无穷小向量,无穷小量与无穷小向量均记作 $o(1)$. 当 f 是无穷小向量时,f 的每个分量 f_i 均是无穷小量.

对二元数值函数 $f(x,y)$，只要在定义的式(1)中取 $\boldsymbol{p}_0=(x_0,y_0)$，$h=(h_1,h_2)$，$L(h)=A_1h_1+A_2h_2$，即取 $n=2$，上面 n 元函数在 $\boldsymbol{p}_0$ 可微的定义，就变成了二元数值函数 $f(x,y)$ 在 $\boldsymbol{p}_0=(x_0,y_0)$ 可微的定义，其中 $h_1=\mathrm{d}x$，$h_2=\mathrm{d}y$. 再在式(1)中将 $\boldsymbol{p}_0$，h 均用坐标代入得 $f(x,y)$ 在 $\boldsymbol{p}_0=(x_0,y_0)$ 可微是指函数等式

$$f(x_0+h_1,y_0+h_2)-f(x_0,y_0)=A_1h_1+A_2h_2+o(\sqrt{h_1^2+h_2^2})\begin{pmatrix}h_1\to 0\\ h_2\to 0\end{pmatrix}\tag{2}$$

成立，其中 $o(\sqrt{h_1^2+h_2^2})=\sqrt{h_1^2+h_2^2}\,o(1)$.

设 $f(x,y)$ 在点 $\boldsymbol{p}_0=(x_0,y_0)$ 可微，由 h 的任意性，在式(2)中令 $h_2=0$ 得

$$f(x_0+h_1,y_0)-f(x_0,y_0)=A_1h_1+o(|h_1|)\quad(h_1\to 0),$$

即

$$A_1=\lim_{h_1\to 0}\frac{f(x_0+h_1,y_0)-f(x_0,y_0)}{h_1}.$$

由偏导数定义知 $A_1=\dfrac{\partial f(\boldsymbol{p}_0)}{\partial x}$. 再取 $\boldsymbol{h}=(0,h_2)$，可得 $A_2=\dfrac{\partial f(\boldsymbol{p}_0)}{\partial y}$，则 f 在点 $\boldsymbol{p}_0$ 可微时有

$$f(x_0+h_1,y_0+h_2)-f(x_0,y_0)=\frac{\partial f(\boldsymbol{p}_0)}{\partial x}h_1+\frac{\partial f(\boldsymbol{p}_0)}{\partial y}h_2+o(\sqrt{h_1^2+h_2^2})\begin{pmatrix}h_1\to 0\\ h_2\to 0\end{pmatrix}\tag{3}$$

以上推导证明了下面的可微必要条件.

定理 1.2 若 $z=f(x,y)$ 在点 $\boldsymbol{p}_0=(x_0,y_0)$ 可微，则它在点 $\boldsymbol{p}_0$ 的偏导数 $\dfrac{\partial f(\boldsymbol{p}_0)}{\partial x}$，$\dfrac{\partial f(\boldsymbol{p}_0)}{\partial y}$ 必然存在. 且 f 在点 $\boldsymbol{p}_0$ 的全微分是 $\mathrm{d}f(\boldsymbol{p}_0)=\dfrac{\partial f(\boldsymbol{p}_0)}{\partial x}\mathrm{d}x+\dfrac{\partial f(\boldsymbol{p}_0)}{\partial y}\mathrm{d}y$.

我们称向量 $\left(\dfrac{\partial f}{\partial x},\dfrac{\partial f}{\partial y}\right)$ 为 f 的**梯度**，记作 ∇f 或 $\mathbf{grad}\ f$，即

$$\nabla f=\mathbf{grad}\ f=\left(\frac{\partial f}{\partial x},\frac{\partial f}{\partial y}\right),$$

于是 $\boldsymbol{f}$ 在点 $\boldsymbol{p}_0$ 的全微分可用向量 $\nabla f(\boldsymbol{p}_0)$ 与 $\boldsymbol{h}$ 的内积表示为

$$\mathrm{d}f(\boldsymbol{p}_0)=\nabla f(\boldsymbol{p}_0)\cdot\boldsymbol{h}.$$

下面考察可微的几何意义. 记 $h_1=x-x_0$，$h_2=y-y_0$，由式(2)及定理 1.2 易得

$$f(x,y)=f(x_0,y_0)+\frac{\partial f(x_0,y_0)}{\partial x}(x-x_0)+$$

$$\frac{\partial f(x_0,y_0)}{\partial y}(y-y_0)+o(\sqrt{(x-x_0)^2+(y-y_0)^2})\begin{pmatrix}x\to x_0\\ y\to y_0\end{pmatrix}.$$

则曲面 $z=f(x,y)$ 与下面的平面，在 (x,y) 相同的两点间的距离是 $o(\sqrt{(x-x_0)^2+(y-y_0)^2})$，所以下面平面是曲面 $z=f(x,y)$ 在 $\boldsymbol{p}_0=(x_0,y_0)$ 的切平面，它的方程是

$$z=f(x_0,y_0)+\frac{\partial f(x_0,y_0)}{\partial x}(x-x_0)+\frac{\partial f(x_0,y_0)}{\partial y}(y-y_0).$$

下面介绍二元数值函数 $z=f(x,y)$ 高阶偏导数概念. 设 $z=f(x,y)$ 在区域 D 上处处存在偏导数 $\dfrac{\partial f(x,y)}{\partial x}$ 与 $\dfrac{\partial f(x,y)}{\partial y}$，它们仍然是 x，y 的二元函数，如果它们关于 x，y 的偏导数

也存在，则称为 f 的**二阶偏导数**. 例如，二元数值函数 $\frac{\partial f(x,y)}{\partial x}$ 在 $\boldsymbol{p}=(x,y)$ 关于 y 的偏导数存在，则记作

$$\frac{\partial}{\partial y}\left(\frac{\partial f}{\partial x}\right)=\frac{\partial^2 f}{\partial y\partial x}=f''_{xy}=f''_{12}.$$

它们共有 4 个，其他 3 个是

$$\frac{\partial}{\partial x}\left(\frac{\partial f}{\partial y}\right)=\frac{\partial^2 f}{\partial x\partial y}=f''_{yx}=f''_{21};$$

$$\frac{\partial}{\partial x}\left(\frac{\partial f}{\partial x}\right)=\frac{\partial^2 f}{\partial x^2}=f''_{xx}=f''_{11};$$

$$\frac{\partial}{\partial y}\left(\frac{\partial f}{\partial y}\right)=\frac{\partial^2 f}{\partial y^2}=f''_{yy}=f''_{22}.$$

可以证明：当混合偏导数 f''_{xy} 与 f''_{yx} 皆连续时，有

$$f''_{xy}(x,y)=f''_{yx}(x,y),$$

类似地有三阶偏导数以至 n 阶偏导数，例如

$$\frac{\partial}{\partial x}\left(\frac{\partial^2 f}{\partial y\partial x}\right)=\frac{\partial^3 f}{\partial x\partial y\partial x}=f'''_{121};$$

$$\frac{\partial}{\partial y}\left(\frac{\partial^2 f}{\partial y\partial x}\right)=\frac{\partial^3 f}{\partial y^2\partial x}=f'''_{122}.$$

请读者注意高阶偏导数符号的不同表示法中关于自变量的书写次序.

以上关于二元数值函数偏导数与可微的概念完全可以推广到三元数值函数以至 n 元数值函数. 设 n 元数值函数 $y=f(x_1,x_2,\cdots,x_n)$ 定义在点 $\boldsymbol{p}_0=(a_1,a_2,\cdots,a_n)$ 的邻域

$$U(\boldsymbol{p}_0;\boldsymbol{r})=\{\boldsymbol{p}\in\mathbf{R}^n\mid|\boldsymbol{p}-\boldsymbol{p}_0|<r\}$$

上，对 $i=1,2,\cdots,n$，设

$$\boldsymbol{e}_i=(0,\cdots,0,1,0,\cdots,0) \tag{4}$$

表示第 i 个坐标 $x_i=1$，其余坐标均等于 0 的单位向量，这 n 个向量之集称为 $\mathbf{R}^n$ 的**欧氏基**，它是 $\mathbf{R}^n$ 的一组特殊的标准正交基，则 $\mathbf{R}^n$ 的任一向量 $\boldsymbol{p}=(x_1,x_2,\cdots,x_n)$，均可由欧氏基 e_1，$e_2,\cdots,e_n$ 唯一地表示为

$$\boldsymbol{p}=x_1e_1+x_2e_2+\cdots+x_ne_n.$$

现在令

$$\boldsymbol{p}_0+t\boldsymbol{e}_i=(a_1,a_2,\cdots,a_n)+(o,\cdots,t,o,\cdots)=(a_1,\cdots,a_i+t,\cdots,a_n),$$

则 $\boldsymbol{p}_0+t\boldsymbol{e}_i$ 的第 i 个坐标 $x_i=a_i+t$ 是变量，其余坐标均为常量. 若下面极限

$$\lim_{t\to 0}\frac{f(\boldsymbol{p}_0+t\,\boldsymbol{e}_i)-f(\boldsymbol{p}_0)}{t}$$

存在，则称它为 f 在点 $\boldsymbol{p}_0$ 关于坐标 x_i 的**偏导数**，记作

$$\frac{\partial f(\boldsymbol{p}_0)}{\partial x_i} \quad 或 \quad f'_i(\boldsymbol{p}_0).$$

若 n 元数值函数 f 在点 $\boldsymbol{p}_0$ 可微，仿照二元数值函数的方法，用定义的式(1)计算易得 f 在点 $\boldsymbol{p}_0$ 存在偏导数，且

$$A_i=\frac{\partial f(\boldsymbol{p}_0)}{\partial x_i}\quad(i=1,2,\cdots,n).$$

我们称向量$\left(\frac{\partial f}{\partial x_1},\frac{\partial f}{\partial x_2},\cdots,\frac{\partial f}{\partial x_n}\right)$为$f$的**梯度**,记作$\nabla f$或$\mathbf{grad}\ f$,于是$f$在点$\boldsymbol{p}_0$的全微分可用两向量$\nabla f(\boldsymbol{p}_0)$与$h$的内积表示为

$$\mathrm{d}f(\boldsymbol{p}_0)=\nabla f(\boldsymbol{p}_0)\cdot\boldsymbol{h}.$$

当$n=1$时,$\nabla f(x_0)=f'(x_0)$,由此看出,多元数值函数的梯度(向量)是一元数值函数导数概念的推广.

如果把f的自变量x_i的增量h_i称为x_i的微分,记作$\mathrm{d}x_i$,那么f在点$\boldsymbol{p}_0$的全微分又可写为

$$\mathrm{d}f(\boldsymbol{p}_0)=\sum_{i=1}^{n}\frac{\partial f(\boldsymbol{p}_0)}{\partial x_i}\mathrm{d}x_i. \tag{5}$$

例 1 设$z=\mathrm{e}^{x+2y}$,求

$$\frac{\partial^2 z}{\partial x\partial y},\quad\frac{\partial^2 z}{\partial y\partial x},\quad\frac{\partial^3 f}{\partial y\partial x^2}.$$

解 有$\frac{\partial z}{\partial x}=\mathrm{e}^{x+2y}$, $\frac{\partial z}{\partial y}=2\mathrm{e}^{x+2y}$,于是

$$\frac{\partial^2 z}{\partial y\partial x}=\frac{\partial}{\partial y}(\mathrm{e}^{x+2y})=2\mathrm{e}^{x+2y};$$

$$\frac{\partial^2 z}{\partial x\partial y}=\frac{\partial}{\partial x}(2\mathrm{e}^{x+2y})=2\mathrm{e}^{x+2y};$$

$$\frac{\partial^2 z}{\partial x^2}=\frac{\partial}{\partial x}(\mathrm{e}^{x+2y})=\mathrm{e}^{x+2y};$$

$$\frac{\partial^3 z}{\partial y\partial x^2}=\frac{\partial}{\partial y}\left(\frac{\partial^2 z}{\partial x^2}\right)=\frac{\partial}{\partial y}(\mathrm{e}^{x+2y})=2\mathrm{e}^{x+2y}.$$

例 2 设

$$f(x,y)=\begin{cases}\dfrac{xy}{x^2+y^2}, & (x,y)\neq(0,0),\\ 0, & (x,y)=(0,0),\end{cases}$$

求证:二元数值函数$f(x,y)$在点$\mathbf{0}=(0,0)$存在两个偏导数,但它在点$\mathbf{0}$不可微.

证 按定义求偏导数有

$$\frac{\partial f(0,0)}{\partial x}=\lim_{h\to 0}\frac{f(0+h,0)-f(0,0)}{h}=\lim_{h\to 0}\frac{\frac{h\cdot 0}{h^2+0^2}-0}{h}=0.$$

同理

$$\frac{\partial f(0,0)}{\partial y}=0.$$

可微定义中的函数等式,就是可微的充要条件,二元数值函数可微的充要条件,就是定理1.2上面的式(2).在式(2)中令$(h_1,h_2)\to(0,0)$,得到二元数值函数$f(x,y)$在(x_0,y_0)可微的一个新的必要条件是

$$\lim_{(h_1,h_2)\to(0,0)}[f(x_0+h_1,y_0+h_2)-f(x_0,y_0)]=0, \tag{6}$$

计算例2中函数在$(x_0,y_0)=(0,0)$点的情形有

$$f(h_1,h_2)-f(0,0)=\frac{h_1h_2}{h_1^2+h_2^2}\xlongequal{h_2=kh_1}\frac{kh_1^2}{h_1^2+k^2h_1^2}$$
$$=\frac{k}{1+k^2}$$

这表明当(h_1,h_2)沿着不同的直线趋于$(0,0)$时，$f(h_1,h_2)-f(0,0)$的部分极限不相等，所以式(6)的可微必要条件不成立，即 f 在$(0,0)$不可微.

例 3　求 $(1.08)^{3.96}$的近似值.

解　当二元函数 $f(x,y)$在点 $\boldsymbol{p}_0=(x_0,y_0)$可微，且$|h_1|,|h_2|$较小时，有近似公式：

$$f(x_0+h_1,y_0+h_2)\approx f(x_0,y_0)+\frac{\partial f(x_0,y_0)}{\partial x}h_1+\frac{\partial f(x_0,y_0)}{\partial y}h_2.$$

设 $f(x,y)=x^y$，$\boldsymbol{p}_0=(x_0,y_0)=(1,4)$，令 $h_1=0.08$，$h_2=-0.04$，并承认 $\boldsymbol{f}$ 在点 $\boldsymbol{p}_0$ 可微(以后再证)，则有

$$\begin{aligned}(1.08)^{3.96}&=f(1+0.08,4-0.04)\\&\approx f(1,4)+\frac{\partial f(1,4)}{\partial x}\times 0.08+\frac{\partial f(1,4)}{\partial y}\times(-0.04)\\&=1+4\times 0.08=1.32.\end{aligned}$$

3.1.3　复合函数微分法

若函数 $f:\mathbf{R}^n\supset D_1\to\mathbf{R}^m$ 与函数 $g:\mathbf{R}^s\supset D\to\mathbf{R}^n$ 满足 $g(D)\subset D_1$，即 g 的值域含于 f 的定义域之中，它们就能构成复合函数 $f\circ g$，常记为

$$y=f[g(t)],t\in D\subset\mathbf{R}^s,y\in\mathbf{R}^m.$$

当 $m=1$，即 f 是数值函数时，如何求复合函数的偏导数呢？下面以二元数值函数为例，来证明复合函数求导公式.

定理 1.3　(链式法则)设二元数值函数 $f(x,y)$和由两个二元数值函数 $x=\varphi(s,t)$和 $y=\psi(s,t)$构成的向量值函数$(x,y)=(\varphi(s,t),\psi(s,t))$能构成复合函数

$$z=f(\varphi(s,t),\psi(s,t)).$$

如果 $f(x,y)$在点 $\boldsymbol{p}=(x,y)$可微，$\boldsymbol{p}=(\varphi(\boldsymbol{r}),\psi(\boldsymbol{r}))$，$\varphi(s,t)$与 $\psi(s,t)$在点 $\boldsymbol{r}=(s,t)$的偏导数均存在，则复合函数在点 $\boldsymbol{r}=(s,t)$的偏导数均存在，且有

$$\frac{\partial z}{\partial s}=\frac{\partial f}{\partial x}\frac{\partial\varphi}{\partial s}+\frac{\partial f}{\partial y}\frac{\partial\psi}{\partial s},$$
$$\frac{\partial z}{\partial t}=\frac{\partial f}{\partial x}\frac{\partial\varphi}{\partial t}+\frac{\partial f}{\partial y}\frac{\partial\psi}{\partial t}.$$

证明　因 $f(x,y)$在点 $\boldsymbol{p}=(x,y)$可微，由前面 3.1.2 中的式(3)得

$$f(x+h_1,y+h_2)-f(x,y)=\frac{\partial f}{\partial x}(x,y)h_1+\frac{\partial f}{\partial y}(x,y)h_2+o(|\boldsymbol{h}|)\ (\boldsymbol{h}\to\boldsymbol{0})\qquad(1)$$

成立，其中 $o(|\boldsymbol{h}|)=\sqrt{h_1^2+h_2^2}\cdot o(1)$.

因 $x=\varphi(s,t)$，$y=\psi(s,t)$，设 l 是自变量 S 的增量，当 t 不变时，中间变量 x 和 y 的增量 h_1 和 h_2 分别是

$$h_1=\varphi(s+l,t)-\varphi(s,t)=\varphi(s+l,t)-x,$$

$$h_2=\psi(s+l,t)-\psi(s,l)=\psi(s+l,t)-y.$$

因复合函数对坐标 s 的偏导数是 $l\to 0$ 时下面差商的极限，将上面两式代入这个差商中，再应用上面的式(1)，就得到了

$$\begin{aligned}&\frac{f[\varphi(s+l,t),\psi(s+l,t)]-f[\varphi(s,t),\psi(s,t)]}{l}\\&=\frac{f(x+h_1,y+h_2)-f(x,y)}{l}\\&=\frac{\partial f}{\partial x}(x,y)\frac{h_1}{l}+\frac{\partial f}{\partial y}(x,y)\frac{h_2}{l}+\sqrt{\left(\frac{h_1}{l}\right)^2+\left(\frac{h_2}{l}\right)^2}\cdot o(1)\quad(h\to(0,0)).\end{aligned}$$

其中的 $o(1)$ 是 $h=(h_1,h_2)\to(0,0)$ 时的无穷小量. 因为 φ 与 ψ 在点 (s,t) 关于坐标 S 可偏导，由 h_1 与 h_2 的上面的表达式易得

$$\frac{\partial\varphi}{\partial s}(s,t)=\lim_{l\to 0}\frac{h_1}{l},\quad \frac{\partial\psi}{\partial s}(s,t)=\lim_{l\to 0}\frac{h_2}{l},$$

所以 $l\to 0$ 时，必有 $(h_1,h_2)\to(0,0)$，则上式中的 $o(1)$ 也是 $l\to 0$ 时的无穷小量，在差商中令 $l\to 0$ 得

$$\begin{aligned}\frac{\partial\delta}{\partial s}&=\frac{\partial f}{\partial x}(x,y)\,\frac{\partial\varphi}{\partial s}(s,t)+\frac{\partial f}{\partial y}(x,y)\,\frac{\partial\psi}{\partial s}(s,t)\\&=\frac{\partial f}{\partial x}\frac{\partial\varphi}{\partial s}+\frac{\partial f}{\partial y}\frac{\partial\psi}{\partial s},\quad x=\varphi(s,t),y=\psi(s,t).\end{aligned}$$

再来讨论复合函数关于坐标 t 的偏导数. 设 θ 是自变量 t 的增量，当 s 不变时，中间变量 x 和 y 的增量 h_1 和 h_2 则分别是

$$h_1=\varphi(s,t+\theta)-\varphi(s,t)=\varphi(s,t+\theta)-x,$$
$$h_2=\psi(s,t+\theta)-\psi(s,t)=\psi(s,t+\theta)-y.$$

将上面两个等式和上面的式(7)，代入求复合函数在 (s,t) 点关于 t 的偏导数的差商中得

$$\begin{aligned}&\frac{f[\varphi(s+t,\theta),\psi(s+t,\theta)]-f[\varphi(s,t),\psi(s,t)]}{\theta}\\&=\frac{f(x+h_1,y+h_2)-f(x,y)}{\theta}\\&=\frac{\partial f}{\partial x}(x,y)\frac{h_1}{\theta}+\frac{\partial f}{\partial y}(x,y)\frac{h_2}{\theta}+\sqrt{\left(\frac{h_1}{\theta}\right)^2+\left(\frac{h_2}{\theta}\right)^2}\cdot o(1)\quad(h\to(0,0)),\end{aligned}$$

且上面等式的 $o(1)$ 是 $(h_1,h_2)\to(0,0)$ 时的无穷小量，由 φ,ψ 在 (s,t) 点关于坐标 t 的偏导数存在，所以有

$$\frac{\partial\varphi}{\partial t}(s,t)=\lim_{\theta\to 0}\frac{h_1}{\theta},\frac{\partial\psi}{\partial t}(s,t)=\lim_{\theta\to 0}\frac{h_2}{\theta},$$

所以 $\theta\to 0$ 时，必有 $(h_1,h_2)\to(0,0)$，即上式中的 $o(1)$ 也是 $\theta\to 0$ 时的无穷小量. 在差商中令 $\theta\to 0$，就得到了

$$\begin{aligned}\frac{\partial z}{\partial t}&=\frac{\partial f}{\partial x}(x,y)\,\frac{\partial\varphi}{\partial t}(s,t)+\frac{\partial f}{\partial y}(x,y)\,\frac{\partial\psi}{\partial t}(s,t)\\&=\frac{\partial f}{\partial x}\frac{\partial\varphi}{\partial t}+\frac{\partial f}{\partial y}\frac{\partial\varphi}{\partial t},\quad x=\varphi(s,t),y=\psi(s,t).\end{aligned}$$ □

用上面的方法，还可证明一些特殊情形的链式法则(复合函数求导公式).

设一元数值函数 $y=f(x)$ 与二元数值函数 $x=g(s,t)$ 能构成复合函数 $y=f(g(s,t))$，若 g 在 (s,t) 点两个偏导数存在，f 在 $x=g(s,t)$ 可微(可导)，则复合函数在 (s,t) 点的两上偏导数均存在，且等于

$$\frac{\partial y}{\partial s}=\frac{\partial f}{\partial s}(g(s,t))=f'(x)\frac{\partial g}{\partial s}(s,t),x=g(s,t),$$

$$\frac{\partial y}{\partial t}=\frac{\partial f}{\partial t}(g(s,t))=f'(x)\frac{\partial g}{\partial t}(s,t),x=g(s,t).$$

设二元数值函数 $f(x,y)$ 与两个一元函数 $x=\varphi(t)$，$y=\psi(t)$ 构成复合函数 $z=f[\varphi(t),\psi(t)]$，则复合函数也是一元函数，若 φ,ψ 均在点 t 可导，f 在点 $(x,y)=(\varphi(t),\psi(t))$ 可微，则复合函数在点 t 可导，且复合函数的导数是

$$\frac{\mathrm{d}z}{\mathrm{d}t}=\frac{\partial f}{\partial x}\frac{\mathrm{d}x}{\mathrm{d}t}+\frac{\partial f}{\partial y}\frac{\mathrm{d}y}{\mathrm{d}t}.$$

一般地，若 n 元数值函数 $f(x_1,x_2,\cdots,x_n)$ 与 m 元向量值函数 $x=x(t)$，即 $x_i=x_i(t_1,t_2,\cdots,t_m)$，$i=1,2,\cdots,n$，构成复合函数 $f(x_1(t),x_2(t),\cdots,x_n(t))$. 若每个 $x_i(t)(i=1,2,\cdots,n)$ 在 t 点的偏导数均存在，f 在 $x=x(t)$ 点可微，则复合函数 $f(x(t))$ 在 t 点的偏导数均存在，且下式成立

$$\frac{\partial f}{\partial t_i}=\frac{\partial f}{\partial x_1}\frac{\partial x_1}{\partial t_i}+\frac{\partial f}{\partial x_2}\frac{\partial x_2}{\partial t_i}+\cdots+\frac{\partial f}{\partial x_n}\frac{\partial x_n}{\partial t_i},(i=1,2,\cdots,m). \tag{2}$$

也就是说，n 元函数 f，与 g 构成的复合函数 $f\circ g$ 对自变量的偏导数，等于 f 对每个中间变量的偏导数乘该中间变量对自变量的偏导数所得到的 n 个乘积之和.

例 1 设 $z=f\left(st,\frac{s}{t}\right)$ (其中函数 f 可微)，求 $\frac{\partial z}{\partial s}$，$\frac{\partial z}{\partial t}$.

解 设 $x=st$，$y=\frac{s}{t}$，由链式法则有

$$\frac{\partial z}{\partial s}=t\frac{\partial f}{\partial x}+\frac{1}{t}\frac{\partial f}{\partial y};$$

$$\frac{\partial z}{\partial t}=s\frac{\partial f}{\partial x}-\frac{s}{t^2}\frac{\partial f}{\partial y},$$

其中 $\frac{\partial f}{\partial x}$ 表示在偏导(函)数 $\frac{\partial f(x,y)}{\partial x}$ 中代入 $x=st$，$y=\frac{s}{t}$ 后所得的函数值.

例 2 设 $z=f(s^2-t^2)$ (其中函数 f 可微)，求证：

$$\frac{1}{s}\frac{\partial z}{\partial s}+\frac{1}{t}\frac{\partial z}{\partial t}=0.$$

解 设 $g(s,t)=s^2-t^2$，由链式法则有

$$\frac{\partial z}{\partial s}=f'(s^2-t^2)\frac{\partial g}{\partial s}=2sf'(s^2-t^2);$$

$$\frac{\partial z}{\partial t}=f'(s^2-t^2)\frac{\partial g}{\partial t}=-2tf'(s^2-t^2).$$

由此即可得证.

例 3 设不含原点的开区域 $D\subset\mathbf{R}^2$ 上的二元可微函数 F 在直角坐标系下可写成 $z=F(x,y)=f(x)g(y)$，且 $f(x)\neq 0$，$g(y)\neq 0$，它在极坐标系下可写成

$$z=F(r\cos\theta,r\sin\theta)=s(r),$$

求二元函数 $F(x,y)$.

解 因 $x=r\cos\theta$，$y=r\sin\theta$，且 $\frac{\partial z}{\partial\theta}=0$，由链式法则有

$$\begin{aligned}0=\frac{\partial z}{\partial\theta}&=\frac{\partial F}{\partial x}\frac{\partial x}{\partial\theta}+\frac{\partial F}{\partial y}\frac{\partial y}{\partial\theta}\\&=f'(x)g(y)(-r\sin\theta)+f(x)g'(y)(r\cos\theta)\\&=-yf'(x)g(y)+xf(x)g'(y),\end{aligned}$$

由此得

$$\frac{f'(x)}{xf(x)}=\frac{g'(y)}{yg(y)},\ (x,y)\in D\subset\mathbf{R}^2.$$

要使上式对一切点 $(x,y)\in D$ 成立，只可能有

$$\begin{cases}\dfrac{f'(x)}{xf(x)}=\lambda;\\[2mm]\dfrac{g'(y)}{yg(y)}=\lambda,\end{cases}$$

其中 λ 是固定常数，由第一式得

$$\frac{\mathrm{d}f(x)}{f(x)}=\lambda x\,\mathrm{d}x,$$

所以

$$\int\frac{\mathrm{d}f(x)}{f(x)}=\int\lambda x\,\mathrm{d}x.$$

由此得 $$f(x)=C_1\mathrm{e}^{\frac{\lambda}{2}x^2},$$

其中 C_1 是任意常数.

同理 $$g(y)=C_2\mathrm{e}^{\frac{\lambda}{2}y^2},$$

其中 C_2 是任意常数.

故 $$F(x,y)=C\mathrm{e}^{\frac{\lambda}{2}(x^2+y^2)},$$

其中 $C=C_1C_2$.

下面介绍复合函数高阶偏导数的求法.

设 $f(x,y)$ 与 $x=\varphi(s,t)$，$y=\psi(s,t)$ 能构成复合函数 $z=f[\varphi(s,t),\psi(s,t)]$. 由链式法则有

$$\frac{\partial z}{\partial s}=\frac{\partial f}{\partial x}\frac{\partial\varphi}{\partial s}+\frac{\partial f}{\partial y}\frac{\partial\psi}{\partial s}.$$

因为 $\frac{\partial z}{\partial s}$ 仍然是通过中间变量 x,y 成为 s,t 的(二元)复合函数，如果它满足链式法则的条件，则可利用链式法则求 z 的二阶偏导数，例如

$$\frac{\partial^2 z}{\partial s^2}=\frac{\partial}{\partial s}\left(\frac{\partial f}{\partial x}\frac{\partial\varphi}{\partial s}\right)+\frac{\partial}{\partial s}\left(\frac{\partial f}{\partial y}\frac{\partial\psi}{\partial s}\right)=\frac{\partial}{\partial s}\left(\frac{\partial f}{\partial x}\right)\frac{\partial\varphi}{\partial s}+\frac{\partial f}{\partial x}\frac{\partial^2\varphi}{\partial s^2}+\frac{\partial}{\partial s}\left(\frac{\partial f}{\partial y}\right)\frac{\partial\psi}{\partial s}+\frac{\partial f}{\partial y}\frac{\partial^2\psi}{\partial s^2}.$$

$\frac{\partial}{\partial s}\left(\frac{\partial f}{\partial x}\right)$ 与 $\frac{\partial}{\partial s}\left(\frac{\partial f}{\partial y}\right)$ 等于什么呢？因为$\frac{\partial f}{\partial x}$ 应是

$$\frac{\partial f}{\partial x}[\varphi(s,t),\psi(s,t)],$$

即它仍然是通过中间变量 x,y 成为 s,t 的复合函数，故由链式法则有

$$\frac{\partial}{\partial s}\left(\frac{\partial f}{\partial x}\right)=\frac{\partial}{\partial x}\left(\frac{\partial f}{\partial x}\right)\frac{\partial \varphi}{\partial s}+\frac{\partial}{\partial y}\left(\frac{\partial f}{\partial x}\right)\frac{\partial \psi}{\partial s}=\frac{\partial^2 f}{\partial x^2}\frac{\partial \varphi}{\partial s}+\frac{\partial^2 f}{\partial y\partial x}\frac{\partial \psi}{\partial s}.$$

同理

$$\frac{\partial}{\partial s}\left(\frac{\partial f}{\partial y}\right)=\frac{\partial}{\partial x}\left(\frac{\partial f}{\partial y}\right)\frac{\partial \varphi}{\partial s}+\frac{\partial}{\partial y}\left(\frac{\partial f}{\partial y}\right)\frac{\partial \psi}{\partial s}=\frac{\partial^2 f}{\partial x\partial y}\frac{\partial \varphi}{\partial s}+\frac{\partial^2 f}{\partial y^2}\frac{\partial \psi}{\partial s}.$$

故

$$\frac{\partial^2 z}{\partial s^2}=\frac{\partial^2 f}{\partial x^2}\left(\frac{\partial \varphi}{\partial s}\right)^2+\left(\frac{\partial^2 f}{\partial x\partial y}+\frac{\partial^2 f}{\partial y\partial x}\right)\frac{\partial \varphi}{\partial s}\frac{\partial \psi}{\partial s}+\frac{\partial^2 f}{\partial y^2}\left(\frac{\partial \psi}{\partial s}\right)^2+\frac{\partial f}{\partial x}\frac{\partial^2 f}{\partial s^2}+\frac{\partial f}{\partial y}\frac{\partial^2 \psi}{\partial s^2}.$$

同理可求$\frac{\partial^2 z}{\partial t^2},\frac{\partial^2 z}{\partial s\partial t},\frac{\partial^2 z}{\partial t\partial s}$.

例 4　设 $z=f\left(st,\frac{s}{t}\right)$(其中函数 f 连续可微)，求 $\frac{\partial^2 z}{\partial t\partial s}$.

解　设 $x=st$，　$y=\frac{s}{t}$，由链式法则有$\frac{\partial z}{\partial s}=t\frac{\partial f}{\partial x}+\frac{1}{t}\frac{\partial f}{\partial y}$，于是

$$\begin{aligned}\frac{\partial^2 z}{\partial t\partial s}&=\frac{\partial}{\partial t}\left(t\frac{\partial f}{\partial x}\right)+\frac{\partial}{\partial t}\left(\frac{1}{t}\frac{\partial f}{\partial y}\right)\\&=\frac{\partial f}{\partial x}+t\frac{\partial}{\partial t}\left(\frac{\partial f}{\partial x}\right)-\frac{1}{t^2}\frac{\partial f}{\partial y}+\frac{1}{t}\frac{\partial}{\partial t}\left(\frac{\partial f}{\partial y}\right)\\&=\frac{\partial f}{\partial x}-\frac{1}{t^2}\frac{\partial f}{\partial y}+t\left[\frac{\partial}{\partial x}\left(\frac{\partial f}{\partial x}\right)s+\frac{\partial}{\partial y}\left(\frac{\partial f}{\partial x}\right)\left(\frac{-s}{t^2}\right)\right]+\frac{1}{t}\left[\frac{\partial}{\partial x}\left(\frac{\partial f}{\partial y}\right)s+\frac{\partial}{\partial y}\left(\frac{\partial f}{\partial y}\right)\left(\frac{-s}{t^2}\right)\right]\\&=st\frac{\partial^2 f}{\partial x^2}-\frac{s}{t^3}\frac{\partial^2 f}{\partial y^2}+\frac{\partial f}{\partial x}-\frac{1}{t^2}\frac{\partial f}{\partial y}+\frac{s}{t}\left(\frac{\partial^2 f}{\partial x\partial y}-\frac{\partial^2 f}{\partial y\partial x}\right).\end{aligned}$$

上式右端的偏导数是先求函数 f 对中间变量 x,y 的偏导数后，再代入 $x=st,y=\frac{s}{t}$所得之值.

练　习　题

3.1　在 $\mathbf{R}^2$ 或 $\mathbf{R}^3$ 中画下列集合的图形.

(1) $E=\{(x,y)\in\mathbf{R}^2\mid|x|+|y|=1\}$；

(2) $E=\{(x,y)\in\mathbf{R}^2\mid y>x^2,2x+y<2\}$；

(3) $E=\{(x,y,z)\in\mathbf{R}^3\mid x+y+z\leqslant 1,x\geqslant 0,y\geqslant 0,z\geqslant 0\}$；

(4) $E=\{(x,y,z)\in\mathbf{R}^3\mid 0\leqslant x\leqslant y\leqslant 1,0\leqslant z\leqslant 1\}$.

3.2　画下列二元数值函数的图像.

(1) $z=\sqrt{x^2+y^2}$；　　(2) $z=x^2+4y^2$；

(3) $z=1-x-y$.

3.3　(1) 设 $f(x,y)=\frac{2xy}{x^2+y^2}$，　求 $f\left(1,\frac{y}{x}\right)$；

(2) 设 $f\left(x+y,\dfrac{y}{x}\right)=x^2-y^2$,求 $f(x,y)$;

(3) 设 $F(x,y)=\sqrt{y}+f(\sqrt{x}-1)$,且 $F(x,1)=x$, 求 $f(x)$ 与 $F(x,y)$.

3.4 设点 $\boldsymbol{p}_1$,$\boldsymbol{p}_2\in\mathbf{R}^n$,如果对任何 $\boldsymbol{p}\in\mathbf{R}^n$,有 $\boldsymbol{p}\cdot\boldsymbol{p}_1=\boldsymbol{p}\cdot\boldsymbol{p}_2$,求证:$\boldsymbol{p}_1=\boldsymbol{p}_2$.

3.5 求下列函数的偏导数.

(1) $z=\sqrt{x^2+y^2}$, 求$\dfrac{\partial^2 z}{\partial x^2}$, $\dfrac{\partial^2 z}{\partial y^2}$, $\dfrac{\partial^2 z}{\partial x\partial y}$; (2) $z=\tan\dfrac{x^2}{y}$, 求$\dfrac{\partial^2 z}{\partial x\partial y}$, $\dfrac{\partial^2 z}{\partial y\partial x}$;

(3) $w=(xy)^z$, 求$\dfrac{\partial^2 w}{\partial x^2}$, $\dfrac{\partial^2 w}{\partial x\partial z}$, $\dfrac{\partial^2 w}{\partial z\partial x}$; (4) $w=x^{yz}$,求$\dfrac{\partial^2 w}{\partial x\partial y}$, $\dfrac{\partial^2 w}{\partial y\partial x}$.

3.6 (1) 证明:函数 $z=\arctan\dfrac{y}{x}$是偏微分方程$\dfrac{\partial^2 z}{\partial x^2}+\dfrac{\partial^2 z}{\partial y^2}=0$ 的解;

(2) 证明:函数 $u=\mathrm{e}^{a\theta}\cos(a\ln r)$是偏微分方程$\dfrac{\partial^2 u}{\partial r^2}+\dfrac{1}{r^2}\dfrac{\partial^2 u}{\partial\theta^2}+\dfrac{1}{r}\dfrac{\partial u}{\partial r}=0$ 的解.

3.7 已知理想气体的状态方程为 $pV=RT$,其中 p 为压强,V 为体积,T 为绝对温度,R 为常数,求证:

$$\frac{\partial V}{\partial T}\frac{\partial T}{\partial p}\frac{\partial p}{\partial V}=-1.$$

3.8 求曲面 $3x^2+y^2-z^2=27$ 在点 $\boldsymbol{p}_0=(3,1,1)$的切平面方程.

3.9 确定常数 a,使得平面 $z=x+y+a$ 成为曲面 $z=x^2+y^2$ 的切平面.

3.10 计算 $a=\ln(\sqrt[3]{1.03}+\sqrt[4]{0.98}-1)$的近似值.

3.11 设

$$f(x,y)=\begin{cases}\dfrac{x^2y}{x^2+y^2}, & (x,y)\neq(0,0),\\ 0, & (x,y)=(0,0),\end{cases}$$

求证:函数 f 的原点 $\boldsymbol{o}=(0,0)$连续且偏导数存在,但它在原点不可微.

3.12 考察函数

$$f(x,y)=\begin{cases}y\sin\dfrac{1}{x^2+y^2}, & (x,y)\neq(0,0),\\ 0, & (x,y)=(0,0)\end{cases}$$

在原点 $\boldsymbol{o}=(0,0)$的偏导数.

3.13 求下列函数的导数或偏导数.

(1) $w=\mathrm{e}^x(y-z)$; $x=t, y=\sin t$, $z=\cos t$, 求 $\dfrac{\mathrm{d}w}{\mathrm{d}t}$;

(2) $z=\mathrm{e}^{x\sin y}$; $x=st$, $y=\ln(s+t)$, 求$\dfrac{\partial z}{\partial s}$, $\dfrac{\partial z}{\partial t}$;

(3) $z=x^2y-xy^2$; $x=r\cos\theta$, $y=r\sin\theta$,求$\dfrac{\partial s}{\partial r}$, $\dfrac{\partial z}{\partial\theta}$.

3.14 求下列函数的导数或偏导数,其中函数 f,g 皆可微.

(1) $z=f(t^2,2t^2)$,求$\dfrac{\mathrm{d}z}{\mathrm{d}t}$; (2) $z=f(x,g(x))$,求 $\dfrac{\mathrm{d}z}{\mathrm{d}x}$;

(3) $w=f(x^2+y^2+z^2)$,求 $\dfrac{\partial w}{\partial x}$; (4) $w=f\left(\dfrac{x}{y},\dfrac{y}{z}\right)$,求 $\dfrac{\partial w}{\partial x}$, $\dfrac{\partial w}{\partial y}$, $\dfrac{\partial w}{\partial z}$;

(5) $w=f(x^2+y^2,x^2-y^2,2xy)$,求 $\dfrac{\partial w}{\partial x}$, $\dfrac{\partial w}{\partial y}$.

3.15 设二元函数 $z=f(x,y)$满足偏微分方程

$$x\frac{\partial f}{\partial x}+y\frac{\partial f}{\partial y}=f(x,y),$$

并进行变量替换：$x=e^t$，$y=e^t$，求证：一元函数 $z=\hat{f}(t)=f(e^t,e^t)$ 满足常微分方程

$$\frac{d\hat{f}}{dt}=\hat{f}(t).$$

3.16 设二元函数 F 在直角坐标系下可写成 $F(x,y)=f(x)g(y)$，它在极坐标系下可写成 $F(x,y)=\varphi(\theta)$，求二元函数 $F(x,y)$.

3.17 设 $u=u(x,y)$，$v=v(x,y)$. 令 $x=r\cos\theta$，$y=r\sin\theta$，

若 $\frac{\partial u}{\partial x}=\frac{\partial v}{\partial y}$，$\frac{\partial u}{\partial y}=-\frac{\partial v}{\partial x}$，求证：$\frac{\partial u}{\partial r}=\frac{1}{r}\frac{\partial v}{\partial\theta}$；$\frac{\partial v}{\partial r}=-\frac{1}{r}\frac{\partial u}{\partial\theta}$.

3.18 设 $s=f(x,y,z)$；$x=\sqrt{vw}$，$y=\sqrt{wu}$，$z=\sqrt{uv}$，记 $\tilde{f}(u,v,w)=f(\sqrt{vw},\sqrt{wu},\sqrt{uv})$，

求证：$xf_x+yf_y+zf_z=u\tilde{f}_u+v\tilde{f}_v+w\tilde{f}_w$.

3.19 设 $z=f(x,y)$，当 $y=x^2$ 时，有 $z=1$，$\frac{\partial f}{\partial x}=x$，试求当 $y=x^2$ 时的 $\frac{\partial f}{\partial y}$.

3.20 求下列函数的高阶偏导数，其中函数 f 的二阶偏导数连续.

(1) $w=f(\sin t,\cos t,e^t)$，求 $\frac{d^2w}{dt^2}$；　(2) $w=f(x^2+y^2+z^2)$，求 $\frac{\partial^2 w}{\partial x^2}$，$\frac{\partial^2 w}{\partial y\partial x}$；

(3) $w=f\left(xy,\frac{x}{y}\right)$，求 $\frac{\partial^2 w}{\partial x^2}$，$\frac{\partial^2 w}{\partial y^2}$；　(4) $w=f\left(\frac{x}{y},\frac{y}{z}\right)$，求 $\frac{\partial^2 w}{\partial z\partial x}$.

3.21 求下列函数的高阶偏导数，其中函数 f,φ,ψ 的二阶偏导数连续.

(1) $w=f[\varphi(x),\psi(y)]$，求 $\frac{\partial^2 w}{\partial x^2}$，$\frac{\partial^2 w}{\partial y\partial x}$；

(2) $w=f[\varphi(x,y),\psi(x,y),y]$，求 $\frac{\partial^2 w}{\partial x^2}$，$\frac{\partial^2 w}{\partial y^2}$.

3.22 设 $z=f(x,y)$，$x=\xi\cos\alpha-\eta\sin\alpha$，$y=\xi\sin\alpha+\eta\cos\alpha$，求证：

$$\frac{\partial^2 z}{\partial x^2}+\frac{\partial^2 z}{\partial y^2}=\frac{\partial^2 z}{\partial\xi^2}+\frac{\partial^2 z}{\partial\eta^2}.$$

3.23 设二阶偏导数连续的 $z=f(x,y)$ 满足方程 $\frac{\partial^2 f}{\partial x^2}-\frac{\partial^2 f}{\partial y^2}=0$ 及条件 $f(x,2x)=x$，$f'_x(x,2x)=x^2$，求 $f'_y(x,2x)$，$f''_{xx}(x,2x)$，$f''_{yy}(x,2x)$，$f''_{xy}(x,2x)$.

3.24 设三元数值函数 $w=\ln\left(\frac{1}{r}\right)$，其中 $r=\sqrt{(x-a)^2+(y-b)^2+(z-c)^2}$，求 w 的梯度，并指出在 $\mathbf{R}^3$ 中的哪些点上有等式 $|\nabla w|=1$ 成立.

3.25 设 u,v 是 n 元数值函数，f 是一元数值函数，α,β 是实数，证明以下的梯度运算法则：

1° $\nabla(\alpha u+\beta v)=\alpha\nabla u+\beta\nabla v$；

2° $\nabla(uv)=u\nabla v+v\nabla u$；

3° $\nabla\left(\frac{u}{v}\right)=\frac{v\nabla u-v\nabla u}{v^2}$ $(v\neq 0)$；

4° $\nabla f(u)=f'(u)\nabla u$.

3.2 重 积 分

3.2.1 二重积分

将一元函数的定积分的建立方法，推广到二元数值函数就得到了二元数值函数的二重积分的定义，它仍然是赋范极限的定义.

设二元数值函数 $f(x,y)$ 在 xOy 平面的区域 D 上定义. 用曲线将 D 分成 N 个小区域 $D_1,D_2,\cdots,D_N$ 之并(见图 3.2-1). 并称 N 个小区域组成的集合集

$$\Omega=\{D_1,D_2,\cdots,D_N\}$$

为 D 的一个分法. 两个不同的小区域若相交，它们的交点必然是分割曲线上的点. 小区域 D_i 的面积记为 $\Delta D_i>0$. 在每个小区域 D_i 上取一点 $(\xi_i,\eta_i)\in D_i$. 称点集

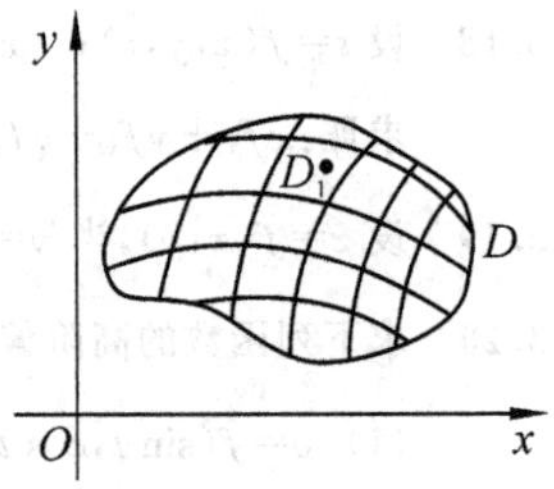

图 3.2-1

$$\xi=\{(\xi_1,\eta_1),(\xi_2,\eta_2),\cdots,(\xi_N,\eta_N)\}$$

为属于分法 Ω 的取法. 对任意的分法 Ω 和任意的属于 Ω 的取法 ξ，作积分和

$$\sum(f,\Omega,\xi)=\sum_{i=1}^{N}f(\xi_i,\eta_i)\Delta D_i.$$

再对于 $E\subset\mathbf{R}^n$，令 E 的直径 $d(E)$ 为

$$d(E)=\sup\{|\boldsymbol{p}-\boldsymbol{q}|\mid\boldsymbol{p},\boldsymbol{q}\in E\subset\mathbf{R}^n\}.$$

则 D 的分法 Ω 的范数或模 $\|\Omega\|$ 是

$$\|\Omega\|=\max\{d(D_1),d(D_2),\cdots,d(D_N)\}.$$

那么当 $\|\Omega\|$ 越来越小时，D 就被分得越来越细. 若下面极限(赋范极限)

$$\lim_{\|\Omega\|\to0}\sum_{i=1}^{N}f(\xi_i,\eta_i)\Delta D_i$$

存在，则称该极限是函数 $f(x,y)$ 在 D 上的**二重积分**，记作 $\iint\limits_D f(x,y)\mathrm{d}x\mathrm{d}y$，其中 $f(x,y)$ 称为被积函数，D 称为积分域，$\mathrm{d}x\mathrm{d}y$ 称为面积元素.

特别当 $f(x,y)$ 在 D 上非负连续时，f 在 D 上的二重积分，就是图 3.2-2 所示以 D 为底的曲顶柱体的体积，而 $f(\xi_i,\eta_i)\Delta D_i$ 就是图中以 D_i 为底的小柱体的体积近似值，积分和则是图中大柱体的体积的近似值.

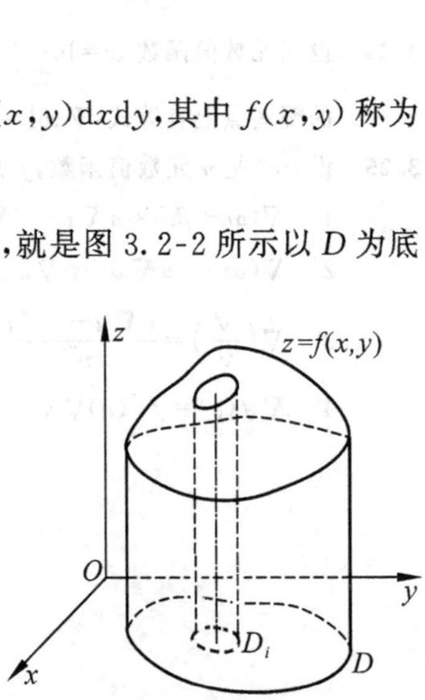

图 3.2-2

当被积函数 $f(x,y)$ 恒等于 1 时，二重积分 $\iint\limits_D\mathrm{d}x\mathrm{d}y$ 在数值上等于积分区域 D 的面积.

只要将有界闭区间换成有界闭区域，前面关于可积性的 4 个命题，及定积分的唯一性、有界性、线性性质、单调性、绝对值性质、有限可加性、积分中值定理对二重积分和下面的

三重积分均成立,且证明也相同.

下面研究二重积分的计算,先研究 x-型区域.

定义 2.1　设 $y=\varphi_1(x)$ 与 $y=\varphi_2(x)$ 均在有界闭区间 $[a,b]$ 连续,且 $\varphi_1(x)\leqslant\varphi_2(x)$,由这两条曲线与直线 $x=a,x=b$ 围成的有界闭区域 D,称之为 x-型区域(见图 3.2-3),记为 $D=\{(x,y)\in\mathbf{R}^2\mid a\leqslant x\leqslant b,\varphi_1(x)\leqslant y\leqslant\varphi_2(x)\}$.

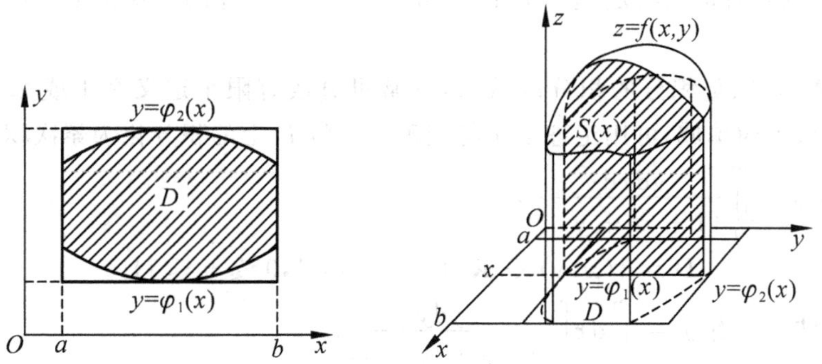

图 3.2-3

定理 2.1　设 D 是由定义 2.1 给出的 x-型区域,$f(x,y)$ 在 D 上连续,则

$$\iint\limits_D f(x,y)\mathrm{d}x\mathrm{d}y=\int_a^b\mathrm{d}x\int_{\varphi_1(x)}^{\varphi_2(x)}f(x,y)\mathrm{d}y$$

成立,等式右边称为累次积分. 它是先固定 x,对 y 的一元函数 $f(x,y)$ 在区间 $[\varphi_1(x),\varphi_2(x)]$ 求出定积分,定积分是 x 的函数 $S(x)$,再在 $[a,b]$ 上求 $S(x)$ 的定积分.

先给出定理 2.1 的直观的几何证明. 可以设 $f(x,y)$ 在 D 上非负连续,则所求的二重积分就是以 D 为底以 $z=f(x,y)$ 为曲顶的曲顶柱体 V 的体积 $|V|$. 任取 $x\in[a,b]$ 在图 3.2-3 的右图中过点 $(x,0,0)$ 作平面 π_x 垂直于 xOy 坐标平面,则 $\pi_x\cap V$ 得到的曲边梯形的面积就是

$$S(x)=\int_{\varphi_1(x)}^{\varphi_2(x)}f(x,y)\mathrm{d}y.$$

设 π_a 与 π_x 夹出的 V 部分的体积是 $V(x)$,又设 π_x 与 $\pi_{x+\mathrm{d}x}$ 夹出的 V 部分体积是 $\Delta V(x)$,因 f 连续,$\Delta V(x)$ 的近似值是 $S(x)\mathrm{d}x$,且易见 $\Delta V(x)-S(x)\mathrm{d}x$ 是 $\mathrm{d}x\to0$ 时的 $\mathrm{d}x$ 的高阶无穷小,所以 $V(x)$ 在点 x 可微,且 $\mathrm{d}V(x)=S(x)\mathrm{d}x$,由微积分基本定理,就得到了

$$\iint\limits_D f(x,y)\mathrm{d}x\mathrm{d}y=|V|=\int_a^b\mathrm{d}V(x)=\int_a^b S(x)\mathrm{d}x$$
$$=\int_a^b\left[\int_{\varphi_1(x)}^{\varphi_2(x)}f(x,y)\mathrm{d}y\right]\mathrm{d}x=\int_a^b\mathrm{d}x\int_{\varphi_1(x)}^{\varphi_2(x)}f(x,y)\mathrm{d}y.$$

再来研究 y-型区域.

定义 2.2　设函数 $x=\psi_1(y)$ 与 $x=\psi_2(y)$ 均在有界闭区间 $[c,d]$ 上连续,且 $\psi_1(y)\leqslant\psi_2(y)$,由曲线 $x=\psi_1(y)$,曲线 $x=\psi_2(y)$ 与直线 $y=c,y=d$ 围出的有界闭区域 E,称为 y-型区域(见图 3.2-4),记为

$$E=\{(x,y)\in\mathbf{R}^2\mid c\leqslant y\leqslant d;\psi_1(y)\leqslant x\leqslant\psi_2 y)\}.$$

定理 2.2　设二元数值函数 $f(x,y)$ 在定义 2.2 表示的 y-型区域 E 上连续,则

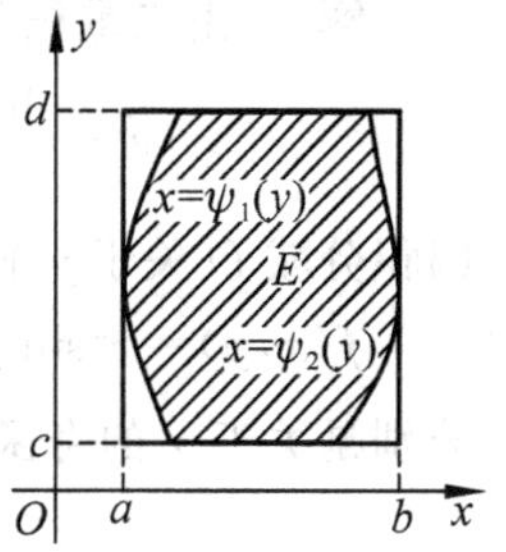

图 3.2-4

$$\iint\limits_D f(x,y)\mathrm{d}x\mathrm{d}y = \int_c^d \mathrm{d}y\int_{\varphi_1(y)}^{\varphi_2(y)} f(x,y)\mathrm{d}x$$

成立,等式右边的积分称为累次积分,它是先固定 y 对 x 的一元函数 $f(x,y)$ 在区间 $[\psi_1(y),\psi_2(y)]$ 上求定积分,得到 y 的函数 $g(y)=\int_{\varphi_1(y)}^{\varphi_2(y)} f(x,y)\mathrm{d}x$,再对 $g(y)$ 在 $[c,d]$ 上作定积分.

定理 2.2 的直观证明与定理 2.1 相似,故省略. 两个定理的严格证明,在第 3 册的第 11 章中给出.

在一般情形,二重积分的积分区域 D,常常可分成有限个定义 2.1 或 2.2 中的区域之并,称这种区域为简单域,可用定理 2.1 与定理 2.2 将 D 上的积分化为累次积分.

例 1 求 $J=\iint\limits_D \dfrac{y\mathrm{d}x\mathrm{d}y}{(1+x^2+y^2)^{\frac{3}{2}}}$,

其中 $$D=\{(x,y)\in \mathbf{R}^2 \mid 0\leqslant x\leqslant 1, 0\leqslant y\leqslant 1\}.$$

解 **方法 1** 有 $J=\int_0^1 \mathrm{d}x\int_0^1 \dfrac{y\mathrm{d}y}{(1+x^2+y^2)^{\frac{3}{2}}}$.

因为 $\int_0^1 \dfrac{y\mathrm{d}y}{(1+x^2+y^2)^{\frac{3}{2}}} = -(1+x^2+y^2)^{-\frac{1}{2}}\Big|_{y=0}^{y=1} = \dfrac{1}{\sqrt{x^2+1}}-\dfrac{1}{\sqrt{x^2+2}}$,

所以 $J=\int_0^1\left(\dfrac{1}{\sqrt{x^2+1}}-\dfrac{1}{\sqrt{x^2+2}}\right)\mathrm{d}x = \ln\dfrac{x+\sqrt{x^2+1}}{x+\sqrt{x^2+2}}\Big|_{x=0}^{x=1} = \ln\dfrac{2+\sqrt{2}}{1+\sqrt{3}}$.

方法 2 有 $J=\int_0^1 y\mathrm{d}y\int_0^1 \dfrac{\mathrm{d}x}{(1+x^2+y^2)^{\frac{3}{2}}}$.

根据公式 $\int \dfrac{\mathrm{d}x}{\sqrt{(a^2+x^2)^3}} = \dfrac{x}{a^2\sqrt{a^2+x^2}}+C$ 可得

$$\int_0^1 \frac{\mathrm{d}x}{(1+x^2+y^2)^{\frac{3}{2}}} = \frac{1}{1+y^2}\frac{x}{\sqrt{1+x^2+y^2}}\Big|_{x=0}^{x=1} = \frac{1}{(1+y^2)\sqrt{2+y^2}},$$

所以

$$J=\int_0^1 \frac{y\mathrm{d}y}{(1+y^2)\sqrt{2+y^2}} = \frac{1}{2}\ln\frac{\sqrt{2+y^2}-1}{\sqrt{2+y^2}+1}\Big|_{y=0}^{y=1} = \ln\frac{2+\sqrt{2}}{1+\sqrt{3}}.$$

上题的方法 1 要比方法 2 简单得多,由此看出,计算二重积分时,选择积分次序是很要紧的.

例 2 求 $J=\iint\limits_D (x^3\sin y+x^2y^2)\mathrm{d}x\mathrm{d}y$,其中 D 是由 $y=x^2$, $y=4x^2$, $y=1$ 围成的区域(见图 3.2-5).

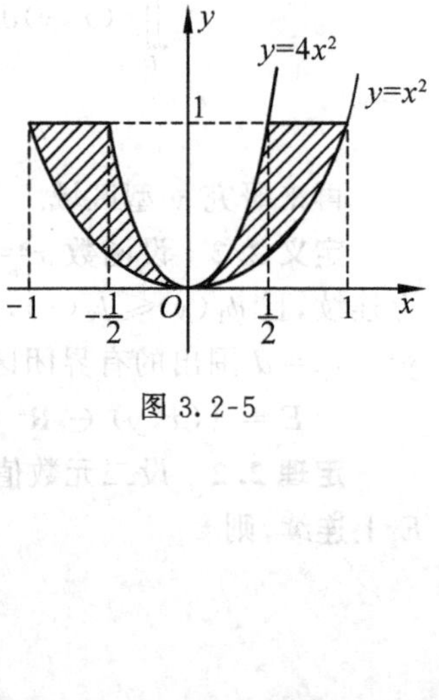

图 3.2-5

解 由二重积分的线性性质有

$$J=\iint\limits_D x^3\sin y\mathrm{d}x\mathrm{d}y+\iint\limits_D x^2y^2\mathrm{d}x\mathrm{d}y.$$

因积分域 D 关于 y 轴对称,又二元函数

$$f(x,y)=x^3\sin y \quad 与 \quad g(x,y)=x^2y^2$$

分别是关于 x 的奇函数与偶函数,即

$$f(x,y)=-f(-x,y),$$

$$g(x,y)=g(-x,y),$$

所以

$$\iint_D x^3\sin y\mathrm{d}x\mathrm{d}y=0,$$

$$\iint_D x^2y^2\mathrm{d}x\mathrm{d}y=2\iint_{D_1}x^2y^2\mathrm{d}x\mathrm{d}y,$$

其中 D_1 为由 $y=x^2, y=4x^2, y=1$ 在第一象限围成的区域.

方法 1

$$J=2\iint_{D_1}x^2y^2\mathrm{d}x\mathrm{d}y=2\int_0^{\frac{1}{2}}\mathrm{d}x\int_{x^2}^{4x^2}x^2y^2\mathrm{d}y+2\int_{\frac{1}{2}}^1\mathrm{d}x\int_{x^2}^1x^2y^2\mathrm{d}y=\frac{7}{54}.$$

方法 2

$$J=2\iint_{D_1}x^2y^2\mathrm{d}x\mathrm{d}y=2\int_0^1\mathrm{d}y\int_{\frac{\sqrt{y}}{2}}^{\sqrt{y}}x^2y^2\mathrm{d}x=\frac{7}{54}.$$

通过此题,读者不仅看到了选择积分次序的重要性,而且也体会了利用对称性简化积分计算的技巧.

例 3　求两个圆柱体 $x^2+y^2\leqslant r^2$ 和 $x^2+z^2\leqslant r^2$ 相交所成的立体体积 V(见图 3.2-6).

解　由图 3.2-6 易见,立体在第一卦限部分的柱体的下底是 D,上底的方程是 $z=\sqrt{r^2-x^2}$,由对称性有

$$V=8\iint_D\sqrt{r^2-x^2}\mathrm{d}x\mathrm{d}y,$$

其中 $D=\{(x,y)\mid x^2+y^2\leqslant r^2, x\geqslant 0, y\geqslant 0\}$.

所以有

$$V=8\int_0^r\mathrm{d}x\int_0^{\sqrt{r^2-x^2}}\sqrt{r^2-x^2}\mathrm{d}y=8\int_0^r(r^2-x^2)\mathrm{d}x=\frac{16}{3}r^3.$$

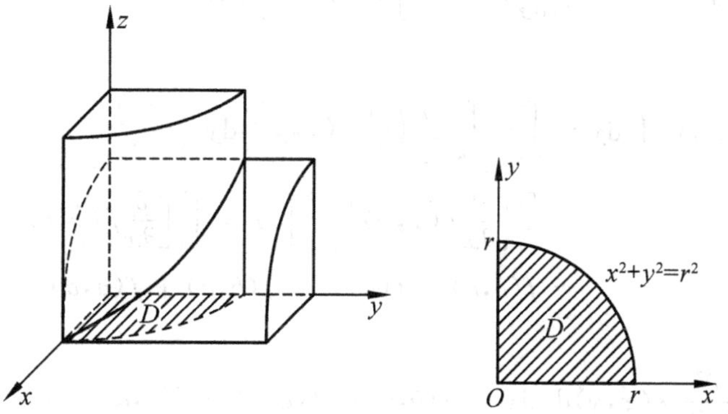

图 3.2-6

例 4　交换积分 $\int_0^1\mathrm{d}x\int_0^{x^2}f(x,y)\mathrm{d}y$ 的积分次序,其中 $f(x,y)$ 是二元连续函数.

解　根据定理 2.1 的计算公式,知道这个积分是二重积分 $\iint_D f(x,y)\mathrm{d}x\mathrm{d}y$ 化成的累次积分,其中 D 是由曲线 $y=x^2$ 直线 $x=1$ 及 x 轴所围的图形(见图 3.2-7),现在将这个二重积

分根据定理2.2化成先对 x、后对 y 的积分，则有 $\sqrt{y}\leqslant x\leqslant 1, 0\leqslant y\leqslant 1$，所以有

$$\int_0^1 \mathrm{d}x\int_0^{x^2} f(x,y)\mathrm{d}y=\iint_D f(x,y)\mathrm{d}x\mathrm{d}y=\int_0^1\mathrm{d}y\int_{\sqrt{y}}^1 f(x,y)\mathrm{d}x.$$

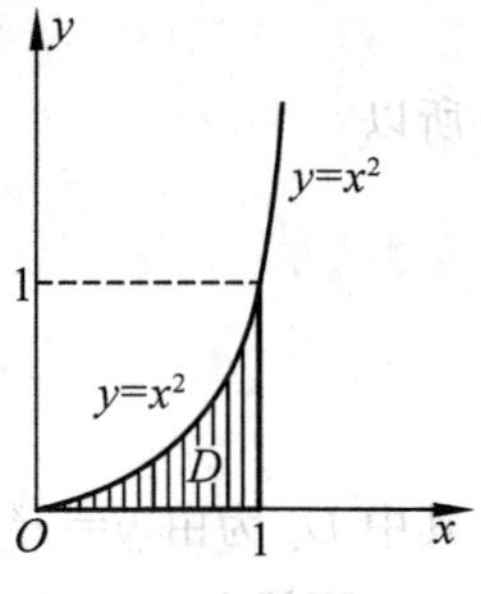

图 3.2-7

例 5 利用二重积分理论证明：若二元数值函数 $f(x,y)$ 的两个(混合)偏导数 $\frac{\partial^2 f}{\partial x\partial y}$ 与 $\frac{\partial^2 f}{\partial y\partial x}$ 在区域 D 连续，则对任意的点 $\boldsymbol{p}=(x,y)\in D$，有

$$\frac{\partial^2}{\partial x\partial y}f(x,y)=\frac{\partial^2}{\partial y\partial x}f(x,y).$$

证明 采用反证法. 若不然，就存在内点 $\boldsymbol{p}_0=(x_0,y_0)\in D$，使得

$$\frac{\partial^2}{\partial x\partial y}f(x_0,y_0)\neq\frac{\partial^2}{\partial y\partial x}f(x_0,y_0),$$

不妨设

$$A=\frac{\partial^2}{\partial x\partial y}f(x_0,y_0)-\frac{\partial^2}{\partial y\partial x}f(x_0,y_0)>0.$$

因 $\frac{\partial^2 f}{\partial x\partial y}$ 与 $\frac{\partial^2 f}{\partial y\partial x}$ 在点 $\boldsymbol{p}_0$ 连续，及 $A>\frac{A}{2}>0$，由极限的保序性，存在一个以点 $\boldsymbol{p}_0$ 为中心的正方形

$$I=[a,b]\times[a,b]\subset D,$$

使得对一切 $\boldsymbol{p}\in I$，有

$$A(\boldsymbol{p})=\frac{\partial^2}{\partial x\partial y}f(\boldsymbol{p})-\frac{\partial^2}{\partial y\partial x}f(\boldsymbol{p})>\frac{A}{2}>0,$$

故

$$\iint_I\left[\frac{\partial^2}{\partial x\partial y}f(x,y)-\frac{\partial^2}{\partial y\partial x}f(x,y)\right]\mathrm{d}x\mathrm{d}y\geqslant\frac{A}{2}\iint_I\mathrm{d}x\mathrm{d}y=A\frac{(b-a)^2}{2}>0.$$

另一方面

$$\begin{aligned}\iint_I\frac{\partial^2}{\partial y\partial x}f(x,y)\mathrm{d}x\mathrm{d}y&=\int_a^b\mathrm{d}x\int_a^b\frac{\partial}{\partial y}\left(\frac{\partial}{\partial x}f(x,y)\right)\mathrm{d}y\\&=\int_a^b\left[\frac{\partial}{\partial x}f(x,y)\Big|_{y=a}^{y=b}\right]\mathrm{d}x=\int_a^b\left[\frac{\partial}{\partial x}f(x,b)-\frac{\partial}{\partial x}f(x,a)\right]\mathrm{d}x\\&=f(b,b)-f(a,b)-f(b,a)+f(a,a).\end{aligned}$$

同理

$$\iint_I\frac{\partial^2}{\partial x\partial y}f(x,y)\mathrm{d}x\mathrm{d}y=f(b,b)-f(a,b)-f(b,a)+f(a,a).$$

故

$$\iint_I\left[\frac{\partial^2}{\partial x\partial y}f(x,y)-\frac{\partial^2}{\partial y\partial x}f(x,y)\right]\mathrm{d}x\mathrm{d}y=0.$$

上述两方面是矛盾的，由此得证本题.

下面来研究二重积分的极坐标换元，极坐标变换是

$$x = r\cos\theta, y = r\sin\theta, \tag{1}$$

用$(x,y)=\varphi(r,\theta)$来表示式(1)的极坐标变换，设 $S=\{(r,\theta)\in\mathbf{R}^2 \mid 0\leqslant\theta<2\pi, r>0\}$是 $rO\theta$ 平面上的带形，则$\varphi: S\to\mathbf{R}^2$ 是单射，$\varphi(S)=E=\mathbf{R}^2\setminus\{(0,0)\}$，因此 φ 在 S 上存在反函数 $\varphi^{-1}: E\to S$. 所以 xOy 平面的每个不含原点的区域D，就唯一对应 $rO\theta$ 平面的区域$\widetilde{D}=\varphi^{-1}(D)\subset S$. 当 D 含原点时，取 $\widetilde{D}$ 为 D 挖去原点后在 φ^{-1}映射下的像的闭包，并称 $\widetilde{D}$ 是 D 对应的极坐标区域.

设二元数值函数 $f(x,y)$在区域 D 上可积. 在 xOy 平面上用以坐标原点为圆心的同心圆点$r=r_i, i=0,1,2,\cdots,n$，和从原点出发的射线 $\theta=\theta_j, j=0,1,2,\cdots,m$ 来分割D，得到 D 的分法 $\Omega=\{D_{ij}\}$，其中 $r_0=R_0, r_n=R_1, \theta_0=\alpha, \theta_m=\beta$ 均是常数，D_{ij} 由同心圆 $r=r_{i-1}, r=r_i$ 和射线$\theta=\theta_{j-1}, \theta=\theta_j$ 围出(见图 3.2-8)，记 $\widetilde{D}=\varphi^{-1}(D), \widetilde{D}_{ij}=\varphi^{-1}(D_{ij})$，则 $\widetilde{\Omega}=\{\widetilde{D}_{ij}\}$是 $\widetilde{D}$ 的分法，$\widetilde{D}_{ij}$ 是 $rO\theta$ 平面的直线 $r=r_{i-1}, r=r_i, \theta=\theta_{j-1}, \theta=\theta_j$ 围出的矩形. 记 $\Delta r_i=r_i-r_{i-1}, \Delta\theta_j=\theta_j-\theta_{j-1}$，则 $\widetilde{D}_{ij}$ 的面积 $\Delta\widetilde{D}_{ij}=\Delta r_i\Delta\theta_j$，而 D_{ij} 的面积 ΔD_{ij} 则等于

$$\begin{aligned}\Delta D_{ij} &= \frac{1}{2}(r_i^1\Delta\theta_j - r_{i-1}^2\Delta\theta_j) = \frac{1}{2}(r_i^2\Delta\theta_j - (r_i-\Delta r_i)^2\Delta\theta_j) \\ &= r_i\Delta r_i\Delta\theta_j - \frac{1}{2}(\Delta r_i)^2\Delta\theta_j = r_i\Delta\widetilde{D}_{ij} - \theta_{ij}\Delta r_i\Delta\widetilde{D}_{ij},\end{aligned}$$

其中 $\widetilde{D}_{ij}$ 是长方形时，$\theta_{ij}=\frac{1}{2}$，$\widetilde{D}_{ij}$ 不是长方形时，$|\theta_{ij}|<2$ 因 f 在 D 上有界，$0<\Delta r_i<\|\widetilde{\Omega}\|$，有

$$\lim_{\|\widetilde{\Omega}\|\to 0}\sum_{i,j} f(r_i\cos\theta_j, r_i\sin\theta_j)(-\theta_{ij}\Delta r_i\Delta\widetilde{D}_{ij}) = 0,$$

又因为 $\|\Omega\|\to 0 \Leftrightarrow \|\widetilde{\Omega}\|\to 0$，取 $\xi_{ij}=(r_i\cos\theta_i, r_i\sin\theta_i)$，则有

$$\lim_{\|\Omega\|\to 0}\sum_{i,j} f(\xi_{ij})\Delta D_{ij} = \lim_{\|\widetilde{\Omega}\|\to 0}\sum_{i,j} f(r_i\cos\theta_j, r_i\sin\theta_j)r_i\Delta\widetilde{D}_{ij},$$

由二重积分的极限定义和可积时极限的同一性，由上式可得到

定理 2.3　设二元数值函数 $f(x,y)$在有界闭区域 $D\subset\mathbf{R}^2$ 上连续，$\widetilde{D}\subset\mathbf{R}^2$ 是 D 对应的极坐标区域，则下式成立

$$\iint_D f(x,y)\,\mathrm{d}x\mathrm{d}y = \iint_{\widetilde{D}} f(r\cos\theta, r\sin\theta)r\,\mathrm{d}r\mathrm{d}\theta.$$

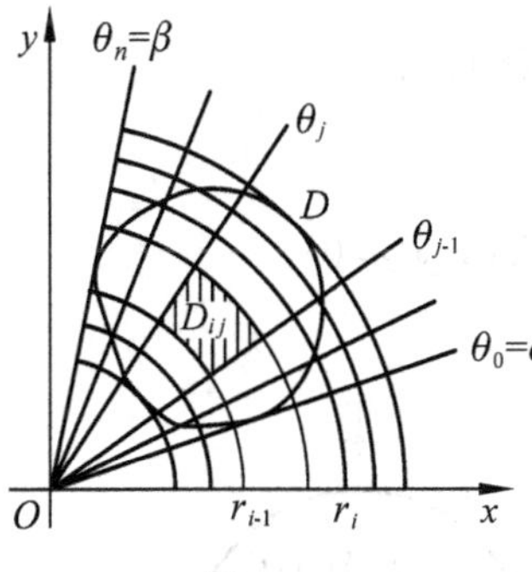

图 3.2-8

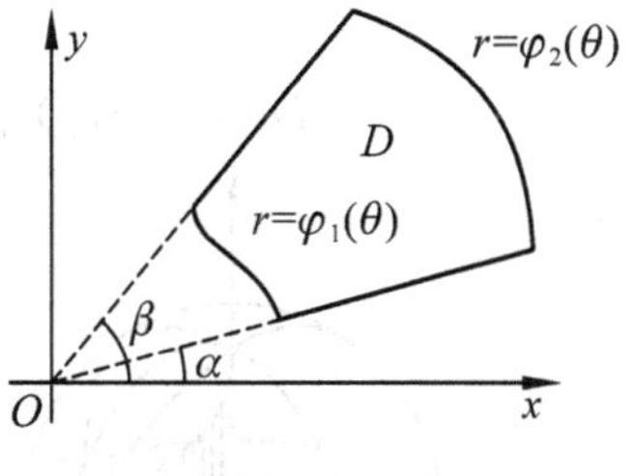

图 3.2-9

如何由 xOy 平面的区域D，确定 D 对应的极坐标区域 $\widetilde{D}$ 呢？只要求出 D 的边界的极坐标参数方程，它就是 $\widetilde{D}$ 边界的方程，从而可定出 $\widetilde{D}$. 这一方法，通常称为边界对应原理.

设 D 由图 3.2-9 所示，D 的边界的极坐标参数方程是曲线 $r=\varphi_1(\theta)$，$r=\varphi_2(\theta)$ 和幅角为 α 和 β 的射线 $\theta=\alpha,\theta=\beta$. 而在 $rO\theta$ 平面中，$\widetilde{D}$ 是由曲线 $r=\varphi_1(\theta)$，$r=\varphi_2(\theta)$ 与直线 $\theta=\alpha,\theta=\beta$ 围出的 θ-型区域，即

$$\widetilde{D}=\{(r,\theta)\mid \varphi_1(\theta)\leqslant r\leqslant \varphi_2(\theta),\alpha\leqslant\theta\leqslant\beta\}.$$

这就可将定理 2.3 等式右边的极坐标系下的二重积分化为“先对 r，后对 θ”的累次积分：

$$\boxed{\iint\limits_{\widetilde{D}} f(r\cos\theta,r\sin\theta)r\mathrm{d}r\mathrm{d}\theta=\int_\alpha^\beta\mathrm{d}\theta\int_{\varphi_1(\theta)}^{\varphi_2(\theta)}f(r\cos\theta,r\sin\theta)r\mathrm{d}r.}$$

在图 3.2-10 中，xOy 平面的区域 D_1 和 D_2 的边界曲线的极坐标参数方程，在图中已分别给出，它们分别对应的极坐标区域 $\widetilde{D}_1$ 和 $\widetilde{D}_2$ 的解析表示分别是

$$\widetilde{D}_1=\{(r,\theta)\mid 0\leqslant r\leqslant\varphi(\theta),\alpha\leqslant\theta\leqslant\beta\}\quad(\text{见图 3.2-10}),$$
$$\widetilde{D}_2=\{(r,\theta)\mid 0\leqslant r\leqslant\varphi(\theta),0\leqslant\theta\leqslant 2\pi\}\quad(\text{见图 3.2-10}),$$

这就可将定理 2.3 等式右边的二重积分，分别化为“先对 r，后对 θ”的累次积分如下

$$\iint\limits_{\widetilde{D}_1} f(r\cos\theta,r\sin\theta)r\mathrm{d}r\mathrm{d}\theta=\int_\alpha^\beta\mathrm{d}\theta\int_0^{\varphi(\theta)}f(r\cos\theta,r\sin\theta)r\mathrm{d}r,$$

$$\iint\limits_{\widetilde{D}_2} f(r\cos\theta,r\sin\theta)r\mathrm{d}r\mathrm{d}\theta=\int_0^{2\pi}\mathrm{d}\theta\int_0^{\varphi(\theta)}f(r\cos\theta,r\sin\theta)r\mathrm{d}r.$$

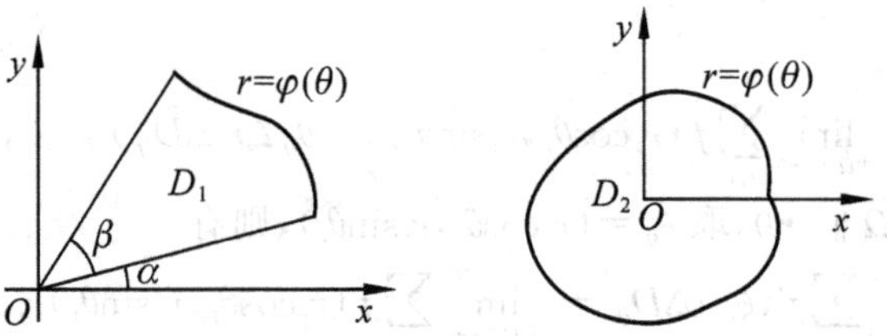

图 3.2-10

例 6 求球体 $x^2+y^2+z^2\leqslant R^2$ 被圆柱面 $x^2+y^2=Rx$ 所截立体(称为维维安尼(Viviani)立体)的体积 V(见图 3.2-11).

解 立体在第一卦限的部分是下底是积分区域 D，上底方程是 $z=\sqrt{R^2-x^2-y^2}$ 的柱体，由对称性得

$$V=4\iint\limits_D\sqrt{R^2-x^2-y^2}\,\mathrm{d}x\mathrm{d}y,$$

其中

$$D=\{(x,y)\mid x^2+y^2\leqslant Rx,\ y\geqslant 0\}.$$

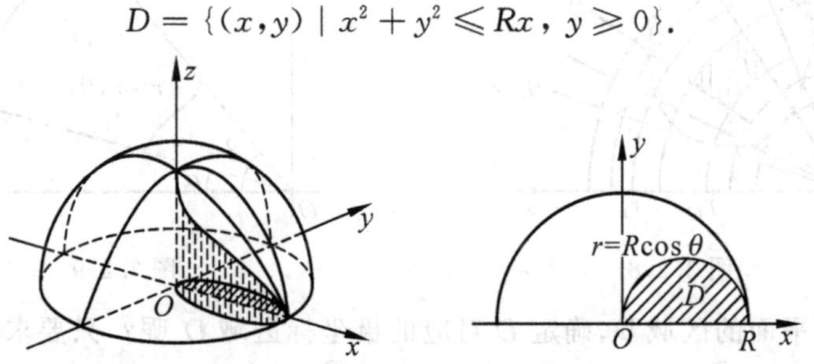

图 3.2-11

区域 D 对应的极坐标区域 $\widetilde{D}$ 是

$$\widetilde{D}=\left\{(r,\theta)\mid 0\leqslant r\leqslant R\cos\theta,0\leqslant\theta\leqslant\frac{\pi}{2}\right\},$$

故

$$V=4\iint\limits_{\widetilde{D}}r\sqrt{R^2-r^2}\,\mathrm{d}r\mathrm{d}\theta=4\int_0^{\frac{\pi}{2}}\mathrm{d}\theta\int_0^{R\cos\theta}r\sqrt{R^2-r^2}\,\mathrm{d}r$$

$$=\frac{4R^3}{3}\int_0^{\frac{\pi}{2}}(1-\sin^3\theta)\,\mathrm{d}\theta=\frac{2}{3}\pi R^3-\frac{8}{9}R^3.$$

因半球体积为 $\frac{2}{3}\pi R^3$,故从半球体中拿掉维维安尼立体后余下部分的体积竟能用不带无理数 π 的数表示出来,确实既使人感到惊奇,又使人感到有趣.

例 7 求椭球抛物面 $z=x^2+2y^2$ 与抛物柱面 $z=2-x^2$ 所围柱体体积 V(见图 3.2-12).

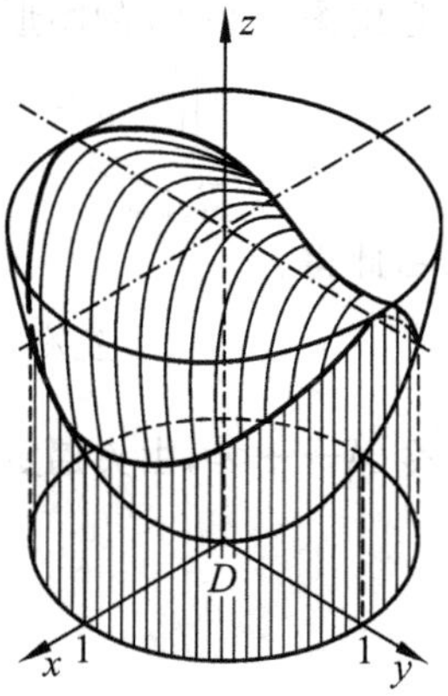

图 3.2-12

解 两曲面交线方程为

$$\begin{cases}z=x^2+2y^2,\\ z=2-x^2,\end{cases}$$

交线在 xOy 面上的投影曲线的方程就是由上面两个方程消去 z 后得到的仅含 x,y 的方程 $x^2+y^2=1$,它是 xOy 平面上的单位圆周.

由两曲面的几何形状易知,两曲面所围柱体在 xOy 平面的正交投影 D 的边界就是两曲面交线在 xOy 平面上的正交投影 $x^2+y^2=1$,所以 D 是 $x^2+y^2\leqslant 1$,所求柱体体积是两个曲顶柱体体积之差,这两个柱体有共同的柱面 $x^2+y^2=1$,共同的下底面 D,大的柱体以柱面 $z=2-x^2$ 为顶曲面,小的柱体以曲面 $z=x^2+2y^2$ 为顶曲面,所以

$$V=V_1-V_2=\iint\limits_D(2-x^2)\,\mathrm{d}x\mathrm{d}y-\iint\limits_D(x^2+2y^2)\,\mathrm{d}x\mathrm{d}y=\iint\limits_D 2(1-x^2-y^2)\,\mathrm{d}x\mathrm{d}y.$$

因 D 对应的极坐标区域 $\widetilde{D}$ 是

$$\widetilde{D}=\{(r,\theta)\mid 0\leqslant r\leqslant 1,0\leqslant\theta\leqslant 2\pi\},$$

故

$$V=2\iint\limits_D(1-x^2-y^2)\,\mathrm{d}x\mathrm{d}y=2\iint\limits_{\widetilde{D}}(1-r^2)r\mathrm{d}r\mathrm{d}\theta$$

$$=2\int_0^{2\pi}\mathrm{d}\theta\int_0^1(1-r^2)r\mathrm{d}r=\pi.$$

例 8 求 $J=\iint\limits_D \mathrm{e}^{-(x^2+y^2)}\,\mathrm{d}x\mathrm{d}y$,其中 $D=\{(x,y)\mid x^2+y^2\leqslant R^2,x\geqslant 0,y\geqslant 0\}$.

解 此题用直角坐标的方法求,大概是积不出来的,如果用极坐标计算,则非常简单.因 D 对应的极坐标区域 $\widetilde{D}$ 是

$$\widetilde{D}=\left\{(r,\theta)\mid 0\leqslant r\leqslant R,0\leqslant\theta\leqslant\frac{\pi}{2}\right\},$$

于是

$$J=\iint\limits_{\widetilde{D}} r\mathrm{e}^{-r^2}\,\mathrm{d}r\mathrm{d}\theta=\int_0^{\frac{\pi}{2}}\mathrm{d}\theta\int_0^R r\mathrm{e}^{-r^2}\,\mathrm{d}r=\frac{\pi}{4}(1-\mathrm{e}^{-R^2}).$$

利用上面结果可以算出一个重要的反常积分：

$$\int_0^{+\infty}\mathrm{e}^{-x^2}\,\mathrm{d}x.$$

事实上，有

$$\left(\int_0^A \mathrm{e}^{-x^2}\,\mathrm{d}x\right)^2=\left(\int_0^A \mathrm{e}^{-x^2}\,\mathrm{d}x\right)\left(\int_0^A \mathrm{e}^{-y^2}\,\mathrm{d}y\right)=\iint\limits_{[0,A]\times[0,A]}\mathrm{e}^{-(x^2+y^2)}\,\mathrm{d}x\mathrm{d}y=J_A.$$

且由图 3.2-13 的图形可以推出

$$\iint\limits_{\substack{x^2+y^2\leqslant A^2\\ x\geqslant 0,\,y\geqslant 0}}\mathrm{e}^{-(x^2+y^2)}\,\mathrm{d}x\mathrm{d}y\leqslant J_A\leqslant\iint\limits_{\substack{x^2+y^2\leqslant 2A^2\\ x\geqslant 0,\,y\geqslant 0}}\mathrm{e}^{-(x^2+y^2)}\,\mathrm{d}x\mathrm{d}y.$$

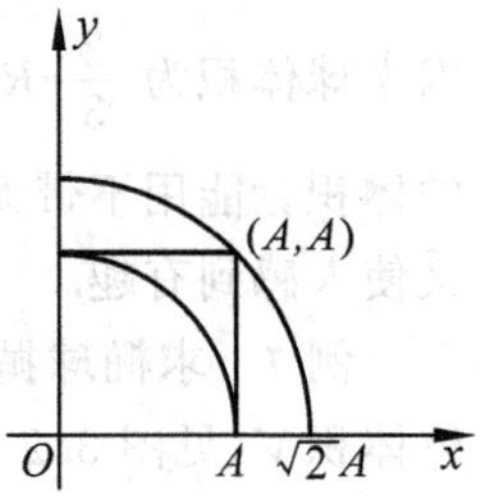

图 3.2-13

由此得

$$\frac{\pi}{4}(1-\mathrm{e}^{-A^2})\leqslant J_A\leqslant\frac{\pi}{4}(1-\mathrm{e}^{-2A^2}).$$

令 $A\to+\infty$，由夹逼定理可得

$$\boxed{\int_0^{+\infty}\mathrm{e}^{-x^2}\,\mathrm{d}x=\frac{\sqrt{\pi}}{2}.}$$

3.2.2 三重积分

现在来研究三重积分，仍然用分割—近似—求和—取极限方法定义三重积分.

设 V 是 $\mathbf{R}^3$ 中若干张曲面所围成的有界区域. 用曲面将 V 分成有限个小区域 $V_1,V_2,\cdots,V_N$ 之并，V_i 的体积记为 $\Delta V_i>0$. 两个不同小区域 V_i 和 V_j 的交非空时，它们的交点必然是分割 V 的曲面上的点. 称小区域之集

$$\Omega=\{V_1,V_2,\cdots,V_N\}$$

是 V 的一个分法. 再在每个 V_i 中取一点 (ξ_i,η_i,ζ_i)，称点集

$$\xi=\{(\xi_1,\eta_1,\zeta_1),(\xi_2,\eta_2,\zeta_2),\cdots,(\xi_N,\eta_N,\zeta_N)\}$$

是属于 V 的分法 Ω 的取法.

设 $f(x,y,z)$ 是定义于 V 上的数值函数，称

$$\sum(f,\Omega,\xi)=\sum_{i=1}^N f(\xi_i,\eta_i,\zeta_i)\Delta V_i$$

是 f 关于分法 Ω 和属于 Ω 的取法 ξ 的积分和，V 的分法 Ω 的范数或模 $\|\Omega\|$ 取为

$$\|\Omega\|=\max\{\mathrm{d}(V_1),\mathrm{d}(V_2),\cdots,\mathrm{d}(V_N)\}.$$

若极限(赋范极限)

$$\lim_{\|\Omega\|\to 0}\sum_{i=1}^N f(\xi_i,\eta_i,\zeta_i)\Delta V_i$$

存在，则称该极限是函数 $f(x,y,z)$ 在 V 上的**三重积分**，记作

$$\iiint\limits_V f(x,y,z)\,\mathrm{d}x\mathrm{d}y\mathrm{d}z.$$

当 $f(x,y,z)$ 在 V 上非负连续时，上面积分就是，以 $w=f(x,y,z)$ 为顶的四维柱体的体积，若 V 的物质密度是 $\rho(x,y,z)$，则 V 的质量是

$$\iiint_V \rho(x,y,z)\mathrm{d}x\mathrm{d}y\mathrm{d}z.$$

当被积函数 $f(x,y,z)=1$ 时，三重积分

$$\iiint_V \mathrm{d}x\mathrm{d}y\mathrm{d}z$$

的值就是 $V\subset\mathbf{R}^3$ 的体积.

定义 2.3　设 D 是 xOy 平面上的有界闭区域，D 的边界曲线 L 是一条简单闭曲线，二元数值函数 $\varphi_1(x,y)$，$\varphi_2(x,y)$ 在 D 上连续，且 $\varphi_1(x,y)\leqslant\varphi_2(x,y)$. 令

$$V=\{(x,y,z)\in\mathbf{R}^3\mid(x,y)\in D,\varphi_1(x,y)\leqslant z\leqslant\varphi_2(x,y)\},$$

称 V 为 xy-型柱体(见图 3.2-14). 实际上，V 是由以 L 为准线的，母线平行于 z 轴的柱面和两个曲面 $z=\varphi_1(x,y)$ 与 $z=\varphi_2(x,y)$ 围成的柱体.

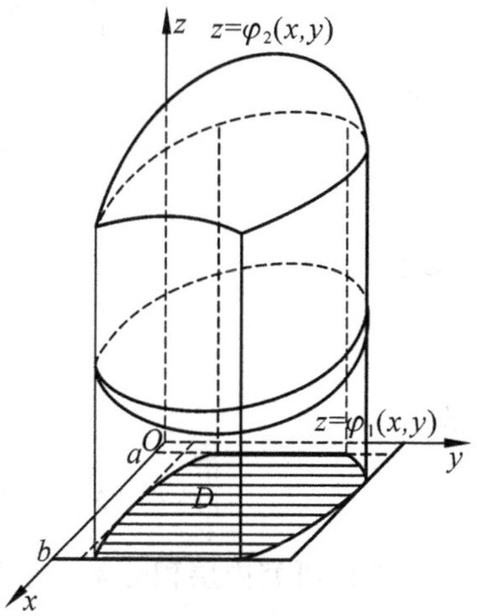

图 3.2-14

仿照二重积分化为累次积分的直观证明，可证得

定理 2.4　设数值函数 $f(x,y,z)$ 在定义 2.3 表示的 xy-型柱体 V 上连续，则成立

$$\boxed{\iiint_V f(x,y,z)\mathrm{d}x\mathrm{d}y\mathrm{d}z=\iint_D \mathrm{d}x\mathrm{d}y\int_{\varphi_1(x,y)}^{\varphi_2(x,y)} f(x,y,z)\mathrm{d}z.}$$

定义 2.4　设 D 是 yOz 平面(或 zOx 平面)的有界闭区域，D 的边界 L 是该平面上的一条简单闭曲线时，若 $\varphi_1(y,z)$ 与 $\varphi_2(y,z)$(或 $\varphi_1(z,x)$ 与 $\varphi_2(z,x)$)在 D 上连续，则称

$$V=\{(x,y,z)\mid(y,z)\in D,\varphi_1(y,z)\leqslant x\leqslant\varphi_2(y,z)\}$$

为 yz-型柱体，称

$$V=\{(x,y,z)\mid(z,x)\in D,\varphi_1(z,x)\leqslant y\leqslant\varphi_2(z,x)\}$$

为 zx-型柱体. 它们同样是由以 L 为准线的柱面与两张曲面围成.

若数值函数 $f(x,y,z)$ 在定义 2.4 中的 yz-型柱体或 zx-型柱体上连续时，仿照定理 2.4，又可得两个三重积分化为累次积分的计算公式. 一般地，若区域 V 可分成 n 个小区域之并，每个小区域是上面 3 种区域之一，称 V 是简单域. 则可用上面 3 个三重积分化为累次积分的公式，来求简单域 V 上的积分.

例 1　求 $J=\iiint_V (x+y+z)\mathrm{d}x\mathrm{d}y\mathrm{d}z$，其中

$$V=\{(x,y,z)\mid x^2+y^2+z^2\leqslant R^2,x\geqslant 0,y\geqslant 0,z\geqslant 0\}.$$

解　易知 V 在 xOy 面上的投影区域为

$$D=\{(x,y)\mid x^2+y^2\leqslant R^2,x\geqslant 0,y\geqslant 0\},$$

V 的上、下曲面为 $z=\sqrt{R^2-x^2-y^2}$ 与 $z=0$，所以

$$\iiint_V z\mathrm{d}x\mathrm{d}y\mathrm{d}z=\iint_D \mathrm{d}x\mathrm{d}y\int_0^{\sqrt{R^2-x^2-y^2}} z\mathrm{d}z=\frac{1}{2}\iint_D (R^2-x^2-y^2)\mathrm{d}x\mathrm{d}y$$

$$= \frac{1}{2}\int_0^{\frac{\pi}{2}} d\theta \int_0^R (R^2 - r^2) r dr = \frac{\pi R^4}{16}.$$

同理

$$\iiint_V x dx dy dz = \iint_{D_1} dy dz \int_0^{\sqrt{R^2-y^2-z^2}} x dx = \frac{\pi R^4}{16},$$

其中

$$D_1 = \{(y,z) \mid y^2 + z^2 \leqslant R^2, y \geqslant 0, z \geqslant 0\}.$$

同理

$$\iiint_V y dx dy dz = \frac{\pi R^4}{16},$$

故

$$\iiint_V (x + y + z) dx dy dz = \frac{3\pi R^4}{16}.$$

下面研究内层积分是二重积分的三重积分化为累次积分公式(见图 3.2-15).

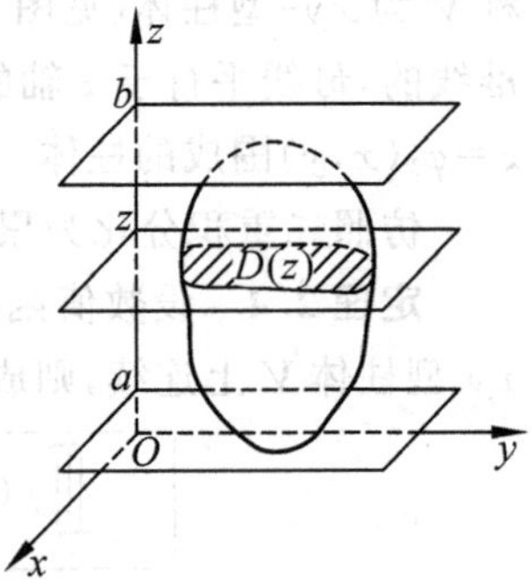

图 3.2-15

设积分区域 V 在 z 轴上的正交投影是 z 轴上的区间 $[a,b]$. 任取 $z\in[a,b]$,过点 $(0,0,z)$ 作平行于 xOy 平面的平面 π_z,平面 π_z 与 V 的交是 xOy 平面的区域 $D(z)=\{(x,y)\mid(x,y,z)\in\pi_z\cap V\}$ 且每个 $D(z)$ 均是有面积的平面图形,称 V 是 z-型区域,则有

定理 2.5 设数值函数 $f(x,y,z)$ 在 z-型区域.

$V=\{x,y,z\}\in\mathbf{R}^3\mid a\leqslant z\leqslant b,(x,y)\in D(z)\subset\mathbf{R}^2\}$ 上连续,则成立

$$\boxed{\iiint_V f(x,y,z) dx dy dz = \int_a^b dz \iint_{D(z)} f(x,y,z) dx dy.}$$

若用平行于 yOz 平面(zOx 平面)的平面截 V,得到有面积的平面区域 $D(x)$($D(y)$)时,称 $V=\{(x,y,z)\mid a\leqslant x\leqslant b,(y,z)\in D(x)\}$ 和 $V=\{(x,y,z)\mid a\leqslant y\leqslant b,(z,x)\in D(y)\}$,为 x-型区域和 y-型区域,就可得到另外两个将三重积分化为累次积分的公式. 例如,在例 1 中,积分区域 V 在 z 轴上的投影区间是 $[0,R]$,过任一点 $z\in[0,R]$ 作平行于 xOy 面的平面与 V 相交的截面区域为

$$D(z)=\{(x,y)\mid x^2+y^2\leqslant R^2-z^2, x\geqslant 0, y\geqslant 0\},$$

所以

$$\iiint_V z dx dy dz = \int_0^R dz \iint_{D(z)} z dx dy = \int_0^R z dz \iint_{D(z)} dx dy$$

$$= \frac{1}{4}\int_0^R z[\pi(\sqrt{R^2-z^2})^2] dz = \frac{\pi R^4}{16}.$$

例 2 求 $J=\iiint_V \frac{dx dy dz}{\rho^2}$,其中 ρ 是 V 中任一点 $\boldsymbol{p}=(x,y,z)$ 到 x 轴的距离,V 是棱台,

它的 6 个顶点为

$$A=(0,0,1),B=(0,1,1),C=(1,1,1),$$
$$A_1=(0,0,2),B_1=(0,2,2),C_1=(2,2,2).$$

解 由题意知 $\rho^2=y^2+z^2$.

方法 1 V 在 xOy 面上的投影区域 D 可分成两个区域 D_1 与 D_2(见图 3.2-16),其中 D_1 由直线 $x=0,y=1,y=x$ 围成;D_2 由直线 $x=0,y=x,y=1,y=2$ 围成,所以

$$\begin{aligned}J&=\iint_{D_1}\mathrm{d}x\mathrm{d}y\int_1^2\frac{\mathrm{d}z}{y^2+z^2}+\iint_{D_2}\mathrm{d}x\mathrm{d}y\int_y^2\frac{\mathrm{d}z}{y^2+z^2}\\&=\iint_{D_1}\left(\frac{1}{y}\arctan\frac{2}{y}-\frac{1}{y}\arctan\frac{1}{y}\right)\mathrm{d}x\mathrm{d}y+\iint_{D_2}\left(\frac{1}{y}\arctan\frac{2}{y}-\frac{1}{y}\arctan 1\right)\mathrm{d}x\mathrm{d}y\\&=\int_0^1\mathrm{d}y\int_0^y\left(\frac{1}{y}\arctan\frac{2}{y}-\frac{1}{y}\arctan\frac{1}{y}\right)\mathrm{d}x+\int_1^2\mathrm{d}y\int_0^y\left(\frac{1}{y}\arctan\frac{2}{y}-\frac{1}{y}\arctan 1\right)\mathrm{d}x\\&=\frac{1}{2}\ln 2.\end{aligned}$$

方法 2 积分域 V 在 yOz 面上的投影区域 E(见图 3.2-16)是由直线 $z=1,z=2,y=0,y=z$ 围成的梯形,这时,V 相对于 x 轴的上、下曲面是 $x=y$ 与 $x=0$,所以

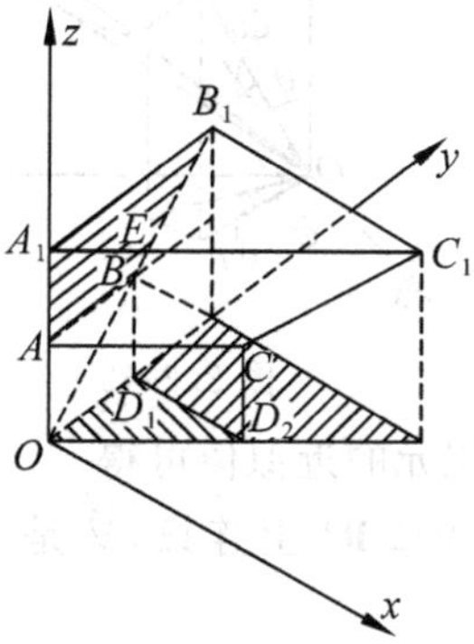

图 3.2-16

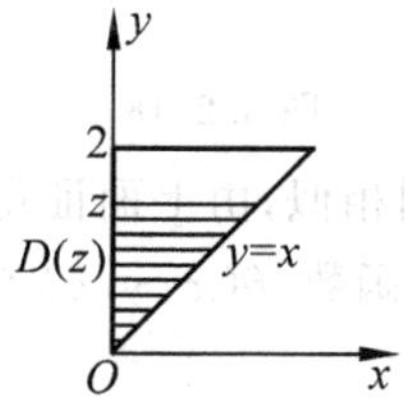

图 3.2-17

$$J=\iint_E\mathrm{d}y\mathrm{d}z\int_0^y\frac{\mathrm{d}x}{y^2+z^2}=\iint_E\frac{y\mathrm{d}y\mathrm{d}z}{y^2+z^2}=\int_1^2\mathrm{d}z\int_0^z\frac{y\mathrm{d}y}{y^2+z^2}=\frac{1}{2}\ln 2.$$

方法 3 积分域 V 在 z 轴上的投影区间是$[1,2]$,过任意的 $z\in[1,2]$,作过$(0,0,z)$点平行于 xOy 面的平面与 V 相交的截面区域为(见图 3.2-17)

$$D(z)=\{(x,y)\mid 0\leqslant x\leqslant y,0\leqslant y\leqslant z;z\in[1,2]\},$$

所以

$$J=\int_1^2\mathrm{d}z\iint_{D(z)}\frac{\mathrm{d}x\mathrm{d}y}{y^2+z^2}=\int_1^2\mathrm{d}z\int_0^z\mathrm{d}y\int_0^y\frac{\mathrm{d}x}{y^2+z^2}=\int_1^2\mathrm{d}z\int_0^z\frac{y\mathrm{d}y}{y^2+z^2}=\frac{1}{2}\ln 2.$$

上述 3 种方法在计算上的简繁程度,充分体现了三重积分计算的灵活性,它告诉我们,计算三重积分时,选择积分次序是多么重要啊!

下面研究三重积分的球坐标换元积分,球坐标变换 ψ 由下式定义

$$\begin{cases}x=r\sin\theta\cos\varphi,\\y=r\sin\theta\sin\varphi,\\z=r\cos\theta,\end{cases}\tag{2}$$

其中 $P=(x,y,z)$ 是 $\mathbf{R}^3$ 中的一点，其直角坐标是 (x,y,z). 反之，$P=(x,y,z)$ 对应的球坐标 (r,θ,φ) 可确定如下，r 是向量 $\overrightarrow{OP}$ 的长度，θ 是向量 $\overrightarrow{OP}$ 与 z 轴正向的夹角，$\overrightarrow{OP}$ 在 xOy 平面的正交投影是向量 $\overrightarrow{OP_0}$，φ 是向量 $\overrightarrow{OP_0}$ 的幅角，即正的 x 轴在 xOy 平面绕原点逆时针旋转 φ 弧度后与 $\overrightarrow{OP_0}$ 重合(见图 3.2-18)，所以 $r\geqslant 0, 0\leqslant\theta\leqslant\pi, 0\leqslant\varphi\leqslant 2\pi$.

设 $H=\{(r,\theta,\varphi)\in\mathbf{R}^3 \mid r>0, 0<\theta<\pi, 0\leqslant\varphi<2\pi\}$ 是 $r\theta\varphi$ 坐标系中的柱体，则球坐标变换在 H 上是单射，且 $E=\psi(H)=\mathbf{R}^3\backslash\{z\text{ 轴}\}$. 所以存在反函数 $\psi^{-1}: E\to H$. 当 xyz 空间的区域 V 不含 z 轴的点时，记 $\widetilde{V}=\psi^{-1}(V)$，当 V 含 z 轴的点时，将 V 挖去 z 轴点后在 ψ^{-1} 下的像的闭包记为 $\widetilde{V}$，并称 $\widetilde{V}$ 是 V 对应的球坐标区域.

在 H 中取微长方体 $[r,r+\mathrm{d}r]\times[\theta,\theta+\mathrm{d}\theta]\times[\varphi,\varphi+\mathrm{d}\varphi]=\widetilde{V}_i$，则 $V_i=\psi(\widetilde{V}_i)$ 是图 3.2-19 中由半径为 r 和 $r+\mathrm{d}r$ 的以 O 为球心的球面，幅角为 φ 和 $\varphi+\mathrm{d}\varphi$ 的半平面及以 O 为顶点，半顶角为 θ 和 $\theta+\mathrm{d}\theta$ 的两个圆锥面围出. 将 V_i 近似看作长方体，它的三个近似垂直边长的近似值是 $r\mathrm{d}\theta$, $r\sin\theta\mathrm{d}\varphi$ 和 $\mathrm{d}r$，所以 V_i 的体积 $\approx r^2\sin\theta\mathrm{d}r\mathrm{d}\theta\mathrm{d}\varphi$.

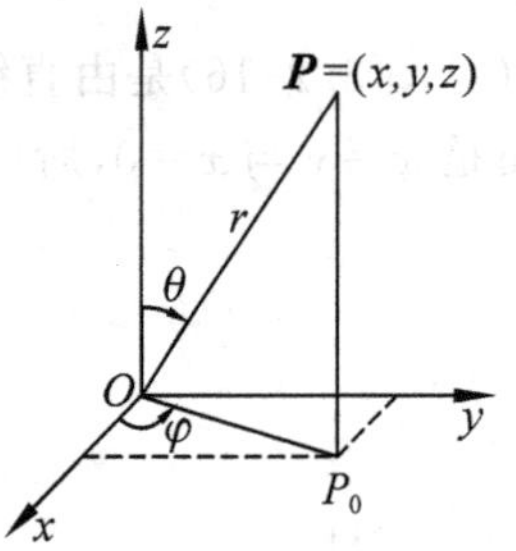

图 3.2-18

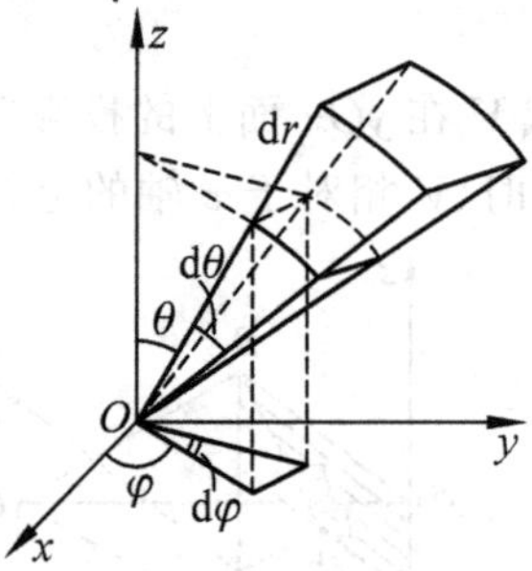

图 3.2-19

与定理 2.3 的证明相似，由上面证得的体积元的近似值可得

定理 2.6 设数值函数 $f(x,y,z)$ 在区域 $V\subset\mathbf{R}^3$ 上连续，$\widetilde{V}$ 是 V 对应的球坐标区域，则有

$$\iiint_V f(x,y,z)\mathrm{d}x\mathrm{d}y\mathrm{d}z=\iiint_{\widetilde{V}} f(r\sin\theta\cos\varphi, r\sin\theta\sin\varphi, r\cos\theta)r^2\sin\theta\mathrm{d}r\mathrm{d}\theta\mathrm{d}\varphi.$$

如何由直角坐标空间的区域 V，来确定它对应的球坐标空间的区域 $\widetilde{V}=\psi^{-1}(V)$ 呢？如图 3.2-20 所示，设 π_φ^+ 是 z 轴和 xOy 平面上幅角为 φ 的射线张成的半平面，区域 V 夹在两个半平面 π_α^+ 与 π_β^+ 之间，对 $\varphi\in[\alpha,\beta]$，$D(\varphi)=\pi_\varphi^+\cap V$，则 $\widetilde{V}=\{(r,\theta,\varphi)\mid(r,\theta)\in\widetilde{D}(\varphi), \alpha\leqslant\varphi\leqslant\beta\}$，就是 V 对应的球坐标区域. 因为球坐标变换限制在 π_φ^+ 上是极坐标变换，而 $\widetilde{D}(\varphi)$ 则是 $D(\varphi)$ 对应的极坐标区域，$\widetilde{D}(\varphi)$ 可由 $D(\varphi)$ 边界曲线的极坐标参数方程求出. 由定理 2.5 与定理 2.6 可得

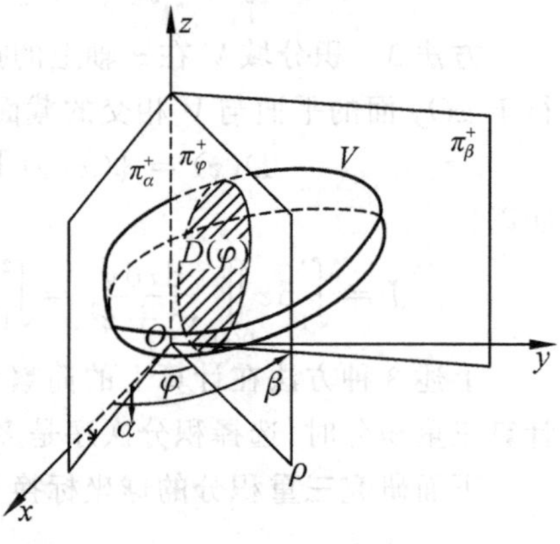

图 3.2-20

定理 2.7 设数值函数 $f(x,y,z)$ 在区域 V 上连续，区域 V 夹在半平面 π_α^+ 与 π_β^+ 之间，$D(\varphi)=\pi_\varphi^+\cap V$ 所对应的极坐标区域是 $\widetilde{D}(\varphi)=\{(r,\theta)\mid(r,\varphi,\varphi)\in\psi^{-1}$

$(D(\varphi))\}$，则下式成立

$$\iiint_V f(x,y,z)\mathrm{d}x\mathrm{d}y\mathrm{d}z = \int_\alpha^\beta \mathrm{d}\varphi \iint_{\widetilde{D}(\varphi)} fr^2 \sin\theta \mathrm{d}r\mathrm{d}\theta.$$

例 3　求

$$J = \iiint_V (x^2+y^2+z^2)\mathrm{d}x\mathrm{d}y\mathrm{d}z,$$

其中

$$V = \{(x,y,z) \in \mathbf{R}^3 \mid x^2+y^2+z^2 \leqslant 2z\}.$$

解　对不等式 $x^2+y^2+z^2 \leqslant 2z$ 作球坐标变换得

$$r^2 \leqslant 2r\cos\theta, \quad 即\ r \leqslant 2\cos\theta,$$

因方程与 φ 无关，所以 $0\leqslant\varphi\leqslant 2\pi$，即 V 对应的球坐标区域可表示成

$$\widetilde{V} = \{(r,\theta,\varphi) \in \mathbf{R}^3 \mid (r,\theta) \in \widetilde{D}(\varphi), 0 \leqslant \varphi \leqslant 2\pi\}$$

$D(\varphi)$由图 3.2-21 给出，因为 $r\leqslant 2\cos\theta$，所以 $\cos\theta\geqslant 0$，又因 $0\leqslant\theta\leqslant\pi$，所以 $0\leqslant\theta\leqslant\frac{\pi}{2}$，从而 $\widetilde{D}(\varphi)$是

$$\widetilde{D}(\varphi) = \{(r,\theta) \mid 0 \leqslant r \leqslant 2\cos\theta, 0 \leqslant \theta \leqslant \frac{\pi}{2}\},$$

由定理 2.7 和定理 2.1 可得

$$J = \int_0^{2\pi} \mathrm{d}\varphi \iint_{\widetilde{D}(\varphi)} r^4 \sin\theta \mathrm{d}r\mathrm{d}\theta = \int_0^{2\pi} \mathrm{d}\varphi \int_0^{\frac{\pi}{2}} \mathrm{d}\theta \int_0^{2\cos\theta} r^4 \sin\theta \mathrm{d}r = \frac{32}{15}\pi.$$

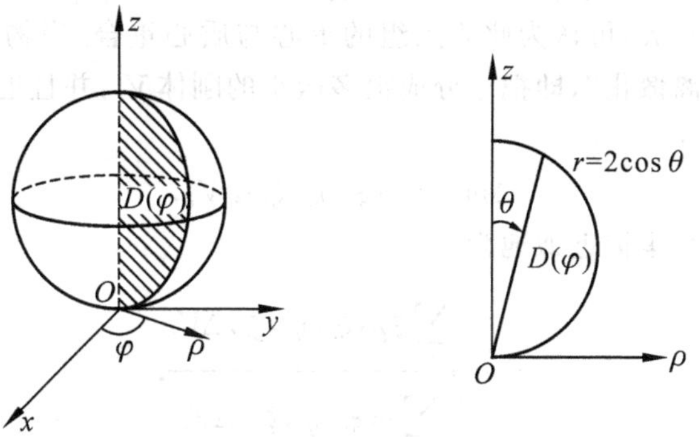

图 3.2-21

例 4　求 $J = \iiint_V z\mathrm{d}x\mathrm{d}y\mathrm{d}z$，其中 V 为两个球面

$$x^2+y^2+z^2 = 2az \quad 与 \quad x^2+y^2+z^2 = az$$

围成的立体(见图 3.2-22).

解　两个球面经球坐标变换后为

$$r=2a\cos\theta, \quad r=a\cos\theta,$$

其中 $0\leqslant\theta\leqslant\frac{\pi}{2}$，于是

$$J = \iiint_{\widetilde{V}} r\cos\theta \cdot r^2 \sin\theta \mathrm{d}r\mathrm{d}\theta\mathrm{d}\varphi$$

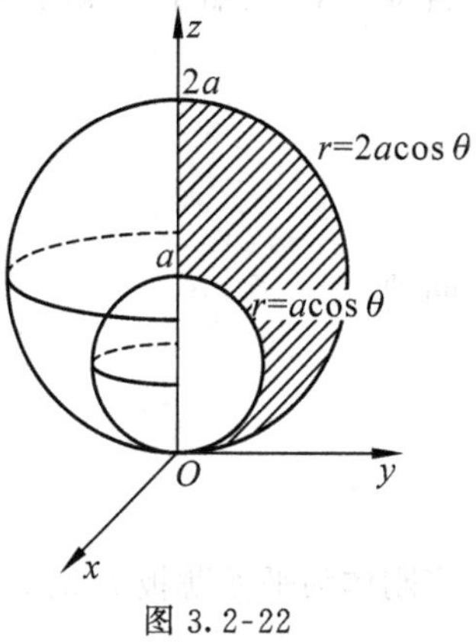

图 3.2-22

$$= \int_0^{2\pi} d\varphi \iint_{\tilde{D}(\varphi)} r^3 \sin\theta \cos\theta \, dr d\theta$$

$$= \int_0^{2\pi} d\varphi \int_0^{\frac{\pi}{2}} d\theta \int_{a\cos\theta}^{2a\cos\theta} r^3 \sin\theta \cos\theta \, dr = \frac{5\pi a^4}{4}.$$

3.2.3 重积分的应用

本段主要介绍重积分在物理上的应用.

1. 质量与重心

由重积分的物理意义可知,当物体是空间立体 V,体密度为 $\rho(x,y,z)$时,它的质量为

$$m = \iiint_V \rho(x,y,z) \, dx dy dz.$$

当物体是平面薄板 D,面密度为 $\rho(x,y)$时,它的质量为

$$m = \iint_D \rho(x,y) \, dx dy.$$

现在介绍刚体重心的求法. 我们知道,质量为 $m_i(i=1,2,\cdots,n)$的 n 个质点 $\boldsymbol{p}_i=(x_i,y_i,z_i)$组成质点组的质心坐标为

$$\bar{x} = \frac{\sum_{i=1}^n m_i x_i}{\sum_{i=1}^n m_i}; \quad \bar{y} = \frac{\sum_{i=1}^n m_i y_i}{\sum_{i=1}^n m_i}; \quad \bar{z} = \frac{\sum_{i=1}^n m_i z_i}{\sum_{i=1}^n m_i}.$$

如果质点分布的范围不大,可认为此质点组的重心与质心重合. 当物体是密度为 $\rho(x,y,z)$的刚体时,可以把它"离散化",即把它分成很多微小的刚体 V_i,并且近似地把它看成质点,它的质量为

$$\Delta m_i \approx \rho(\xi_i,\eta_i,\zeta_i)\Delta V_i,$$

于是刚体重心的第一个坐标近似地为

$$\bar{x} = \frac{\sum_{i=1}^n \xi_i \rho(\xi_i,\eta_i,\zeta_i)\Delta V_i}{\sum_{i=1}^n \rho(\xi_i,\eta_i,\zeta_i)\Delta V_i}.$$

当每个 V_i 收缩于一点时,则得到

$$\bar{x} = \frac{\iiint_V x\rho \, dx dy dz}{\iiint_V \rho \, dx dy dz}.$$

同理

$$\bar{y} = \frac{\iiint_V y\rho \, dx dy dz}{\iiint_V \rho \, dx dy dz}; \qquad \bar{z} = \frac{\iiint_V z\rho \, dx dy dz}{\iiint_V \rho \, dx dy dz}.$$

当刚体为平面薄板 D 时,它的重心坐标为

$$\bar{x}=\frac{\iint\limits_D x\rho\mathrm{d}x\mathrm{d}y}{\iint\limits_D \rho\mathrm{d}x\mathrm{d}y};\qquad \bar{y}=\frac{\iint\limits_D y\rho\mathrm{d}x\mathrm{d}y}{\iint\limits_D \rho\mathrm{d}x\mathrm{d}y}.$$

例 1　利用重心公式计算二重积分

$$J=\iint\limits_D x\,\mathrm{d}x\mathrm{d}y,$$

其中 D 是由 $\boldsymbol{p}_1=(x_1,y_1)$，$\boldsymbol{p}_2=(x_2,y_2)$，$\boldsymbol{p}_3=(x_3,y_3)$ 3 点构成的三角形.

解　把 D 看成均匀的平面薄板，则它重心的第一个坐标为

$$\bar{x}=\frac{\iint\limits_D x\,\mathrm{d}x\mathrm{d}y}{\iint\limits_D \mathrm{d}x\mathrm{d}y}.$$

因为三角形的重心就是它 3 条中线的交点，所以

$$\bar{x}=\frac{x_1+x_2+x_3}{3}.$$

而 $\iint\limits_D \mathrm{d}x\mathrm{d}y$ 就是 D 的面积 $|D|$，故

$$\iint\limits_D x\,\mathrm{d}x\mathrm{d}y=\frac{x_1+x_2+x_3}{3}\,|\,D\,|.$$

2. 转动惯量

我们知道，质量为 $m_i(i=1,2,3,\cdots,n)$ 的 n 个质点 $\boldsymbol{p}_i=(x_i,y_i,z_i)$ 组成的质点组关于 x，y，z 轴的转动惯量分别为

$$I_x=\sum_{i=1}^{n}(y_i^2+z_i^2)m_i;$$

$$I_y=\sum_{i=1}^{n}(z_i^2+x_i^2)m_i;$$

$$I_z=\sum_{i=1}^{n}(x_i^2+y_i^2)m_i.$$

对于密度为 $\rho(x,y,z)$ 的刚体 V，类似于重心的处理，可以得到它关于 3 个坐标轴的转动惯量分别为

$$I_x=\iiint\limits_V(y^2+z^2)\rho\mathrm{d}x\mathrm{d}y\mathrm{d}z;$$

$$I_y=\iiint\limits_V(z^2+x^2)\rho\mathrm{d}x\mathrm{d}y\mathrm{d}z;$$

$$I_z=\iiint\limits_V(x^2+y^2)\rho\mathrm{d}x\mathrm{d}y\mathrm{d}z.$$

例 2　求密度均匀的圆环 D 对于垂直于圆环中心轴的转动惯量.

解　设

$$D=\{(x,y)\mid a^2\leqslant x^2+y^2\leqslant b^2\},$$

密度 $\rho=$常数,D 中任一点(x,y)到轴的距离为 x^2+y^2,故转动惯量为

$$I_z=\iint_D(x^2+y^2)\rho\mathrm{d}x\mathrm{d}y=\rho\int_0^{2\pi}\mathrm{d}\theta\int_a^b r^3\mathrm{d}r=\frac{\pi}{2}\rho(b^4-a^4)=\frac{m}{2}(a^2+b^2),$$

其中 m 为圆环的质量.

3. 引力

求密度为 $\rho(x,y,z)$的物体 V 对位于 V 外一点 $\boldsymbol{p}_0=(x_0,y_0,z_0)$处具有单位质量的质点的引力.

我们用微元法处理这个问题. 在 V 中任取一小块体积元 $\mathrm{d}v$,它的质量为

$$\mathrm{d}m=\rho(x,y,z)\mathrm{d}v,$$

由 $\boldsymbol{p}_0$ 到 $\mathrm{d}v$ 中任一点 $\boldsymbol{p}=(x,y,z)$的矢量记作

$$\boldsymbol{r}=(x-x_0)\boldsymbol{i}+(y-y_0)\boldsymbol{j}+(z-z_0)\boldsymbol{k}.$$

把 $\mathrm{d}v$ 近似地看成一点,应用万有引力定律,得到 $\mathrm{d}v$ 对质点 $\boldsymbol{p}_0$ 的引力为

$$\mathrm{d}\boldsymbol{F}=K\frac{\rho(x,y,z)\mathrm{d}v}{r^3}\boldsymbol{r},$$

其中 $r=|\boldsymbol{r}|$,K 为比例系数,所以物体 V 对质点 $\boldsymbol{p}_0$ 的引力为

$$\boldsymbol{F}=F_x\boldsymbol{i}+F_y\boldsymbol{j}+F_z\boldsymbol{k},$$

且 F_x,F_y,F_z 是 $\boldsymbol{F}$ 在 x,y,z 轴上的3个分量,分别为

$$F_x=K\iiint_V\frac{\rho(x,y,z)(x-x_0)}{r^3}\mathrm{d}x\mathrm{d}y\mathrm{d}z;$$

$$F_y=K\iiint_V\frac{\rho(x,y,z)(y-y_0)}{r^3}\mathrm{d}x\mathrm{d}y\mathrm{d}z;$$

$$F_z=K\iiint_V\frac{\rho(x,y,z)(z-z_0)}{r^3}\mathrm{d}x\mathrm{d}y\mathrm{d}z,$$

其中 $r=\sqrt{(x-x_0)^2+(y-y_0)^2+(z-z_0)^2}$.

例3 一半径为 R 具有均匀密度 ρ 的圆盘,在垂直于圆盘中心的直线上且距盘心为 h 处放一单位质点 $\boldsymbol{p}_0$,求圆盘对质点 $\boldsymbol{p}_0$ 的引力.

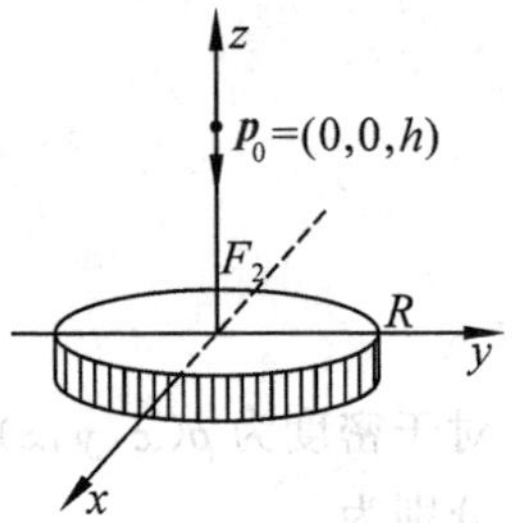

图 3.2-23

解 建立坐标系如图 3.2-23 所示. 由对称性知,引力 $\boldsymbol{F}$ 在 x,y 轴上的分量 $F_x=F_y=0$,而

$$F_z=K\rho\iint_D\frac{(0-h)\mathrm{d}x\mathrm{d}y}{(x^2+y^2+h^2)^{\frac{3}{2}}}=-K\rho\int_0^{2\pi}\mathrm{d}\theta\int_0^R\frac{hr\mathrm{d}r}{(r^2+h^2)^{\frac{3}{2}}}$$

$$=-2K\rho\pi\left(1-\frac{h}{\sqrt{h^2+R^2}}\right),$$

其中负号表示引力方向与 z 轴正向相反.

练　习　题

3.26　判断下列二重积分的符号：

(1) $\iint\limits_{\substack{|x|\leqslant 1\\|y|\leqslant 1}}(1+x)\mathrm{d}x\mathrm{d}y$；　(2) $\iint\limits_{|x|+|y|\leqslant 1}\ln(x^2+y^2)\mathrm{d}x\mathrm{d}y$.

3.27　证明：$\iint\limits_{[a,b]\times[a,b]}f(x)f(y)\mathrm{d}x\mathrm{d}y=\left(\int_a^b f(x)\mathrm{d}x\right)^2$.

3.28　求下列二重积分：

(1) $\iint\limits_D x\mathrm{e}^{xy}\mathrm{d}x\mathrm{d}y$，其中 $D=[0,1]\times[0,1]$；

(2) $\iint\limits_D[x+y]\mathrm{d}x\mathrm{d}y$，其中 $D=[0,2]\times[0,2]$，被积函数 $[x+y]$ 是取整函数；

(3) $\iint\limits_D(x^2+y^2)\mathrm{d}x\mathrm{d}y$，其中 D 是由 $y=3a,y=a,y=x,y=a+x$ 围成的闭区域；

(4) $\iint\limits_D|xy|\mathrm{d}x\mathrm{d}y$，其中 D 是由 $x^2+y^2=a^2$ 围成的闭圆；

(5) $\iint\limits_D(|x|+|y|)\mathrm{d}x\mathrm{d}y$，其中 $D=\{(x,y)\mid |x|+|y|\leqslant 1\}$.

3.29　交换下列累次积分的次序：

(1) $\int_0^a\mathrm{d}y\int_{-y}^{\sqrt{y}}f(x,y)\mathrm{d}x\ (a>0)$；　(2) $\int_0^1\mathrm{d}x\int_0^{x^2}f(x,y)\mathrm{d}y+\int_1^3\mathrm{d}x\int_0^{\frac{1}{2}(3-x)}f(x,y)\mathrm{d}y$；

(3) $\int_0^{2\pi}\mathrm{d}x\int_0^{\sin x}f(x,y)\mathrm{d}y$.

3.30　求下列曲面围成的立体体积：

(1) $x+y-z=-1,\ x+y=1,\ x=0,\ y=0,\ z=0$；

(2) $z=x^2+y^2,\ y=x^2,\ y=1,\ z=0$.

3.31　设函数 f 连续，证明：

(1) 狄利克雷公式：

$$\int_a^b\mathrm{d}x\int_a^x f(x,y)\mathrm{d}y=\int_a^b\mathrm{d}y\int_y^b f(x,y)\mathrm{d}x;$$

(2)

$$\int_0^a\mathrm{d}x\int_0^x f(x)f(y)\mathrm{d}y=\frac{1}{2}\left(\int_0^a f(x)\mathrm{d}x\right)^2.$$

3.32　求下列二重积分：

(1) $\iint\limits_D\sin\sqrt{x^2+y^2}\mathrm{d}x\mathrm{d}y$，其中 $D=\{(x,y)\mid \pi^2\leqslant x^2+y^2\leqslant 4\pi^2\}$；

(2) $\iint\limits_D\sqrt{x^2+y^2}\mathrm{d}x\mathrm{d}y$，其中 $D=\{(x,y)\mid x^2+y^2\leqslant 2ax,a>0\}$；

(3) $\iint\limits_D(x+y)\mathrm{d}x\mathrm{d}y$，其中 $D=\{(x,y)\mid x^2+y^2\leqslant x+y\}$.

3.33　求由曲面 $z=\dfrac{x^2+y^2}{a}$，$x^2+y^2=2ax$，$z=0$ 围成的立体体积 $(a>0)$.

3.34　求下列三重积分：

(1) $\iiint\limits_V\dfrac{\mathrm{d}x\mathrm{d}y\mathrm{d}z}{(1+x+y+z)^3}$，其中 $V=\{(x,y,z)\mid x+y+z\leqslant 1,\ x,y,z\geqslant 0\}$；

(2) $\iiint\limits_V xyz\mathrm{d}x\mathrm{d}y\mathrm{d}z$，其中 $V=\{(x,y,z)\mid x^2+y^2+z^2\leqslant 1,x,y,z\geqslant 0\}$.

3.35 求下列曲面围成的立体体积：

(1) $x^2+y^2=a^2$，$z=0$，$z=kx(k>0)$ 在 $x>0$ 的那一部分；

(2) $x^2+y^2=a^2$，$y^2+z^2=a^2$，$z^2+x^2=a^2$.

3.36 求下列三重积分：

(1) $\iiint\limits_V \frac{\mathrm{d}x\mathrm{d}y\mathrm{d}z}{(x^2+y^2+z^2)^2}$，其中 $V=\{(x,y,z)\mid a^2\leqslant x^2+y^2+z^2\leqslant b^2,a,b>0\}$；

(2) $\iiint\limits_V z^2\mathrm{d}x\mathrm{d}y\mathrm{d}z$，其中 V 是由 $x^2+y^2+z^2=R^2$ 与 $x^2+y^2=z^2$ 围成的立体(锥的内部).

3.37 证明：

$$\int_0^a \mathrm{d}x\int_0^x \mathrm{d}y\int_0^y f(x)f(y)f(z)\mathrm{d}z=\frac{1}{3!}\left(\int_0^a f(x)\mathrm{d}x\right)^3.$$

3.38 设立体 V 在 x 轴上的投影区间是 $[a,b]$，过任一点 $x\in[a,b]$ 作垂直于 x 轴的平面截 V 所得之截面面积为 $Q(x)$，利用三重积分计算公式证明：立体 V 的体积 $|V|$ 为

$$|V|=\int_a^b Q(x)\mathrm{d}x.$$

3.39 求抛物线 $\sqrt{x}+\sqrt{y}=\sqrt{a}$ 与两坐标轴所围部分的重心(设此平面薄板的面密度 $\rho=1$).

3.40 求下列均匀密度的平面薄板的转动惯量.

(1) 半径为 R 的圆盘对其直径的转动惯量；

(2) 半径为 R 的圆盘对其切线的转动惯量.

3.41 求密度均匀的圆柱体：$x^2+y^2\leqslant a^2$，$0\leqslant z\leqslant b$ 对单位质点 $\boldsymbol{p}_0=(0,0,h)$ (其中 $h>b$) 的引力.

3.42 一半径为 R、高为 H 的圆柱形水桶盛满水，求抽完桶中水需做多少功.

—— 多元函数微积分小结 ——

本章初步介绍了多元函数微积分中一些最简单最基本的概念. 有些是严格定义的，如极限、连续、偏导数、可微性、梯度等，有些是用它们的几何与物理意义描述的，如重积分. 至于它们之间的关系及更深一层的概念和理论我们都未深入展开，留待以后详论. 读者对已介绍的概念暂时只要知道它们的几何与物理背景就可以了.

本章重点是多元复合函数的一阶与高阶偏导数的求法和重积分的直角坐标与极坐标(球坐标)计算法. 求复合函数的高阶偏导数是本章难点之一，关键是要搞清多元复合函数求一阶偏导数之后仍然是多元复合函数. 三重积分的计算也是本章难点之一，关键是要对积分域有直觉形象.

部分习题答案或简单提示

1.1 (1) $x \in \bigcup_k \left[-\frac{\pi}{4}+k\pi, \frac{\pi}{4}+k\pi\right]$ $(k \in \mathbf{Z})$.

(2) $x \in \bigcup_k \left[\frac{1}{2k+1}, \frac{1}{2k}\right) \cup (1, +\infty)$ $(k \in \mathbf{Z}_+)$.

1.2 (1) 不等. (2) 不等. (3) 相等.

1.4 (1) $0.8^{-0.3} > 4.9^{-0.1}$. (2) $0.9^{0.3} > 0.7^{0.3} > 0.7^{0.4}$. (3) $\log_2 0.3 < 0.3^2$.

1.7 $f(5) = -2$.

1.9 (1) $f^{-1}(x) = -\sqrt{x}$, $x \in [0, +\infty)$.

(2) $f^{-1}(x) = 2\pi - \arccos x$, $x \in [-1, 1]$.

(3) $f^{-1}(x) = \frac{1-x}{1+x}$, $x \in (-\infty, -1) \cup (-1, +\infty)$.

1.12 (1) 2π. (2) 2π. (3) 1. (4) 非周期函数.

1.13 $f[g(x)] = \begin{cases} -x-1, & x \leqslant 0, \\ x^2-1, & x > 0, \end{cases}$ $g[f(x)] = \begin{cases} -(x+1)^2, & x < -1, \\ -x-1, & -1 \leqslant x \leqslant 0, \\ -x^2, & x > 0. \end{cases}$

1.14 提示:反证法. **1.15** 提示:$\forall x_1 < x_2$,有 $\varphi(x_2) \geqslant f(x_1)$,$\varphi(x_2) \geqslant g(x_1)$.

1.16 提示:考虑 $y_{n+1} - y_n$ 的正负. **1.17** 提示:用数学归纳法.

1.18 (2) 当 $x_1 \in \mathbf{Q}$,$x_2 \in \mathbf{R}\backslash\mathbf{Q}$,用反证法证 f 是 $1-1$ 映射.

1.19 g 不是 f 的反函数,他亏了 $1\,000 - 985.6 = 14.4$(美元).

1.20 $R(x) = \begin{cases} 90, & x \leqslant 100, \\ 90-(x-100)\times 0.01, & 100 < x < 1\,600, \\ 75, & x \geqslant 1\,600. \end{cases}$

厂家获利 $L(1\,000) = 21\,000$(元).

1.27 当且仅当 $a = 0$ 时,反之成立.

1.28 (2) $\{x_n\}$ 收敛. 提示:由 $x_{2n} \to a$,$x_{3n} \to c \Rightarrow a = c$. 由 $x_{2n-1} \to b$,$x_{3n} \to c \Rightarrow b = c$.

(3) $\{x_n\}$ 收敛.

1.29 (2) 之逆命题不成立. 反例:$x_n = \sqrt{n}$.

1.30 反证法. **1.34** 反证法. **1.35** 反证法.

1.38 (1) -2. (2) $\frac{1}{3}$. (3) 0. (4) $\frac{1}{2}$. (5) $\frac{1}{a}$. **1.39** (1) $\frac{1}{2}$. (2) $\frac{4}{3}$.

1.40 (1) 0. (2) 1. (3) a.

1.41 (1) 1. (2) $\frac{2}{3}$. (3) $\frac{1}{2}$. (4) $\frac{1}{2a}$. (5) $\frac{4}{3}$. (6) $\frac{n(n+1)}{2}$. (7) 1. (8) $\frac{3^{70}\times 8^{20}}{5^{90}}$.

(9) $\frac{a+b}{2}$; $-\frac{a+b}{2}$. (10) $\frac{2}{3}$.

1.45 提示:反证法. **1.47** 提示:利用极限的夹逼性质及 $\lim\limits_{n\to\infty} q^n = 0$ $(|q| < 1)$.

1.48 提示:令 $y_n = x_n - \sqrt{2}$,适当放大为 $|y_{n+1}| \leqslant q|y_n|$ $(0 < q < 1)$,再仿照题 1.47 的方法.

1.49 (1) 提示:换元法. 令 $x = e^t$. 答:0. (2) 答:0.

1.50 提示:$\alpha \leqslant 0$; $0 < \alpha < 1$. 答:0. **1.51** (1) 0; $+\infty$. (2) 1; 0. (3) $\frac{b}{a}$; 0.

1.53 (1) 令 $y_n = \dfrac{2\times4\times\cdots\times2n}{3\times5\times\cdots\times(2n+1)}$. (2) 0.

1.54 (1) $\dfrac{a}{b}$. (2) $\dfrac{1}{2}$. (3) $\sin 2a$. (4) $\dfrac{1}{\sqrt{3}}$. (5) 8. (6) $-\dfrac{2}{\pi}$. (7) $\sqrt{2}$. (8) $\dfrac{1}{4}$.

1.55 (1) e^n. (2) e. (3) e^2. (4) e^2. (5) e^3. (6) e^{mk}. (7) e^{-2}.

(8) 当 $a_1 < a_2$ 时,极限是 0;当 $a_1 > a_2$ 时,极限是 $+\infty$;当 $a_1 = a_2$ 时,极限是 $e^{\frac{b_1-b_2}{a_1}}$.

1.56 (1) 0. (2) 1. (3) 0. (4) 不存在. (5) 不存在.

1.57 提示:利用数学归纳法证明数列单调有界.

(1) $x_{n+1} - x_n = \dfrac{x_n - x_{n-1}}{\sqrt{2+x_n} + \sqrt{2+x_{n-1}}}$, 2 是 $\{x_n\}$ 的上界,2.

(2) $\dfrac{x_{n+1}}{x_n} = (\sqrt{2})^{x_n - x_{n-1}}$, 2 是 $\{x_n\}$ 的上界,2.

(3) $x_{n+1} - x_n = \dfrac{x_n - x_{n-1}}{\sqrt{1-x_n} + \sqrt{1-x_{n-1}}}$, 0 是 $\{x_n\}$ 的下界,0.

(4) $|x_{n+1}| = |\sin x_n| \leqslant |x_n|$,0.

1.58 提示:利用数学归纳法证明数列单调有界.

(1) $\{x_n\}$ 单调增,有上界 2,$\dfrac{1+\sqrt{5}}{2}$.

(2) $\{x_n\}$ 单调增,有上界 1,$1-\sqrt{1-a}$.

1.59 提示:利用 $\sqrt{ab} \leqslant \dfrac{a+b}{2}$,证明 $\{a_n\}$ 单调增,$\{b_n\}$ 单调减.

1.63 提示:利用 $\lim\limits_{n\to\infty}\left(1+\dfrac{1}{n}\right)^n = e < 3$,$\lim\limits_{n\to\infty}\left(1-\dfrac{1}{n}\right)^n = \dfrac{1}{e} > \dfrac{1}{3}$ 及保序性.

1.64 提示:取对数. **1.65** 提示:利用上题的结论. **1.66** (1) e. (2) 1.

1.67 提示:利用算术平均值极限. **1.68** 提示:利用算术平均值极限.

1.69 提示:由题设可以证明:$\forall \varepsilon > 0, \exists N \in \mathbf{N}_+, \forall n > N, m > N$ 有 $l - \varepsilon < \dfrac{x_n - x_{n+m}}{y_n - y_{n+m}} < l + \varepsilon$,然后利用极限的保序性.

1.71 用反证法证明 $x_{2n} \leqslant x_{2n+1}$. **1.74** 提示:仿黎曼函数极限的证法.

1.78 (1) 第一类间断点. (2) 第二类间断点. (3) 第一类间断点. (4) 可去间断点.

(5) 连续点. (6) 第二类间断点. (7) 连续点. (8) 可去间断点.

1.79 (1) $f(0) = \dfrac{3}{2}$. (2) $f(0) = 0$. **1.80** $a = 0$.

1.81 (1) $\dfrac{1}{a}$. (2) $a^b \ln a$. (3) 1. (4) $\dfrac{a^2}{b^2}$. (5) $\dfrac{1}{e}$. (6) $e^{\frac{3}{2}}$. (7) e^2. (8) $e^{\cot a}$. (9) 1. (10)1.

1.85 提示:$\forall x_0 \in (0,1)$,证明 $f(x_0^-) = f(x_0^+) = f(x_0)$.

1.90 提示:令 $F(x) = f(x) - f(x+a)$.

1.91 提示:先证明存在 $x_1 \in (a,b)$,使 $f(x_1) < C$,存在 $x_2 \in (a,b)$,使 $f(x_2) > C$,再用连续函数的介值性.

1.93 提示:$\min\{f(x_1), f(x_2), \cdots, f(x_n)\} \leqslant \dfrac{f(x_1)+f(x_2)+\cdots+f(x_n)}{n} \leqslant \max\{f(x_1), f(x_2), \cdots, f(x_n)\}$.

1.96 提示:参考第 1.95 题.

1.98 提示:有 $f(a-x) = f(a+x)$,$f(b-x) = f(b+x)$,令 $t = a+x$,$t = b+x$.

1.101 (1) 不一定. 如 $f(x)=g(x)=\begin{cases}x, & x\neq 2,\\ 1, & x=2.\end{cases}$

(2) 存在. 任给定 x,令 $g(t)=x\Rightarrow f(x)=x$.

1.102 提示:考虑 $\dfrac{f(x_1+x_2)}{x_1+x_2}$.

1.105 (1) 3. (2) $\dfrac{1}{2}$.

(3) 当 $|a|<1$ 时,极限为 0;当 $|a|>1$ 时,极限为 1;当 $a=1$ 时,极限为$\dfrac{1}{2}$.

(4) 当 $|a|\neq 1$ 时,极限为 0;当 $a=1$ 时,极限为$\dfrac{1}{2}$. (5) $\max\{a_1,a_2,\cdots,a_n\}$.

1.107 提示:$n\geqslant 2$ 时,$\dfrac{2b_n}{a_n}\leqslant\sqrt{2}\leqslant\dfrac{a_n}{b_n}$, $a_n^2-2b_n^2=1$,从而有 $\lim\limits_{n\to\infty}\left(\dfrac{a_n}{b_n}-\dfrac{2b_n}{a_n}\right)=0$.

1.108 提示:利用二项式定理 $\left(1+\dfrac{1}{n}+a_n\right)^n=\left(1+\dfrac{1}{n}\right)^n+na_nb_n$,再证明$\{b_n\}$有界.

1.109 提示:仿算术平均值极限的证法.

1.110 提示:由题设可知 $\forall\varepsilon>0,\exists\Delta>0,\forall x>\Delta$,有$\{f(x+1)-f(x)-A\}<\varepsilon$,对一切 $x>\Delta$,取$k=[x-\Delta-1]$,有 $\Delta+1\leqslant x-k<\Delta+2$,再依 $\lim\limits_{x\to+\infty}\dfrac{f(x)}{x}=A$ 的定义证明.

1.111 提示:利用“ε-N”,“ε-Δ”,“E-N”定义. **1.112** 提示:用反证法及极限定义.

1.113 提示:用反证法及极限定义. **1.114** 提示:用反证法及极限定义.

1.115 提示:分别讨论 $f(x_0)=g(x_0)$ 与 $f(x_0)\neq g(x_0)$ 的情况,当 $f(x_0)\neq g(x_0)$ 时,考虑极限的保序性.

1.116 提示:反证法,最值性.

1.117 提示:用反证法及单调有界函数只可能有第一类间断点.

1.118 提示:$\forall x_0\in\mathbf{R}$,当 x 充分靠近 x_0 时,由 $t\to x$ 知,t 也能充分靠近 x_0,再利用极限的保序性.

1.119 提示:令 $F(x)=f(x)-f\left(x+\dfrac{1}{n}\right)$,然后用反证法.

1.120 提示:必要性:反证法,介值性.

1.121 (1) $y_n=18-\dfrac{2}{5}x_n$, $\quad x_{n+1}=16+\dfrac{3}{2}y_n$.

(2) $x_{n+1}=30-5\sum\limits_{k=1}^{n}\left(-\dfrac{3}{5}\right)^{k-1}$, $\quad y_{n+1}=6+2\sum\limits_{k=1}^{n}\left(-\dfrac{3}{5}\right)^{k-1}$,

$\lim\limits_{n\to\infty}x_{n+1}=\dfrac{215}{8}$, $\quad \lim\limits_{n\to\infty}y_{n+1}=\dfrac{58}{8}$.

(3) 该市牛肉市场经过一段时间后,能处于局部市场均衡状态. 牛肉均衡产量为 $\dfrac{215}{8}=26.875$(万吨),均衡价格为$\dfrac{58}{5}=7.25$(元/kg).

(4) 1993 年牛肉价 $y_3=6.8$ 元/kg. 1994 年牛肉价 $y_4=7.52$ 元/kg.

2.3 (1) (2,4). (2) $\left(-\dfrac{3}{2},\dfrac{9}{4}\right)$. (3) $\left(\dfrac{1}{4},\dfrac{1}{16}\right)$,$(-1,1)$.

2.6 (1) $4x+y+4=0$. (2) $m=\mathrm{e}^{-1}$.

2.7 (1) 间断、不可导. (2) 连续、不可导. (3) 连续且可导. (4) 连续、不可导.

(5) 右连续,右导数不存在.

2.8 (1) $a=2x_0$,$b=-x_0^2$. (2) $a=\dfrac{1}{x_0}$,$b=\ln x_0-1$.

(3) $a=h'(x_0),b=h(x_0)-x_0h'(x_0)$.

2.9 提示:分别对趋于 x_0 的有理数列 $\{x_n\}$ 及无理数列 $\{\tilde{x}_n\}$,考虑 $\lim\limits_{n\to\infty}f(x_n)$ 与 $\lim\limits_{n\to\infty}f(\tilde{x}_m)$.

2.10 (1) $f'(0)=f''(0)=0$, $f'''(0)$ 不存在.

(2) $f'(0)=f''(0)=f'''(0)=0$, $f^{(4)}(0)$ 不存在.

(3) $f'(0)=f''(0)=\cdots=f^{(n-1)}(0)=0$, $f^{(n)}(0)$ 不存在.

2.12 提示:根据导数定义讨论. **2.16** 提示:根据导数定义,利用极限的保号性.

2.17 提示:考虑 $\lim\limits_{x\to x_0}\left|\dfrac{f(x)-P_1^*(x)}{x-x_0}\right|$, $\lim\limits_{x\to x_0}\left|\dfrac{f(x)-P_1(x)}{x-x_0}\right|$,再利用极限的保序性.

2.18 (1) $\dfrac{1}{2\sqrt{x}}-\dfrac{1}{x^2}$. (2) $\dfrac{2mx+n}{p+q}$. (3) $\dfrac{2ax^3+bx^2-c}{(a+b)x^2}$. (4) $\operatorname{ch}x$. (5) $\operatorname{sh}x$.

(6) $\dfrac{1}{\operatorname{ch}^2x}$. (7) $-\dfrac{1}{\operatorname{sh}^2x}$. (8) $\dfrac{6}{x}+2\mathrm{e}^x$. (9) $\dfrac{3}{x\ln 2}$. (10) $x^{\alpha-1}\alpha^x(\alpha+x\ln\alpha)$.

(11) $\dfrac{-(\cos x+1)}{\sin^2x}$. (12) $\ln x+1$. (13) $\dfrac{1}{\sqrt{1-x^2}}+\dfrac{x^2}{1+x^2}+2x\arctan x$.

(14) $2x\arctan x\operatorname{arccot}x+\operatorname{arccot}x-\arctan x$. (15) $\dfrac{2}{(\sin x+\cos x)^2}$.

2.19 (1) $150(3x+2)^{49}$. (2) $-\sin 2x$. (3) $-\mathrm{e}^{-x}$. (4) $3^{\sin x}\cos x\ln 3$.

(5) $-2x\sin(x^2)$. (6) $\cot x$. (7) $\dfrac{2x}{2+2x^2+x^4}$. (8) $\dfrac{1}{\sin x}$.

(9) $\dfrac{x\cos(x^2)}{\sqrt{\sin(x^2)}}$. (10) $\dfrac{3x^2}{\sqrt{1-x^6}}$. (11) $5\tan^4x\sec^2x$. (12) $2\sin(4x-2)$.

(13) $\dfrac{\ln x}{x\sqrt{1+(\ln x)^2}}$. (14) $-3\sin 3x\sin(2\cos 3x)$. (15) $\dfrac{-\cos\sqrt{1+2x}}{\sqrt{1+2x}\sin^2(\sqrt{1+2x})}$.

2.20 (1) $\left(\dfrac{3}{5\sqrt[5]{x^2}}+\sin\beta\right)\mathrm{d}x$. (2) $\sqrt[3]{x}\left(\dfrac{1}{3x}\cos x-\sin x\right)\mathrm{d}x$.

(3) $a^x(\tan x\ln a+\sec^2x)\mathrm{d}x$.

(4) $\dfrac{\sin x\cos x(\cos x+\sin x)+x(\cos^3x-\sin^3x)}{(\cos x+\sin x)^2}\mathrm{d}x$.

(5) $(\sin x\ln x+x\cos x\ln x+\sin x)\mathrm{d}x$. (6) $\dfrac{1}{x^2}\mathrm{e}^{-\tan\frac{1}{x}}\sec^2\dfrac{1}{x}\mathrm{d}x$.

(7) $\dfrac{3}{x}\sec^3(\ln x)\tan(\ln x)\mathrm{d}x$. (8) $\dfrac{-2x\csc^2(\sqrt[3]{1+x^2})}{3\sqrt[3]{(1+x^2)^2}}\mathrm{d}x$.

(9) $\dfrac{-\cos\sqrt{x}}{2\sqrt{x}\sin^3(\sqrt{x})}\mathrm{d}x$. (10) $\dfrac{-\arccos\sqrt{x}}{\sqrt{x-x^2}}\mathrm{d}x$.

2.21 (1) $\ln|x|+C$. (2) $\arctan x+C$. (3) $2\sqrt{x}+C$. (4) $\arcsin x+C$.

(5) x^2+x+C. (6) $-\dfrac{1}{3}\mathrm{e}^{-3x}+C$. (7) $\dfrac{1}{2}\sin^2x+C$.

(8) $\ln|\ln x|+C$. (9) $\dfrac{1}{4}(2x-\sin 2x)+C$. (10) $\sqrt{x^2+a^2}+C$.

2.22 (1) 1.006 7. (2) 1.043. (3) 0.484 9.

2.23 (1) $4\left(\ln 2-\dfrac{1}{2\ln 2}\right)$. (2) 2. (3) $\dfrac{2}{a}\sec^3\dfrac{x}{a}\sin\dfrac{x}{a}+\dfrac{2}{b}\sec^3\dfrac{x}{b}\sin\dfrac{x}{b}$.

(4) $f'(1)=\dfrac{\mathrm{e}-1}{\mathrm{e}^2+1}$, $f'(0)=0$. (5) $\mathrm{e}^x+2x\mathrm{e}^{x^2}+\mathrm{e}^x\mathrm{e}^{\mathrm{e}^x}$.

2.24 (1) $\frac{1}{\cos x}$. (2) $\left(\frac{a}{b}\right)^x\left(\frac{b}{x}\right)^a\left(\frac{x}{a}\right)^b\left(\ln\frac{a}{b}-\frac{a}{x}+\frac{b}{x}\right)$.

(3) $a^a x^{a^a-1}+ax^{a-1}a^{x^a}\ln a+a^x a^{a^x}(\ln a)^2$.

(4) $\dfrac{1+2\sqrt{x}+4\sqrt{x}\sqrt{x+\sqrt{x}}}{8\sqrt{x}\sqrt{x+\sqrt{x}}\sqrt{x+\sqrt{x+\sqrt{x}}}}$.

(5) $\frac{7}{8\sqrt[8]{x}}$. (6) $\frac{e^{2x}}{\sqrt{1+e^{2x}}}$. (7) $\frac{1}{\sqrt{1+x^2}}-\frac{1}{x}$. (8) $\ln(x+\sqrt{1+x^2})$.

(9) $\frac{-\sin 2x}{\sqrt{1+\cos^4 x}}$. (10) $\frac{3x^2+10x+10}{15\sqrt[15]{(x^2+2)^{16}(x-5)^{10}}}$.

(11) $\sin(2x)\sin(x^2)+2x\sin^2 x\cos(x^2)$.

(12) $\arctan\sqrt{x}+\frac{\sqrt{x}}{2(1+x)}$. (13) $\frac{-1}{\sqrt{1-x^2}}$. (14) $\frac{-x\sin x-\cos x}{x^2}\cos\left(\frac{\cos x}{x}\right)$.

(15) $\frac{-x\sin x\cos(\cos x)-\sin(\cos x)}{x^2}$. (16) $\frac{-1}{2\sqrt{1-x^2}}\sin\left(\frac{\arcsin x}{2}\right)$.

(17) $\frac{e^x\cos^2 x}{x}(x\cos x\ln x-3x\sin x\ln x+\cos x)$.

(18) $\arcsin(\ln x)+\frac{1}{\sqrt{1-\ln^2 x}}$. (19) $\frac{\ln(1+\sin x)}{\sin^2 x}$. (20) $\frac{x\ln x}{\sqrt{(x^2-1)^3}}$.

2.25 (1) $\frac{-\sqrt[x]{a}\ln a}{x^2}+\frac{\sqrt[a]{x}}{ax}+\frac{\sqrt[x]{x}(1-\ln x)}{x^2}$. (2) $a^x\ln a+ax^{a-1}+x^x(1+\ln x)$.

(3) $(\sin x)^{\cos x}\left(\frac{\cos^2 x}{\sin x}-\sin x\ln\sin x\right)+(\cos x)^{\sin x}\left(\cos x\ln\cos x-\frac{\sin^2 x}{\cos x}\right)$.

(4) $x^{x^a+a-1}(a\ln x+1)+x^{a^x}a^x\left(\ln a\ln x+\frac{1}{x}\right)+a^{x^x}x^x(1+\ln x)\ln a$.

2.26 (1) $\frac{-1}{x^2}-\frac{1}{(1-x)^2}$. (2) $1+\frac{2x-1}{(x^2-x-2)^2}$. (3) $\frac{1}{4}\left(\frac{1}{\sqrt{x+1}}-\frac{1}{\sqrt{x-1}}\right)$.

(4) $-\frac{1}{\sqrt{(1+x^2)^3}}$. (5) $\frac{1}{2}\sec^2\frac{x}{2}\operatorname{sgn}\left(\tan\frac{x}{2}\right)$. (6) $-\frac{\sin a}{\sin^2 x}$.

2.27 (1) $y''=\frac{-4x^3}{(1+x^4)^2}$. (2) $y''=\frac{2bx}{(a-bx^2)^2}$. (3) $y''=\frac{b\sin x}{(a+b\cos x)^2}$.

2.28 (1) $\frac{-2}{\sqrt{1-x^2}}\arccos x\ln^2(\arccos x)$. (2) $\frac{1}{-x\sqrt[4]{(1+x^4)^3}}$. (3) $\frac{-\sin 2x}{\sqrt{1+\cos^4 x}}$.

2.29 (1) $\sqrt{\frac{1-x}{1+x}}\left(1+\frac{x}{x^2-1}\right)$. (2) $\frac{(2x^3+4x^2-36x+54)x}{3(1-x)^2(9-x^2)}\sqrt[3]{\frac{3-x}{(x+3)^2}}$.

(3) $(x-a_1)^{\alpha_1}(x-a_2)^{\alpha_2}\cdots(x-a_n)^{\alpha_n}\sum_{i=1}^{n}\frac{\alpha_i}{x-a_i}$.

2.30 (1) $2xf'(x^2)$. (2) $\sin 2x[f'(\sin^2 x)-f'(\cos^2 x)]$.

(3) $e^{f(x)}[e^x f'(e^x)+f(e^x)f'(x)]$. (4) $f'\{f[f(x)]\}f'[f(x)]f'(x)$.

2.31 (1) $\frac{3}{2}\sin 2x\,|\sin x|$. (2) $\frac{1}{x\sqrt{x^2-1}}$. (3) $\pi[x]\sin 2\pi x$.

2.34 (1) 当 $x\in[a,b]$ 时，$f'(x)=2(x-a)(x-b)(2x-a-b)$；

当 $x\notin[a,b]$ 时，$f'(x)=0$.

(2) 当 $x\neq 0$ 时，$f'(x)=\frac{x+(x+1)e^{\frac{1}{x}}}{x(1+e^{\frac{1}{x}})^2}$；当 $x=0$ 时，$f_+'(0)=0, f_-'(0)=1$.

2.35 (1) $-\dfrac{b^2x}{a^2y}$. (2) $\dfrac{x+y}{x-y}$. (3) $\dfrac{1}{e^2}$.

2.36 (1) $n(n-1)a^{n-2}$.

(2) $\sqrt{(a^2+b^2)^n}\sin n\varphi$, 其中 $\sin\varphi=\dfrac{b}{\sqrt{a^2+b^2}}, \cos\varphi=\dfrac{a}{\sqrt{a^2+b^2}}$.

2.37 $f^{(2k)}(0)=0$; $f^{(2k+1)}(0)=(-1)^k(2k)!$ $(k\in\mathbf{N}_+)$.

2.38 提示:设 $u=(x^2-1)^n=(x-1)^n(x+1)^n$.

2.39 提示:令 $g(x)=\begin{cases}\dfrac{f(x)-f(a)}{x-a}, & a<x\leqslant b,\\ f'(a), & x=a.\end{cases}$

2.40 提示:当 $\lambda=\dfrac{ab}{2}$ 时,切线:$\dfrac{x}{a}+\dfrac{y}{b}=\pm\sqrt{2}$ 时;当 $\lambda=-\dfrac{ab}{2}$,切线:$-\dfrac{x}{a}+\dfrac{y}{b}=\pm\sqrt{2}$.

2.41 (1) 当 $x\in\left(-\infty,-\dfrac{4}{3}\right]$,$x\in[2,+\infty)$ 时,$f(x)$ 严格增;当 $x\in\left[-\dfrac{4}{3},2\right]$ 时,$f(x)$ 严格减. (2) 当 $x\in(-\infty,+\infty)$ 时,$f(x)$ 严格增. (3) 当 $-\infty<x\leqslant-\dfrac{1}{2}$ 时,$f(x)$ 严格增;当 $-\dfrac{1}{2}\leqslant x<+\infty$ 时,$f(x)$ 严格减. (4) 当 $0\leqslant x\leqslant n$ 时,$f(x)$ 严格增,当 $n\leqslant x<+\infty$ 时,$f(x)$ 严格减. (5) 当 $-1-\sqrt{2}\leqslant x\leqslant -1+\sqrt{2}$ 时,$f(x)$ 严格增;当 $-\infty<x\leqslant-1-\sqrt{2}$, $-1+\sqrt{2}\leqslant x<+\infty$ 时,$f(x)$ 严格减.

2.48 (1) 极小值 $f\left(\dfrac{1}{e^2}\right)=-\dfrac{2}{e}$.

(2) 极大值 $f(2k\pi)=f\left(\dfrac{\pi}{2}+2k\pi\right)=1$, $f\left[\dfrac{x}{4}+(2k+1)\pi\right]=-\dfrac{1}{\sqrt{2}}$;

极小值 $f[(2k+1)\pi]=f\left[\dfrac{\pi}{2}+(2k+1)x\right]=-1$, $f\left[\dfrac{\pi}{4}+2k\pi\right]=\dfrac{1}{\sqrt{2}}$ $(k\in\mathbf{Z})$.

(3) 极大值 $f(-1)=\dfrac{1}{e^2}$, $f(1)=1$;极小值 $f(0)=0$.

(4) 极大值 $f\left(\dfrac{3}{4}\pi+2k\pi\right)=\dfrac{\sqrt{2}}{2}e^{\frac{3}{4}\pi+2k\pi}$;极小值 $f\left(-\dfrac{\pi}{4}+2k\pi\right)=-\dfrac{\sqrt{2}}{2}e^{-\frac{\pi}{4}+2k\pi}$ $(k\in\mathbf{Z})$.

2.49 (1) 最大值 $f\left(-\dfrac{\pi}{2}\right)=\dfrac{\pi}{2}$; 最小值 $f\left(\dfrac{\pi}{2}\right)=-\dfrac{\pi}{2}$.

(2) 最小值 $f(1)=f(2)=0$; 最大值 $f(-10)=132$. (3) 最大值为 $\dfrac{2+a}{1+a}$.

2.50 $\dfrac{a}{6}$. **2.51** $b=\dfrac{\sqrt{3}}{3}d$, $h=\dfrac{\sqrt{6}}{3}d$. **2.52** $\alpha=2\pi\left(1-\sqrt{\dfrac{2}{3}}\right)$.

2.53 当 $b>2$ 时,最短距离是 $2\sqrt{b-1}$; 当 $b\leqslant 2$ 时,最短距离是 $|b|$.

2.54 M 为 $\left(\dfrac{a}{\sqrt{2}},\dfrac{b}{\sqrt{2}}\right)$ 或 $\left(-\dfrac{a}{\sqrt{2}},\dfrac{b}{\sqrt{2}}\right)$ 或 $\left(\dfrac{a}{\sqrt{2}},-\dfrac{b}{\sqrt{2}}\right)$ 或 $\left(-\dfrac{a}{\sqrt{2}},-\dfrac{b}{\sqrt{2}}\right)$.

2.55 提示:由假设可求得租出去的房数与月租金的函数关系.月租金为1 800元.

2.56 (1) 极大值:$y(0)=\dfrac{4}{3}$;极小值:$y(2)=0$.

(2) 对称于原点;极大值:$y(-1)=\dfrac{\pi}{2}-1$; 极小值:$y(1)=1-\dfrac{\pi}{2}$;

渐近线:$y=x+\pi$, $y=x-\pi$.

(3) 极大值:$y(-2)=-4$; 极小值:$y(0)=0$; 渐近线:$x=-1$, $y=x-1$.

(4) 极大值：$y(1)=-1$；极小值：$y(3)=0$；渐近线：$x=2$，$y=\frac{1}{4}x-1$.

(5) 对称于 y 轴；极小值点 x_k：$\pi+2k\pi<x_k<\frac{3}{2}\pi+2k\pi$；

极大值点 $\tilde{x}_k$：$2\pi+2k\pi<\tilde{x}_k<\frac{5}{2}\pi+2k\pi\ (k\in\mathbf{N})$.

(6) 对称于 y 轴；渐近线：$y=1$.

2.60 $y=x^2$. **2.61** $y=x^3-1$.

2.62 (1) $\boldsymbol{r}(t)=(-5\cos t+10)\boldsymbol{i}+2\sin t\,\boldsymbol{j}$，(2) 运动轨迹是椭圆 $\frac{(x-10)^2}{25}+\frac{y^2}{4}=1$.

2.63 $\frac{2}{\sqrt{3}}x^{\frac{3}{2}}+C$. **2.64** $\sqrt{\frac{2h}{g}}+C$. **2.65** $\frac{2^x}{\ln 2}+\frac{x^3}{3}-\frac{1}{x}+C$.

2.66 $-\frac{1}{x}-2\ln|x|+x+C$. **2.67** $\frac{4}{7}x^{\frac{7}{4}}+4x^{-\frac{1}{4}}+C$. **2.68** $x+\arctan x+C$.

2.69 $-\frac{1}{x}-\arctan x+C$. **2.70** $-\frac{1}{3x^3}+\frac{1}{x}+\arctan x+C$.

2.71 $\frac{1}{4}(2x+\sin 2x)+C$. **2.72** $-\cot x-x+C$. **2.73** $\sin x-\cos x+C$.

2.74 当 $n^2\neq m^2$ 时，$\frac{1}{2}\left[\frac{-\cos(m+n)x}{m+n}+\frac{\cos(m-n)x}{n-m}\right]+C$；

当 $n=\pm m\neq 0$ 时，$-\frac{1}{4m}\cos(2mx)+C$；当 $m=0$ 时，C.

2.75 $\frac{1}{2a}\ln\left|\frac{x-a}{x+a}\right|+C$. **2.76** $\frac{1}{2}\arctan(2x+1)+C$.

2.77 $-\frac{1}{2(2x+1)}+C$. **2.78** $\frac{1}{8}\ln\left|\frac{2x-1}{2x+3}\right|+C$. **2.79** $\arcsin\frac{x}{a}+C$.

2.80 $-\frac{1}{2}\cot x+C$. **2.81** $-\frac{1}{3}e^{-3x}+C$. **2.82** $-\frac{3}{4}\sqrt[3]{(3-2x)^2}+C$.

2.83 $\frac{2}{-\ln 5}\left(\frac{1}{5}\right)^x+\frac{2}{-5\ln 2}\left(\frac{1}{2}\right)^x+C$. **2.84** $-\frac{1}{2}\cot\left(x+\frac{\pi}{4}\right)+C$.

2.85 $\frac{2}{3}\left[\sqrt{(x-1)^3}+\sqrt{(x-2)^3}\right]+C$. **2.86** $\frac{4}{5}x^{\frac{5}{4}}-\frac{24}{17}x^{\frac{17}{12}}+\frac{4}{3}x^{\frac{3}{4}}+C$.

2.87 (1) 3. (2) $-\frac{1}{2}$. (3) $\frac{1}{a}$. (4) $\frac{1}{2}$. (5) $-\frac{1}{9}$. (6) 2. (7) $-\frac{1}{3}$.

(8) $\frac{1}{6}$. (9) 3. (10) $-\frac{1}{2}$.

2.88 (1) $\frac{x^2}{2}+C$. (2) $\frac{x^3}{3}+C$. (3) $-\frac{1}{x}+C$. (4) $\ln|x|+C$. (5) $\frac{1}{k}e^{kx}+C\ (k\neq 0)$.

(6) $-\frac{1}{\omega}\cos(\omega t+\varphi)+C\ (\omega\neq 0)$. (7) $\arctan x+C$. (8) $-\sqrt{a^2-x^2}+C$.

2.90 $-\frac{1}{2}e^{-x^2}+C$. **2.91** $-\sqrt{1-x^2}+C$. **2.92** $\frac{1}{2}\ln(4+x^2)+C$.

2.93 $2\arctan\sqrt{x}+C$. **2.94** $-\sin\frac{1}{x}+C$. **2.95** $\frac{1}{3}(1+x^2)^{\frac{3}{2}}+C$.

2.96 $\frac{1}{3}(\arctan x)^3+C$. **2.97** $\frac{1}{3}(\ln x)^3+C$. **2.98** $\ln(e^x+1)+C$.

2.99 $x-\ln(1+e^x)+C$. **2.100** $e^{e^x}+C$. **2.101** $2\sqrt{\tan x}+C$.

2.102 $-e^{-\sin x}+C$. **2.103** $-\frac{3}{4}(1-e^x)^{\frac{4}{3}}+C$. **2.104** $-2\ln|\cos\sqrt{x}|+C$.

2.105 $\frac{1}{2(1+\cos 2x)}+C$. **2.106** $\arcsin\frac{\ln x}{\sqrt{3}}+C$. **2.107** $\ln|\sec x+\tan x|+C$.

2.108 $\frac{1}{\sqrt{2}}\operatorname{arccot}\frac{\cot x}{\sqrt{2}}+C$. **2.109** $\arcsin\frac{2x-1}{\sqrt{21}}+C$.

2.110 $\sqrt{x^2-a^2}-a\arccos\frac{a}{x}+C$. **2.111** $\sqrt{a^2-x^2}+a\ln\left|\frac{a-\sqrt{a^2-x^2}}{x}\right|+C$.

2.112 $\frac{x}{2}\sqrt{x^2-a^2}-\frac{a^2}{2}\ln(x+\sqrt{x^2-a^2})+C$.

2.113 $\frac{x\sqrt{x^2+a^2}}{2}+\frac{a^2}{2}\ln(x+\sqrt{x^2+a^2})+C$.

2.114 $\frac{2x-1}{4}\sqrt{2+x-x^2}+\frac{9}{8}\arcsin\frac{2x-1}{3}+C$.

2.115 $\frac{1}{2}\ln(2x+1+\sqrt{4x^2+4x-3})+C$. **2.116** $-\frac{1}{\sqrt{2}}\ln\left|\frac{1-x+\sqrt{2(x^2+1)}}{1+x}\right|+C$.

2.117 $\frac{1}{2}\arcsin(2x-1)-\frac{2x-1}{2(1+2\sqrt{x-x^2})}+C$. **2.118** $\ln\left|\frac{1+\sqrt{x}}{1-\sqrt{x}}\right|+C$.

2.119 $\frac{1}{4\sqrt{2}}\ln\left|\frac{\sqrt{2}+x^2}{\sqrt{2}-x^2}\right|+C$. **2.120** $(\arcsin\sqrt{x})^2+C$. **2.121** $(\arctan\sqrt{x})^2+C$.

2.122 $\frac{1}{2}x-\frac{1}{4}\sin 2x+C$. **2.123** $\sin x-\frac{1}{3}\sin^3 x+C$.

2.124 $\frac{3}{8}x-\frac{1}{4}\sin 2x+\frac{1}{32}\sin 4x+C$. **2.125** $-\frac{4}{3}(1-\sqrt{x})^{\frac{3}{2}}+C$.

2.126 $\frac{1}{4}(2x^{\frac{3}{2}}-1)^{\frac{4}{3}}+C$. **2.127** $\sin x-\arctan(\sin x)+C$.

2.128 $\frac{1}{1-\arcsin x}+C$. **2.129** $\frac{3}{2}(\sin x-\cos x)^{\frac{2}{3}}+C$.

2.130 $\frac{3}{4}(x^2+2x)^{\frac{2}{3}}+C$. **2.131** $\ln|\ln(\ln x)|+C$.

2.132 $\frac{1}{2}\ln|\ln^2 x-1|+C$. **2.133** $-\frac{1}{2}[\ln(x+1)-\ln x]^2+C$.

2.134 $\frac{1}{ab}\arctan\left(\frac{a}{b}\tan x\right)+C\ (a\neq 0, b\neq 0)$.

2.135 $\frac{1}{2(a^2-b^2)}\ln(a^2\sin^2 x+b^2\cos^2 x)+C\quad(a^2\neq b^2)$.

2.136 $\frac{\sqrt{2}}{2}\ln\left|\tan\left(\frac{x}{2}+\frac{\pi}{8}\right)\right|+C$. **2.137** $\arctan\sqrt{1+x^2}+C$.

2.138 $\frac{1}{b^2-a^2}\left(\frac{1}{a}\arctan\frac{x}{a}-\frac{1}{b}\arctan\frac{x}{b}\right)+C\quad(b^2\neq a^2,\ ab\neq 0)$.

2.139 $\frac{-1}{(b-a)^2}\left(\frac{1}{x+a}+\frac{1}{x+b}\right)-\frac{1}{(b-a)^3}\ln\left|\frac{x+a}{x+b}\right|+C\ (b\neq a)$.

2.140 $\frac{3}{2}\sqrt[3]{x^2}-3\sqrt[3]{x}+3\ln(1+\sqrt[3]{x})+C$. **2.141** $2\arctan\sqrt{x+1}+C$.

2.142 $\sqrt{1-x^2}+\arcsin x+C$. **2.143** $\frac{6}{5}\sqrt[6]{x^5}+\frac{12}{5}\sqrt[12]{x^5}+\frac{12}{5}\ln|\sqrt[12]{x^5}-1|+C$.

2.144 $\frac{1}{a}\ln\left|\frac{x}{a+\sqrt{a^2-x^2}}\right|+C\ (a>0)$. **2.145** $\frac{\sqrt{x^2-a^2}}{a^2x}+C\ (a>0)$.

2.146 $-\frac{1}{\sqrt{3}}\ln\left|x+3+\sqrt{3x^2+6x+9}\right|+\frac{1}{\sqrt{3}}\ln|x|+C.$

2.147 $\frac{3}{56}(1+x^2)^{\frac{4}{3}}(4x^2-3)+C.$ **2.148** $x-2\ln(1+\sqrt{e^x+1})+C.$

2.149 $2\arcsin\sqrt{\frac{x-a}{b-a}}+C.$

2.150 $\left|\arccos\frac{1}{x}\right|+C$ 或 $-\arcsin\frac{1}{|x|}+C$ 或 $\arctan\sqrt{x^2-1}+C$，其中 $|x|>1.$

2.151 (1) $2\sqrt{x}+C.$ (2) $x-\frac{x^2}{2}+c.$ (3) $f(x)=\begin{cases}x, & -\infty<x\leqslant 0,\\ e^x-1, & 0<x<+\infty.\end{cases}$

2.153 $-\frac{x}{2}\cos 2x+\frac{1}{4}\sin 2x+C.$ **2.154** $(x^2+2)\operatorname{ch}x-2x\operatorname{sh}x+C.$

2.155 $-(x+1)e^{-x}+C.$ **2.156** $\frac{1}{3}x^3\ln x-\frac{1}{9}x^3+C.$

2.157 $-\frac{1}{x}\arctan x+\ln\frac{|x|}{\sqrt{1+x^2}}+C.$ **2.158** $\frac{1}{8}e^{2x}(2-\sin 2x-\cos 2x)+C.$

2.159 $x\tan x+\ln|\cos x|+C.$ **2.160** $\frac{1}{4}(2x^2-1)\arcsin x+\frac{1}{4}x\sqrt{1-x^2}+C.$

2.161 $-\cos x\ln|\tan x|+\ln\left|\tan\frac{x}{2}\right|+C.$ **2.162** $-\frac{x^2+1}{2}e^{-x^2}+C.$

2.163 $(x+1)\arctan\sqrt{x}-\sqrt{x}+C.$

2.164 $x(\arcsin x)^2+2\sqrt{1-x^2}\arcsin x-2x+C.$

2.165 $(\ln x-2)x\ln x+2x+C.$ **2.166** $x\ln(x+\sqrt{1+x^2})-\sqrt{1+x^2}+C.$

2.167 $\frac{x}{2}[\sin(\ln x)-\cos(\ln x)]+C.$

2.168 $x\ln(\sqrt{1-x}+\sqrt{1+x})-\frac{1}{2}x+\frac{1}{2}\arcsin x+C.$

2.169 $2(\sqrt{x}-1)e^{\sqrt{x}}+C.$ **2.170** $x\arctan x-\frac{1}{2}(\arctan x)^2-\frac{1}{2}\ln(1+x^2)+C.$

2.171 $\frac{1}{\sqrt{1-x^2}}\arccos x+\frac{1}{2}\ln\left|\frac{1+x}{1-x}\right|+C.$

2.172 $2(6-x)\sqrt{x}\cos\sqrt{x}+6(x-2)\sin\sqrt{x}+C.$

2.173 $\frac{x}{\sqrt{1-x^2}}\arcsin x+\ln\sqrt{1-x^2}+C.$ **2.174** $\frac{1}{2}\ln^2(\tan x)+C.$

2.175 $\frac{-2}{\sin 2x}[\cos 2x\ln(\tan x)+1]+C.$ **2.176** $\frac{x-1}{2\sqrt{1+x^2}}e^{\arctan x}+C.$

2.177 $\frac{x+1}{2\sqrt{1+x^2}}e^{\arctan x}+C.$ **2.178** $\frac{1}{2}x^2\arccos\frac{1}{x}-\frac{1}{2}\sqrt{x^2-1}+C.$

2.179 (1) $\frac{e^x}{2}[x(\sin x-\cos x)+\cos x]+C.$ (2) $\frac{e^x}{2}[x(\sin x+\cos x)-\sin x]+C.$

2.180 $\frac{1}{2}[(1+x^2)\arctan x-x][\ln(1+x^2)-1]+x-\arctan x+C.$

2.181 $\left(1-\frac{4}{x}\right)e^x+C.$

2.182 $x[\ln^n x-n\ln^{n-1}x+n(n-1)\ln^{n-2}x+\cdots+(-1)^{n-1}n!\ln x+(-1)^n n!]+C\ (n\in\mathbf{N}_+).$

2.183 $I_n=\dfrac{-\cos x}{(n-1)\sin^{n-1}x}+\dfrac{n-2}{n-1}I_{n-2}$； $I_1=\ln|\csc x-\cot x|+C$；$I_2=-\cot x+C$.

2.184 (1) $xf'(x)-f(x)+C$. (2) $\dfrac{1}{2}f(2x)+C$.

2.185 $\dfrac{5}{2}\ln(x^2+x+1)+\dfrac{7}{\sqrt{3}}\arctan\dfrac{2x+1}{\sqrt{3}}+C$.

2.186 $\dfrac{x^2}{2}+\dfrac{1}{x}+2\ln\left|\dfrac{x-1}{x}\right|+C$. **2.187** $x-\dfrac{8}{3}\arctan\dfrac{x}{2}+\dfrac{1}{3}\arctan x+C$.

2.188 $\dfrac{1}{2}\ln|x+1|-\dfrac{1}{4}\ln(x^2+1)-\dfrac{1}{2(x+1)}+C$.

2.189 $\dfrac{1}{4}\ln\dfrac{x^4}{(x+1)^2(x^2+1)}-\dfrac{1}{2}\arctan x+C$. **2.190** $\dfrac{1}{2}\ln\dfrac{(x+2)^4}{(x+1)(x+3)^3}+C$.

2.191 $\dfrac{x}{2(x^2+1)}-\dfrac{1}{2}\arctan x+\dfrac{1}{\sqrt{2}}\arctan\dfrac{x}{\sqrt{2}}+C$.

2.192 $\dfrac{x}{4}+\ln|x|-\dfrac{9}{16}\ln|2x+1|-\dfrac{7}{16}\ln|2x-1|+C$.

2.193 $\dfrac{1}{4}\ln|x|-\dfrac{1}{24}\ln(x^6+4)+C$. **2.194** $\dfrac{1}{4}\ln\left(x^4+\dfrac{1}{x^4}\right)+C$.

2.195 $\dfrac{1}{2}\arctan\left(2\tan\dfrac{x}{2}\right)+C$. **2.196** $\dfrac{1}{\sqrt{5}}\arctan\dfrac{3\tan\dfrac{x}{2}+1}{\sqrt{5}}+C$.

2.197 $\dfrac{1}{1-\tan\dfrac{x}{2}}+\dfrac{1}{2}\ln\left|\tan\left(\dfrac{\pi}{4}+\dfrac{x}{2}\right)\right|+C$.

2.198 $\dfrac{1}{\cos x}+\dfrac{1}{3\cos^3 x}+\ln\left|\tan\dfrac{x}{2}\right|+C$. **2.199** $\dfrac{-\cos x}{2\sin^2 x}+\dfrac{1}{2}\ln\left|\tan\dfrac{x}{2}\right|+C$.

2.200 $\dfrac{x}{16}-\dfrac{1}{64}\sin 4x+\dfrac{1}{48}\sin^3 2x+C$. **2.201** $-\arctan(\cos 2x)+C$.

2.202 $\dfrac{1}{2}(\sin x-\cos x)-\dfrac{1}{2\sqrt{2}}\ln\left[\tan\left(\dfrac{x}{2}+\dfrac{\pi}{8}\right)\right]+C$.

2.203 $\dfrac{1}{2\sin^2 x}-\dfrac{1}{4\sin^4 x}+C$.

2.204 $\dfrac{5}{16}x-\dfrac{5}{16}\sin x\cos x-\dfrac{5}{24}\sin^3 x\cos x-\dfrac{1}{6}\sin^5 x\cos x+C$.

2.205 $\dfrac{2}{(1+\sqrt[4]{x})^2}-\dfrac{4}{1+\sqrt[4]{x}}+C$.

2.206 $\dfrac{3}{4}t^4-\dfrac{3}{2}t^2-\dfrac{3}{4}\ln|t-1|+\dfrac{15}{8}\ln(t^2+t+2)-\dfrac{27}{4\sqrt{7}}\arctan\dfrac{2t+1}{\sqrt{7}}+C$， $t=\sqrt[3]{x+2}$.

2.207 $6\ln|t|-\dfrac{3}{2}\ln|t+1|-\dfrac{9}{4}\ln(2t^2-t+1)-\dfrac{3}{2\sqrt{7}}\arctan\dfrac{4t-1}{\sqrt{7}}+C$， $t=\sqrt[6]{x}$.

2.208 $\ln\left|\dfrac{1-\sqrt{1-x^2}}{x}\right|+\arcsin x+C$.

2.209 $\dfrac{x^2}{2}-\dfrac{x}{2}\sqrt{x^2-1}+\dfrac{1}{2}\ln(x+\sqrt{x^2-1})+C$. **2.210** $-\dfrac{3}{2}\sqrt[3]{\dfrac{x+1}{x-1}}+C$.

2.211 $-\dfrac{1}{x}(\ln^2 x+2\ln x+2)+C$. **2.212** $-[x+\cot x+\cot x\ln(\sin x)]+C$.

2.213 $\dfrac{x\ln x}{\sqrt{1+x^2}}-\ln(x+\sqrt{x^2+1})+C$.

2.214 $\frac{x^2}{2}\arctan(x+1)-\frac{1}{2}x+\frac{1}{2}\ln(x^2+2x+2)+C.$

2.215 $(x+1)\arcsin\frac{2\sqrt{x}}{1+x}+2\sqrt{x}\,\mathrm{sgn}\left(\frac{x+1}{x-1}\right)+C.$

2.216 $-\frac{1}{2}e^{-x}(\sqrt{1+e^x}-\sqrt{1-e^x})+\frac{1}{2}\ln\frac{1-\sqrt{1-e^x}}{1+\sqrt{1+e^x}}+C.$

2.217 $\frac{2}{3}(-2+\ln x)\sqrt{1+\ln x}+C.$ **2.218** $2e^{\sqrt{x+1}}(\sqrt{x+1}-1)+C.$

2.219 $-\frac{4}{3}\sqrt{1-x\sqrt{x}}+C.$ **2.220** $\ln\left|\frac{x^2-1+\sqrt{x^4+1}}{x}\right|+C.$

2.221 $\frac{1}{2}\ln\frac{(1+t)^2}{1-t+t^2}-\sqrt{3}\arctan\frac{2t-1}{\sqrt{3}}+C,\quad t=\sqrt[3]{\frac{1-x}{x}}.$

2.222 $-\frac{2+x^2}{x}-\frac{2\sqrt{1-x^2}}{x}-2\arcsin x+C.$

2.223 $-\frac{\ln(1+x+x^2)}{1+x}+\sqrt{3}\arctan\frac{2x+1}{\sqrt{3}}-\frac{1}{2}\ln\frac{(1+x)^2}{1+x+x^2}+C.$

2.224 $-\frac{\ln x}{2(1+x^2)}+\frac{1}{4}\ln\frac{x^2}{1+x^2}+C.$

2.225 $\sqrt{1+x^2}\arctan x-\ln(x+\sqrt{1+x^2})+C.$

2.226 $a\left[x\arctan x-\frac{1}{2}\ln(x^2+1)\right]+\frac{b-a}{2}(\arctan x)^2+C.$

2.227 $\left[\frac{1}{\sqrt{2}}\ln|\cos x-\sqrt{\sin 2x}+\sin x|+\frac{1}{\sqrt{2}}\arctan\frac{\sqrt{\sin 2x}}{\cos x-\sin x}\right]\mathrm{sgn}(\cos x)+C.$

2.228 $\arctan\sqrt{\cos 2x}-\sqrt{\cos 2x}+C.$ **2.229** $\frac{2}{5}\tan^{\frac{5}{2}}x+C.$

2.230 $-\sqrt{1-x^2}\ln\frac{x}{\sqrt{1-x}}+\frac{1}{2}\arcsin x+\frac{1}{2}\sqrt{1-x^2}-\ln\left|\frac{1+\sqrt{1-x^2}}{x}\right|+C.$

2.231 $-\frac{1}{2}\arcsin\frac{x^2+1}{\sqrt{2}x^2}+C.$

2.232 $-2e^{-\frac{x}{2}}\arctan e^{\frac{x}{2}}-(\arctan e^{\frac{x}{2}})^2+x-\ln(1+e^x)+C.$

2.233 $-\arcsin\left[\sqrt{2}\sin\left(\frac{\pi}{4}-x\right)\right]+C.$ **2.234** $-\frac{1}{\sqrt{2}}\arcsin\frac{\sqrt{2}x}{x^2+1}+C.$

2.235 $\frac{2x}{\sqrt{x^3+1}}+C.$

2.236 $I_1=\frac{1}{2\sqrt{2}}\arctan\frac{x^2-1}{\sqrt{2}x}+\frac{1}{4\sqrt{2}}\ln\frac{x^2+\sqrt{2}x+1}{x^2-\sqrt{2}x+1}+C.$

$I_2=\frac{1}{2\sqrt{2}}\arctan\frac{x^2-1}{\sqrt{2}x}-\frac{1}{4\sqrt{2}}\ln\frac{x^2+\sqrt{2}x+1}{x^2-\sqrt{2}x+1}+C.$

2.237 $I_0=\arctan x+\frac{1}{3}\arctan x^3+C;$

$I_1=\frac{1}{2}\arctan x+\frac{1}{6}\arctan x^3+\frac{1}{4\sqrt{3}}\ln\frac{1+\sqrt{3}x+x^2}{1-\sqrt{3}x+x^2}+C;$

$I_2=\frac{1}{2}\arctan x+\frac{1}{6}\arctan x^3-\frac{1}{4\sqrt{3}}\ln\frac{1+\sqrt{3}x+x^2}{1-\sqrt{3}x+x^2}+C.$

2.238 $I_1=\tan x+\dfrac{1}{\cos x}+C$； $I_2=\tan x-\dfrac{1}{\cos x}+C.$

2.242 (1) $\dfrac{b^2-a^2}{2}$. (2) $\dfrac{1}{a}-\dfrac{1}{b}$. **2.244** (1) $\dfrac{1}{4}(b-a)^2$. (2) $\dfrac{1}{8}\pi(b-a)^2$.

2.245 不可积.

2.246 (1) $\pi\leqslant\int_{\frac{\pi}{4}}^{\frac{5}{4}\pi}(1+\sin^2 x)\mathrm{d}x\leqslant 2\pi$. (2) $\dfrac{\pi}{9}\leqslant\int_{\frac{1}{\sqrt{3}}}^{\sqrt{3}}x\arctan x\mathrm{d}x\leqslant\dfrac{2}{3}\pi$.

2.247 (1) $\int_0^1 \mathrm{e}^{-x}\mathrm{d}x\leqslant\int_0^1 \mathrm{e}^{-x^2}\mathrm{d}x$. (2) $\int_0^{\frac{\pi}{2}}\dfrac{\sin^2 x}{x^2}\mathrm{d}x\leqslant\int_0^{\frac{\pi}{2}}\dfrac{\sin x}{x}\mathrm{d}x$.

2.252 提示:用反证法. 考虑连续函数的保号性. **2.253** 提示:取 $g(x)=f(x)$.

2.254 提示:$|f'_n(x)|\leqslant\dfrac{M}{n}$. **2.255** 提示:利用极限的夹逼性.

2.256 (1) 0. (2) $-\sin a^2$ (3) $(\sin x-\cos x)\cos(\pi\sin^2 x)$. (4) $2x\sqrt{1+x^4}$.

2.257 $\dfrac{\pi}{3}$. **2.258** $\dfrac{\pi}{6}$. **2.259** $1-\dfrac{\pi}{4}$. **2.260** $\dfrac{8}{3}-\ln 3$.

2.261 $\dfrac{\pi}{2|ab|}$. **2.262.** $\dfrac{3}{2}$. **2.263.** $2\dfrac{1}{2}$. **2.264** $\ln\dfrac{3}{2}$.

2.265 $\dfrac{4}{3}$. **2.266** $2(\sqrt{2}-1)$. **2.267.** (1) $\dfrac{\pi}{4}$. (2) $\dfrac{1}{p+1}$. (3) $\dfrac{\pi}{\sqrt{3}}$.

2.268 $f(x)=15x^2$, $c=-2$. **2.270** 提示:令 $g(x)=\int_a^x f(t)\mathrm{d}t-\int_x^b f(t)\mathrm{d}t$.

2.271 (1) 0. (2) 0. (3) 0. **2.273** 提示:考虑 $\left[\dfrac{f(x)}{x}\right]'$.

2.274 提示:考虑 $[\mathrm{e}^{-x}f(x)]'$. **2.275** 提示:证明 $f(n)$ 单调有界.

2.276 $\dfrac{1}{2}(1-\ln 2)$. **2.277** $\dfrac{\pi}{4}-\dfrac{1}{2}$. **2.278** $\dfrac{\pi^3}{6}-\dfrac{\pi}{4}$.

2.279 $\dfrac{1}{4}(1-\ln 2)$. **2.280** $\dfrac{3}{5}(\mathrm{e}^{\pi}-1)$. **2.281** $-\dfrac{1}{(n+1)^2}$.

2.282 $4(2\ln 2-1)$. **2.283** $a[1-\sqrt{2}+\ln(1+\sqrt{2})+\ln a]$ $(a>0)$.

2.284 $\dfrac{1}{6}$. **2.285** $\dfrac{\pi^2}{4}$. **2.286** $\dfrac{5}{3}$. **2.287** $2-\dfrac{\pi}{2}$.

2.288 $\dfrac{\pi}{3}+\dfrac{\sqrt{3}}{2}$. **2.289** $\dfrac{\pi}{16}a^4$. **2.290** $\dfrac{\pi}{6}$. **2.291** $\dfrac{\sqrt{3}}{9}\pi$.

2.292 $6-2\mathrm{e}$. **2.293** $\dfrac{5}{12}(4\sqrt[5]{4}-1)$. **2.294** $\dfrac{1}{2}\ln\dfrac{8}{5}$.

2.295 $\dfrac{\pi^2}{72}+\dfrac{\sqrt{3}}{6}\pi-1$. **2.296** 2. **2.297** $\dfrac{1}{16}\left(1+\dfrac{\pi}{8}\right)$. **2.298** $\dfrac{1}{\sqrt{2}}\ln\dfrac{9+4\sqrt{2}}{7}$.

2.299 $2\sqrt{2}\pi$. **2.300** (1) 0. (2) 0. (3) $1-\dfrac{\sqrt{3}}{6}\pi$. (4) 0.

2.301 $\dfrac{(m-1)!(n-1)!}{(m+n-1)!}$. **2.303** 提示:用分部积分法.

2.305 (3) 提示:左边令 $t=x^2$, 右边令 $t=\dfrac{a^2}{x}$. **2.306** 提示:先证 $\mathrm{e}^{-x^2}\leqslant\dfrac{1}{1+x^2}$.

2.307 提示:$f(x)$ 在$[A, B]$上有原函数 $F(x)=\int_a^x f(t)\mathrm{d}t$.

2.308 提示:令 $u_m(x)=(x^2-1)^m$, $u_n(x)=(x^2-1)^n$,

用分部积分法计算 $\int_{-1}^{1} u_m^{(m)}(x)u_n^{(n)}(x)\mathrm{d}x$.

2.309 (1) $\frac{16}{3}$. (2) $9.9-8.1\lg e\approx 6.38$. (3) $\frac{64}{3}$. (4) $3\frac{253}{648}$. (5) $\frac{\pi}{2}$.

2.310 (1) $\frac{16}{35}$. (2) $\frac{3}{8}\pi a^2$. **2.311** (1) $\frac{\pi}{4}a^2$. (2) $\frac{5}{4}\pi-2$; $2-\frac{\pi}{4}$.

2.312 (1) $\frac{2GmM}{\pi R^2}$,其中 G 是引力常数，力的方向垂直于半圆的直径．

(2) 分别以 AB，AC 为 x，y 轴方向．

$$F_x=\frac{GmM}{l}\left(\frac{1}{h}-\frac{1}{\sqrt{l^2+h^2}}\right),\ F_2=\frac{GmM}{h\sqrt{l^2+h^2}},$$其中 G 是引力常数．

2.313 207 360 美元． **2.314** $W\approx 0.294$ J. **2.315** $W\approx 12\ 250\times 10^3$ J.

2.316 $W\approx 392$ J. **2.317** $P\approx 18$ 吨力. **2.318** 7 027 亿桶．

2.319 $\frac{\pi k}{2}a^4$. **2.321** 2. **2.322** $\frac{\pi}{4}+\frac{1}{2}\ln 2$. **2.323** $\frac{1}{2}$.

2.324 π. **2.325** $\frac{2}{3}\ln 2-\frac{1}{4}\ln 3$. **2.326** $\frac{\pi^2}{8}$. **2.327** 发散．

2.328 $\frac{\pi}{3}$. **2.329** 发散． **2.330** $\frac{\pi}{4}$. **2.331** $\left(\frac{3}{4}+\frac{\sqrt{3}}{2}\right)\pi-\frac{3}{2}\ln 2$.

2.332 $n!$ **2.333** $\frac{\pi}{2}-1$. **2.334** $\frac{\pi}{2}$.

2.335 $k>0$ 时收敛；$k\leqslant 0$ 时发散． **2.336** $k>1$ 时收敛；$k\leqslant 1$ 时发散．

2.337 提示：(1) 利用分部积分法．(2) 利用换元积分法．

2.338 (1) $\frac{\pi}{2}\ln 2$. (2) $\frac{\pi}{2}\ln 2$.

2.339 提示：令 $u_n(x)=x^n\mathrm{e}^{-x}$，并用分部积分法计算 $\int_0^{+\infty} u_n^{(n)}(x)L_m(x)\mathrm{d}x$.

2.340 提示：令 $u(x)=\mathrm{e}^{-x^2}$，并用分部积分法计算 $\int_{-\infty}^{+\infty} u^{(n)}(x)H_m(x)\mathrm{d}x$，

最后把 $\int_{-\infty}^{+\infty}\mathrm{e}^{-x^2}\mathrm{d}x=\sqrt{x}$ 代入．

2.341 $\int_0^{\frac{\pi}{2}}\frac{\sin x}{x}\mathrm{d}x\approx 1.370\ 7$. **2.342** $S_{梯}\approx 2\ 200\ \mathrm{m}^2$； $S_{抛}\approx 2\ 187\ \mathrm{m}^2$.

2.345 提示：(1) 根据导数的定义，利用连续函数的保号性证明．

(2) 分别计算 $f'_+(x_0)$，$f'_-(x_0)$.

2.346 提示：(2) 分 $f(x_0)\neq 0$ 与 $f(x_0)=0$ 讨论．

2.350 提示：利用第 2.349 题的结论．

2.351 提示：(1) 利用连续函数的介值性．

(2) 证明 $f'(a)f'(b)<0$，然后再利用第 2.349 题的结论．

2.352 $y^{(2k)}(0)=0$，$y^{(2k+1)}(0)=1^2\times 3^2\times 5^2\times\cdots\times(2k-1)^2\quad(k\in\mathbf{N}_+)$.

2.353 $\frac{n!2^{n-1}}{(x+2)^{(n+2)}}[10-(n-4)x]-\frac{n!}{(x+1)^{n+2}}[(n+2)x+1]$.

2.354 提示：用数学归纳法． **2.355** 提示：证明存在 x_1，$x_2\in(a,b)$ 使 $f(x_1)f(x_2)<0$.

2.356 提示：令 $f(z)=(1+t^z)^{\frac{1}{z}}$，证明 $f(z)$ 严格减．

2.357 提示：考虑函数 $g(x)=f(x)-\mathrm{e}^{-x}$. 证明 $\lim\limits_{x\to+\infty}g(x)=0$. 再由 $g(0)=0$. 利用 $g(x)$ 取得极值的必要条件可证．

2.358 提示:利用闭区间连续函数的最值性. **2.359** 提示:利用第 2.358 题的结论.

2.363 提示:由$\int_x^{xb} f(t)\mathrm{d}t = \int_1^b f(t)\mathrm{d}t$ 两边对 b 求导.

2.364 提示:用反证法. 构成一个特殊的 $g(x)$. **2.365** 提示:利用积分中值定理.

2.366 提示:估计 $\int_0^1 \mathrm{e}^{-x} \mid f(x) - f'(x) \mid \mathrm{d}x$.

2.367 提示:估计 $F(x) = \int_0^x (t-t^2)\sin^{2n} t\mathrm{d}t$ 的最大值.

2.368 提示:利用周期函数积分的性质.

2.369 提示:(4) 证明$\int_\delta^1 (1-x^2)^n \mathrm{d}x \leqslant (1-\delta^2)^n(1-\delta)$, $\int_0^1 (1-x^2)^n \mathrm{d}x > \frac{1}{n+1}$.

2.370 提示:令 $G(x) = \int_a^x g(t)\mathrm{d}t$, 再用分部积分法.

2.371 提示:对一切实数 λ 有 $\int_a^b [f(x) + \lambda g(x)]^2 \mathrm{d}x \geqslant 0$.

2.372 最佳停产时间 $t = 8$ 年, 最大净利润 1 840 万元.

2.373 提示:利用第 2.371 题的结论.

3.3 (1) $f\left(1, \frac{y}{x}\right) = \frac{2xy}{x^2+y^2}$. (2) $f(x, y) = \frac{x^2(1-y^2)}{(1+y)^2}$.

(3) $f(x) = x^2 + 2x$; $F(x, y) = x - 1 + \sqrt{y}$.

3.4 提示:取 $\boldsymbol{p} = \boldsymbol{p}_1 - \boldsymbol{p}_2$.

3.5 (1) $\frac{\partial^2 z}{\partial x^2} = \frac{y^2}{(x^2+y^2)^{\frac{3}{2}}}$; $\frac{\partial^2 z}{\partial y^2} = \frac{x^2}{(x^2+y^2)^{\frac{3}{2}}}$; $\frac{\partial^2 z}{\partial x \partial y} = \frac{-xy}{(x^2+y^2)^{\frac{3}{2}}}$.

(2) $\frac{\partial^2 z}{\partial x \partial y} = \frac{\partial^2 z}{\partial y \partial x} = \frac{-2x}{y^2}\sec^2 \frac{x^2}{y}\left(1 + \frac{2x^2}{y}\tan \frac{x^2}{y}\right)$.

(3) $\frac{\partial^2 w}{\partial x^2} = y^2 z(z-1)(xy)^{z-2}$; $\frac{\partial^2 w}{\partial z \partial x} = \frac{\partial^2 w}{\partial x \partial z} = yz(xy)^{z-1}\ln(xy) + y(xy)^{z-1}$.

(4) $\frac{\partial^2 w}{\partial x \partial y} = \frac{\partial^2 w}{\partial y \partial x} = zx^{yz-1}(1 + yz\ln x)$.

3.8 $9x + y - z = 27$. **3.9** $a = -\frac{1}{2}$. **3.10** $\ln(\sqrt[3]{1.03} + \sqrt[4]{0.98} - 1) \approx 0.005$.

3.11 提示:用反证法证明 f 在原点不可微. **3.12** $f'_x(0, 0) = 0$; $f'_y(0, 0)$ 不存在.

3.13 (1) $2\mathrm{e}^t \sin t$.

(2) $\frac{\partial z}{\partial s} = t\mathrm{e}^{st\sin\ln(s+t)}\left[\sin\ln(s+t) + \frac{s}{s+t}\cos\ln(s+t)\right]$;

$\frac{\partial z}{\partial t} = s\mathrm{e}^{st\sin\ln(s+t)}\left[\sin\ln(s+t) + \frac{t}{s+t}\cos\ln(s+t)\right]$.

(3) $\frac{\partial z}{\partial r} = 3r^2 \sin\theta\cos\theta(\cos\theta - \sin\theta)$; $\frac{\partial z}{\partial \theta} = r^3(\sin\theta + \cos\theta)(1 - 3\sin\theta\cos\theta)$.

3.14 (1) $2t(f'_1 + 2f'_2)$. (2) $f'_1 + g'(x)f'_2$. (3) $f'(x^2+y^2+z^2) \cdot 2x$.

(4) $\frac{\partial w}{\partial x} = \frac{1}{y}f'_1$; $\frac{\partial w}{\partial y} = -\frac{x}{y^2}f'_1 + \frac{1}{z}f'_2$; $\frac{\partial w}{\partial z} = -\frac{y}{z^2}f'_2$.

(5) $\frac{\partial w}{\partial z} = 2xf'_1 + 2xf'_2 + 2yf'_3$; $\frac{\partial w}{\partial y} = 2yf'_1 - 2yf'_2 + 2xf'_3$.

3.16 $F(x, y) = C_1\left(\frac{x}{y}\right)^{C_2}$, 其中 C_1, C_2 为任意常数. **3.19** $\frac{\partial f}{\partial y} = -\frac{1}{2}$.

3.20 (1) $\frac{\mathrm{d}^2 w}{\mathrm{d}t^2} = f''_{11}\cos^2 t + f''_{22}\sin^2 t + f''_{33}\mathrm{e}^{2t} - (f''_{21} + f''_{12})\sin t\cos t +$

$(f''_{13}+f''_{31})e^t\cos t-(f''_{23}+f''_{32})\sin t-f'_1\sin t-f'_2\cos t+f'_3e^t$.

(2) $\frac{\partial^2 w}{\partial x^2}=2f'+4x^2f''$； $\frac{\partial^2 w}{\partial x\partial y}=4xyf''$.

(3) $\frac{\partial^2 w}{\partial x^2}=y^2f''_{11}+f''_{12}+f''_{21}+\frac{1}{y^2}f''_{22}$；

$\frac{\partial^2 w}{\partial y^2}=x^2f''_{11}-\frac{x^2}{y^2}(f''_{12}+f''_{21})+\frac{x^2}{y^4}f''_{22}+\frac{2x}{y^3}f'_2$.

(4) $\frac{\partial^2 w}{\partial z\partial x}=-\frac{1}{z^2}f''_{12}$.

3.21 (1) $\frac{\partial^2 w}{\partial x^2}=[\varphi'(x)]^2f''_{11}+\varphi''(x)f'_1$；$\frac{\partial^2 w}{\partial x\partial y}=\varphi'(x)\psi'(y)f''_{12}$.

(2) $\frac{\partial^2 w}{\partial x^2}=\left(\frac{\partial\varphi}{\partial x}\right)^2f''_{11}+\left(\frac{\partial\psi}{\partial x}\right)^2f''_{22}+\frac{\partial\varphi}{\partial x}\frac{\partial\psi}{\partial x}(f''_{12}+f''_{21})+\frac{\partial^2\varphi}{\partial x^2}f'_1+\frac{\partial^2\psi}{\partial x^2}f'_2$；

$\frac{\partial^2 w}{\partial y^2}=\left(\frac{\partial\varphi}{\partial y}\right)^2f''_{11}+\left(\frac{\partial\psi}{\partial y}\right)^2f''_{22}+f''_{33}+\frac{\partial\varphi}{\partial y}\frac{\partial\psi}{\partial y}(f''_{12}+f''_{21})+\frac{\partial\varphi}{\partial y}(f''_{13}+f''_{31})+$

$\frac{\partial\psi}{\partial y}(f''_{23}+f''_{32})+\frac{\partial^2\varphi}{\partial y^2}f'_1+\frac{\partial^2\psi}{\partial y^2}f'_2$.

3.23 $f''_{xx}(x,2x)=f''_{yy}(x,2x)=-\frac{4}{3}x$；$f''_{xy}(x,2x)=\frac{5}{3}x$；$f'_y(x,2x)=\frac{1}{2}(1-x^2)$.

3.24 $\mathrm{grad}\,u=-\frac{\boldsymbol{r}}{r^2}$，其中 $\boldsymbol{r}=(x-a)\boldsymbol{i}+(y-b)\boldsymbol{j}+(z-c)\boldsymbol{k}$.

对于球面 $(x-a)^2+(y-b)^2+(z-c)^2=1$ 上的点有 $|\mathrm{grad}\,u|=1$.

3.26 (1) 正. (2) 负. **3.28** (1) $e-2$. (2) 6. (3) $14a^4$. (4) $\frac{1}{2}a^4$. (5) $\frac{4}{3}$.

3.29 (1) $\int_{-a}^{0}dx\int_{-x}^{a}f(x,y)dy+\int_{0}^{\sqrt{a}}dx\int_{x^2}^{a}f(x,y)dy\,(a>0)$. (2) $\int_0^1dy\int_{\sqrt{y}}^{3-2y}f(x,y)dx$.

(3) $\int_0^1dy\int_{\arcsin y}^{\pi-\arcsin y}f(x,y)dx-\int_{-1}^{0}dy\int_{\pi-\arcsin y}^{2\pi+\arcsin y}f(x,y)dx$.

3.30 (1) $\frac{5}{6}$. (2) $\frac{88}{105}$. **3.32** (1) $-6\pi^2$. (2) $\frac{32}{9}a^3$. (3) $\frac{\pi}{2}$. **3.33** $\frac{3}{2}\pi a^3$.

3.34 (1) $\frac{1}{2}\left(\ln 2-\frac{5}{8}\right)$. (2) $\frac{1}{48}$. **3.35** (1) $\frac{2k}{3}a^3$. (2) $8\left(1-\frac{\sqrt{2}}{2}\right)a^3$.

3.36 (1) $4\pi\left(\frac{1}{a}-\frac{1}{b}\right)$. (2) $\frac{4\pi}{15}\left(1-\frac{\sqrt{2}}{4}\right)R^5$. **3.39** $\left(\frac{a}{5},\frac{a}{5}\right)$.

3.40 (1) $\frac{MR^2}{4}$. (2) $\frac{5}{4}MR^2$，其中 M 是圆盘的质量.

3.41 $F_x=0$；$f_y=0$；$F_z=-2\pi\rho k[b+\sqrt{a^2+(b-h)^2}-\sqrt{a^2+h^2}]$.

3.42 $\frac{\pi H^2R^2}{2}$.

索　　引

二　　画

三　　画

四　　画

五　　画

六　　画

七　　画

八　　画

九　　画

十　　画

十画以上

附